高等院校21世纪课程教材

大学物理系列

# 大学物理学

## 第4版 学习与解题指导

张子云 韩家骅◎主编

北京师范大学出版集团
BEIJING NORMAL UNIVERSITY PUBLISHING GROUP
安徽大学出版社

## 内容提要

本书是根据汪洪、韩家骅教授主编的《大学物理学(第4版)》教材内容，结合大批专任教师的长期教学经验而编写的. 全书按教材章节顺序编排，分为力学、狭义相对论力学基础、振动、波动、热学、电磁学、几何光学、波动光学、量子物理、核物理与粒子物理和分子与固体等. 每章由[基本要求]、[基本内容]、[典型例题]和[习题分析与解答]组成，内容由浅入深，难度适宜. 书后附有物理学各部分模拟试题，可方便学生期末考试以及研究生入学考试的复习.

本书可作为普通高等院校非物理类专业学生的辅导书和自学参考书，也可供相关教师在教学中参考.

**图书在版编目(CIP)数据**

大学物理学(第4版)学习与解题指导/张子云，韩家骅主编. —4版. —合肥：安徽大学出版社，2020.1(2024.1 重印)

ISBN 978-7-5664-1181-5

Ⅰ. ①大… Ⅱ. ①张… ②韩… Ⅲ. ①物理学－高等学校－教学参考资料 Ⅳ. ①O4

中国版本图书馆 CIP 数据核字(2019)第 300560 号

**大学物理学(第4版)学习与解题指导** 张子云 韩家骅 主编

出版发行：北京师范大学出版集团
安 徽 大 学 出 版 社
(安徽省合肥市肥西路3号 邮编 230039)
www.bnupg.com
www.ahupress.com.cn

印　　刷：合肥远东印务有限责任公司
经　　销：全国新华书店
开　　本：710 mm×1010 mm　1/16
印　　张：26.25
字　　数：389 千字
版　　次：2020 年 1 月第 4 版
印　　次：2024 年 1 月第 5 次印刷
定　　价：39.00 元
ISBN 978-7-5664-1181-5

策划编辑：刘中飞　武溪溪　　装帧设计：李　军
责任编辑：武溪溪　　美术编辑：李　军
责任印制：赵明炎

# 前 言

本书是根据汪洪、韩家骅教授主编的高等院校21世纪课程教材《大学物理学(第4版)》的内容和习题而做的分析、指导和题解.所选习题覆盖了教育部"非物理类专业基础物理课程教学指导分委员会"于2011年修订的《大学物理课程教学基本要求》中全部内容,并有少量扩展内容的习题.所选习题尽可能地突出基本训练和联系实际应用的特点,以期能对学生学习能力的提高和科学素养的培养有所帮助.

解答物理问题和习题是学习物理的一种重要方法.解题要有正确的思路,这就要求必须对有关的概念、原理有正确的理解.为此,需要在做题之前对有关内容包括原理和各种知识点进行复习,然后再根据题目所给的具体情况应用概念、原理求解.解题不在"多",而在"精".要对自己做的每个题的每一步都能做到有根有据、思路清晰、表达(包括图形、文字说明、公式演算等)准确.将做每一个习题当作一次科学论文的微型训练,这样才会对自己学习能力的提高有很大的帮助.

本书各章的"习题分析与解答"是为了帮助学生应用概念、原理分析解答问题和习题而设计的,并且给出了习题的解题过程和参考答案.每个题目都要自己先设法解答,有困难时可找同学讨论或参看本书的解答,但一定要自己弄清楚解题的思路,求得自己的解答.切不可照抄应付,学习是来不得半点虚假的.

物理学是一门基础学科,只要学习得法,刻苦认真,就能从中学到大量知识,而且能系统性地培养科学思维与科学方法,提高科学素养和激发创新能力.

本书由张子云、张苗、章文、韩家骅、汪洪等老师编写,最后由主编张子云和韩家骅教授统稿、核定.

由于编者的水平有限,疏漏之处在所难免,敬请读者批评指正.

编　者

2019年10月于安徽大学

# 目录 CONTENTS

## 模拟试题



## 模拟试题参考答案

# 第一章

# 质点运动学

## 基本要求

1. 了解描述运动的三个必要条件:参考系(坐标系)、适当的物理模型(质点)、初始条件.

2. 熟练掌握用矢量描述运动的方法,即掌握 $\boldsymbol{r}$、$\Delta\boldsymbol{r}$、$\boldsymbol{v}$、$\boldsymbol{a}$ 的矢量定义式及其在直角坐标系、自然坐标系中的表达式.

3. 能熟练地计算质点在平面内运动时的速度和加速度,以及质点做圆周运动时的角速度、角加速度、切向加速度和法向加速度.

4. 掌握运动合成和相对运动的矢量运算方法和分量解析法,理解伽利略速度变换式,并会用它求简单的质点相对运动问题.

**基本要求分为三级:掌握、理解、了解."掌握"要求学生深刻理解,熟练掌握;"理解"要求学生理解和基本掌握;"了解"要求学生一般性地了解,能进行定性分析,知道所涉及的物理量和相关公式.(以下各章相同)**

## 基本内容

### 一、参考系和坐标系

参考系是指描述物体运动时用作参考的其他物体.为了定量地说明物体对参考系的位置,需要在该参考系上建立固定的坐标系.

### 二、描述质点运动的基本物理量

1. 线量

位置矢量:在参考系上选一点向质点所在位置所引的有向线

段,简称位矢.

$$\boldsymbol{r}=x\boldsymbol{i}+y\boldsymbol{j}+z\boldsymbol{k}$$

位移矢量(位移):

$$\Delta\boldsymbol{r}=\boldsymbol{r}_2-\boldsymbol{r}_1=(x_2-x_1)\boldsymbol{i}+(y_2-y_1)\boldsymbol{j}+(z_2-z_1)\boldsymbol{k}$$

速度:

$$\boldsymbol{v}=\frac{\mathrm{d}\boldsymbol{r}}{\mathrm{d}t}=\frac{\mathrm{d}x}{\mathrm{d}t}\boldsymbol{i}+\frac{\mathrm{d}y}{\mathrm{d}t}\boldsymbol{j}+\frac{\mathrm{d}z}{\mathrm{d}t}\boldsymbol{k}$$

加速度:

$$\boldsymbol{a}=\frac{\mathrm{d}\boldsymbol{v}}{\mathrm{d}t}=\frac{\mathrm{d}v_x}{\mathrm{d}t}\boldsymbol{i}+\frac{\mathrm{d}v_y}{\mathrm{d}t}\boldsymbol{j}+\frac{\mathrm{d}v_z}{\mathrm{d}t}\boldsymbol{k}=\frac{\mathrm{d}^2x}{\mathrm{d}t^2}\boldsymbol{i}+\frac{\mathrm{d}^2y}{\mathrm{d}t^2}\boldsymbol{j}+\frac{\mathrm{d}^2z}{\mathrm{d}t^2}\boldsymbol{k}$$

一般地

$$|\Delta\boldsymbol{r}|\neq\Delta r,\ |\Delta\boldsymbol{v}|\neq\Delta v$$

**注意:**位矢、位移、速度、加速度都具有矢量性、瞬时性、叠加性和相对性.

2. 角量

角坐标:$\theta$

角位移:$\Delta\theta=\theta_2-\theta_1$

角速度:$\omega=\frac{\mathrm{d}\theta}{\mathrm{d}t}$

角加速度:$\alpha=\frac{\mathrm{d}\omega}{\mathrm{d}t}=\frac{\mathrm{d}^2\theta}{\mathrm{d}t^2}$

3. 圆周运动

$$\boldsymbol{a}=\boldsymbol{a}_\mathrm{n}+\boldsymbol{a}_\mathrm{t},\ a_\mathrm{n}=\frac{v^2}{R}=R\omega^2,\ a_\mathrm{t}=\frac{\mathrm{d}v}{\mathrm{d}t}=R\alpha$$

4. 运动方程

质点是力学中经过简化有一定适用范围的理想模型.质点的位置可用给定坐标系中的坐标和位置矢量表示.表示质点位置随时间变化的函数关系式称为运动方程.

$$\boldsymbol{r}=\boldsymbol{r}(t)\quad 或\quad \begin{cases}x=x(t)\\y=y(t)\\z=z(t)\end{cases}$$

5. 相对运动

伽利略坐标变换：

$$\boldsymbol{r} = \boldsymbol{r}' + R = \boldsymbol{r}' + \boldsymbol{u}t$$
$$t = t'$$

速度变换：

$$\boldsymbol{v} = \boldsymbol{v}' + \boldsymbol{u}$$

加速度变换：

$$\boldsymbol{a} = \boldsymbol{a}'$$

## 典型例题

**例 1—1** 某质点的运动学方程为 $\boldsymbol{r} = -10\boldsymbol{i} + 15t\boldsymbol{j} + 5t^2\boldsymbol{k}$，式中 $\boldsymbol{r}$ 的单位为 m，$t$ 的单位为 s. 当 $t=0,1$ s 时，试求：

(1)质点的速度；

(2)质点的加速度.

**解** (1)根据

$$\boldsymbol{v} = \frac{\mathrm{d}\boldsymbol{r}}{\mathrm{d}t} = \frac{\mathrm{d}x}{\mathrm{d}t}\boldsymbol{i} + \frac{\mathrm{d}y}{\mathrm{d}t}\boldsymbol{j} + \frac{\mathrm{d}z}{\mathrm{d}t}\boldsymbol{k}$$

可得

$$\boldsymbol{v} = 15\boldsymbol{j} + 10t\boldsymbol{k}$$
$$v = \sqrt{v_x^2 + v_y^2 + v_z^2} = \sqrt{225 + 100t^2}$$
$$\cos\alpha_v = 0, \cos\beta_v = \frac{15}{v}, \cos\gamma_v = \frac{10t}{v}$$

当 $t=0$ 时，$v=15\ \mathrm{m \cdot s^{-1}}$，$\cos\alpha_v=0$，$\cos\beta_v=1$，$\cos\gamma_v=0$.

当 $t=1$ 时，$v=18.03\ \mathrm{m \cdot s^{-1}}$，$\cos\alpha_v=0$，$\cos\beta_v=0.832$，$\cos\gamma_v=0.555$.

(2)根据

$$\boldsymbol{a} = \frac{\mathrm{d}\boldsymbol{v}}{\mathrm{d}t} = \frac{\mathrm{d}^2\boldsymbol{r}}{\mathrm{d}t^2} = 10\boldsymbol{k}$$

$$a = 10\ \mathrm{m \cdot s^{-2}}, \cos\alpha_a = 0, \cos\beta_a = 0, \cos\gamma_a = 1.$$

可见质点做 $a=10\ \mathrm{m \cdot s^{-2}}$ 的匀加速运动，加速度方向沿 $z$ 轴.

**例 1—2** 甲乙两船同时航行，甲以 $3\ \mathrm{m \cdot s^{-1}}$ 的速度向东行驶，乙以 $2\ \mathrm{m \cdot s^{-1}}$ 的速度向南行驶. 问从乙船的人来看，甲的速度是多少？

方向如何？反之，从甲船的人来看，乙的速度又是多少？方向如何？

**解** 从乙船的人来看

$$\boldsymbol{v}_{\text{甲对乙}} = \boldsymbol{v}_{\text{甲对水}} + \boldsymbol{v}_{\text{水对乙}}$$

如图1—1所示.

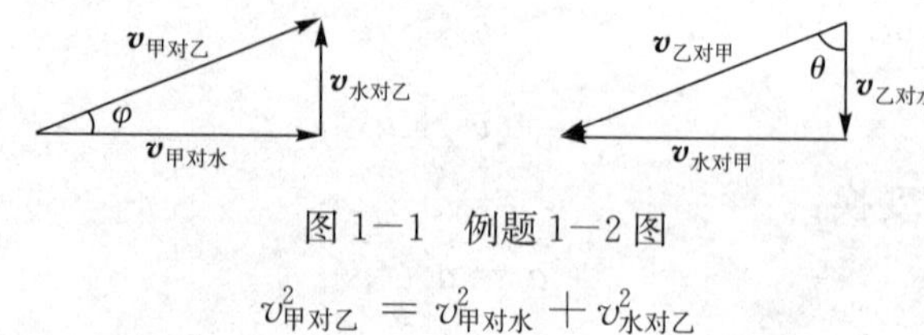


图1—1 例题1—2图

$$v^2_{\text{甲对乙}} = v^2_{\text{甲对水}} + v^2_{\text{水对乙}}$$

所以

$$v_{\text{甲对乙}} = \sqrt{3^2+2^2}\ \text{m}\cdot\text{s}^{-1} \approx 3.61\ \text{m}\cdot\text{s}^{-1}$$

$$\tan\varphi = \frac{2}{3} \approx 0.67, \quad \varphi \approx 33.69^\circ$$

即东偏北33.69°.

从甲船的人来看

$$\boldsymbol{v}_{\text{乙对甲}} = \boldsymbol{v}_{\text{乙对水}} + \boldsymbol{v}_{\text{水对甲}}$$

所以

$$v_{\text{乙对甲}} = \sqrt{2^2+3^2}\ \text{m}\cdot\text{s}^{-1} \approx 3.61\ \text{m}\cdot\text{s}^{-1}$$

$$\tan\theta = \frac{3}{2} = 1.50, \quad \theta \approx 56.31^\circ$$

即南偏西56.31°.

## 习题分析与解答

### 一、选择题

**1—1** 一质点沿 $x$ 轴运动的规律是 $x=t^2-4t+5$，式中 $x$ 的单位为m，$t$ 的单位为s，则前3 s内，它的 （ ）

(A)位移和路程都是3 m (B)位移和路程都是−3 m

(C)位移是−3 m，路程是3 m (D)位移是−3 m，路程是5 m

**分析** 位移和路程是两个不同的概念. 位移是矢量，路程是标量. 只有质点做直线运动且运动方向不改变时，位移的大小才会与

路程相等. 质点在 $\Delta t$ 时间内位移的大小 $\Delta x$ 可直接由运动方程得到:$\Delta x=x_t-x_0$,而求路程时,就必须注意到质点在运动过程中可能改变运动方向,为此需根据$\frac{\mathrm{d}x}{\mathrm{d}t}=0$ 来确定其运动方向改变的时刻 $t_p$,求出 $0\sim t_p$ 和 $t_p\sim t$ 时间内的位移大小 $\Delta x_1$ 和 $\Delta x_2$,则 $\Delta t$ 时间内的位移 $\Delta x=\Delta x_1+\Delta x_2$,路程 $S=|\Delta x_1|+|\Delta x_2|$,此时,位移的大小和路程就不同了.

**解** 由$\frac{\mathrm{d}x}{\mathrm{d}t}=2t-4=0$ 得 $t_p=2$ s,则有

$$\Delta x_1=x_2-x_0=-4\ \mathrm{m},\Delta x_2=x_3-x_2=1\ \mathrm{m}$$

所以 $\Delta x=\Delta x_1+\Delta x_2=-3\ \mathrm{m},S=|\Delta x_1|+|\Delta x_2|=5\ \mathrm{m}$

故应选(D).

**1-2** 质点沿轨道 $AB$ 做曲线运动,速率逐渐减小,图 1-2 中哪一种情况正确地表示了质点在 $C$ 处的加速度? ( )

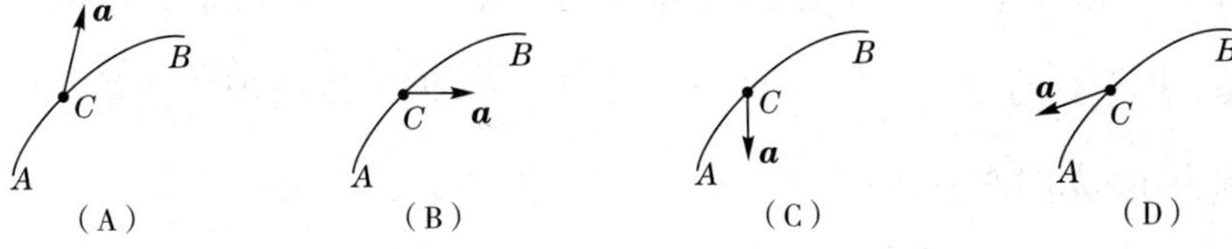


图 1-2 习题 1-2 图

**分析与解** 质点做曲线运动时加速度总是指向轨迹曲线凹的一边,这就排除了(A)、(D)两种情况,再根据题意,速率逐渐减小,则加速度的切向分量 $\boldsymbol{a}_t$ 应与质点运动方向相反,故应选(C).

**1-3** 质点做平面曲线运动,运动方程为 $x=x(t),y=y(t)$,位置矢量的大小为$|\boldsymbol{r}|=r=\sqrt{x^2+y^2}$,则 ( )

(A)质点的运动速度是$\frac{\mathrm{d}r}{\mathrm{d}t}$

(B)质点的运动速率是 $v=\frac{\mathrm{d}|\boldsymbol{r}|}{\mathrm{d}t}$

(C) $\left|\frac{\mathrm{d}\boldsymbol{r}}{\mathrm{d}t}\right|=|\boldsymbol{v}|$

(D) $\left|\frac{\mathrm{d}\boldsymbol{r}}{\mathrm{d}t}\right|$既可大于$|\boldsymbol{v}|$,也可小于$|\boldsymbol{v}|$

**分析** 这里要注意搞清$|\Delta \boldsymbol{r}|$与$\Delta r$的区别,速度与速率的区别,$\left|\frac{\mathrm{d}\boldsymbol{r}}{\mathrm{d}t}\right|$与$\frac{\mathrm{d}r}{\mathrm{d}t}$的区别. 从运动学的观点看,$|\Delta \boldsymbol{r}|$是位移的大小,可以表示为

$$|\Delta \boldsymbol{r}| = |\boldsymbol{r}_2 - \boldsymbol{r}_1|$$

而$\Delta r$是质点位置的径向增量,它可以表示为$\Delta r = |\boldsymbol{r}_2| - |\boldsymbol{r}_1|$,它反映了质点的空间位置沿径向的变化量.

在物理学中,速度与速率有概念上的区别,速度定义为$\boldsymbol{v} = \frac{\mathrm{d}\boldsymbol{r}}{\mathrm{d}t}$,即单位时间内的位移,它反映质点空间位置变化的快慢和方向,是个矢量. 速率定义为$v = \frac{\mathrm{d}s}{\mathrm{d}t}$,即单位时间内的路程,它反映质点沿轨道移动的快慢,是个标量. 一般来说,位移的大小并不等于相应的曲线路程,故平均速度的大小与平均速率通常并不相等. 但对于微小位移来说,则有$|\mathrm{d}\boldsymbol{r}| = \mathrm{d}s$,所以瞬时速度的大小总是等于瞬时速率的. 必须明确,从概念上讲速度与速率的关系并非矢量与它的模的关系. 速度$\boldsymbol{v}$的大小$\left|\frac{\mathrm{d}\boldsymbol{r}}{\mathrm{d}t}\right|$总等于瞬时速率$\frac{\mathrm{d}s}{\mathrm{d}t}$,但不能认为$\frac{\mathrm{d}r}{\mathrm{d}t}$就是速度的大小,亦即速率,即

$$v = \frac{\mathrm{d}s}{\mathrm{d}t} = \left|\frac{\mathrm{d}\boldsymbol{r}}{\mathrm{d}t}\right| \neq \frac{\mathrm{d}r}{\mathrm{d}t}$$

$\frac{\mathrm{d}r}{\mathrm{d}t}$的物理意义,在平面极坐标中清楚地表示出来:$\boldsymbol{v} = \boldsymbol{v}_r + \boldsymbol{v}_\theta = \frac{\mathrm{d}r}{\mathrm{d}t}\boldsymbol{r}_0 + r\frac{\mathrm{d}\theta}{\mathrm{d}t}\boldsymbol{\theta}_0$,即$\frac{\mathrm{d}r}{\mathrm{d}t}$是速度的一个分量——径向速度的大小.

**解** 由以上分析可知(A)和(B)中$\frac{\mathrm{d}r}{\mathrm{d}t} = \frac{\mathrm{d}|\boldsymbol{r}|}{\mathrm{d}t}$不是质点的速度,也不是质点运动的速率,只是速度的径向分量的大小;(D)中$\left|\frac{\mathrm{d}\boldsymbol{r}}{\mathrm{d}t}\right|$就是质点运动的速率$|\boldsymbol{v}|$,所以应选(C).

**1-4** 某人以4 km·h$^{-1}$的速率向东前进时,感觉风从正北吹来,如将速率增加1倍,则感觉风从东北方向吹来. 实际风速与风向为 ( )

(A)4 km·h$^{-1}$,从北方吹来 (B)4 km·h$^{-1}$,从西北方吹来

(C)$4\sqrt{2}$ km·h$^{-1}$,从东北方吹来 (D)$4\sqrt{2}$ km·h$^{-1}$,从西北方吹来

**分析** 这是相对运动问题,关键要掌握速度变换公式

$$\boldsymbol{v}_{绝对}=\boldsymbol{v}_{相对}+\boldsymbol{v}_{牵连}.$$

**解** 以地面为基本参考系 $K$,人为运动参考系 $K'$,$\boldsymbol{v}_{AK}$ 为所要求的风相对于地面的速度. 根据题给条件,按速度变换公式即可求得 $v_{AK}=4\sqrt{2}\ \mathrm{km}\cdot\mathrm{h}^{-1}$,为西北风,故应选(D).

**1—5** 一质点在平面上运动,已知质点位置矢量的表达式为 $\boldsymbol{r}=mt^2\boldsymbol{i}+nt^2\boldsymbol{j}$,做 ( )

(A)匀速直线运动　　(B)变速直线运动

(C)抛物线运动　　(D)一般曲线运动

**分析** $\boldsymbol{v}=\dfrac{\mathrm{d}\boldsymbol{r}}{\mathrm{d}t}=2mt\boldsymbol{i}+2nt\boldsymbol{j}\Rightarrow v=2\sqrt{m^2+n^2t}$

$$x=mt^2,\ y=nt^2\qquad\Rightarrow y=\frac{n}{m}x$$

故选(B).

## 二、填空题

**1—6** 一物体做如图 1—3 所示的斜抛运动,测得在轨道 $P$ 点处速度大小为 $v$,其方向与水平方向成 30°角. 则物体在 $P$ 点的切向加速度 $a_t=$________,轨道的曲率半径 $\rho=$________.

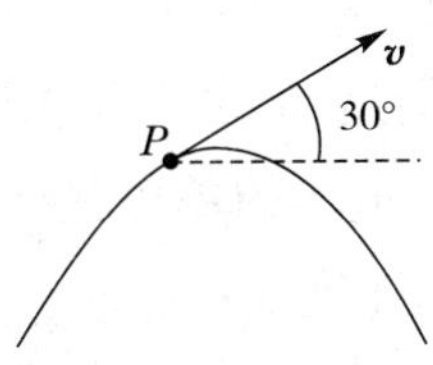

图 1—3 习题 1—6 图

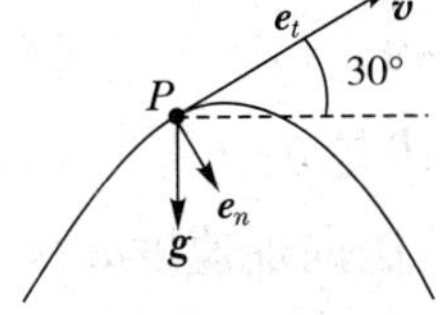

图 1—4 习题 1—6 解图

**分析与解** 以 $P$ 点为坐标原点取自然坐标系,如图 1—4 所示,将 $\boldsymbol{g}$ 分解为切向分量和法向分量,则得:$a_t=-g\sin30°$,$\rho=\dfrac{v^2}{g\cos30°}$.

**1—7** 试说明质点做何种运动时,将出现下述各种情况($v\neq0$).

(A)$a_t\neq0$,$a_n\neq0$;________________.

(B)$a_t\neq0$,$a_n=0$;________________.

(C)$a_t=0$,$a_n\neq0$;________________.

**解** 根据加速度的作用,可知当 $a_t \neq 0, a_n \neq 0$ 时,质点做变速曲线运动;当 $a_t \neq 0, a_n = 0$ 时,质点做变速直线运动;当 $a_t = 0, a_n \neq 0$ 时,质点做匀速曲线运动.

**1—8** $AB$ 杆以匀速 $\boldsymbol{u}$ 沿 $x$ 轴正方向运动,带动套在抛物线($y^2 = 2px, p > 0$)导轨上的小环,如图 1—5 所示. 已知 $t=0$ 时,$AB$ 杆与 $y$ 轴重合,则小环 $C$ 的运动轨迹方程为________,运动方程为 $x=$________,$y=$________,速度为 $\boldsymbol{v}=$________,加速度为 $\boldsymbol{a}=$________.

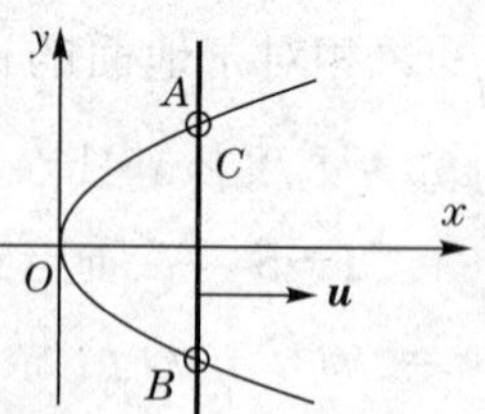

图 1—5 习题 1—8 图

**解** 因为小环在抛物线($y^2 = 2px, p > 0$)导轨上运动,所以它的轨迹方程为 $y = \sqrt{2px}$,其运动方程为

$$\begin{cases} x = ut \\ y = \sqrt{2put} \end{cases}$$

根据速度的定义,可得

$$\boldsymbol{v} = \frac{\mathrm{d}x}{\mathrm{d}t}\boldsymbol{i} + \frac{\mathrm{d}y}{\mathrm{d}t}\boldsymbol{j} = u\boldsymbol{i} + \frac{pu}{\sqrt{2t}}\boldsymbol{j}$$

加速度为

$$\boldsymbol{a} = \frac{\mathrm{d}\boldsymbol{v}}{\mathrm{d}t} = -\frac{pu}{\sqrt{8t^3}}\boldsymbol{j}$$

**1—9** 一质点沿半径为 0.2 m 的圆周运动,其角位置随时间的变化规律是 $\theta = 6 + 5t^2$,式中 $\theta$ 的单位是 rad,$t$ 的单位是 s. 在 $t = 2$ s 时,它的法向加速度 $a_n =$________;切向加速度 $a_t =$________.

**解** 由运动方程 $\theta = 6 + 5t^2$,可得

$$\omega = \frac{\mathrm{d}\theta}{\mathrm{d}t} = 10t, \alpha = \frac{\mathrm{d}\omega}{\mathrm{d}t} = 10\ \mathrm{rad \cdot s^{-2}}$$

再根据线量与角量之间的关系,有

$$a_n = r\omega^2 = 0.2 \times (10t)^2 = 20t^2$$

$$a_t = r\alpha = 0.2 \times 10 = 2(\mathrm{m \cdot s^{-2}})$$

所以 $t = 2$ s 时,$a_n = 80\ \mathrm{m \cdot s^{-2}}$,$a_t = 2\ \mathrm{m \cdot s^{-2}}$.

**1—10** 甲船以 $v_1 = 10\ \mathrm{m \cdot s^{-1}}$ 的速度向南航行,乙船以 $v_2 = 10\ \mathrm{m \cdot s^{-1}}$ 的速度向东航行,则甲船上的人观察乙船的速度大小为

________,向________航行.

**解** 根据速度变换公式,可求得

$$v_{乙甲} = 10\sqrt{2}\ \mathrm{m \cdot s^{-1}}$$

方向东偏北 45°,即指向东北方向.

## 三、计算与证明题

**1－11** 已知质点的运动方程为 $\boldsymbol{r}=A_1\cos\omega t\boldsymbol{i}+A_2\sin\omega t\boldsymbol{j}$,式中 $r$ 的单位为 m,$t$ 的单位为 s,$\omega$ 的单位为 rad·s$^{-1}$,其中 $A_1$、$A_2$、$\omega$ 均为正的常量.

(1)试证明质点的运动轨迹为一椭圆;

(2)试证明质点的加速度恒指向椭圆中心.

**分析** 根据运动方程可直接写出其分量式 $x=x(t)$ 和 $y=y(t)$,从中消去参数 $t$,即得质点的轨迹方程,直接对运动方程求二阶导数,即得质点的加速度.

**证明** (1)由质点的运动方程可知其直角坐标分量式为

$$x = A_1\cos\omega t$$

$$y = A_2\sin\omega t$$

消去 $t$ 即得轨迹方程

$$\frac{x^2}{A_1^2}+\frac{y^2}{A_2^2}=1$$

这是一椭圆方程,故得证.

(2)由加速度的定义式,得

$$\boldsymbol{a}=\frac{\mathrm{d}^2\boldsymbol{r}}{\mathrm{d}t^2}=-A_1\omega^2\cos\omega t\boldsymbol{i}-A_2\omega^2\sin\omega t\boldsymbol{j}=-\omega^2\boldsymbol{r}$$

这表明 $\boldsymbol{a}$ 恒指向椭圆中心.

**1－12** 一质点沿 $x$ 轴运动,坐标与时间的变化关系为 $x=4t-2t^3$,式中 $x$ 的单位为 m,$t$ 的单位为 s. 试计算:

(1)在最初 2 s 内的平均速度,2 s 末的速度;

(2)1 s 末到 3 s 末的位移和平均速度;

(3)1 s 末到 3 s 末的平均加速度,此平均加速度是否可以用 $\bar{a}=\dfrac{a_1+a_2}{2}$ 计算;

(4)3 s末的加速度.

**分析** 平均速度反映质点在一段时间内位置的变化率,即 $\boldsymbol{v}=\frac{\Delta \boldsymbol{r}}{\Delta t}$,它与时间间隔 $\Delta t$ 的大小有关,当 $\Delta t\to 0$ 时,平均速度的极限即为瞬时速度 $\boldsymbol{v}=\frac{\mathrm{d}\boldsymbol{r}}{\mathrm{d}t}$. 同样,平均加速度为$\bar{\boldsymbol{a}}=\frac{\Delta \boldsymbol{v}}{\Delta t}$,瞬时加速度为 $\boldsymbol{a}=\frac{\mathrm{d}\boldsymbol{v}}{\mathrm{d}t}$.

**解** (1)在最初 2 s 内的平均速度为

$$\bar{v}=\frac{x(2)-x(0)}{\Delta t}=-4\ \mathrm{m\cdot s^{-1}}$$

方向沿 $x$ 轴负方向.

由速度的定义,有

$$v=\frac{\mathrm{d}x}{\mathrm{d}t}=4-6t^2$$

因此,2 s末的速度为 $v(2)=-20\ \mathrm{m\cdot s^{-1}}$,方向沿 $x$ 轴负方向.

(2)1 s末到 3 s末的位移为

$$\Delta x=x(3)-x(1)=-44\ \mathrm{m}$$

方向沿 $x$ 轴负方向.

平均速度

$$\bar{v}=\frac{\Delta x}{\Delta t}=-22\ \mathrm{m\cdot s^{-1}}$$

方向沿 $x$ 轴负方向.

(3)1 s末到 3 s末的平均加速度

$$\bar{a}=\frac{v(3)-v(1)}{\Delta t}=-24\ \mathrm{m\cdot s^{-2}}$$

方向沿 $x$ 轴负方向. 因为 $a=-12t$ 与 $t$ 呈线性关系,所以能用 $\bar{a}=\frac{a_1+a_2}{2}$计算.

(4)由 $a=\frac{\mathrm{d}v}{\mathrm{d}t}=-12t$,用 $t=3$ s 代入可得 3 s末的加速度,即

$$a(3)=-36\ \mathrm{m\cdot s^{-2}}$$

方向沿 $x$ 轴负方向.

**1−13** 一质点沿 $x$ 轴做直线运动,其运动方程为 $x=3t^2+10t$,式中 $x$ 的单位为 m,$t$ 的单位为 s.

(1)若将坐标原点 $O$ 沿 $x$ 轴正方向移动 2 m，则运动方程将如何变化？质点的初速度有无变化？

(2)若将计时起点前移 1 s，则运动方程又将如何变化？初始坐标和初始速度将发生怎样的变化？加速度有无变化？

**分析** 本题是讨论坐标原点的改变或计时起点的改变对质点运动的描述有无影响，关键在于找出函数关系

$$x = f(x'), t = f(t)$$

将其代入运动方程，即得改变后的运动方程. 因为掌握了运动方程，也就掌握了运动的全貌，所以问题即得以解决.

**解** (1)设质点在新旧两个坐标系中的位置坐标分别为 $x'$ 和 $x$，如图 1—6 所示. 它们之间的关系为

$$x = x' + 2$$

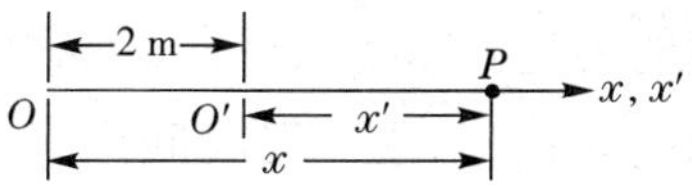

图 1—6 习题 1—13 解图

代入运动方程，得

$$x' = 3t^2 + 10t - 2$$

这就是新坐标系中的运动方程.

质点在新、旧坐标系中的速度分别为

$$v' = \frac{\mathrm{d}x'}{\mathrm{d}t} = 6t + 10$$

$$v = \frac{\mathrm{d}x}{\mathrm{d}t} = 6t + 10$$

即两者速度相同，显然初速度也相同，$t=0$ 时，有

$$v_0' = v_0 = 10 \text{ m} \cdot \text{s}^{-1}$$

(2)设在新、旧两个计时起点情况下的时间参数分别为 $t'$ 和 $t$，现将计时起点前移 1 s，则有

$$t = t' - 1$$

将此结果代入运动方程，得

$$x' = 3(t' - 1)^2 + 10(t' - 1)$$

整理，得

$$x' = 3t'^2 + 4t' - 7$$

这就是在新计时起点情况下的运动方程.

这时的速度为

$$v' = \frac{\mathrm{d}x'}{\mathrm{d}t} = 6t' + 4$$

初始条件为

$$x'_0 = -7\ \mathrm{m}, v'_0 = 4\ \mathrm{m \cdot s^{-1}}$$

加速度为

$$a' = a = 6\ \mathrm{m \cdot s^{-2}}$$

可见,计时起点的改变将引起运动的初始条件发生变化,但对加速度没有影响.

**1－14** 一质点沿 $x$ 轴做直线运动,其加速度为 $a=20+4x$. 已知当 $t=0$ 时,质点位于坐标原点,速度为 $10\ \mathrm{m \cdot s^{-1}}$,求质点的运动方程.

**分析** 该题属于质点运动学的第二类问题,即已知速度或加速度的表达式 $\boldsymbol{v}=\boldsymbol{v}(t)$ 或 $\boldsymbol{a}=\boldsymbol{a}(t)$,求运动方程 $\boldsymbol{r}=\boldsymbol{r}(t)$,它是第一类问题的逆过程,是一段时间内运动量的积累. 处理这类问题,必须在给定的初始条件下,采用积分的方法来解决.

**解** 由加速度的定义及已知条件,有

$$a = \frac{\mathrm{d}v}{\mathrm{d}t} = 20 + 4x$$

式中 $v,t,x$ 均为变量,无法直接进行积分,需做恒等变换

$$a = \frac{\mathrm{d}v}{\mathrm{d}t} = \frac{\mathrm{d}v}{\mathrm{d}x}\frac{\mathrm{d}x}{\mathrm{d}t} = v\frac{\mathrm{d}v}{\mathrm{d}x}$$

分离变量并积分

$$\int_{10}^{v} v\mathrm{d}v = \int_{0}^{x} (20 + 4x)\mathrm{d}x$$

解得

$$v = 2(x + 5)$$

又

$$v = \frac{\mathrm{d}x}{\mathrm{d}t} = 2(x + 5)$$

分离变量并积分

$$\int_{0}^{x} \frac{\mathrm{d}x}{x + 5} = 2\int_{0}^{t} \mathrm{d}t$$

解得

$$\ln\frac{x+5}{5}=2t, \text{即 } x=5(e^{2t}-1)$$

**1—15** 已知一质点做直线运动,其加速度为 $a=4+3t(\text{m}\cdot\text{s}^{-2})$,开始运动时,$x=5\text{ m}$, $v=0$,求该质点在 $t=10\text{ s}$ 时的速度和位置.

**解** 因为

$$a=\frac{dv}{dt}=4+3t$$

分离变量,得

$$dv=(4+3t)dt$$

积分,得

$$v=4t+\frac{3}{2}t^2+c_1$$

由题知

$$t=0, v_0=0$$

所以

$$c_1=0$$

故

$$v=4t+\frac{3}{2}t^2$$

又因为

$$v=\frac{dx}{dt}=4t+\frac{3}{2}t^2$$

分离变量

$$dx=\left(4t+\frac{3}{2}t^2\right)dt$$

积分得

$$x=2t^2+\frac{1}{2}t^3+c_2$$

由题知

$$t=0, x_0=5$$

所以

$$c_2=5$$

故

$$x = 2t^2 + \frac{1}{2}t^3 + 5$$

所以当 $t = 10\,\text{s}$ 时

$$v_{10} = 4 \times 10 + \frac{3}{2} \times 100 = 190\ \text{m} \cdot \text{s}^{-1}$$

$$x_{10} = 2 \times 10^2 + \frac{1}{2} \times 10^3 + 5 = 705\ \text{m}$$

**1－16** 质点沿半径为 $R$ 的圆周按 $s = v_0 t - \frac{1}{2}ct^2$ 的规律运动，式中 $s$ 为质点离圆周上某点的弧长，$v_0$，$c$ 都是常量，求：(1) $t$ 时刻质点的加速度；(2) $t$ 为何值时，加速度在数值上等于 $c$.

**解** (1)

$$v = \frac{\text{d}s}{\text{d}t} = v_0 - ct$$

$$a_\tau = \frac{\text{d}v}{\text{d}t} = -c$$

$$a_\text{n} = \frac{v^2}{R} = \frac{(v_0 - ct)^2}{R}$$

则

$$a = \sqrt{a_\tau{}^2 + a_\text{n}{}^2} = \sqrt{c^2 + \frac{(v_0 - ct)^4}{R^2}}$$

加速度与半径的夹角为

$$\varphi = \arctan\frac{a_\tau}{a_\text{n}} = -\frac{Rc}{(v_0 - ct)^2}$$

(2)由题意应有

$$a = c = \sqrt{c^2 + \frac{(v_0 - ct)^4}{R^2}}$$

即

$$c^2 = c^2 + \frac{(v_0 - ct)^4}{R^2}$$

所以，当 $t = \frac{v_0}{c}$ 时，$a = c$.

**1－17** 以初速度 $v_0 = 20\ \text{m} \cdot \text{s}^{-1}$ 抛出一小球，抛出方向与水平面成 $60^\circ$的夹角，求：(1)球轨道最高点的曲率半径 $\rho_1$；(2)落地处的曲率半径 $\rho_2$.（提示：利用曲率半径与法向加速度之间的关系）

**解** 设小球所作抛物线轨道如图 1－17 所示.

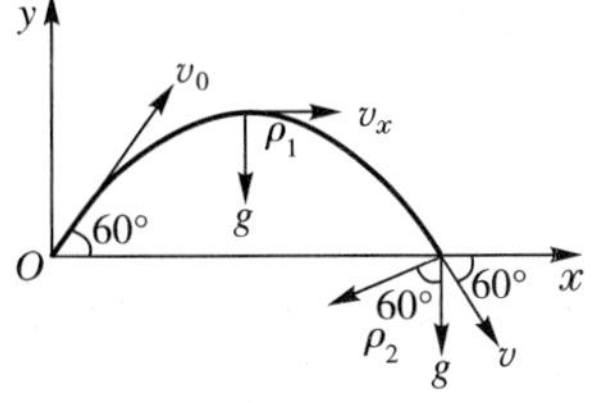

图 1－7 习题 1－17 解图

(1)在最高点，

$$v_1 = v_x = v_0 \cos 60^\circ$$

$$a_{n1} = g = 10 \text{ m} \cdot \text{s}^{-2}$$

又∵ $$a_{n1} = \frac{v_1^{\ 2}}{\rho_1}$$

∴ $$\rho_1 = \frac{v_1^{\ 2}}{a_{n1}} = \frac{(20 \times \cos 60^\circ)^2}{10} = 10\ (\text{m})$$

(2)在落地点，

$$v_2 = v_0 = 20 \text{ m} \cdot \text{s}^{-1} ,$$

而 $$a_{n2} = g \cos 60^\circ$$

∴ $$\rho_2 = \frac{v_2^{\ 2}}{a_{n2}} = \frac{(20)^2}{10 \times \cos 60^\circ} = 80(\text{m})$$

**1－18** 设质点的运动方程为 $x = x(t)$，$y = y(t)$，在计算质点的速度和加速度时，有人先求出 $r = \sqrt{x^2 + y^2}$，然后根据 $v = \frac{\mathrm{d}r}{\mathrm{d}t}$ 及 $a = \frac{\mathrm{d}^2 r}{\mathrm{d}t^2}$ 而求得结果；又有人先计算速度和加速度的分量，再合成求得结果，即

$$v = \sqrt{\left(\frac{\mathrm{d}x}{\mathrm{d}t}\right)^2 + \left(\frac{\mathrm{d}y}{\mathrm{d}t}\right)^2} \text{ 及 } a = \sqrt{\left(\frac{\mathrm{d}^2 x}{\mathrm{d}t^2}\right)^2 + \left(\frac{\mathrm{d}^2 y}{\mathrm{d}t^2}\right)^2}$$

你认为两种方法哪一种正确？为什么？两者差别何在？

**解** 后一种方法正确. 因为速度与加速度都是矢量，在平面直角坐标系中，有 $\boldsymbol{r} = x\boldsymbol{i} + y\boldsymbol{j}$，所以

$$\boldsymbol{v} = \frac{\mathrm{d}\boldsymbol{r}}{\mathrm{d}t} = \frac{\mathrm{d}x}{\mathrm{d}t}\boldsymbol{i} + \frac{\mathrm{d}y}{\mathrm{d}t}\boldsymbol{j} ,\ \boldsymbol{a} = \frac{\mathrm{d}^2 \boldsymbol{r}}{\mathrm{d}t^2} = \frac{\mathrm{d}^2 x}{\mathrm{d}t^2}\boldsymbol{i} + \frac{\mathrm{d}^2 y}{\mathrm{d}t^2}\boldsymbol{j}$$

故它们的模即为

$$v = \sqrt{v_x^{\ 2} + v_y^{\ 2}} = \sqrt{\left(\frac{\mathrm{d}x}{\mathrm{d}t}\right)^2 + \left(\frac{\mathrm{d}y}{\mathrm{d}t}\right)^2}$$

$$a = \sqrt{a_x^{\ 2} + a_y^{\ 2}} = \sqrt{\left(\frac{\mathrm{d}^2 x}{\mathrm{d}t^2}\right)^2 + \left(\frac{\mathrm{d}^2 y}{\mathrm{d}t^2}\right)^2}$$

而前一种方法的错误可能有两点，其一是概念上的错误，即误把速

度、加速度定义作

$$v=\frac{\mathrm{d}r}{\mathrm{d}t}\quad a=\frac{\mathrm{d}^2r}{\mathrm{d}t^2}$$

其二,可能是将 $\frac{\mathrm{d}r}{\mathrm{d}t}$ 与 $\frac{\mathrm{d}^2r}{\mathrm{d}t^2}$ 误作速度与加速度的模.在1-3题中已说明 $\frac{\mathrm{d}r}{\mathrm{d}t}$ 不是速度的模,而只是速度在径向上的分量,同样,$\frac{\mathrm{d}^2r}{\mathrm{d}t^2}$ 也不是加速度的模,它只是加速度在径向分量中的一部分,$a_{径}=\frac{\mathrm{d}^2r}{\mathrm{d}t^2}-r\left(\frac{\mathrm{d}\theta}{\mathrm{d}t}\right)^2$.或者概括性地说,前一种方法只考虑了位矢 $\boldsymbol{r}$ 在径向(即量值)方面随时间的变化率,而没有考虑位矢 $\boldsymbol{r}$ 及速度 $\boldsymbol{v}$ 的方向随时间的变化率对速度、加速度的贡献.

**1-19** 质点 $P$ 在水平面内沿一半径为 $R=1\ \mathrm{m}$ 的圆轨道转动,转动的角速度 $\omega$ 与时间 $t$ 的函数关系为 $\omega=kt^2$.已知 $t=2\ \mathrm{s}$ 时,质点 $P$ 的速率为 $16\ \mathrm{m\cdot s^{-1}}$.试求 $t=1\ \mathrm{s}$ 时,质点 $P$ 的速率与加速度的大小.

**分析** 本题需要掌握 $v=R\omega$,$a_{\mathrm{t}}=\frac{\mathrm{d}v}{\mathrm{d}t}$,$a_{\mathrm{n}}=\frac{v^2}{R}$ 等关系以及加速度大小的计算公式:$a=\sqrt{a_{\mathrm{t}}^2+a_{\mathrm{n}}^2}$.

**解** 由 $v=R\omega=Rkt^2$,得

$$k=\frac{v}{Rt^2}=\frac{16}{1\times2^2}\ \mathrm{s^{-3}}=4\ \mathrm{s^{-3}}$$

$P$ 点的速度为 $v=4t^2$,$a_{\mathrm{t}}=\frac{\mathrm{d}v}{\mathrm{d}t}=8t$,$a_{\mathrm{n}}=\frac{v^2}{R}=\frac{(4t^2)^2}{R}=16t^4$.

故,$t=1\ \mathrm{s}$ 时

$$v=4\ \mathrm{m\cdot s^{-1}},a_{\mathrm{t}}=8\ \mathrm{m\cdot s^{-2}},a_{\mathrm{n}}=16\ \mathrm{m\cdot s^{-2}}$$

$$a=\sqrt{a_{\mathrm{t}}^2+a_{\mathrm{n}}^2}=\sqrt{8^2+16^2}\ \mathrm{m\cdot s^{-2}}\approx17.9\ \mathrm{m\cdot s^{-2}}$$

**1-20** 设河面宽 $l=1\ \mathrm{km}$,河水由北向南流动,流速 $v=2\ \mathrm{m\cdot s^{-1}}$,有一船相对于河水以 $v'=1.5\ \mathrm{m\cdot s^{-1}}$ 的速率从西岸驶向东岸.

(1)如果船头与正北方向成 $\alpha=15°$ 角,船到达对岸要花多少时间?到达对岸时,船在下游何处?

(2)如果要使船相对于岸走过的路程为最短,船头与河岸的夹角为多大?到达对岸时,船又在下游何处?要花多少时间?

**分析** 这是一个相对运动的问题,要计算船到对岸所花时间和船在下游何处,关键在于确定船相对于岸的速度在垂直河道方向的 $x$ 分量 $v_x$ 和沿河道方向的 $y$ 分量 $v_y$. 要使船相对于岸走过的路程为最短,求船头与河岸的夹角,这是求极值的问题,根据高等数学求极值的方法即可求得.

**解** (1)建立如图 1—8 所示的坐标系.

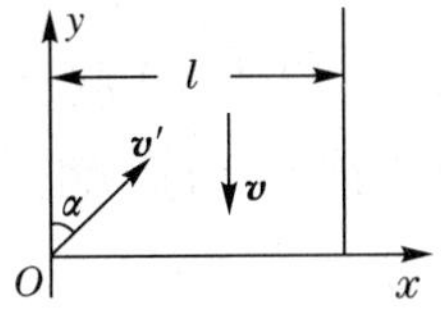

船的速度分量为

$$v_x = v'\sin\alpha = v'\sin 15^\circ$$

$$v_y = v'\cos\alpha - v = v'\cos 15^\circ - v$$

图 1—8 习题 1—20 解图

船到达对岸所需时间为

$$t = \frac{l}{v_x} = \frac{l}{v'\sin 15^\circ} = \frac{1\,000}{1.5\sin 15^\circ}\ \text{s} \approx 2.6\times 10^3\ \text{s}$$

船到达对岸时,在下游的坐标为

$$y = v_y t = (v'\cos 15^\circ - v)t$$
$$= (1.5\cos 15^\circ - 2)\times 2.6\times 10^3\ \text{m} = -1.4\times 10^3\ \text{m}$$

(2)船的运动方程为

$$x = v_x t = v'\sin\alpha t$$

$$y = v_y t = (v'\cos\alpha - v)t$$

船到达对岸时,$x = l, t = \dfrac{l}{v'\sin\alpha}$.

所以

$$y = (v'\cos\alpha - v)\frac{l}{v'\sin\alpha} = l\cot\alpha - \frac{lv}{v'\sin\alpha}$$

当 $\dfrac{dy}{d\alpha}=0$ 时,$y$ 取极小值. 将上式对 $\alpha$ 求导,并令 $\dfrac{dy}{d\alpha}=0$,得

$$\cos\alpha = \frac{v'}{v} = \frac{1.5}{2} = 0.75$$

即船头与河岸的夹角为 $\alpha=41.4^\circ$.

船到达对岸所需时间为

$$t = \frac{l}{v_x} = \frac{l}{v'\sin\alpha} = \frac{1\,000}{1.5\sin 41.4^\circ}\ \text{s} \approx 1.0\times 10^3\ \text{s}$$

船到达对岸时,在下游的坐标为

$$y = v_y t = (1.5\cos 41.4^\circ - 2)\times 1.0\times 10^3\ \text{m} \approx -8.8\times 10^2\ \text{m}$$

**1－21** 如图 1－9 所示，物体 $A$ 以相对 $B$ 的速度 $v=\sqrt{2gy}$ 沿斜面滑动，$y$ 为纵坐标，开始时 $A$ 在斜面顶端高为 $h$ 处，$B$ 物体以 $u$ 匀速向右运动，求 $A$ 物滑到地面时的速度.

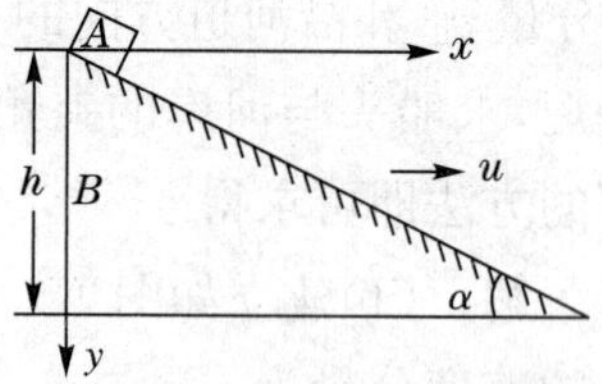

**解** 当滑至斜面底时，$y=h$，则 $v'_A=\sqrt{2gh}$，$A$ 物运动过程中又受到 $B$ 的牵连运动影响，因此，$A$ 对地的速度为

图 1－9 习题 1－21 解图

$$\boldsymbol{v}_{A地}=\boldsymbol{u}+\boldsymbol{v}'_A=(u+\sqrt{2gh}\cos\alpha)\boldsymbol{i}+(\sqrt{2gh}\sin\alpha)\boldsymbol{j}$$

# 第二章

# 牛顿运动定律

## 基本要求

1. 掌握牛顿运动定律的内容及实质，明确牛顿运动定律的适用范围及条件.

2. 掌握用牛顿运动定律解题的基本思路和方法，能根据受力情况建立运动微分方程，并结合初始条件用微积分方法求解变力作用下的简单质点动力学问题.

3. 了解惯性力的性质和非惯性系中力学问题的处理方法.

## 基本内容

### 一、牛顿三定律

第一定律：惯性和力的概念；

第二定律：$\boldsymbol{F}=\dfrac{\mathrm{d}\boldsymbol{p}}{\mathrm{d}t}$，$\boldsymbol{p}=m\boldsymbol{v}$；当 $v\ll c$ 时，$m$ 为常量，$\boldsymbol{F}=m\boldsymbol{a}$；

第三定律：$\boldsymbol{F}=-\boldsymbol{F}'$.

### 二、动力学两类问题及解题思路

1. 动力学两类问题

(1)已知物体受力情况，求解运动状态或运动方程——积分；

(2)已知物体的运动状态(或运动方程)，求解物体的受力情况——求导.

2. 解题思路

(1)确定研究对象,并进行受力分析(隔离物体,画受力图);

(2)取坐标系;

(3)列方程(一般用分量式);

(4)利用其他的约束条件列补充方程;

(5)先用文字符号求解,后带入数据计算结果.

## 三、非惯性系

非惯性系中的力学定律:引入惯性力后,有 $\boldsymbol{F}+\boldsymbol{F}_{\mathrm{i}}=m\boldsymbol{a}'$,其中 $\boldsymbol{F}_{\mathrm{i}}$ 为惯性力.

平动加速参考系中:$\boldsymbol{F}_{\mathrm{i}}=-m\boldsymbol{a}_0$.

匀角速转动参考系中:惯性离心力 $\boldsymbol{F}_{\mathrm{i}}=m\omega^2 R\boldsymbol{r}$.

# 典型例题

**例 2-1** 在光滑水平面上固定一竖直圆筒,半径为 $R$,一小球紧靠内壁在水平面上运动.设摩擦系数为 $\mu$,在 $t=0$ 时,物体的速度为 $v_0$.求任意时刻物体的速率和物体运动的路程.

**解** 以小球为研究对象,考虑到小球做曲线运动,因此选择自然坐标系是比较方便的,如图 2-1 所示.

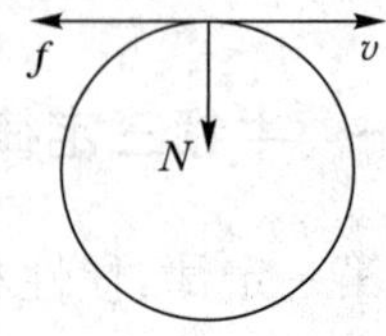

图 2-1 例题 2-1 解图

(1)列运动方程

法向:

$$N=\frac{mv^2}{R}$$

切向:

$$-\mu N=m\frac{\mathrm{d}v}{\mathrm{d}t}$$

联立求解方程

$$\frac{\mathrm{d}v}{v^2}=-\frac{\mu}{R}\mathrm{d}t,\quad \int_{v_0}^{v}\frac{\mathrm{d}v}{v^2}=\int_0^t-\frac{\mu}{R}\mathrm{d}t$$

可得

$$v = \frac{v_0 R}{R + \mu v_0 t}$$

(2)由 $ds = v dt$，得

$$\int_0^s ds = \int_0^t v dt = \int_0^t \frac{v_0 R}{R + \mu v_0 t} dt$$

所以

$$s = \frac{R}{\mu} \ln\left(1 + \frac{\mu v_0 t}{R}\right)$$

**例 2—2**　设空气对抛体的阻力与抛体的速度成正比，即 $\boldsymbol{F}_r = -k\boldsymbol{v}$，$k$ 为比例系数. 抛体的质量为 $m$，初速为 $\boldsymbol{v}_0$，抛射角为 $\alpha$，求抛体运动的轨迹方程.

**解**　取如图 2—2 所示的 $Oxy$ 平面坐标系. 抛体在点 $A$ 受到重力 $\boldsymbol{G}(m\boldsymbol{g})$ 和空气阻力 $\boldsymbol{F}_r(-k\boldsymbol{v})$ 的作用，由牛顿第二定律的分量式，可得

$$\begin{cases} ma_x = m\dfrac{dv_x}{dt} = -kv_x \\ ma_y = m\dfrac{dv_y}{dt} = -mg - kv_y \end{cases}$$

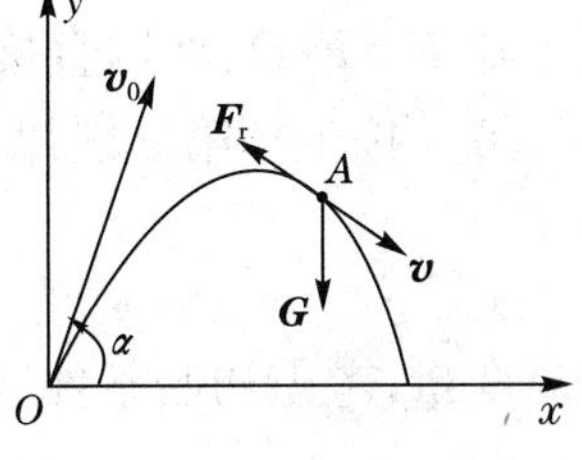


图 2—2　例题 2—2 解图

由此，有

$$\begin{cases} \dfrac{dv_x}{v_x} = -\dfrac{k}{m} dt \\ \dfrac{k dv_y}{mg + kv_y} = -\dfrac{k}{m} dt \end{cases}$$

对两式分别积分，并考虑起始条件：$t = 0$ 时，$v_{0x} = v_0 \cos\alpha$，$v_{0y} = v_0 \sin\alpha$，得

$$\begin{cases} v_x = v_0 \cos\alpha e^{-kt/m} \\ v_y = \left(v_0 \sin\alpha + \dfrac{mg}{k}\right) e^{-kt/m} - \dfrac{mg}{k} \end{cases}$$

由于 $dx = v_x dt$，$dy = v_y dt$，将两式代入后积分，可得

$$x = \frac{m}{k}(v_0 \cos\alpha)(1 - e^{-kt/m}) \qquad ①$$

$$y = \frac{m}{k}\left(v_0 \sin\alpha + \frac{mg}{k}\right)(1 - e^{-kt/m}) - \frac{mg}{k} t \qquad ②$$

消去①式和②式中的 $t$,可得抛体的轨迹方程为

$$y=\left(\tan\alpha+\frac{mg}{kv_0\cos\alpha}\right)x+\frac{m^2g}{k^2}\ln\left(1-\frac{k}{mv_0\cos\alpha}x\right)$$

## 习题分析与解答

### 一、选择题

**2-1** 质量为 0.25 kg 的质点,受力 $\boldsymbol{F}=t\boldsymbol{i}$ 的作用,$t=0$ 时该质点以 $\boldsymbol{v}=2\boldsymbol{j}$ 的速度通过坐标原点(题中各量单位均为 SI 制单位),该质点任意时刻的位置矢量是 ( )

(A) $2t^2\boldsymbol{i}+2\boldsymbol{j}$ (B) $\frac{2}{3}t^3\boldsymbol{i}+2t\boldsymbol{j}$

(C) $\frac{3}{4}t^4\boldsymbol{i}+\frac{2}{3}t^3\boldsymbol{j}$ (D)条件不足,无法确定

**分析** 该题是已知力和初始条件求运动,需用积分的方法. 因为已知 $\boldsymbol{F}=\boldsymbol{F}(t)$,所以直接分离变量积分即可.

**解** 按牛顿第二定律

$$\boldsymbol{F}=m\frac{\mathrm{d}\boldsymbol{v}}{\mathrm{d}t}=t\boldsymbol{i}$$

分离变量,考虑初始条件,积分,有

$$\int_{\boldsymbol{v}_0}^{\boldsymbol{v}}\mathrm{d}\boldsymbol{v}=\frac{1}{m}\int_0^t t\mathrm{d}t\boldsymbol{i}$$

$$\boldsymbol{v}=\frac{1}{2m}t^2\boldsymbol{i}+2\boldsymbol{j}$$

根据速度的定义

$$\boldsymbol{v}=\frac{\mathrm{d}\boldsymbol{r}}{\mathrm{d}t}$$

分离变量并积分,考虑初始条件,有

$$\int_0^{\boldsymbol{r}}\mathrm{d}\boldsymbol{r}=\int_0^t\boldsymbol{v}\mathrm{d}t=\int_0^t\left(\frac{1}{2m}t^2\boldsymbol{i}+2\boldsymbol{j}\right)\mathrm{d}t$$

解得

$$\boldsymbol{r}=\frac{2}{3}t^3\boldsymbol{i}+2t\boldsymbol{j}$$

故应选(B).

**2－2**　一轻绳跨过一定滑轮，两端各系一重物，它们的质量分别为 $m_1$ 和 $m_2$，且 $m_1>m_2$（滑轮质量及一切摩擦均不计），此时系统的加速度大小为 $a$，今用一竖直向下的恒力 $F=m_1g$ 代替 $m_1$，系统的加速度大小为 $a'$，则有　　（　　）

(A)$a'=a$　　(B)$a'>a$

(C)$a'<a$　　(D)条件不足，无法确定

**分析**　本题的关键在于分清用恒力取代物体后的变化情况. 正确分析物体受力，列出运动方程，求解出结果进行比较.

**解**　如图 2－3 所示，定滑轮两边各挂一重物时，有

$$m_1g-T=m_1a$$
$$T-m_2g=m_2a$$

解得

$$a=\frac{m_1-m_2}{m_1+m_2}g$$

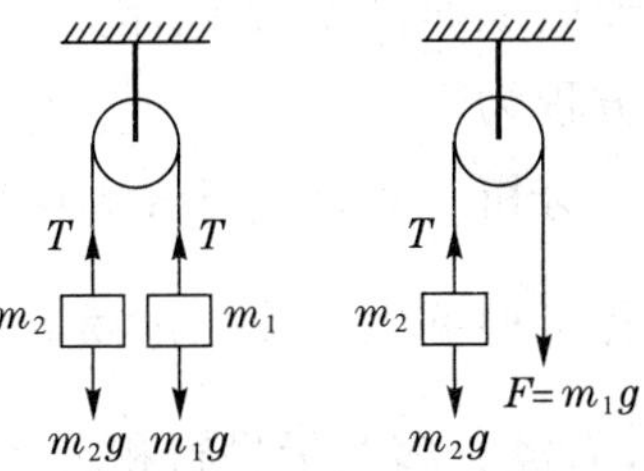

图 2－3　习题 2－2 解图

用恒力 $F=m_1g$ 取代 $m_1$ 后，有

$$m_1g-m_2g=m_2a'$$

解得

$$a'=\frac{m_1-m_2}{m_2}g$$

故应选(B).

## 二、填空题

**2－3**　如图 2－4 所示，质量为 $m$ 的物体用平行于斜面的细线连接并置于光滑的斜面上，若斜面向左边做加速运动，当物体刚脱离斜面时，它的加速度的大小为________.

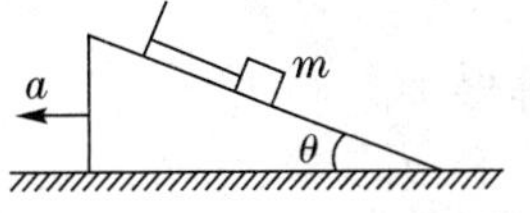

图 2－4　习题 2－3 图

**分析**　本题分析物体 $m$ 受力的关键，在于“物体刚脱离斜面时”表示它所受支持力 $\boldsymbol{N}=0$，只受张力 $\boldsymbol{T}$ 和重力 $m\boldsymbol{g}$ 作用，列出水平方向和竖直方向的运动方程，求解即可.

**解** 如图2—5所示,根据牛顿第二定律,有

$$T\cos\theta = ma$$
$$T\sin\theta - mg = 0$$

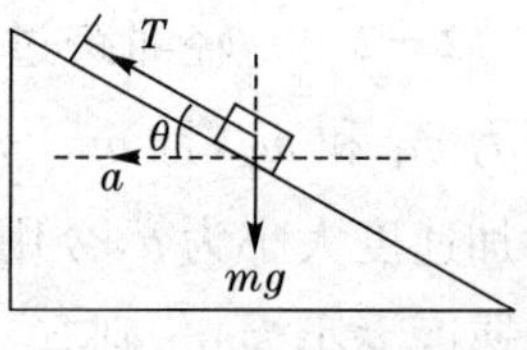

图2—5 习题2—3解图

解得

$$a = g\cot\theta$$

**2—4** 质量为 $m$ 的质点,在变力 $F=F_0(1-kt)$($F_0$ 和 $k$ 均为常量)作用下沿 $Ox$ 轴做直线运动.若已知 $t=0$ 时,质点处于坐标原点,速度为 $v_0$,则质点运动微分方程为____________________,质点速度随时间变化规律为 $v=$__________________,质点运动学方程为__________________.

**分析** 本题是已知力函数 $F=F(t)$ 求运动,除质点的运动微分方程可根据牛顿第二定律 $F=m\dfrac{\mathrm{d}^2x}{\mathrm{d}t^2}$ 直接写出外,求速度 $v$ 和运动方程,需经分离变量进行积分才能解得.

**解** 质点的运动微分方程为

$$\frac{\mathrm{d}^2x}{\mathrm{d}t^2}-\frac{F_0}{m}(1-kt)=0$$

由牛顿第二定律,得

$$F_0(1-kt)=m\frac{\mathrm{d}v}{\mathrm{d}t}=m\frac{\mathrm{d}^2x}{\mathrm{d}t^2}$$

分离变量,积分,考虑初始条件,有

$$\int_{v_0}^{v}\mathrm{d}v=\int_0^t\frac{F_0}{m}(1-kt)\mathrm{d}t$$

解得

$$v=v_0+\frac{F_0}{m}t-\frac{kF_0}{2m}t^2$$

根据速度的定义

$$v=\frac{\mathrm{d}x}{\mathrm{d}t}$$

分离变量,积分,考虑初始条件,有

$$\int_0^x\mathrm{d}x=\int_0^t\left(v_0+\frac{F_0}{m}t-\frac{kF_0}{2m}t^2\right)\mathrm{d}t$$

解得

$$x=v_0t+\frac{F_0}{2m}t^2-\frac{kF_0}{6m}t^3$$

## 三、计算与证明题

**2—5** 摩托快艇以速度 $v_0$ 行驶，它受到的摩擦阻力与速率平方成正比，可表示为 $F=-kv^2$（$k$ 为正常数）. 设摩托快艇的质量为 $m$，当摩托快艇发动机关闭后，求：

(1)速率 $v$ 随时间 $t$ 的变化规律.

(2)路程 $x$ 随时间 $t$ 的变化规律.

(3)证明速度 $v$ 与路程 $x$ 之间的关系为 $v=v_0\mathrm{e}^{-k'x}$，其中 $k'=\frac{k}{m}$.

**分析** 这是已知力函数 $F=f(v)$ 求运动的问题，需要分离变量，用积分法求解.

**解** (1)由 $\boldsymbol{F}=m\boldsymbol{a}$，有

$$-kv^2=m\frac{\mathrm{d}v}{\mathrm{d}t}$$

分离变量，考虑初始条件，两边积分，得

$$\int_0^t-\frac{k}{m}\mathrm{d}t=\int_{v_0}^{v}\frac{\mathrm{d}v}{v^2}$$

所以

$$v=\frac{1}{\frac{1}{v_0}+\frac{k}{m}t} \qquad ①$$

(2)由位移和速度的积分关系

$$x=\int_0^t v\mathrm{d}t+x_0$$

设 $x_0=0$，将 $v$ 的表示式①代入上式，积分，得

$$x=\int_0^t\frac{1}{\frac{1}{v_0}+\frac{k}{m}t}\mathrm{d}t=\frac{m}{k}\ln\left(\frac{1}{v_0}+\frac{k}{m}t\right)-\frac{m}{k}\ln\frac{1}{v_0}$$

路程 $x$ 随时间 $t$ 变化的规律为

$$x=\frac{m}{k}\ln\left(1+\frac{k}{m}v_0t\right) \qquad ②$$

(3)将①、②两式消去 $t$,得

$$v = v_0 \mathrm{e}^{-\frac{k}{m}x} = v_0 \mathrm{e}^{-k'x}$$

**2−6** 一恒力 $F_0$ 拉动系于弹簧上的物体(质量为 $m$),使其受力和坐标的关系为 $F=F_0-kx$,其中 $F_0$,$k$ 均为常量,物体在 $x=0$ 处的速度为 $v_0$,求物体的速度和坐标的关系.

**分析** 这也是一个已知力求运动的问题.但是这里已知的力函数为 $F=F(x)$,必须先进行变量的恒等变换,再分离变量,根据题给初始条件,进行积分计算.

**解** 因为力 $F(x)$是 $x$ 的函数,所以必须进行恒等变换,故

$$a = \frac{\mathrm{d}v}{\mathrm{d}t} = \frac{\mathrm{d}v}{\mathrm{d}x}\frac{\mathrm{d}x}{\mathrm{d}t} = v\frac{\mathrm{d}v}{\mathrm{d}x} = \frac{F}{m} = \frac{F_0 - kx}{m}$$

分离变量并积分,得

$$\int_{v_0}^{v} v\mathrm{d}v = \int_0^x \frac{F_0 - kx}{m}\mathrm{d}x$$

解得

$$v = \sqrt{v_0^2 + \frac{2F_0}{m}x - \frac{k}{m}x^2}$$

**2−7** 一条均匀的金属链条,质量为 $m$,挂在一个光滑的钉子上,一边长度为 $a$,另一边长度为 $b$,且 $a>b$,试证明链条从静止开始到滑离钉子所花的时间为

$$t = \sqrt{\frac{a+b}{2g}}\ln\frac{\sqrt{a}+\sqrt{b}}{\sqrt{a}-\sqrt{b}}$$

**分析** 先分析两边链条在任意时刻的受力情况,用牛顿第二定律求出加速度,再由 $v=\dfrac{\mathrm{d}x}{\mathrm{d}t}$,经分离变量,积分求 $t$.

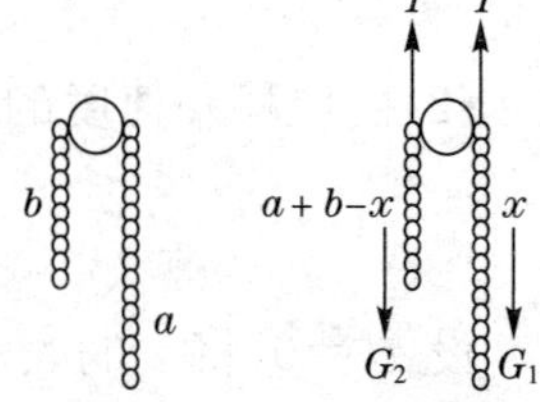

图 2−6 习题 2−7 解图

**证明** [方法一]

左右两部分链条受力情况如图 2−6 所示.按牛顿第二定律,有

$$T - \frac{m}{a+b}(a+b-x)g = \frac{m}{a+b}(a+b-x)\frac{\mathrm{d}v}{\mathrm{d}t}$$

$$\frac{m}{a+b}xg - T = \frac{m}{a+b}x\frac{\mathrm{d}v}{\mathrm{d}t}$$

两式相加，得

$$\frac{m}{a+b}(2x-a-b)g=m\frac{\mathrm{d}v}{\mathrm{d}t}$$

两边乘以 $\mathrm{d}x$，并用$\frac{\mathrm{d}x}{\mathrm{d}t}=v$ 简化得

$$\frac{1}{a+b}(2x-a-b)g\mathrm{d}x=v\mathrm{d}v$$

两边积分

$$\int_a^{a+b}\frac{1}{a+b}(2x-a-b)g\mathrm{d}x=\int_0^v v\mathrm{d}v$$

解得

$$v=\sqrt{\frac{2g}{a+b}(x-a)(x-b)}$$

再将 $v=\frac{\mathrm{d}x}{\mathrm{d}t}$代入，分离变量后积分，有

$$\int_0^t\mathrm{d}t=\int_a^{a+b}\frac{\mathrm{d}x}{v}=\int_a^{a+b}\frac{\mathrm{d}x}{\sqrt{\frac{2g}{a+b}(x-a)(x-b)}}$$

解得

$$t=\sqrt{\frac{a+b}{2g}}\ln\frac{\sqrt{a}+\sqrt{b}}{\sqrt{a}-\sqrt{b}}$$

［方法二］

以钉子处的重力势能为零，则静止时及另一边长为 $x$ 时的机械能分别为

$$E_0=-\frac{m}{a+b}ag\frac{a}{2}-\frac{m}{a+b}bg\frac{b}{2}$$

$$E=-\frac{m}{a+b}(a+b-x)g\frac{a+b-x}{2}-\frac{m}{a+b}xg\frac{x}{2}+\frac{1}{2}mv^2$$

由 $E=E_0$，求得

$$v=\sqrt{\frac{2g}{a+b}(x-a)(x-b)}$$

此后与方法一相同.

**2－8** 如图 2－7 所示，质量为 $m$ 的小球固定在长为 $l$ 的细杆一端，细杆的另一端 $O$ 固定在电动机的水平轴上，可使其在竖直平面

内从最低点 $A$ 处由静止($v_0=0$)开始加速转动,其切向加速度 $a_t=b$,$b$ 为常量.求小球在最低点 $A$ 和首次经过最高点 $B$ 时,细杆对小球的作用力,沿细杆的作用力是拉力还是推力?

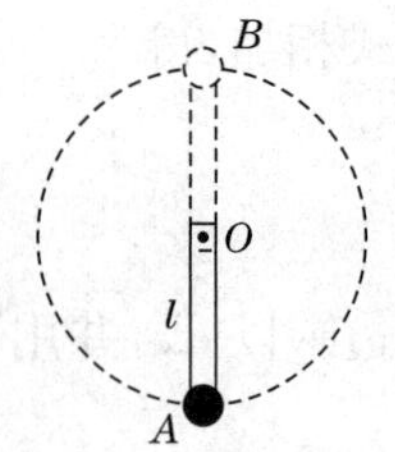

图 2—7　习题 2—8 图

**分析**　本题选取自然坐标系较为方便,按牛顿第二定律,分别列出切向方程和法向方程.根据变量关系,还需要进行恒等变换和分离变量再积分.

**解**　小球受重力 $m\boldsymbol{g}$ 和刚性细杆给它的作用力 $\boldsymbol{F}$,如图 2—8 所示.选自然坐标系处理问题.将 $\boldsymbol{F}$ 分解为法向分量 $\boldsymbol{F}_n$ 和切向分量 $\boldsymbol{F}_t$,即

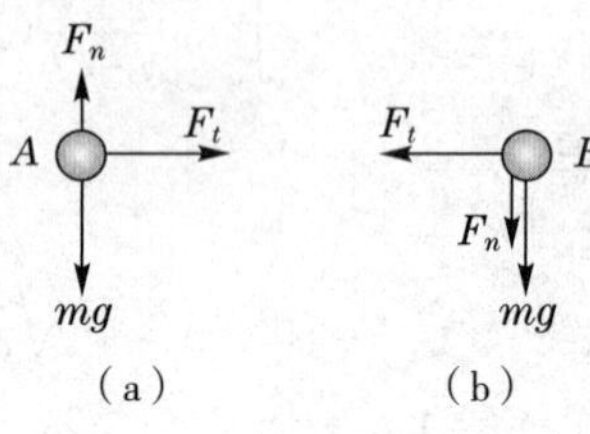

图 2—8　习题 2—8 解图

$$\boldsymbol{F}=\boldsymbol{F}_n+\boldsymbol{F}_t$$

在 $A$ 点,小球受力情况如图 2—8(a)所示.

由牛顿第二定律,有

$$F_t=ma_t$$
$$F_n-mg=0$$

所以

$$F=\sqrt{F_t^2+F_n^2}=m\sqrt{b^2+g^2}$$

力 $\boldsymbol{F}$ 与切向的夹角 $\theta=\arctan\dfrac{F_n}{F_t}=\arctan\dfrac{g}{b}$.

在 $B$ 点,杆对小球作用力 $\boldsymbol{F}$ 的法向分量 $\boldsymbol{F}_n$ 的指向与小球在 $B$ 点速率的大小有关.当速率大于某一数值时,小球所受重力不足以提供所需的向心力,这时杆作用力的法向分量 $\boldsymbol{F}_n$ 为拉力;当速率小于某一数值时,$\boldsymbol{F}_n$ 则为推力.由于 $B$ 点速率未知,所以 $\boldsymbol{F}_n$ 的指向未知.假设 $\boldsymbol{F}_n$ 指向圆心,则在 $B$ 点小球受力情况如图 2—8(b)所示.按牛顿第二定律,有

$$F_t=mb=m\frac{\mathrm{d}v}{\mathrm{d}t},F_n+mg=m\frac{v^2}{l}$$

对切向方程做变量代换

$$b=\frac{\mathrm{d}v}{\mathrm{d}t}=\frac{\mathrm{d}v}{\mathrm{d}s}\frac{\mathrm{d}s}{\mathrm{d}t}=v\frac{\mathrm{d}v}{\mathrm{d}s}$$

分离变量并积分,有

$$\int_0^v v\mathrm{d}v = \int_0^{\pi l} b\mathrm{d}s$$

解得

$$v^2 = 2\pi bl$$

代入法向方程,得

$$F_\mathrm{n} = 2\pi bm - mg$$

故在 $B$ 点细杆对小球的作用力为

$$F_\mathrm{t} = mb, F_\mathrm{n} = m(2\pi b - g)$$

由此可知,当 $2\pi b > g$ 时,$F_\mathrm{n} > 0$,为拉力;当 $2\pi b < g$ 时,$F_\mathrm{n} < 0$,为推力;当 $2\pi b = g$ 时,$F_\mathrm{n} = 0$,杆对小球无法向作用力.

**2—9** 一条质量为 $m$ 且分布均匀的绳子,长度为 $l$,一端拴在转轴上,并以恒定角速度 $\omega$ 在水平面上旋转,如图 2—9 所示.设转动过程中绳子始终伸直,且忽略重力与空气阻力,求距转轴为 $r$ 处绳中的张力.

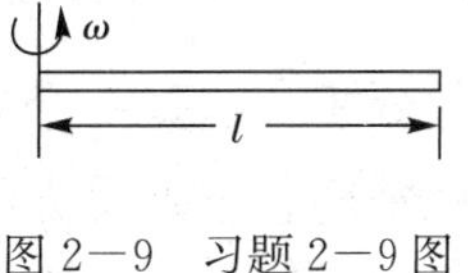

图 2—9 习题 2—9 图

**分析** 本题需根据牛顿第二定律列出绳子任一质元 $\mathrm{d}m = \frac{m}{l}\mathrm{d}r$ 的方程,再对全绳积分求解.

**解** 绳子在水平面内转动时,由于绳上各段转动速度不同,所以各处绳子的张力也不同.现取距转轴为 $r$ 处的一段绳子 $\mathrm{d}r$,质量 $\mathrm{d}m = \frac{m}{l}\mathrm{d}r$.设左右绳子对它的拉力分别是 $T(r)$ 和 $T(r+\mathrm{d}r)$,如图 2—10 所示.这段绳子做圆周运动,根据牛顿第二定律,有

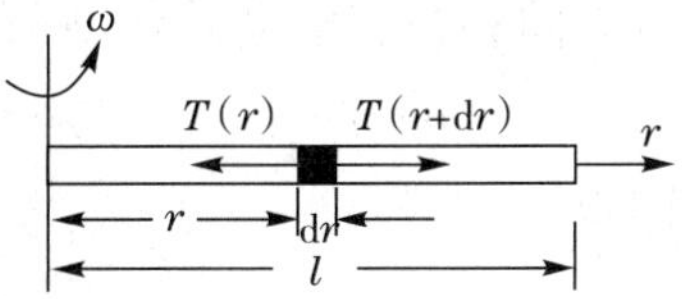

图 2—10 习题 2—9 解图

$$T(r) - T(r+\mathrm{d}r) = \left(\frac{m}{l}\mathrm{d}r\right)r\omega^2$$

$$\mathrm{d}T = -\frac{m}{l}\omega^2 r\mathrm{d}r$$

由于绳子的末端是自由端,即 $r = l$ 时,$T = 0$,所以对上式积分,有

$$\int_{T(r)}^0 \mathrm{d}T = -\int_r^l \frac{m\omega^2}{l} r\mathrm{d}r$$

解得

$$T(r)=\frac{m}{2l}\omega^2(l^2-r^2)$$

由此可见,愈靠近转轴处绳子的张力愈大,而末端是自由端,故张力 $T(l)=0$.

**2—10** 如图 2—11 所示,一不会伸长的轻绳过定滑轮将放置在两边斜面上的物体 $A$ 和 $B$ 连接起来,物体 $A$ 和 $B$ 的质量分别为 $m_A$ 和 $m_B$,物体和斜面之间的摩擦因数为 $\mu$,两个斜面的倾角分别为 $\alpha$ 和 $\beta$,设 $A,B$ 的初速度为零. 试求 $\frac{m_A}{m_B}$ 在什么范围内体系平衡.

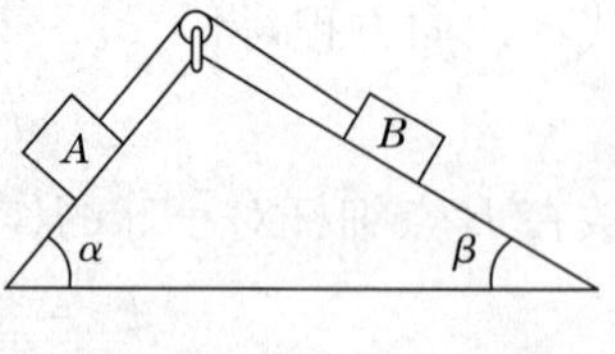

图 2—11　习题 2—10 图

**分析**　这是一个判断范围的题目,可分别假设,沿左右两个方向就平衡状态列出方程,即可得出结果.

**解**　设向左边有滑动趋势,则有

$$m_Ag\sin\alpha-\mu m_Ag\cos\alpha-\mu m_Bg\cos\beta-m_Bg\sin\beta=0$$

即得

$$\frac{m_A}{m_B}=\frac{\sin\beta+\mu\cos\beta}{\sin\alpha-\mu\cos\alpha}$$

再设向右边有滑动趋势,则有

$$m_Bg\sin\beta-\mu m_Bg\cos\beta-\mu m_Ag\cos\alpha-m_Ag\sin\alpha=0$$

即得

$$\frac{m_A}{m_B}=\frac{\sin\beta-\mu\cos\beta}{\sin\alpha+\mu\cos\alpha}$$

综上所述,$\frac{m_A}{m_B}$ 在下述范围内体系平衡

$$\frac{\sin\beta-\mu\cos\beta}{\sin\alpha+\mu\cos\alpha}\leqslant\frac{m_A}{m_B}\leqslant\frac{\sin\beta+\mu\cos\beta}{\sin\alpha-\mu\cos\alpha}$$

**2—11** 在光滑的平面上有一光滑的劈形物体,它的质量是 $M$,斜面的倾角是 $\alpha$,在斜面上放一质量为 $m$ 的小物体,如图 2—12 所示,试问:

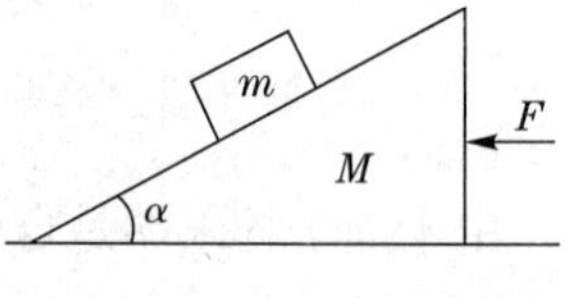

图 2—12　习题 2—11 图

(1)对 $M$ 必须施加多大的水平力 $F$,才能保持 $m$ 相对于 $M$ 静止不动?

(2)如果没有外力 $F$ 作用,求 $m$ 相对于 $M$ 的加速度,以及 $m$ 和 $M$ 相对于地面的加速度.

**分析** 这类问题可应用牛顿定律并采用隔离体法求解. 在求解第(1)小题时,应注意既要作为整体列出运动方程,又要把滑块隔离出来列出运动方程. 在求解第(2)小题时,更应明确:

1)在以地面为参考系中,因地面和斜面都是光滑的,当滑块在斜面上下滑时,斜面受到滑块对它的作用,也将沿地面做加速度为 $\boldsymbol{a}_m$ 的运动,这时滑块沿斜面的加速度 $\boldsymbol{a}_{mM}$ 不再是它相对于地面的加速度 $\boldsymbol{a}_M$ 了. 必须注意到它们之间应满足相对加速度的合成,即 $\boldsymbol{a}_m=\boldsymbol{a}_{mM}+\boldsymbol{a}_M$.

2)坐标系的选择,常选取平面直角坐标系,并使其中一坐标轴方向与运动方向一致,这样,可使解题方便.

3)在分析滑块与斜面之间的正压力时,要考虑运动状态的影响,切勿简单地把它视为滑块重力在垂直斜面方向的分力 $mg\cos\alpha$,事实上只有当 $a_M=0$ 时,正压力才等于 $mg\cos\alpha$.

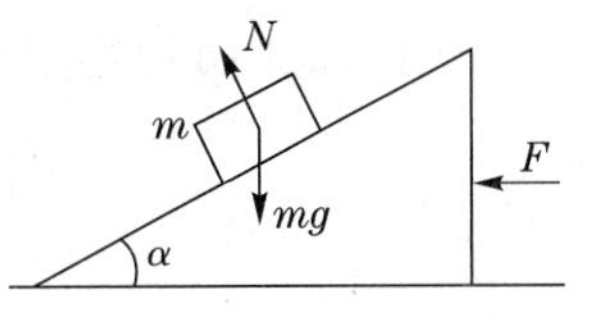


图 2—13 习题 2—11 解图 1

**解** (1)受力如图 2—13 所示. 把 $m$ 和 $M$ 视为一个整体,则有

$$F=(M+m)a \qquad ①$$

对于滑块 $m$,则有

$$N\cos\alpha-mg=0 \qquad ②$$

$$N\sin\alpha=ma \qquad ③$$

由②、③式,解得

$$a=g\tan\alpha$$

(2)取地面为参考系,以 $m$ 和 $M$ 为研究对象,分别作受力图,如图 2—14 所示. 设 $a_M$ 为 $M$ 对地的加速度,$a_m$ 为 $m$ 对地的加速度. 由牛顿运动定律,有

$$N_1\sin\alpha=Ma_M \qquad ④$$

$$-N_1\sin\alpha=ma_{mx} \qquad ⑤$$

$$N_1\cos\alpha-mg=ma_{my} \qquad ⑥$$

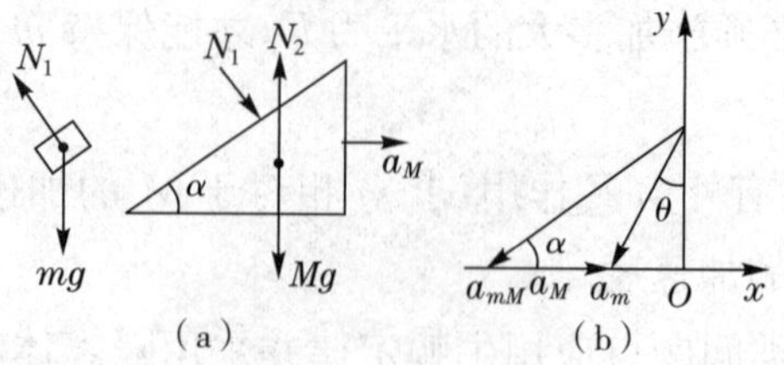


图 2—14　习题 2—11 解图 2

设 $m$ 相对 $M$ 的加速度为 $\boldsymbol{a}_{mM}$，则 $\boldsymbol{a}_m$、$\boldsymbol{a}_{mM}$、$\boldsymbol{a}_M$ 三者的矢量关系如图 2—14 所示，据此可得

$$a_{mx} = a_M - a_{mM}\cos\alpha \tag{7}$$

$$a_{my} = -a_{mM}\sin\alpha \tag{8}$$

解上述方程组，可得 $M$ 对地面的加速度为

$$a_M = \frac{m\sin\alpha\cos\alpha}{M + m\sin^2\alpha}g$$

$m$ 相对地面的加速度 $\boldsymbol{a}_m$ 在 $x$、$y$ 轴上的分量分别为

$$a_{mx} = -\frac{M\sin\alpha\cos\alpha}{M + m\sin^2\alpha}g$$

$$a_{my} = -\frac{(M+m)\sin^2\alpha}{M + m\sin^2\alpha}g$$

其方向与 $y$ 轴负向的夹角为

$$\theta = \arctan\frac{a_{mx}}{a_{my}} = \arctan\frac{M\cot\alpha}{M+m}$$

求 $m$ 相对 $M$ 的加速度 $a_{mM}$ 时，可以 $M$ 为参考系，这是非惯性系，必须加上惯性力 $\boldsymbol{F}_{惯} = -m\boldsymbol{a}_M$ 才能运用牛顿第二定律，则有

$$mg\sin\alpha + ma_M\cos\alpha = ma_{mM}$$

$$mg\cos\alpha - ma_M\sin\alpha - N_1 = 0$$

把式④和 $a_M$ 的结果代入，即可解得

$$a_{mM} = \frac{(M+m)\sin\alpha}{M + m\sin^2\alpha}g$$

**2—12**　如图 2—15 所示，将一质量为 $m$ 的很小物体放在一绕竖直轴以恒定角速度转动的漏斗中，漏斗壁与水平面成 $\theta$ 角，设物体和漏斗壁间的静摩擦因数为 $\mu$，物体离开转轴的距离为 $r$，试问：使此物体相对于漏斗静止所需要的最大和最小的转速是多少？

**分析** 本题的关键在于：(1)要求力的 $Z$ 概念清楚，并能正确分析木块受力，特别是摩擦力；(2)要正确分析转速“最大”“最小”的物理条件，核心是分析清楚转速大小与木块所受静摩擦力方向的关系.

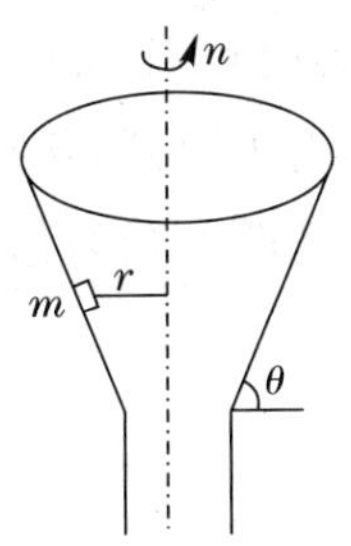


图 2—15 习题 2—12 图

**解** 设所求的最大转动角速度为 $\omega_{\max}$. 当漏斗转速增大时，木块相对漏斗内壁有向上运动趋势，因而木块受静摩擦力方向沿内壁向下. 当转速达到最大时，$f=\mu N_1$，$\boldsymbol{N}_1$ 为木块对漏斗壁的正压力，其反作用力为 $\boldsymbol{N}'_1$，木块还受重力 $\boldsymbol{G}$ 作用，各力都标于图 2—16 中，在如图 2—16 所示坐标系中列出方程

$$N'_1\sin\theta+f\cos\theta=mr\omega_{\max}^2 \quad ①$$

$$N'_1\cos\theta-f\sin\theta-mg=0 \quad ②$$

$$f=\mu N_1, N_1=N'_1 \quad ③$$

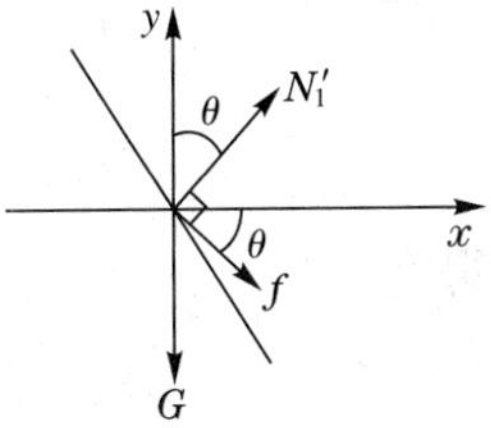

图 2—16 习题 2—12 解图

联立，可解得

$$\omega_{\max}=\sqrt{\frac{g(\sin\theta+\mu\cos\theta)}{r(\cos\theta-\mu\sin\theta)}}$$

当求最小转速时，注意摩擦力的方向相反，具体过程从略，可求得

$$\omega_{\min}=\sqrt{\frac{g(\sin\theta-\mu\cos\theta)}{r(\cos\theta+\mu\sin\theta)}}$$

**2—13** 若太阳和月球的质量分别为 $m_1$ 和 $m_2$，太阳和月球到地球表面的距离分别为 $r_1$ 和 $r_2$，试证明：

(1)太阳对地球施加的力 $F_1$ 与月球对地球施加的力 $F_2$ 之比为 $\frac{F_1}{F_2}=\frac{m_1r_2^2}{m_2r_1^2}$；

(2)由 $r$ 的微小改变引起 $F$ 的相对变化为 $\frac{\mathrm{d}F}{F}=-\frac{2\mathrm{d}r}{r}$；

(3)对于微小的距离改变 $\Delta r_0$，太阳和月球施加的力的改变量之比为 $\frac{\Delta F_1}{\Delta F_2}=\frac{m_1r_2^3}{m_2r_1^3}$. 代入数据，计算出以上各比值，并由此结果说明为什么月球对地球潮汐的影响比太阳大.

**分析** 这是一个直接应用万有引力定律的题目.只要正确写出万有引力公式,再按题给条件和要求,即可得到结果.

**证明** (1)设地球的质量为 $m$,按万有引力公式,有

$$F_1 = G\frac{m_1 m}{r_1^2} \quad ①$$

$$F_2 = G\frac{m_2 m}{r_2^2} \quad ②$$

①式除以②式,即得

$$\frac{F_1}{F_2} = \frac{m_1 r_2^2}{m_2 r_1^2}$$

(2)对 $F=G\frac{mM}{r^2}$ 两边微分,有

$$\mathrm{d}F = -2GmM\frac{\mathrm{d}r}{r^3}$$

故得

$$\frac{\mathrm{d}F}{F} = -\frac{2\mathrm{d}r}{r}$$

(3) $\because \Delta F = -\frac{2\Delta r_0}{r}F$,有

$$\Delta F_1 = -\frac{2\Delta r_0}{r_1}F_1$$

$$\Delta F_2 = -\frac{2\Delta r_0}{r_2}F_2$$

$$\therefore \frac{\Delta F_1}{\Delta F_2} = \frac{F_1 r_2}{F_2 r_1} = \frac{m_1 r_2^3}{m_2 r_1^3} = \frac{1.99\times 10^{30}}{7.36\times 10^{22}}\frac{(3.84\times 10^8)^3}{(1.49\times 10^{11})^3} = 0.46$$

由此可见,月球对地球潮汐的影响比太阳大.

**2−14** 质量为 16 kg 的质点在 $xOy$ 平面内运动,受一恒力作用,力的分量为 $f_x = 6$ N,$f_y = -7$ N,当 $t=0$ 时,$x = y = 0$,$v_x = -2\ \mathrm{m\cdot s^{-1}}$,$v_y = 0$. 求当 $t=2$ s 时质点的:(1)速度;(2)位矢.

**解**

$$a_x = \frac{f_x}{m} = \frac{6}{16} = \frac{3}{8}\ (\mathrm{m\cdot s^{-2}})$$

$$a_y = \frac{f_y}{m} = \frac{-7}{16} = -\frac{7}{16}(\mathrm{m\cdot s^{-2}})$$

(1) $v_x = v_{x0} + \int_0^2 a_x \mathrm{d}t = -2 + \frac{3}{8}\times 2 = -\frac{5}{4}(\mathrm{m\cdot s^{-1}})$

$$v_y = v_{y0} + \int_0^2 a_y \mathrm{d}t = -\frac{7}{16} \times 2 = -\frac{7}{8}(\mathrm{m} \cdot \mathrm{s}^{-1})$$

于是质点在 2 s 时的速度

$$\boldsymbol{v} = -\frac{5}{4}\boldsymbol{i} - \frac{7}{8} \cdot \boldsymbol{j}\ \mathrm{m} \cdot \mathrm{s}^{-1}$$

(2) $$\boldsymbol{r} = \left(v_0 t + \frac{1}{2}a_x t^2\right)\boldsymbol{i} + \frac{1}{2}a_y t^2 \boldsymbol{j}$$

$$= \left(-2 \times 2 + \frac{1}{2} \times \frac{3}{8} \times 4\right)\boldsymbol{i} + \frac{1}{2}\left(\frac{-7}{16}\right) \times 4\boldsymbol{j}$$

$$= -\frac{13}{4}\boldsymbol{i} - \frac{7}{8}\boldsymbol{j}(\mathrm{m})$$

**2—15** 质点在流体中做直线运动,受与速度成正比的阻力 $kv$($k$ 为常数)作用,$t=0$ 时质点的速度为 $v_0$,证明:

(1) $t$ 时刻的速度为 $v = v_0 \mathrm{e}^{-\left(\frac{k}{m}\right)t}$;

(2)由 0 到 $t$ 的时间内经过的距离为 $x = \left(\frac{mv_0}{k}\right)[1 - \mathrm{e}^{-\left(\frac{k}{m}\right)t}]$;

(3)停止运动前经过的距离为 $v_0\left(\frac{m}{k}\right)$;

(4)当 $t = m/k$ 时速度减至 $v_0$ 的 $\frac{1}{\mathrm{e}}$,式中 $m$ 为质点的质量.

**解** (1)∵ $$a = \frac{-kv}{m} = \frac{\mathrm{d}v}{\mathrm{d}t}$$

分离变量,得

$$\frac{\mathrm{d}v}{v} = \frac{-k\mathrm{d}t}{m}$$

即

$$\int_{v_0}^{v} \frac{\mathrm{d}v}{v} = \int_0^t \frac{-k\mathrm{d}t}{m}$$

$$\ln\frac{v}{v_0} = \ln \mathrm{e}^{-\frac{kt}{m}}$$

∴ $$v = v_0 \mathrm{e}^{-\left(\frac{k}{m}\right)t}$$

(2) $$x = \int v\mathrm{d}t = \int_0^t v_0 \mathrm{e}^{-\left(\frac{k}{m}\right)t} = \left(\frac{mv_0}{k}\right)[1 - \mathrm{e}^{-\left(\frac{k}{m}\right)t}]$$

(3)质点停止运动时速度为零,即 $t \to \infty$,

故有 $$x' = \int_0^{\infty} v_0 \mathrm{e}^{-(\frac{k}{m})t} \mathrm{d}t = \frac{mv_0}{k}$$

(4)当 $t = m/k$ 时,其速度为

$$v= v_0 \mathrm{e}^{-\frac{k}{m}\frac{m}{k}} = v_0 \mathrm{e}^{-1} = \frac{v_0}{\mathrm{e}}$$

即速度减至 $v_0$ 的 $\frac{1}{\mathrm{e}}$.

**2—16** 如图 2—17 所示,升降机内有两物体,质量分别为 $m_1$,$m_2$,且 $m_2=2m_1$.用细绳连接,跨过滑轮,绳子不可伸长,滑轮质量及一切摩擦都忽略不计,当升降机以匀加速度 $a = 0.5g$ 上升时,求:

(1)$m_1$和 $m_2$相对升降机的加速度.

(2)在地面上观察 $m_1$,$m_2$的加速度各为多少?

**解** 分别以 $m_1$,$m_2$为研究对象,其受力图如图 2-18 所示.

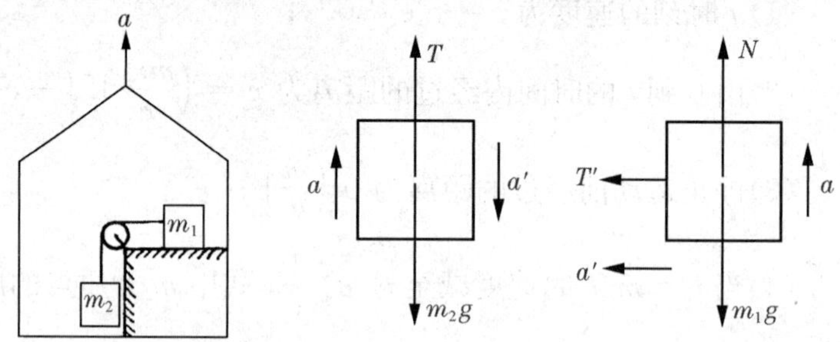


图 2—17 习题 2—16 图　　图 2—18 习题 2—16 解图

(1)设 $m_2$相对滑轮(即升降机)的加速度为 $a'$,则 $m_2$对地加速度 $a_2=a'-a$;因绳不可伸长,故 $m_1$对滑轮的加速度亦为 $a'$,又因 $m_1$在水平方向上没有受牵连运动的影响,所以 $m_1$在水平方向对地加速度亦为 $a'$,由牛顿定律,有

$$m_2 g - T = m_2(a' - a),\ t = m_1 a'$$

联立,解得 $a'=g$,方向向下.

(2)$m_2$对地加速度为

$$a_2 = a' - a = \frac{g}{2},方向向上$$

$m_1$在水平面方向有相对加速度,竖直方向有牵连加速度,即 $\boldsymbol{a}_{绝}=\boldsymbol{a}_{相}+\boldsymbol{a}_{牵}$

$$\therefore \quad a_1 = \sqrt{a'^2 + a^2} = \sqrt{g^2 + \frac{g^2}{4}} = \frac{\sqrt{5}}{2} g$$

$$\theta = \arctan \frac{a}{a'} = \arctan \frac{1}{2} = 26.6^\circ，左偏上.$$

**2—17** 如图 2-19 所示，一细绳跨过一定滑轮，绳的一边悬有一质量为 $m_1$ 的物体，另一边穿在质量为 $m_2$ 的圆柱体的竖直细孔中，圆柱可沿绳子滑动. 今看到绳子从圆柱细孔中加速上升，柱体相对于绳子以匀加速度 $a'$下滑，求 $m_1$，$m_2$ 相对于地面的加速度、绳的张力及柱体与绳子间的摩擦力(绳轻且不可伸长，滑轮的质量及轮与轴间的摩擦不计).

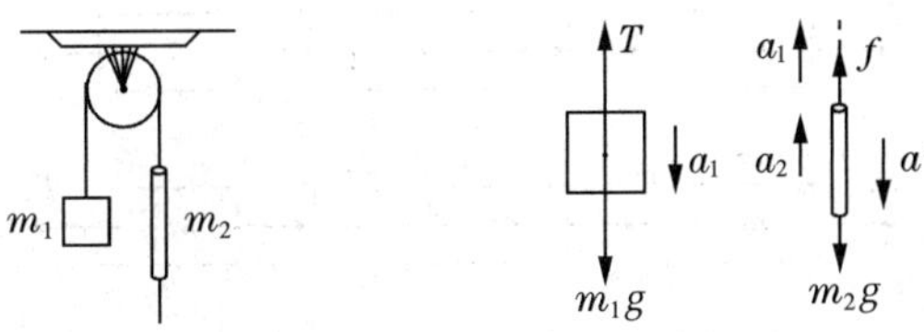


图 2—19 习题 2—17 图　　图 2—20 习题 2—17 解图

**解** 因绳不可伸长，故滑轮两边绳子的加速度均为 $a_1$，其对于 $m_2$ 则为牵连加速度，又知 $m_2$ 对绳子的相对加速度为 $a'$，故 $m_2$ 对地加速度，由图 2-20 可知，为

$$a_2 = a_1 - a' \tag{①}$$

又因绳的质量不计，所以圆柱体受到的摩擦力 $f$ 在数值上等于绳的张力 $T$，由牛顿定律，有

$$m_1 g - T = m_1 a_1 \tag{②}$$

$$T - m_2 g = m_2 a_2 \tag{③}$$

联立①、②、③式，得

$$a_1 = \frac{(m_1 - m_2)g + m_2 a'}{m_1 + m_2}$$

$$a_2 = \frac{(m_1 - m_2)g - m_1 a'}{m_1 + m_2}$$

$$f = T = \frac{m_1 m_2 (2g - a')}{m_1 + m_2}$$

讨论：(1)若 $a' = 0$，则 $a_1 = a_2$ 表示柱体与绳之间无相对滑动.

(2)若 $a' = 2g$，则 $T = f = 0$，表示柱体与绳之间无任何作用力，此时 $m_1$，$m_2$ 均做自由落体运动.

**2—18** 如图 2—21 所示，光滑的水平面上放着 3 个相互接触的物体,它们的质量分别为 $m_1=1\ \mathrm{kg}$,$m_2=2\ \mathrm{kg}$,$m_3=4\ \mathrm{kg}$。若用 $F=98\ \mathrm{N}$ 的水平力作用在 $m_1$ 上,求:

(1)$m_1$,$m_2$,$m_3$之间的相互作用力;

(2)若此时加 $F$ 水平向左作用在 $m_2$ 上,情况又如何?

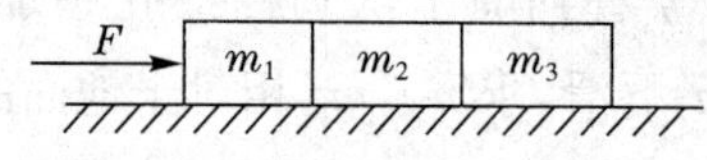


图 2—21　习题 2—18 图

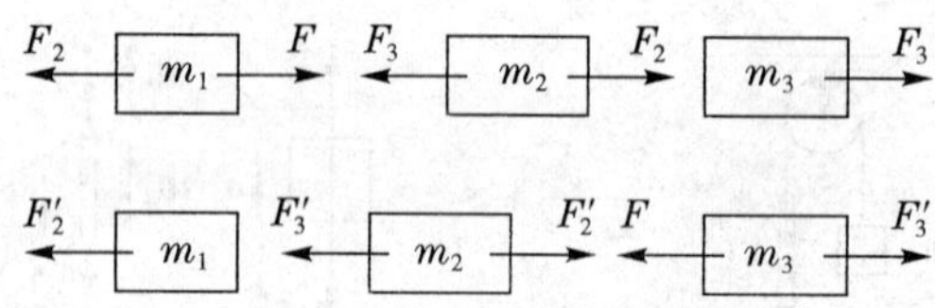


图 2—22　习题 2—18 解图

**解**　(1)由受力图 2—22 列牛顿运动方程

$$\begin{cases}F-F_2=m_1a_1 & (1)\\ F_2-F_3=m_2a_1 & (2)\\ F_3=m_3a_1 & (3)\end{cases}$$

$$a_1=\frac{F}{m_1+m_2+m_3}=\frac{98}{1+2+4}=14(\mathrm{m\cdot s^{-2}})\text{,方向向右}$$

$$F_2=F-m_1a_1=98-1\times14=84\ (\mathrm{N})$$

$$F_3=m_3a_1=4\times14=56\ (\mathrm{N})$$

$$(2)\begin{cases}F-F_3'=m_3a_2 & (4)\\ F_3'-F_2'=m_2a_2 & (5)\\ F_2'=m_1a_2 & (6)\end{cases}$$

$$a_2=\frac{F}{m_1+m_2+m_3}=\frac{98}{1+2+4}=14(\mathrm{m\cdot s^{-2}})\text{,方向向左}$$

$$F_3'=F-m_3a_2=98-4\times14=42(\mathrm{N})$$

$$F_2=m_1a_2=1\times14=14(\mathrm{N})$$

**2—19**　桌上有一质量为 $M$ 的板,板上放一质量为 $m$ 的物体,如图 2-23 所示.设物体与板、板与桌面之间的动摩擦系数为 $\mu_k$,静摩擦系数为 $\mu_s$,

(1)今以水平力 $F$ 拉板,使两者一起以加速度 $a$ 运动,试计算板与桌面间的相互作用力；

(2)要将板从物体下面抽出，至少需用多大的力？

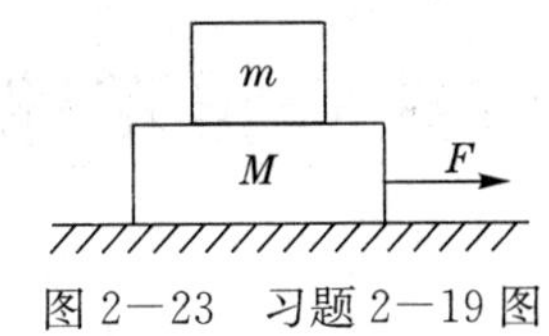

图 2－23　习题 2－19 图

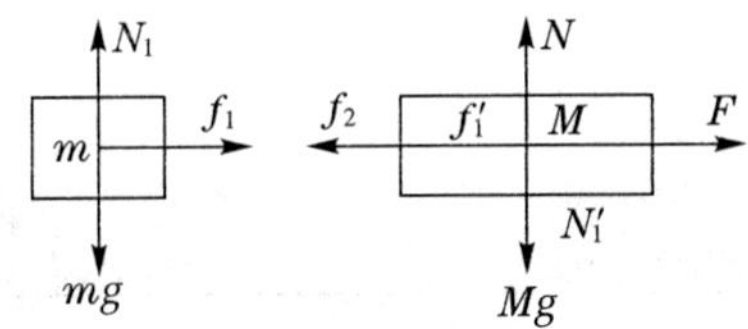

图 2－24　习题 2－19 解图

**解**　(1)受力分析如图 2－24 所示，已知板和桌面间的相互作用力 $N$ 和 $f_2$，因为

$$N_1 = mg$$

所以

$$N = N_1 + Mg = (m+M)g$$
$$f_2 = \mu_k N = \mu_k (M+m)g$$

(2)设抽出板所需的力为 $F$，且抽出时 $a_M > a_m$，

对 $m$：　　$f_1 = ma_m$

对 $M$：　　$F - f_1' - f_2 = Ma_M$

$$f_1' = f_1$$

即　　$f_1 < \dfrac{m(F-f_2)}{m+M}$

因为　　$f_1 < \mu_s mg$

所以　　$F > (\mu_k + \mu_s)(m+M)g$

# 第三章

# 功能原理和机械能守恒定律

## 基本要求

1. 掌握功的概念及变力的功的计算方法;掌握质点和质点系的动能定理,并能用于解决一般的力学问题.

2. 掌握保守力做功的特点及势能的概念,会计算万有引力、重力和弹性力的势能.

3. 掌握功能原理和机械能守恒定律及其适用条件以及运用其分析问题的思路和方法.

## 基本内容

### 一、功

$$A = \int \boldsymbol{F} \cdot \mathrm{d}\boldsymbol{r}$$

作用于质点的合力的功等于各分力的功的代数和 $A = \sum A_i$ .

### 二、动能定理

1. 动能

$$E_{\mathrm{k}} = \frac{1}{2}mv^2$$

2. 质点系的动能

$$E_{\mathrm{k}} = \sum E_{\mathrm{k}i}$$

3. 动能定理

$$A=\frac{1}{2}mv_2^2-\frac{1}{2}mv_1^2=\Delta E_k$$

## 三、势能

1. 保守力

若力所做功的多少仅由始末两点的位置决定，而与中间所经过的路径无关，则这样的力称为保守力.

2. 势能

对保守力可以引进势能 $E_p$，则

$$A_{ab}=-(E_{pb}-E_{pa})=-\Delta E_p$$

常见的势能及其零点位置有

| 势能 | 表达式 | 零点位置 |
| --- | --- | --- |
| 重力势能 | $E_p=mgh$ | 地面附近 |
| 弹性势能 | $E_p=\frac{1}{2}kx^2$ | 弹簧自由状态时自由端所在处 |
| 万有引力势能 | $E_p=-G\frac{Mm}{r}$ | 两物体相距无限远 |

## 四、功能原理

$$A_{外力}+A_{非保守内力}=\Delta E$$

## 五、机械能守恒定律

若 $A_{外力}+A_{非保守内力}=0$，则 $E=E_k+E_p=$ 常量

# 典型例题

**例 3—1**　一质量为 $m$ 的小球竖直落入水中，刚接触水面时其速率为 $v_0$. 设此球在水中所受的浮力与重力相等，水的阻力为 $F_r=-bv$，$b$ 为一常量. 求阻力对球做的功与时间的函数关系.

**解**　由于阻力随球的速率而变化，故阻力做功属于变力做功. 取水面上某点为坐标原点 $O$，竖直向下的轴为 $Ox$ 轴正方向，

如图3—1所示.由功的定义可知,水的阻力做功为

$$A=\int \boldsymbol{F}\cdot \mathrm{d}\boldsymbol{r}=\int -bv\mathrm{d}x=-\int bv\frac{\mathrm{d}x}{\mathrm{d}t}\mathrm{d}t$$

即

$$A=-b\int v^2\mathrm{d}t$$

易求仅在阻力作用下,物体下落速度与时间的关系为

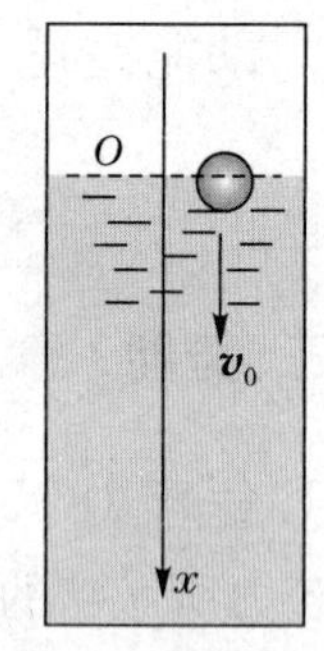

图3—1　例题3—1解图

$$v=v_0\mathrm{e}^{-\frac{b}{m}t}$$

所以

$$A=-bv_0^2\int \mathrm{e}^{-\frac{2b}{m}t}\mathrm{d}t$$

如设小球刚落入水面时为计时起点,即 $t_0=0$,则上式的积分为

$$A=-bv_0^2\int_0^t \mathrm{e}^{-\frac{2b}{m}t}\mathrm{d}t=\frac{1}{2}mv_0^2(\mathrm{e}^{-\frac{2b}{m}t}-1)$$

**例3—2**　一根原长为 $l_0$ 的弹簧,当下端悬挂质量为 $m$ 的重物时,弹簧长为 $l=2l_0$.现将弹簧一端悬挂在竖直放置的圆环上端 $A$ 点.设环的半径为 $R=l_0$,将弹簧另一端所挂重物放在光滑圆环的 $B$ 点,如图3—2所示.已知 $AB$ 长为 $1.6R$,当重物在 $B$ 点无初速地沿圆环滑动时,试求:

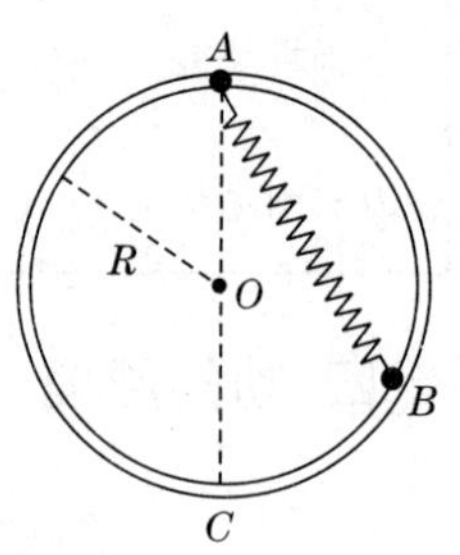

图3—2　例题3—2图

(1)重物在 $B$ 点的加速度和对圆环的正压力;

(2)重物滑到最低点 $C$ 时的加速度和对圆环的正压力.

**分析**　取重物 $m$、地球和弹簧为系统时,圆环对重物的支持力 $F_{\mathrm{N}}$ 是外力.由于圆环光滑,因此在重物 $m$ 沿圆环的运动过程中,支持力 $F_{\mathrm{N}}$ 不做功.重物所受的重力和弹性力是系统的保守内力.所以,系统的机械能守恒.由于重物沿圆环做圆周运动,因此,在解题时宜用自然坐标系.

**解**　由弹簧的静平衡条件,有

$$F-mg=k\Delta l-mg=0$$

$$\Delta l=2l_0-l_0=l_0=R$$

由此,解得

$$k=\frac{mg}{\Delta l}=\frac{mg}{R} \qquad ①$$

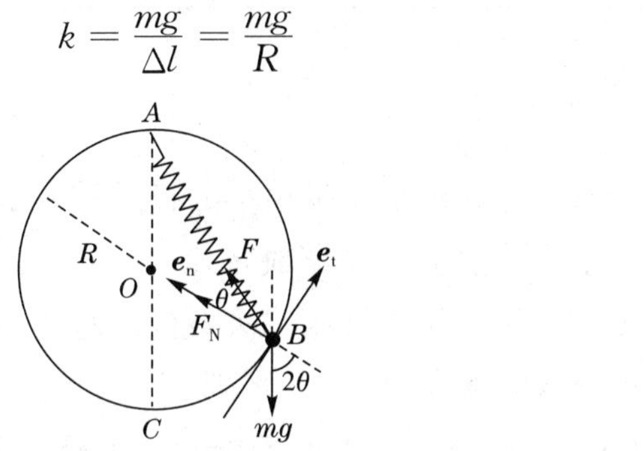


图 3—3　例题 3—2 解图

对重物的受力分析如图 3—3 所示. 在圆环的任意位置处,重物的运动方程为

切向　　$mg\sin 2\theta - F\sin\theta = ma_t$　　②

法向　　$F_N + F\cos\theta - mg\cos 2\theta = ma_n = m\dfrac{v^2}{R}$　　③

(1)重物在 $B$ 点所受弹性力 $F$ 为

$$F_B = k\Delta l_B = k(1.6R - R) = 0.6mg$$

由已知条件和受力分析图,可得

$$\cos\theta = \frac{AB}{2R} = 0.8,\quad \sin\theta = \sqrt{1-\cos^2\theta} = 0.6$$

根据题意 $v_B=0$,有 $a_{nB}=0$.

所以,重物在 $B$ 点的加速度为

$$a_B = a_{tB} = g(\sin 2\theta - 0.6\sin\theta) = 5.88\ \mathrm{m\cdot s^{-2}}$$

由③式,得

$$F_{NB} = mg\cos 2\theta - 0.6mg\cos\theta = -0.2mg$$

“—”表示 $F_N$ 与图示方向相反.

重物对圆环的正压力

$$F'_{NB} = -F_{NB} = 0.20mg$$

方向沿圆环径向指向环心.

(2)重物在 $C$ 点时,由图可知

$$\theta = 0, F_C = k(2R - l_0) = mg$$

# 习题分析与解答

## 一、选择题

**3－1** 用铁锤把质量很小的钉子敲入木板,设木板对钉子的阻力与钉子进入木板的深度成正比.在铁锤敲打第一次时,能把钉子敲入1.00 cm.如果铁锤第二次敲打的速度与第一次完全相同,那么第二次敲入的深度为 (　　)

(A)0.41 cm　　(B)0.50 cm　　(C)0.73 cm　　(D)1.00 cm

**分析** 由于两次敲打的条件相同,敲打后钉子获得的速度也相同,所具有的初动能也相同,钉子钉入木板是将钉子的动能用于克服阻力做功,由功能原理可知钉子两次所做的功相等.由于阻力与进入木板的深度成正比,按变力做功的定义可得两次功的表达式,并由功相等的关系即可求解.

**解** 因阻力与深度成正比,则有$F=kx$($k$为阻力系数).令$x_1=1.00\times10^{-2}$ m,第二次钉入的深度为$\Delta x$,由于钉子做功相等,可得

$$\int_0^{x_1} kx\,\mathrm{d}x=\int_{x_1}^{x_1+\Delta x} kx\,\mathrm{d}x$$

解得

$$\Delta x=0.41\times10^{-2}\ \mathrm{m}=0.41\ \mathrm{cm}$$

**3－2** 将一个物体提高10 m,下列哪一种情况下提升力所做的功最小? (　　)

(A)以5 m・s$^{-1}$的速度匀速提升

(B)以10 m・s$^{-1}$的速度匀速提升

(C)将物体由静止开始匀加速提升10 m,速度增加到5 m・s$^{-1}$

(D)物体以10 m・s$^{-1}$的初速度匀减速上升10 m,速度减小到5 m・s$^{-1}$

**分析** 本题用功能原理$A_{\mathrm{e}}+A_{\mathrm{id}}=(E_{\mathrm{k}}-E_{\mathrm{k0}})+(E_{\mathrm{p}}-E_{\mathrm{p0}})$求解.

**解** 因为$A_{\mathrm{id}}=0$,所以提升力做功为

$$A_{\mathrm{e}}=(E_{\mathrm{k}}-E_{\mathrm{k0}})+(E_{\mathrm{p}}-E_{\mathrm{p0}})$$

由题给条件可知,情况(D)提升力做功最小.

**3－3**　宇宙飞船返回地球时，将发动机关闭，可以认为它仅在地球引力场中运动. 若用 $m$ 表示飞船质量，$M$ 表示地球质量，$G$ 为引力常量，则飞船从距地球中心 $r_1$ 处下降到 $r_2$ 处的过程中，它的动能增量为　　　　(　　)

(A)$G\frac{mM}{r_2}$　(B)$G\frac{mM}{r_2^2}$　(C)$GmM\frac{r_1-r_2}{r_1r_2}$　(D)$GmM\frac{r_1-r_2}{r_1^2r_2^2}$

**解**　因为宇宙飞船仅在地球引力场中运动，所以在飞船下降过程中，机械能守恒. 由机械能守恒定律：$\Delta E_k+\Delta E_p=0$，可得

$$\Delta E_k=-\Delta E_p$$

由 $E_p=-G\frac{mM}{r}$ 可得飞船动能增量为 $GmM\frac{r_1-r_2}{r_1r_2}$，故选(C).

## 二、填空题

**3－4**　如图 3－4 所示，一弹簧竖直悬挂在天花板上，下端系一质量为 $m$ 的重物，在 $O$ 点平衡，设 $x_0$ 为重物在平衡位置时弹簧的伸长量.

(1)以弹簧原长 $O'$ 处为弹性势能和重力势能零点，则在平衡位置 $O$ 处的重力势能、弹性势能和总势能各为_______、_______、_______.

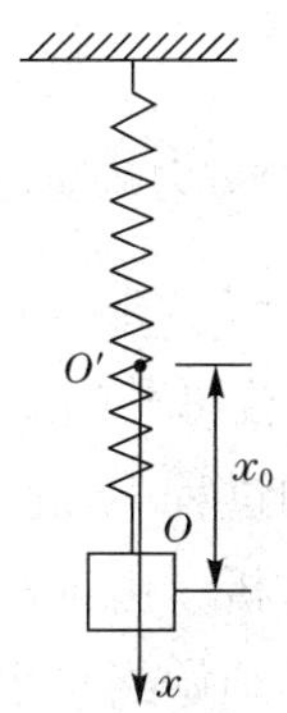

图 3－4　习题 3－4 图

(2)以平衡位置 $O$ 处为弹性势能和重力势能零点，则在弹簧原长 $O'$ 处的重力势能、弹性势能和总势能各为_______、_______、_______.

**分析**　这是关于势能零点的选择问题. 势能的零点原则上说是可以任意的，选取不同的势能零点位置，同一状态的势能值不同，但是两势能的差是一个常数. 问题是，重力势能不论势能零点选在何处，都用 $E_p=mgh$ 来计算，其中 $h$ 是相对零势能点的高度. 但是弹性势能的表达式 $E_p=\frac{1}{2}kx^2$ 并非普遍关系. 只有把弹簧原长处同时作为坐标原点和弹性势能零点时，弹性势能的表达式才是 $E_p=\frac{1}{2}kx^2$.

如果我们把坐标轴上任意一点 $x_0$ 处作为弹性势能零点(坐标原点仍然在弹簧原长处),系统在 $x$ 处的弹性势能的表达式将与上式不同.这时系统的弹性势能为

$$E_p = \frac{1}{2}kx^2 - \frac{1}{2}kx_0^2$$

或者直接由势能的定义

$$E_p = \int_a^b \boldsymbol{F} \cdot d\boldsymbol{r}$$

计算,其中 $E_{pb}=0$.

**解** 由 $kx_0=mg$,可得 $k=\frac{mg}{x_0}$.因此

(1)重力势能、弹性势能和总势能分别为 $-mgx_0$,$\frac{1}{2}mgx_0$,$-\frac{1}{2}mgx_0$;

(2)重力势能、弹性势能和总势能分别为 $mgx_0$,$-\frac{1}{2}mgx_0$,$\frac{1}{2}mgx_0$.

**3—5** 某人从 10 m 深的井中匀速提水,桶离开水面时装有水 10 kg.若每升高 1 m 要漏掉 0.2 kg 的水,则把这桶水从水面提高到井口的过程中,此人所做的功为__________.

**分析** 由于水桶在匀速上提的过程中,拉力必须始终与水桶重力相互平衡.水桶重力因漏水而随提升高度而变化,因此,拉力做功实为变力做功.由于拉力做功也就是克服重力做功,因此,只要能写出重力随高度变化的关系,拉力做功即可求出.

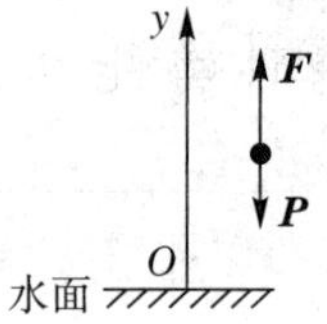

图 3—5 习题 3—5 解图

**解** 水桶在匀速上提过程中,$\boldsymbol{a}=0$,拉力与水桶重力平衡,有

$$\boldsymbol{F} + \boldsymbol{P} = 0$$

在图 3—5 中所取的坐标系下,水桶重力随位置的变化关系为

$$P = mg - 0.2gy$$

此人对水桶的拉力做功为

$$A = \int_0^{10} F dy = \int_0^{10} (mg - 0.2gy) dy = 882 \text{ J}$$

**3－6**　质点在力 $\boldsymbol{F}=2y^2\boldsymbol{i}+3x\boldsymbol{j}$ (SI)作用下沿如图 3－6 所示路径运动. 则力 $\boldsymbol{F}$ 在路径 $Oa$ 上的功 $A_{Oa}=$_______,力 $\boldsymbol{F}$在路径 $ab$ 上的功 $A_{ab}=$_______,力 $\boldsymbol{F}$ 在路径 $Ob$ 上的功 $A_{Ob}=$________,力 $\boldsymbol{F}$ 在路径 $OcbO$ 上的功 $A_{OcbO}=$________.

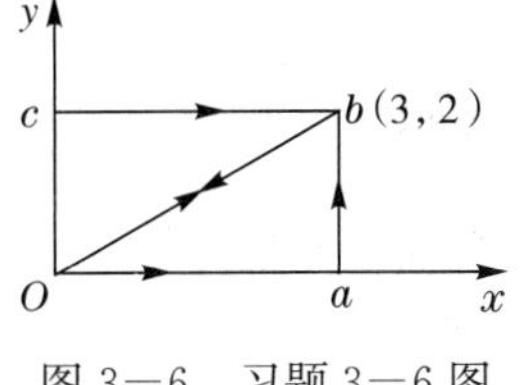

图 3－6　习题 3－6 图

**分析**　本题用变力做功在平面直角坐标系中的数学表达式:

$$A=\int(F_x\mathrm{d}x+F_y\mathrm{d}y)$$

根据题给条件,就可计算出结果.

**解**　$A_{Oa}=0$

$$A_{ab}=\int_0^2 3x\mathrm{d}y=18\ \mathrm{J}$$

$$A_{Ob}=\int_0^3 F_x\mathrm{d}x+\int_0^2 F_y\mathrm{d}y=\int_0^3 2y^2\mathrm{d}x+\int_0^2 3x\mathrm{d}y$$

$$=\int_0^3 2\left(\frac{2}{3}x\right)^2\mathrm{d}x+\int_0^2 3\left(\frac{3}{2}y\right)\mathrm{d}y=17\ \mathrm{J}$$

$$A_{OcbO}=\int_O^c(F_x\mathrm{d}x+F_y\mathrm{d}y)+\int_c^b(F_x\mathrm{d}x+F_y\mathrm{d}y)$$

$$+\int_b^O F_x(-\mathrm{d}x)+F_y(-\mathrm{d}y)=7\ \mathrm{J}$$

## 三、计算与证明题

**3－7**　一个质点在如图 3－7 所示的坐标平面内做圆周运动,有力 $\boldsymbol{F}=F_0(x\boldsymbol{i}+y\boldsymbol{j})$ 作用在质点上. 试证明,在该质点从坐标原点运动到$(0,2R)$位置过程中,力 $\boldsymbol{F}$ 对它所做的功为:$A=2F_0R^2$.

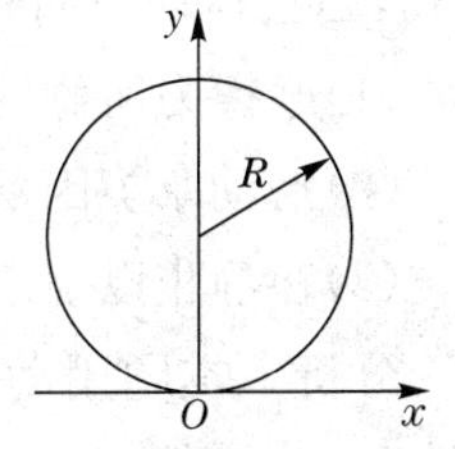

图 3－7　习题 3－7 图

**分析**　用平面直角坐标系中变力做功的公式 $A=\int(F_x\mathrm{d}x+F_y\mathrm{d}y)$ 即可证明.

**证明**

$$A=\int(F_x\mathrm{d}x+F_y\mathrm{d}y)=\int_0^0 F_0x\mathrm{d}x+\int_0^{2R}F_0y\mathrm{d}y$$
$$=\int_0^{2R}F_0y\mathrm{d}y=\frac{1}{2}F_0(2R)^2=2F_0R^2$$

故得证.

**3—8** 一根特殊弹簧,在伸长 $x$ 时,其弹力 $F=(4x+6x^2)$,式中 $x$ 的单位为 m,$F$ 的单位为 N.

(1)试求把弹簧从 $x=0.50$ m 拉长到 $x=1.00$ m 时,外力克服弹簧力所做的总功.

(2)将弹簧的一端固定,在其另一端拴一质量为 2 kg 的静止物体,试求弹簧从 $x=1.00$ m 回到 $x=0.50$ m 时物体的速率.(不计重力)

**分析** 直接用变力做功的公式 $A=\int F(x)\mathrm{d}x$ 和动能定理,就可求出结果.

**解** (1) $$A=\int_{0.50}^{1.00}F\mathrm{d}x=\int_{0.50}^{1.00}(4x+6x^2)\mathrm{d}x=3.25\ \mathrm{J}$$

(2)由 $A=\frac{1}{2}mv^2$,得(不计重力)

$$v=\sqrt{\frac{2A}{m}}=1.80\ \mathrm{m\cdot s^{-1}}$$

**3—9** 一质量为 $m$ 的质点拴在细绳的一端,绳的另一端固定,此质点在粗糙水平面上做半径为 $r$ 的圆周运动.设质点最初的速率为 $v_0$,当它运动一周时,其速率变为 $v_0/2$,求:

(1)摩擦力所做的功;

(2)滑动摩擦因数;

(3)在静止以前质点运动多少圈?

**分析** 本题用动能定理即可求得摩擦力所做的功.这里摩擦力大小不变,恒等于 $\mu mg$,写出其做功的表达式,代入上述结果,即可求出滑动摩擦因数 $\mu$,再将初始动能除以转动一圈消耗的动能,即得所转的圈数.

**解** (1)因为只有摩擦力做功,所以,由动能定理

$$A_{\mathrm{f}}=\frac{1}{2}mv^2-\frac{1}{2}mv_0^2$$

即可求得摩擦力所做的功为

$$A_{\mathrm{f}}=-\frac{3}{8}mv_0^2$$

(2)因为

$$\mathrm{d}A_{\mathrm{f}}=\boldsymbol{f}\cdot\mathrm{d}\boldsymbol{s}=-f\mathrm{d}s$$

所以

$$A_{\mathrm{f}}=\int\mathrm{d}A_{\mathrm{f}}=-\int_0^{2\pi r}f\mathrm{d}s=-f2\pi r$$

又因为 $f=\mu mg$,并考虑到(1)中计算结果,解得

$$\mu=\frac{3v_0^2}{16\pi gr}$$

(3)
$$n=\frac{\frac{1}{2}mv_0^2}{\frac{3}{8}mv_0^2}=\frac{4}{3}\text{ 圈}$$

**3—10**　设 $\boldsymbol{F}_{合}=7\boldsymbol{i}-6\boldsymbol{j}$ N.(1)当一质点从原点运动到 $\boldsymbol{r}=-3\boldsymbol{i}+4\boldsymbol{j}+16\boldsymbol{k}$ m 时,求 $\boldsymbol{F}$ 所做的功.(2)如果质点到 $r$ 处时需 0.6 s,试求平均功率.(3)如果质点的质量为 1 kg,试求动能的变化.

**解**　(1)由题知,$\boldsymbol{F}_{合}$ 为恒力,

$$\therefore A_{合}=\boldsymbol{F}\cdot\boldsymbol{r}=(7\boldsymbol{i}-6\boldsymbol{j})\cdot(-3\boldsymbol{i}+4\boldsymbol{j}+16\boldsymbol{k})$$
$$=-21-24=-45(\mathrm{J})$$

(2)　$$\boldsymbol{p}=\frac{A}{\Delta t}=\frac{45}{0.6}=75(\mathrm{W})$$

(3)由动能定理得

$$\Delta E_{\mathrm{k}}=A=-45\ \mathrm{J}$$

**3—11**　质量为 2 kg 的质点受到力 $\boldsymbol{F}=3\boldsymbol{i}+5\boldsymbol{j}$ 的作用,当质点从原点移动到位矢为 $\boldsymbol{r}=2\boldsymbol{i}-3\boldsymbol{j}$ 处时,此力所做的功为多少?式中 $F$ 的单位为 N,$r$ 的单位为 m.它与路径有无关系?如果此力是作用在质点上唯一的力,则质点的动能将变化多少?

**分析**　该题用平面直角坐标系中做功的公式 $A=\int(F_x\mathrm{d}x+F_y\mathrm{d}y)$ 和动能定理,即可求解.

**解** 力 $\boldsymbol{F}=3\boldsymbol{i}+5\boldsymbol{j}$ 对质点做功的表达式为

$$A=\int \boldsymbol{F}\cdot \mathrm{d}\boldsymbol{r}=\int_0^x F_x\mathrm{d}x+\int_0^y F_y\mathrm{d}y=\int_0^x 3\mathrm{d}x+\int_0^y 5\mathrm{d}y=3x+5y$$

故功与积分路径无关.

将 $x=2, y=-3$ 代入,即得做功大小为

$$A=-9\ \mathrm{J}$$

根据动能定理,质点动能的变化等于合外力所做的功,即

$$\Delta E_\mathrm{k}=A=-9\ \mathrm{J}$$

质点动能将减少 9 J.

**3-12** (1)试计算月球和地球对 $m$ 物体的引力相抵消的一点 $P$,距月球表面的距离是多少. 地球质量为 $5.98\times10^{24}$ kg,地球中心到月球中心的距离为 $3.84\times10^{8}$ m,月球质量为 $7.35\times10^{22}$ kg,月球半径为 $1.74\times10^{6}$ m. (2)如果一个 1 kg 的物体在距月球和地球均为无限远处的势能为零,那么它在 $P$ 点的势能为多少?

**解** (1)设在距月球中心为 $r$ 处 $F_{月引}=F_{地引}$,由万有引力定律,有

$$G\frac{mM_{月}}{r^2}=G\frac{mM_{地}}{(R-r)^2}$$

经整理,得

$$\begin{aligned} r&=\frac{\sqrt{M_{月}}}{\sqrt{M_{地}}+\sqrt{M_{月}}}R\\ &=\frac{\sqrt{7.35\times10^{22}}}{\sqrt{5.98\times10^{24}}+\sqrt{7.35\times10^{22}}}\times3.84\times10^{8}\\ &=3.83\times10^{7}\,(\mathrm{m})\end{aligned}$$

则 $P$ 点处至月球表面的距离为

$$h=r-r_{月}=(38.32-1.74)\times10^{6}=3.66\times10^{7}\,(\mathrm{m})$$

(2)质量为 1 kg 的物体在 $P$ 点的引力势能为

$$\begin{aligned} E_P&=-G\frac{M_{月}}{r}-G\frac{M_{地}}{(R-r)}\\ &=-6.67\times10^{-11}\times\frac{7.35\times10^{22}}{3.83\times10^{7}}-6.67\times10^{-11}\times\frac{5.98\times10^{24}}{(38.4-3.83)\times10^{7}}\\ &=-1.28\times10^{6}\,(\mathrm{J})\end{aligned}$$

**3-13** 设已知一质点(质量为 $m$)在其保守力场中位矢为 $r$ 点

的势能为 $E_p(r)=k/r^n$，试求质点所受保守力的大小和方向.

**解**　由题意得

$$F(r)=\frac{\mathrm{d}E_p(r)}{\mathrm{d}r}=-\frac{nk}{r^{n+1}}$$

方向与位矢 $\boldsymbol{r}$ 的方向相反，即指向力心.

**3－14**　一根劲度系数为 $k_1$ 的轻弹簧 $A$ 的下端挂一根劲度系数为 $k_2$ 的轻弹簧 $B$，$B$ 的下端又挂一重物 $C$，$C$ 的质量为 $m$. 求这一系统静止时两个弹簧的伸长量之比和弹性势能之比. 如果将此重物用手托住，让两个弹簧恢复原长，然后放手任其下落，问两根弹簧最大共可伸长多少？弹簧对 $C$ 作用的最大力为多大？

**分析**　本题要求掌握弹性力和弹性势能的表达式，会运用同时包括重力势能和弹性势能系统的机械能守恒定律.

**解**　因为

$$k_1\Delta x_1=k_2\Delta x_2$$

所以两弹簧伸长量之比为

$$\frac{\Delta x_1}{\Delta x_2}=\frac{k_2}{k_1}$$

它们的弹性势能之比为

$$\frac{E_{p1}}{E_{p2}}=\frac{\frac{1}{2}k_1(\Delta x_1)^2}{\frac{1}{2}k_2(\Delta x_2)^2}=\frac{k_2}{k_1}$$

现求两弹簧的最大伸长量. 取 $A$、$B$ 弹簧和重物 $C$ 为系统，弹簧从原长变化到最大伸长量的过程中，系统机械能守恒. 取重物 $C$ 处于最低点($h=0$)为势能零点，弹性势能零点在原长处，则有

$$mgh=\frac{1}{2}k_1(\Delta l_1)^2+\frac{1}{2}k_2(\Delta l_2)^2 \quad ①$$

式中，$\Delta l_1$、$\Delta l_2$ 分别是 $A$、$B$ 弹簧的最大伸长量.

又有

$$h=\Delta l_1+\Delta l_2 \quad ②$$

及

$$\frac{\Delta l_1}{\Delta l_2}=\frac{k_2}{k_1} \quad ③$$

联立①～③式，解得

$$h=\frac{2mg(k_1+k_2)}{k_1k_2},\Delta l_1=\frac{2mg}{k_1},\Delta l_2=\frac{2mg}{k_2}$$

两弹簧最大共可伸长

$$\Delta l_{\max}=\Delta l_1+\Delta l_2=2mg\,\frac{k_1+k_2}{k_1k_2}$$

弹簧对重物 $C$ 的最大作用力为

$$F_{\max}=k_2\Delta l_2=2mg$$

**3-15** 由水平桌面、光滑铅直杆、不可伸长的轻绳、轻弹簧、理想滑轮以及质量为 $m_1$ 和 $m_2$ 的滑块组成如图 3-8 所示装置，弹簧的劲度系数为 $k$，自然长度等于水平距离 $BC$，$m_2$ 与桌面间的摩擦系数为 $\mu$，最初 $m_1$ 静止于 $A$ 点，$AB=BC=h$，绳已拉直，现令滑块 $m_1$ 落下，求它下落到 $B$ 处时的速率.

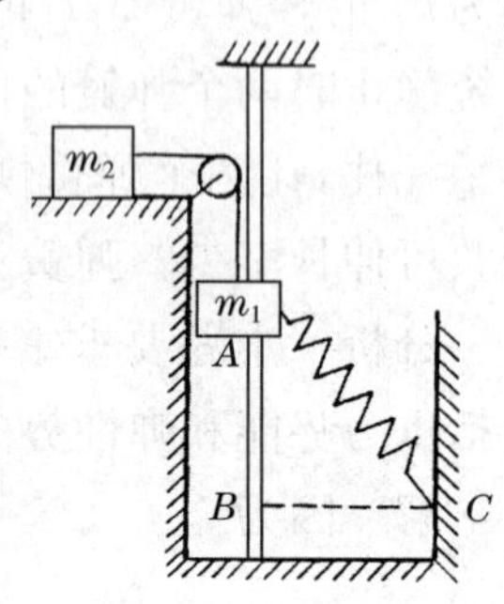

图 3-8　习题 3-15 解图

**解**　取 $B$ 点为重力势能零点，弹簧原长为弹性势能零点，则由功能原理，有

$$-\mu m_2gh=\frac{1}{2}(m_1+m_2)v^2-\left[m_1gh+\frac{1}{2}k(\Delta l)^2\right]$$

式中 $\Delta l$ 为弹簧在 $A$ 点时比原长的伸长量，则

$$\Delta l=AC-BC=(\sqrt{2}-1)h$$

联立上述两式，得

$$v=\sqrt{\frac{2(m_1-\mu m_2)gh+kh^2(\sqrt{2}-1)^2}{m_1+m_2}}$$

**3-16** 如图 3-9 所示，一物体质量为 2 kg，以初速度 $v_0=3\ \mathrm{m\cdot s^{-1}}$ 从斜面 $A$ 点处下滑，它与斜面的摩擦力为 8 N，到达 $B$ 点后压缩弹簧 20 cm 后停止，然后又被弹回，求弹簧的劲度系数和物体最后能回到的高度.

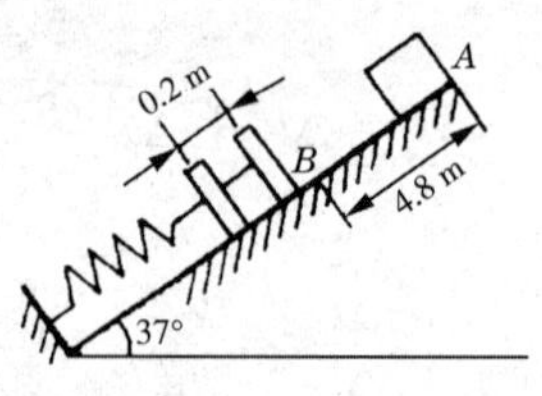

图 3-9　习题 3-16 图

**解**　取木块压缩弹簧至最短处的位置为重力势能零点，弹簧原长处为弹性势能零点. 则由功能原理，有

$$-f_r s = \frac{1}{2}kx^2 - \left(\frac{1}{2}mv_0^2 + mgs\sin 37°\right)$$

$$k = \frac{\frac{1}{2}mv_0^2 + mgs\sin 37° - f_r s}{\frac{1}{2}x^2}$$

式中

$$s = 4.8 + 0.2 = 5(\mathrm{m}),\ x = 0.2\ \mathrm{m}$$

再代入有关数据，解得

$$k = 1400\ \mathrm{N \cdot m^{-1}}$$

再次运用功能原理，求木块弹回的高度 $h'$

$$-f_r s' = mgs'\sin 37° - \frac{1}{2}kx^2$$

代入有关数据，得

$$s' = 1.4\ \mathrm{m}$$

则木块弹回高度

$$h' = s'\sin 37° = 0.84\ \mathrm{m}$$

**3－17**　一质量为 $m$，总长为 $l$ 的铁链，开始时有一半放在光滑的桌面上，而另一半下垂，如图 3－10 所示，试求铁链滑离桌面边缘时重力所做的功.

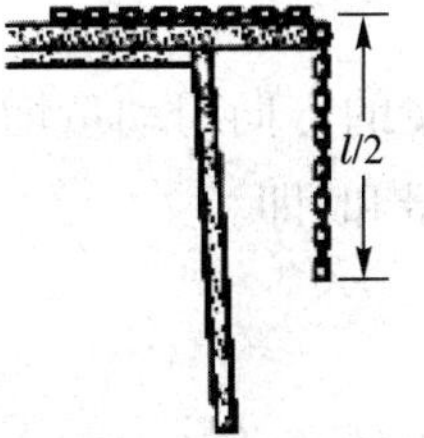

图 3－10　习题 3－17 图

**分析**　利用机械能守恒定律求解. 重力所做的功，等于铁链势能增量的负值，取桌面为零势能点，因而有

$$A = -\Delta E_p = -\left[\left(-\frac{1}{2}mgl\right) - \left(-\frac{1}{8}mgl\right)\right] = \frac{3}{8}mgl$$

**小结**：重力做功即可看成各质点在各自重力方向上的位移与各质点重力的积. 这样理解亦可解出此题.

# 第四章

## 动量定理与动量守恒定律

### 基本要求

1. 掌握动量定理和动量守恒定律,能综合运用各种力学原理和定律分析求解有关物理问题.

2. 了解质心概念和质心运动定理.

### 基本内容

#### 一、冲量

$$\boldsymbol{I}=\int_{t_1}^{t_2}\boldsymbol{F}\mathrm{d}t$$

冲量的方向与动量增量的方向相同,合力的冲量等于各分力冲量的矢量和,即

$$\int_{t_1}^{t_2}\boldsymbol{F}\mathrm{d}t=\sum_i\int_{t_1}^{t_2}\boldsymbol{F}_i\mathrm{d}t$$

内力的总冲量为零.

#### 二、动量定理

$$\boldsymbol{F}\mathrm{d}t=\mathrm{d}\boldsymbol{p},\int_{t_1}^{t_2}\boldsymbol{F}\mathrm{d}t=\int_{\boldsymbol{p}_1}^{\boldsymbol{p}_2}\boldsymbol{p}\mathrm{d}t=\boldsymbol{p}_2-\boldsymbol{p}_1$$

#### 三、动量守恒定律

$$\sum_i\boldsymbol{F}_i=0\text{ 时},\boldsymbol{p}=\sum_i m_i\boldsymbol{v}_i=\text{常矢量}$$

## 四、质心　质心运动定理

1. 质心

$$\boldsymbol{r}_C=\frac{\sum_i m_i\boldsymbol{r}_i}{m},\boldsymbol{r}_C=\frac{\int\boldsymbol{r}\mathrm{d}m}{m}$$

2. 质心运动定理

$$\sum_i\boldsymbol{F}_i=m\boldsymbol{a}_C$$

## 典型例题

**例 4—1**　一柔软链条长为 $l$,单位长度的质量为 $\lambda$. 链条放在桌上,桌上有一小孔,链条一端由小孔稍伸下,其余部分堆在小孔周围. 由于某种扰动,链条因自身重量开始落下. 求链条下落速度与落下距离之间的关系. 设链条与各处的摩擦均略去不计,而且认为链条软得可以自由伸开.

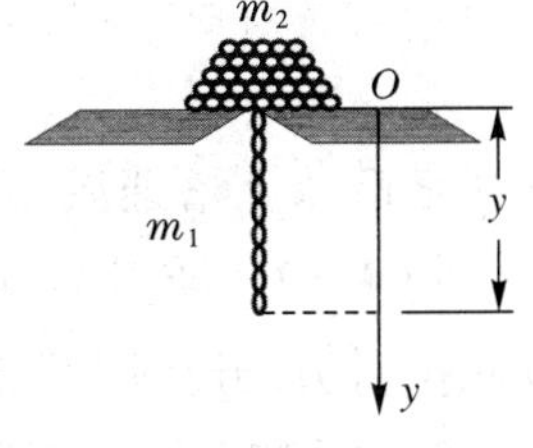


图 4—1　例题 4—1 解图

**解**　如图 4—1 所示,选取桌面上一点为坐标原点 $O$,竖直向下为 $Oy$ 轴正向. 在某时刻 $t$,链条下垂部分的长度为 $y$. 此时,桌面上的链条长为 $l-y$. 如果选取链条为一系统,那么此系统含有竖直悬挂的链条和在桌面上的链条两部分,它们之间的作用力为内力. 由于链条与各处的摩擦力略去不计,故下垂部分链条所受的重力$\boldsymbol{P}_1=m_1\boldsymbol{g}$,桌面上的链条所受的重力为 $\boldsymbol{P}_2=m_2\boldsymbol{g}$,所受的支持力 $\boldsymbol{F}_N=-m_2\boldsymbol{g}$,所以作用于系统的外力为 $\boldsymbol{F}^{\mathrm{ex}}=m_1\boldsymbol{g}$,其中 $m_1=\lambda y$. 在无限小时间间隔 $\mathrm{d}t$ 内,外力 $\boldsymbol{F}^{\mathrm{ex}}$在 $Oy$ 轴上的冲量应为 $F^{\mathrm{ex}}\mathrm{d}t$,所以,由质点系的动量定理可得

$$F^{\mathrm{ex}}=m_1g=\lambda yg$$

由质点系动量定理,得

$$F^{\mathrm{ex}}\mathrm{d}t=\mathrm{d}p$$

又因为

$$\mathrm{d}p=\lambda\mathrm{d}(yv)$$

所以

$$\lambda yg\,\mathrm{d}t = \lambda\mathrm{d}(yv)$$

则

$$yg = \frac{\mathrm{d}(yv)}{\mathrm{d}t}$$

等式两边同乘以 $y\mathrm{d}y$,可得

$$y^2 g\mathrm{d}y = y\mathrm{d}y\frac{\mathrm{d}(yv)}{\mathrm{d}t} = yv\mathrm{d}(yv)$$

已知在开始时,链条尚未下落,其下落速度为零,即$(yv)_{y=0}=0$.上式的积分为

$$g\int_0^y y^2\mathrm{d}y = \int_0^{yv} yv\mathrm{d}(yv)$$

可得

$$\frac{1}{3}gy^3 = \frac{1}{2}(yv)^2$$

即

$$v = \left(\frac{2}{3}gy\right)^{1/2}$$

这就是链条下落速度与下落距离之间的关系.

**例4－2** 质量为 $m_1$ 和 $m_2$ 的两个小孩在光滑水平冰面上用绳彼此拉对方.开始时静止,相距为 $l$.问他们将在何处相遇?

**解** 把两个小孩和绳看作一个系统,水平方向不受外力,此方向的动量守恒.

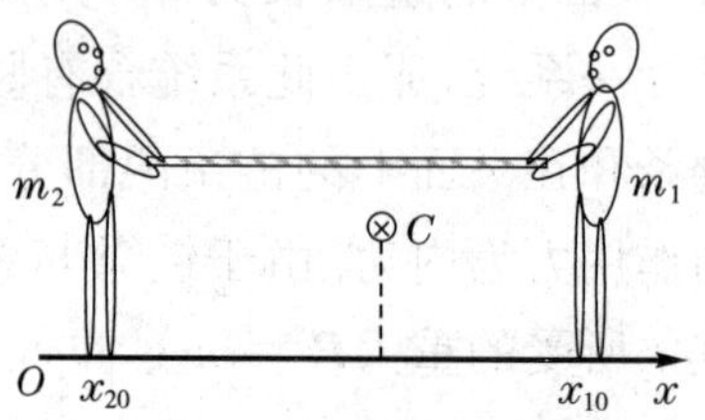

图4－2 例题4－2解图

建立如图4－2所示坐标系.以两个小孩的中点为原点,向右为 $x$ 轴的正方向.设开始时质量为 $m_1$ 的小孩坐标为 $x_{10}$,质量为 $m_2$ 的小孩坐标为 $x_{20}$,他们在任意时刻的速度分别为 $v_1$ 和 $v_2$,相应坐标为 $x_1$ 和 $x_2$.

由运动学公式得

$$x_1 = x_{10} + \int_0^t v_1\mathrm{d}t \quad ①$$

$$x_2 = x_{20} + \int_0^t v_2\mathrm{d}t \quad ②$$

在相遇时，$x_1=x_2=x_C$，于是有

$$x_{10}+\int_0^t v_1\,\mathrm{d}t=x_{20}+\int_0^t v_2\,\mathrm{d}t$$

即

$$x_{10}-x_{20}=\int_0^t (v_2-v_1)\,\mathrm{d}t \qquad ③$$

因动量守恒，所以

$$m_1v_1+m_2v_2=0$$

代入③式，可得

$$x_{10}-x_{20}=\int_0^t -\left(\frac{m_1}{m_2}+1\right)v_1\,\mathrm{d}t=\frac{m_1+m_2}{m_2}\int_0^t -v_1\,\mathrm{d}t$$

即

$$\int_0^t v_1\,\mathrm{d}t=\frac{m_2x_{20}-m_2x_{10}}{m_1+m_2}$$

代入①式，并令 $x_1=x_C$，得

$$x_C=x_{10}+\frac{m_2x_{20}-m_2x_{10}}{m_1+m_2}=\frac{m_2x_{20}+m_1x_{10}}{m_1+m_2}$$

上述结果表明，两小孩在纯内力作用下，将在他们共同的质心相遇. 上述结果也可直接由质心运动定律求出.

## 习题分析与解答

### 一、选择题

**4－1** 有两个倾角不同、高度相同、质量一样的斜面放在光滑的水平面上，斜面是光滑的，有两个一样的物块分别从这两个斜面的顶点由静止开始滑下，则 （ ）

(A)物块到达斜面底端时的动量相等

(B)物块到达斜面底端时的动能相等

(C)物块、斜面和地球组成的系统机械能不守恒

(D)物块和斜面组成的系统水平方向上动量守恒

**分析与解** 这里 4 种判断，最难的是选项(B). 只要掌握习题 4－11的结果和机械能守恒，选项(B)显然不能成立. 系统在水平方

向不受外力作用,所以应选(D).

**4-2** 在系统不受外力作用的非弹性碰撞过程中 ( )

(A)动能和动量都守恒 (B)动能和动量都不守恒

(C)动能不守恒,动量守恒 (D)动能守恒,动量不守恒

**分析与解** 在不受外力作用时,任何碰撞系统的动量都守恒.在非弹性碰撞过程中,有非保守内力做功,根据动能定理,动能不守恒,所以选(C).

**4-3** 如图4-3所示,一光滑的圆弧形槽 $M$ 置于光滑水平面上,一滑块 $m$ 自槽的顶部由静止释放后沿槽滑下,不计空气阻力.对于这一过程,以下哪种分析是正确的? ( )

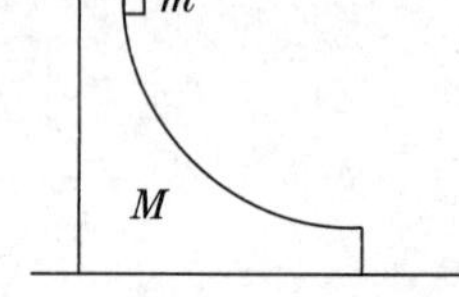


图4-3 习题4-3图

(A)由 $m$ 和 $M$ 组成的系统动量守恒

(B)由 $m$ 和 $M$ 组成的系统机械能守恒

(C)由 $m$、$M$ 和地球组成的系统机械能守恒

(D)$M$ 对 $m$ 的正压力恒不做功

**分析与解** 本题的难点在于选项(D).我们知道,一对力做功为零的条件是,没有相对位移或力与位移垂直.这里正是力与相对位移垂直的情况,那么 $M$ 对 $m$ 的正压力恒不做功为什么不对呢?注意,这里只讲一对力中的一个力做功为零是不对的.余下就很容易判断了,显然应选(C).

## 二、填空题

**4-4** 一质量 $m=2.0\ \text{kg}$ 的质点在合外力 $\boldsymbol{F}=12t\boldsymbol{i}$ 的作用下沿 $x$ 轴做直线运动,已知 $t=0$ 时,$x_0=0$,$v_0=0$,则前3 s内合外力的冲量 $\boldsymbol{I}=$______;第3 s末质点的速度 $\boldsymbol{v}=$______.

**分析** 这里 $\boldsymbol{F}=12t\boldsymbol{i}$ 是一变力,求它对质点 $m=2.0\ \text{kg}$ 作用的前3 s的冲量,可以用动量定理求解,也可直接按冲量的定义 $\boldsymbol{I}=\int \boldsymbol{F}\mathrm{d}t$ 求得.

**解** 按定义 $\boldsymbol{I}=\int_0^t \boldsymbol{F}\mathrm{d}t$,有

$$\boldsymbol{I}=\int_0^3 12t\mathrm{d}t\boldsymbol{i}=54\boldsymbol{i}\ \text{N}\cdot\text{s}$$

由动量定理 $\boldsymbol{I}=\Delta(m\boldsymbol{v})$，需求出 3 s 末质点速度，有

$$\boldsymbol{F}=m\frac{\mathrm{d}\boldsymbol{v}}{\mathrm{d}t}=12t\boldsymbol{i}$$

分离变量并积分，有

$$\int_0^v \mathrm{d}\boldsymbol{v}=\int_0^3 6t\mathrm{d}t\boldsymbol{i}$$

解得

$$\boldsymbol{v}_{(3)}=27\boldsymbol{i}\ \mathrm{m}\cdot\mathrm{s}^{-1}$$

$$\boldsymbol{I}=m\boldsymbol{v}-0=54\boldsymbol{i}\,\mathrm{N}\cdot\mathrm{s}$$

**4—5**　质量为 $m$ 的子弹，以水平速度 $v_0$ 射入置于光滑水平面上的质量为 $M$ 的静止砂箱，子弹在砂箱中前进距离 $l$ 后停在砂箱中，同时砂箱向前运动的距离为 $s$，此后子弹与砂箱一起以共同速度匀速运动，则子弹受到的平均阻力 $F=$__________，砂箱与子弹系统损失的机械能 $\Delta E=$__________.

**分析**　本题讨论的是过程中的能量和做功问题. 子弹和砂箱相互作用的一对力，虽然大小相等，但两相互作用的物体的位移不相等. 由图 4—4 可知，砂箱的位移为 $s$，子弹的位移为 $L=s+l$，因此两个力的功不相等. 从功能关系上看，砂箱施予子弹的力的功等于子弹的动能变化，子弹施予砂箱的功等于砂箱的动能变化. 砂箱施予子弹的力的功与子弹施予砂箱的功之和等于系统（$M$ 和 $m$）动能的变化，它就是损失的机械能. 在这一过程中动量守恒，而机械能不守恒.

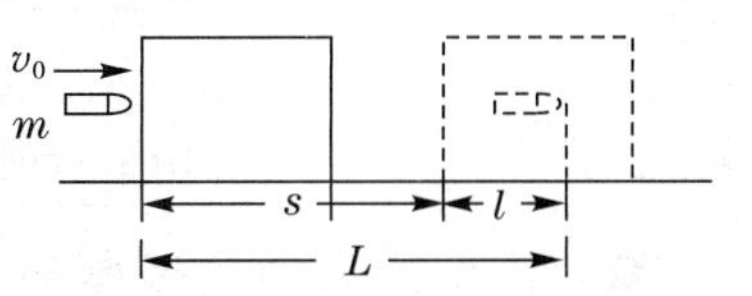

图 4—4　习题 4—5 解图

**解**　把子弹与砂箱当作一个系统，该系统所受到合外力为零，动量守恒，因此有

$$(m+M)v=mv_0$$

从而求得子弹与砂箱相对砂箱静止后它们的共同速度

$$v=\frac{m}{M+m}v_0$$

砂箱施予子弹的阻止力 $F$ 的功 $A$ 可由质点动能定理得到，即

$$A = F(s+l) = \frac{1}{2}mv^2 - \frac{1}{2}mv_0^2 = -\frac{1}{2}mv_0^2\frac{M(M+2m)}{(M+m)^2}$$

所以子弹受到的平均阻力为

$$F = \frac{1}{2}mv_0^2\frac{M(M+2m)}{(M+m)^2(s+l)}$$

同理,可求得子弹施予砂箱的阻力 $F'$的功为

$$A' = F's = \frac{1}{2}Mv^2 - 0 = \frac{1}{2}mv_0^2\frac{Mm}{(M+m)^2}$$

由于 $M$ 和 $m$ 做完全非弹性碰撞,故有机械能损失.损失的机械能为

$$\Delta E = \frac{1}{2}(M+m)v^2 - \frac{1}{2}mv_0^2 = A + A' = -\frac{M}{M+m}\left(\frac{1}{2}mv_0^2\right)$$

**4-6** 一质量为 $m$ 的物体,以初速 $\boldsymbol{v}_0$ 从地面抛出,抛射角 $\theta=30°$,如忽略空气阻力,则从抛出到刚要接触地面的过程中,物体动量增量的大小为______,方向为______.

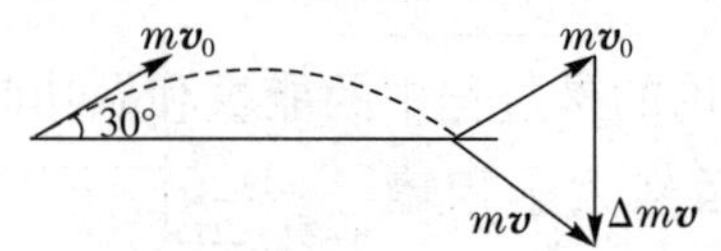


图 4-5 习题 4-6 解图

**解** 由抛体运动的规律和动量定理的概念,就可画出矢量图,如图4-5所示,便可直接得到$|m\boldsymbol{v}|=mv_0$,方向竖直向下.

## 三、计算与证明题

**4-7** 一小船质量为 100 kg,船头到船尾共长 3.6 m.现有一质量为 50 kg 的人从船头走到船尾时,船将移动多少距离?假定水的阻力不计.

**分析** 人在船上行走这一过程,系统动量守恒.但在应用动量守恒定律时,必须注意系统是相对地面(惯性系)而言的,因此,在处理人和船的速度时,都应是相对地面的速度.本题的关键在于考虑动量守恒在一段时间内的累积效果,从而使问题得到解决.此外,也可用质心概念求解,因为系统所受的合外力为零,所以系统变化前后的质心位置不变,由此可求得结果.

**解** 以地面为参考系,设船的质量为 $M$,速度为 $V$;人的质量为

$m$,速度为 $v$,则根据动量守恒定律,有

$$MV + mv = 0, V = -\frac{mv}{M}$$

“—”号表明船的运动速度方向和人的运动速度方向相反.

上式两边同乘以 $\mathrm{d}t$,得

$$V\mathrm{d}t = -\frac{mv}{M}\mathrm{d}t$$

$V\mathrm{d}t=\mathrm{d}S$ 为船在 $\mathrm{d}t$ 时间内走过的路程,$v\mathrm{d}t=\mathrm{d}s$ 为人在 $\mathrm{d}t$ 时间内走过的路程. 在 $t$ 时间内,它们走过的路程分别为

$$S = \int_0^t V\mathrm{d}t, s = \int_0^t v\mathrm{d}t$$

所以

$$S = \left|-\frac{m}{M}s\right| = \frac{m}{M}s$$

$$\frac{S}{s} = \frac{m}{M} = \frac{50}{100} = \frac{1}{2}$$

又因为

$$S + s = 3.6\ \mathrm{m}$$

所以

$$S = 1.2\ \mathrm{m}$$

**4—8**　如图 4—6 所示,一轻质弹簧劲度系数为 $k$,两端各固定一质量均为 $M$ 的物块 $A$ 和 $B$,放在水平光滑桌面上静止. 今有一质量为 $m$ 的子弹沿弹簧的轴线方向以速度 $v_0$ 射入一物块而不射出,求此后弹簧的最大压缩长度.

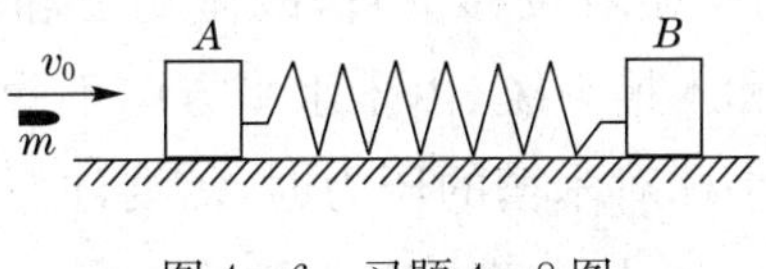


图 4—6　习题 4—8 图

**分析**　子弹的运动过程可分两个阶段. 第一阶段,子弹射入物块 $A$ 并停留在其中,为完全非弹性碰撞. 由于时间极短,可认为 $A$ 还没有移动,此过程系统的动量守恒. 第二阶段 $A$ 移动,直到 $A$ 和 $B$ 在某一瞬时有相同的速度,弹簧压缩最大,这一过程系统的动量也守恒. 最后再应用机械能守恒定律,求得弹簧最大压缩长度.

**解** 第一阶段:子弹射入物块 $A$,并停留在其中. 应用动量守恒定律,可求得 $A$ 的速度 $v_A$ 为

$$(M+m)v_A = mv_0$$

$$v_A = \frac{m}{M+m}v_0$$

第二阶段:$A$ 移动,直到 $A$ 和 $B$ 在某一瞬时具有相同的速度,弹簧压缩最大. 应用动量守恒定律,求得两物体的共同速度 $v$,即

$$(2M+m)v = (M+m)v_A$$

$$v = \frac{M+m}{2M+m}v_A = \frac{m}{2M+m}v_0$$

再用机械能守恒定律,求得弹簧最大压缩长度 $x$.

$$\frac{1}{2}(2M+m)v^2 + \frac{1}{2}kx^2 = \frac{1}{2}(M+m)v_A^2$$

$$x = mv_0\sqrt{\frac{M}{k(M+m)(2M+m)}}$$

**4—9** 一质量为 $m$ 的小球,由顶端沿质量为 $M$ 的圆弧形木槽自静止下滑,设圆弧形槽的半径为 $R$,如图 4—7 所示. 忽略所有摩擦,求:

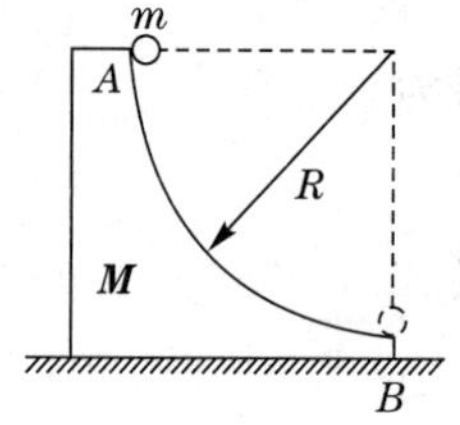

图 4—7 习题 4—9 图

(1)小球刚离开圆弧形槽时,小球和圆弧形槽的速度各是多少?

(2)小球滑到 $B$ 点时对木槽的压力.

**分析** 对小球、木槽和地球系统,外力不做功,小球和木槽的一对相互作用力时刻与相对位移垂直,故做功之和为零,因此系统机械能守恒. 对小球和木槽系统,由于水平方向不受外力,所以水平方向动量守恒. 在求小球对木槽的压力时,需要注意的是,牛顿第二定律 $F=mv^2/R$ 中的 $v$ 应是小球相对木槽的速度.

**解** 设小球刚离开圆弧形槽即在 $B$ 点时,小球和圆弧形槽的速度分别为 $v_1$ 和 $v_2$.

(1)由水平方向动量守恒,有

$$mv_1 + Mv_2 = 0 \qquad ①$$

由机械能守恒,有

$$\frac{1}{2}mv_1^2+\frac{1}{2}Mv_2^2=mgR \quad ②$$

联立①、②式，解得

$$v_1=M\sqrt{\frac{2gR}{(M+m)M}},v_2=-m\sqrt{\frac{2gR}{(m+M)M}}$$

(2)小球在 $B$ 点相对槽的速度 $\boldsymbol{v}=\boldsymbol{v}_1-\boldsymbol{v}_2$，即有

$$v=v_1+v_2=(M-m)\sqrt{\frac{2gR}{(M+m)M}}$$

在竖直方向上，应用牛顿第二定律，有

$$N-mg=m\frac{v^2}{R}$$

由牛顿第三定律，可得小球对木槽的压力为

$$N'=N=mg+m\frac{v^2}{R}=mg+(M+m)^2\frac{2mg}{(M+m)M}$$
$$=3mg+\frac{2m^2g}{M}$$

**4－10** 一质量均匀柔软的绳竖直悬挂着，绳的下端刚好触到水平地板上. 如果把绳的上端放开，绳将落到地板上. 试证明：在绳下落过程中的任意时刻，作用于地板上的压力等于已落到地板上绳的重量的 3 倍.

**分析** 由于地板所受的压力难以直接求出，因此，可转化为求其反作用力，即地板给绳的托力，但是，应注意此托力除了支持已落在地板上的绳外，还有对 d$t$ 时间内下落绳的冲力，此力必须运用动量定理来求得.

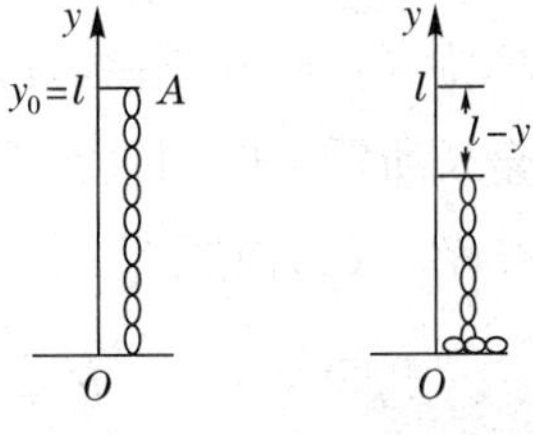

图 4－8 习题 4－10 解图

**证明** 沿竖直方向建立 $y$ 轴，以地板为坐标原点 $O$，绳的 $A$ 端的初始坐标为 $y_0=l$，如图 4－8 所示. 当 $A$ 端的坐标为 $y$ 时，未落地部分下降的距离均为$(l-y)$，这部分绳上各处具有相同的速度. 由自由落体的速度公式可知，这一速度为

$$v=\frac{\mathrm{d}y}{\mathrm{d}t}=-\sqrt{2g(l-y)}$$

未落地部分的绳长为 $y$,其质量为$\frac{m}{l}y$,动量为 $p=-\frac{m}{l}y\sqrt{2g(l-y)}$,这也是该时刻绳子的总动量.

绳子所受的外力有重力($-mg$)和地板的作用力 $F$,根据动量定律的微分形式,有

$$F-mg=\frac{\mathrm{d}p}{\mathrm{d}t}$$

由此可知,地板对绳的作用力为

$$F=mg+\frac{\mathrm{d}p}{\mathrm{d}t}=mg+\frac{m}{l}\left[\frac{gy}{\sqrt{2g(l-y)}}-\sqrt{2g(l-g)}\right]\frac{\mathrm{d}y}{\mathrm{d}t}$$

将$\frac{\mathrm{d}y}{\mathrm{d}t}$的表达式代入上式,化简得

$$F=3mg\left(1-\frac{y}{l}\right)$$

根据牛顿第三定律,绳对地板的压力为

$$F'=F=3mg\left(1-\frac{y}{l}\right)$$

即得证.

**4-11** 一颗子弹由枪口射出时速率为 $v_0\ \mathrm{m\cdot s^{-1}}$,当子弹在枪筒内被加速时,它所受的合力为 $F=(a-bt)\mathrm{N}$($a$,$b$ 为常数),其中 $t$ 以秒为单位.(1)假设子弹运行到枪口处合力刚好为零,试计算子弹走完枪筒全长所需的时间;(2)求子弹所受的冲量;(3)求子弹的质量.

**解** (1)由题意,子弹到枪口时,有

$$F=a-bt=0,\text{得 } t=\frac{a}{b}$$

(2)子弹所受的冲量

$$I=\int_0^t(a-bt)\mathrm{d}t=at-\frac{1}{2}bt^2$$

将 $t=\frac{a}{b}$ 代入,得

$$I=\frac{a^2}{2b}$$

(3)由动量定理可求得子弹的质量

$$m = \frac{I}{v_0} = \frac{a^2}{2bv_0}$$

**4－12**　一绳跨过一定滑轮，其两端分别拴有质量为 $m_1$ 及 $m_2$ 的物体（$m_1 > m_2$），$m_1$ 静止在桌面上，如图 4-9 所示. 抬高 $m_2$，使绳处于松弛状态. 当 $m_2$ 自由落下 $h$ 距离后，绳才被拉紧，试求此时两物体的速度及 $m_1$ 所能上升的最大高度.

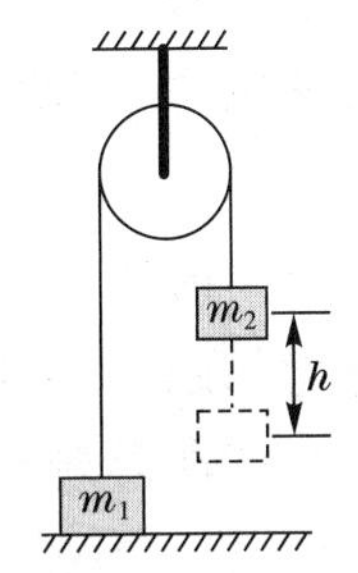

图 4－9　习题 4－12 图

**分析**　利用动量定理求解，分三个过程分析.

(1)$m_2$ 自由下落过程，有

$$m_2 gh = \frac{1}{2} m_2 v_0^2 \qquad ①$$

(2) $m_2$，$m_1$ 相互作用（通过绳）过程. 在此过程中，绳中张力 $F_T$ 比物体所受重力大得多，此时可忽略重力. 设此过程后两物体的速度为 $v$.

对 $m_2$ 有

$$-\int_0^{\Delta t} F_T \mathrm{d}t = m_2 v - m_2 v_0 \qquad ②$$

对 $m_1$ 有

$$-\int_0^{\Delta t} F_T \mathrm{d}t = m_1 v - 0 \qquad ③$$

联立式①、式②、式③，得此时两物体的速度为

$$v = \frac{m_2}{m_1 + m_2} \sqrt{2gh}$$

(3) $m_1$ 下降、$m_2$ 上升过程. 此过程机械能守恒，设 $m_1$ 所能上升的最大高度为 $H$，则

$$m_2 gH - m_1 gH = 0 - \frac{1}{2}(m_1 + m_2) v^2 \qquad ④$$

上式带入 $v$ 的表达式，可得 $m_1$ 所能上升的最大高度为

$$H = \frac{m_2^2 h}{m_1^2 - m_2^2}$$

**4－13**　如图 4－10 所示，质量为 $M$、倾角为 $\theta$ 的光滑斜面放置

在光滑地面上,质量为 $m$ 的滑块沿斜面自由下滑,其下落高度为 $h$ 时,斜面的后退速度为 $u$,试求 $u$ 随 $h$ 变化的函数关系.

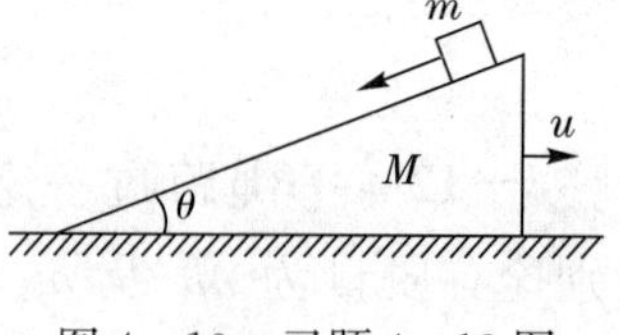

图 4—10 习题 4—13 图

**分析** 滑块和斜面系统水平方向不受外力作用,动量守恒.但要注意,滑块和斜面的速度都应是相对地面这一惯性参考系的,再结合有关运动学公式,就可以解得最终结果.

**解** 滑块 $m$ 受到重力 $mg$ 和支持力 $N$,它们沿斜面方向的分力之和为

$$F' = mg\sin\theta$$

设滑块相对于斜面的速度为 $v'$,则它们的绝对速度沿斜面的分量 $v$ 为

$$v = v' - u\sin\theta$$

故

$$mg\sin\theta = m\frac{\mathrm{d}v}{\mathrm{d}t} = m\frac{\mathrm{d}v'}{\mathrm{d}t} - m\frac{\mathrm{d}u}{\mathrm{d}t}\cos\theta$$

$$\frac{\mathrm{d}v'}{\mathrm{d}t} = g\sin\theta + \frac{\mathrm{d}u}{\mathrm{d}t}\cos\theta \tag{①}$$

取斜面和滑块为系统,则系统水平方向上动量守恒,滑块相对地面的水平分速度为 $(v'\cos\theta - u)$,故有

$$Mu - m(v'\cos\theta - u) = 0$$

即

$$(M + m)u = mv'\cos\theta$$

两边求导,得

$$m\cos\theta\frac{\mathrm{d}v'}{\mathrm{d}t} = (m + M)\frac{\mathrm{d}u}{\mathrm{d}t} \tag{②}$$

联立①、②式,求得

$$\frac{\mathrm{d}v'}{\mathrm{d}t} = \frac{(m + M)\sin\theta}{M + m\sin^2\theta}g, \frac{\mathrm{d}u}{\mathrm{d}t} = \frac{m\sin\theta\cos\theta}{M + m\sin^2\theta}g$$

由此可见,滑块相对于斜面做匀加速直线运动,斜面相对地面亦做匀加速运动.由匀加速运动的有关公式,知

$$v'^2 = 2\frac{\mathrm{d}v'}{\mathrm{d}t}s$$

式中，$s$ 为滑块沿斜面下滑的距离. 由几何关系知，它与下落高度 $h$ 间的关系为

$$h = s\sin\theta$$

代入上式，即得

$$v' = \sqrt{\frac{2h}{\sin\theta}\frac{\mathrm{d}v'}{\mathrm{d}t}} = \sqrt{\frac{2(m+M)g}{M+m\sin^2\theta}h}$$

由系统的动量守恒方程，得

$$u = \frac{m\cos\theta}{m+M}v' = \frac{m\cos\theta}{m+M}\sqrt{\frac{2(m+M)g}{M+m\sin^2\theta}h}$$

**4—14**　质量分别为 $m_A$ 和 $m_B$ 的两物体 $A$ 和 $B$，用劲度系数为 $k$ 的弹簧相连，静止放置在光滑水平面上，质量为 $m$ 的子弹以水平速度 $\boldsymbol{v}_0$ 射入物体 $A$，如图 4－11 所示，设子弹射入时间极短. 试求：

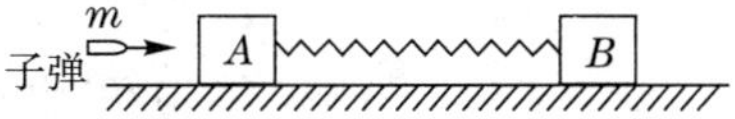

图 4—11　习题 4—14 图

(1)物体 $B$ 的最大动能；

(2)弹簧的最大形变.

**分析**　此题可分两个过程来讨论. 在子弹射入物体 $A$ 的过程中，由于水平面是光滑的，子弹和物体组成的系统，没有外力作用，水平方向动量守恒. 在以后的过程中，物体 $A$(含子弹)、物体 $B$ 以及弹簧组成的系统不受外力的作用，动量守恒，机构能守恒，系统将做整体运动. 开始时，物体 $A$ 压缩弹簧，对物体 $B$ 施加向右的作用力，使物体 $B$ 加速. 在弹簧转至恢复阶段时，弹簧伸长，弹簧对 $B$ 的作用力仍然向右，故 $B$ 继续向右加速，直到弹簧处于自由状态时，$B$ 的速度达到最大值.

**解**　(1)在子弹射入物体 $A$ 的过程中，设射入后子弹和 $A$ 的速度为 $v_{AO}$，由动量守恒定律，有

$$mv_0 = (m_A + m_B)v_{AO} \qquad ①$$

由于射入时间极短，弹簧尚未被压缩，故此时物体 $B$ 的速度为 $v_{BO}=0$.

在以后的过程中，设某瞬时两物体的速度分别为 $v_A$ 和 $v_B$，它们

的位移(离各自平衡位置的距离)分别为$S_A$和$S_B$，则$S_A-S_B$表示弹簧的形变. 由于此过程中动量守恒、机械能守恒，于是有

$$(m_A+m_B)v_{AO}=(m_A+m)v_A+m_Bv_B \quad ②$$

$$\frac{1}{2}(m_A+m_B)v_{AO}^2=\frac{1}{2}(m_A+m)v_A^2+\frac{1}{2}m_Bv_B^2+\frac{1}{2}k(S_A-S_B)^2 \quad ③$$

当弹簧恢复到自由状态时，即$S_A-S_B=0$时，$S_B$具有最大值. 这也可以直接从能量角度来考虑. 当系统的弹性势能为零(即弹簧为原长)时，系统的动能最大，物体$B$或物体$A$具有最大的动能.

将$S_A-S_B=0$代入③式，并与①、②式联立，解得$B$的最大速度为

$$v_{B\max}=\frac{2mv_0}{m_A+m_B+m}$$

所以，$B$的最大动能为

$$E_{kB\max}=\frac{1}{2}m_Bv_{B\max}^2=\frac{2m^2m_Bv_0^2}{(m_A+m_B+m)^2}$$

(2)由①～③式，消去$v_{AO}$，得

$$k(S_A-S_B)^2=\frac{2mm_Bv_0v_B-m_B(m_A+m_B+m)v_B^2}{m_A+m}$$

$$S_A-S_B=\left[\frac{2mm_Bv_0v_B-m_B(m_A+m_B+m)v_B^2}{k(m_A+m)}\right]^{1/2}$$

取$\frac{\mathrm{d}(S_A-S_B)}{\mathrm{d}v_B}=0$，得

$$v_B=\frac{m}{m_A+m_B+m}v_0$$

代入③式，得

$$v_A=\frac{m}{m_A+m_B+m}v_0$$

也就是说，当两物体的速度相同时，弹簧的形变最大，将$v_A$和$v_B$代入③式，得

$$(S_A-S_B)_{\max}=mv_0\sqrt{\frac{m_B}{k(m_A+m)(m_A+m_B+m)}}$$

**4－15** 一架喷气式飞机以210 m·s$^{-1}$的速度飞行，它的发动机每秒钟吸入75 kg的空气，在发动机体内与3.0 kg燃料燃烧后以相对于飞

机 490 $\mathrm{m \cdot s^{-1}}$的速度向后喷出. 试求发动机对飞机的推力.

**分析**　动量守恒定律在飞机空气组成的系统中可以运用.

**解**　由题意已知

$$v = 210\ \mathrm{m \cdot s^{-1}}, \frac{\mathrm{d}m_1}{\mathrm{d}t} = 75\ \mathrm{kg \cdot s^{-1}}, \frac{\mathrm{d}m}{\mathrm{d}t} = 3.0\ \mathrm{kg \cdot s^{-1}}, u = 490\ \mathrm{m \cdot s^{-1}}$$

对飞机和空气系统,在 $\mathrm{d}t$ 时间内动量守恒,则有

$$\mathrm{d}m_1 \times 0 + mv = (\mathrm{d}m_1 - \mathrm{d}m)(v - u) + (m + \mathrm{d}m)(v + \mathrm{d}v)$$

由此可得

$$m\mathrm{d}v = -u\mathrm{d}m + (u - v)\mathrm{d}m_1$$

飞机受到的推力为

$$F = m\frac{\mathrm{d}v}{\mathrm{d}t} = -u\frac{\mathrm{d}m}{\mathrm{d}t} + (u - v)\frac{\mathrm{d}m_1}{\mathrm{d}t}$$

代入数据,得

$$F = 2.25 \times 10^4\ \mathrm{N}$$

**4—16**　如图 4—12 所示,质量为 $m_1 = 2.0\ \mathrm{kg}$ 的笼子,用轻弹簧悬挂起来,静止在平衡位置,弹簧伸长 $y_0 = 0.10\ \mathrm{m}$,今有 $m_2 = 2.0\ \mathrm{kg}$ 的油灰由距离笼子底高 $h = 0.3\ \mathrm{m}$ 处自由落到笼子上,试求笼子向下移动的最大距离.

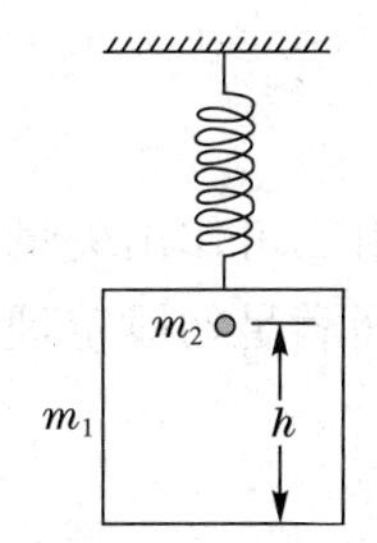

图 4—12　习题 4—16 图

**解**　整个运动过程中,油灰先做自由落体运动,然后与笼子发生碰撞(动量守恒),最后二者一起向下运动(能量守恒). 笼子静止在平衡位置时,有

$$m_1 g = ky_0 \tag{①}$$

油灰自由下落 $h$ 后,与笼子框碰前的速度为

$$v_0 = \sqrt{2gh} \tag{②}$$

油灰与笼子框的碰撞过程动量守恒,设碰后油灰与笼子框的共同速度为 $v$, 则

$$m_2 v_0 = (m_1 + m_2)v \tag{③}$$

油灰与笼子框一起向下运动,运动过程只有重力和弹性力做功,则油灰、笼子框与轻弹簧组成的系统机械能守恒. 设平衡位置处为重力势能零点,下移最大位移距离为 $\Delta y$, 有

$$\frac{1}{2}k(y_0 + \Delta y)^2 = \frac{1}{2}(m_1 + m_2)v^2 + \frac{1}{2}ky_0^2 + (m_1 + m_2)g\Delta y \tag{④}$$

联立式①、式②、式③和式④得

$$\Delta y = \frac{m_2}{m_1}y_0 + \sqrt{\frac{m_2^2}{m_1^2}y_0 + \frac{2m_2^2 g h y_0}{m_1(m_1+m_2)}}$$

代入已知条件,则笼子向下移动的最大距离为

$$\Delta y = 0.3\ \mathrm{m}$$

**4－17** 一个小球与一质量相等的静止小球发生非对心弹性碰撞,试证碰后两小球的运动方向互相垂直.

**证** 两小球碰撞过程中,机械能守恒,有

$$\frac{1}{2}mv_0^2 = \frac{1}{2}mv_1^2 + \frac{1}{2}mv_2^2$$

即

$$v_0^2 = v_1^2 + v_2^2 \qquad ①$$

又因碰撞过程中动量守恒,即有

$$m\boldsymbol{v}_0 = m\boldsymbol{v}_1 + m\boldsymbol{v}_2$$

亦即

$$\boldsymbol{v}_0 = \boldsymbol{v}_1 + \boldsymbol{v}_2 \qquad ②$$

由②可作出矢量三角形如图4－12(b)所示,又由①式可知三矢量之间满足勾股定理,且以 $\boldsymbol{v}_0$ 为斜边,故知 $\boldsymbol{v}_1$ 与 $\boldsymbol{v}_2$ 是互相垂直的.

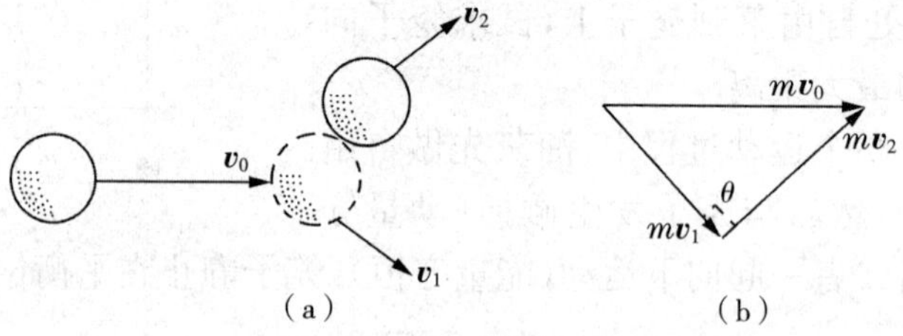


图4－13 习题4－17解图

**4－18** 质量 $M=10\ \mathrm{kg}$ 的物体放在光滑的水平桌面上,并与一水平轻弹簧相连,弹簧的劲度系数 $k=1000\ \mathrm{N\cdot m^{-1}}$. 今有一质量 $m=1\ \mathrm{kg}$的小球以水平速度 $v_0=4\ \mathrm{m\cdot s^{-1}}$ 飞来,与物体 $M$ 相撞后以 $v_1=2\ \mathrm{m\cdot s^{-1}}$ 的速度弹回. 试问:

(1)弹簧被压缩的长度为多少?

(2)小球 $m$ 和物体 $M$ 的碰撞是完全弹性碰撞吗?

(3)如果小球上涂有黏性物质,相撞后可与 $M$ 粘在一起,则(1)、(2)所问的结果又如何?

**解** 碰撞过程中,物体、弹簧、小球组成系统的动量守恒.

$$mv_0 = -mv_1 + Mu$$

$$u = \frac{m(v_0 + v_1)}{M}$$

代入数据，得

$$u = 0.6\ \mathrm{m \cdot s^{-1}}$$

(1)对物体 $M$ 应用动能定理

$$-\frac{1}{2}kx^2 = 0 - \frac{1}{2}Mu^2$$

弹簧被压缩的长度为

$$x = \sqrt{\frac{M}{k}}u$$

代入数据，得

$$x = 0.06\ \mathrm{m}$$

(2)
$$\Delta E_k = \frac{1}{2}Mu^2 + \frac{1}{2}mv_1^2 - \frac{1}{2}mv_0^2$$

代入数据，得

$$\Delta E_k = \frac{1}{2} \times 10 \times (0.06)^2 + \frac{1}{2} \times 1 \times 2^2 - \frac{1}{2} \times 1 \times 4^2 = -4.2(\mathrm{J})$$

碰撞中动能有损失，说明是非完全弹性碰撞.

(3)小球与物体碰撞后粘在一起，以共同速度 $u'$ 运动，根据动量守恒定理，有

$$mv_1 = (M+m)u'$$

根据动能定理，有

$$-\frac{1}{2}kx'^2 = 0 - \frac{1}{2}(M+m)u'^2$$

此时，弹簧被压缩的长度为

$$x = \frac{mv_0}{\sqrt{k(m+M)}} = \frac{1 \times 4}{\sqrt{1000 \times (10+1)}} = 0.04\ (\mathrm{m})$$

# 第五章

# 角动量守恒与刚体的定轴转动

## 基本要求

1. 理解角动量的概念,角动量定理和角动量守恒定律及其适用条件. 能用角动量定理和角动量守恒定律分析计算有关问题.

2. 理解转动惯量的概念,能计算简单形状的刚体对某些给定轴的转动惯量.

3. 掌握刚体绕定轴转动的转动定律,并能应用它求解定轴转动的刚体和质点的联动问题.

4. 理解力矩、力矩的功、刚体的转动动能及重力势能的概念;理解转动动能定理,能在刚体定轴转动问题中正确地应用机械能守恒定律.

## 基本内容

### 一、质点和质点系的角动量定理和角动量守恒定律

对于某一定点

$$\boldsymbol{L}=\boldsymbol{r}\times\boldsymbol{p}=\boldsymbol{r}\times m\boldsymbol{v}$$

1. 角动量定理

$$\boldsymbol{M}=\boldsymbol{r}\times\boldsymbol{F}=\frac{\mathrm{d}\boldsymbol{L}}{\mathrm{d}t}$$

$\boldsymbol{M}$ 是合外力矩,它与角动量 $\boldsymbol{L}$ 均为对同一定点而定义的.

2. 角动量守恒定律

$$\boldsymbol{M}=0,\text{则 }\boldsymbol{L}=\text{恒矢量}$$

## 二、刚体的定轴转动

1. 角速度

$$\omega = \frac{\mathrm{d}\theta}{\mathrm{d}t}$$

2. 角加速度

$$\beta = \frac{\mathrm{d}\omega}{\mathrm{d}t} = \frac{\mathrm{d}^2\theta}{\mathrm{d}t^2}$$

## 三、转动惯量

$$J = \sum_i m_i r_i^2, J = \int r^2 \mathrm{d}m$$

转动惯量的平行轴定理

$$J = J_C + mh^2$$

## 四、刚体定轴转动定律

$$M = \frac{\mathrm{d}L}{\mathrm{d}t} = J\frac{\mathrm{d}\omega}{\mathrm{d}t} = J\beta$$

## 五、定轴转动的动能定理

1. 力矩的功

$$A = \int M \mathrm{d}\theta$$

2. 转动动能

$$E_\mathrm{k} = \frac{1}{2}J\omega^2$$

3. 动能定理

$$A = \int_{\theta_1}^{\theta_2} M\mathrm{d}\theta = \int_{\omega_1}^{\omega_2} J\omega \mathrm{d}\omega = \frac{1}{2}J\omega_2^2 - \frac{1}{2}J\omega_1^2 = E_{\mathrm{k}2} - E_{\mathrm{k}1}$$

# 典型例题

**例 5—1**　如图 5—1 所示，一半径为 $R$、质量为 $m$ 的匀质圆盘平放在粗糙的水平桌面上.设盘与桌面间摩擦系数为 $\mu$,令圆盘最初以角速度 $\omega_0$ 绕通过中心且垂直于盘面的轴旋转,则它经过多少时间才能停止转动?

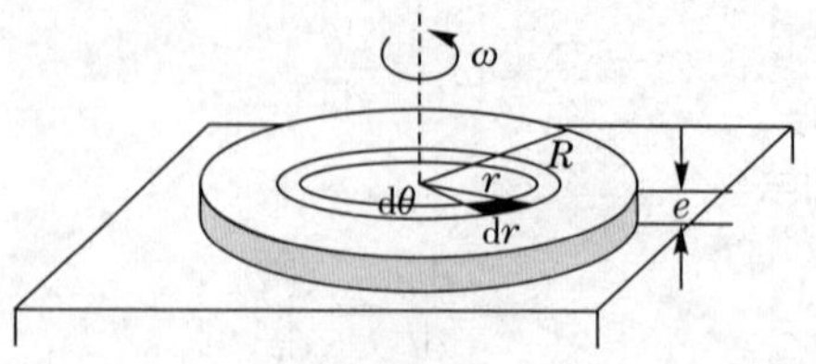


图 5－1 例题 5－1 图

**解** 由于摩擦力不是集中作用于一点,而是分布在整个圆盘与桌子的接触面上,力矩的计算要用积分法.在图中,把圆盘分成许多环形质元,每个质元的质量 $\mathrm{d}m=\rho r\mathrm{d}\theta\mathrm{d}re$,所受到的阻力矩是 $r\mu\mathrm{d}mg$.此处 $\rho$ 是盘的密度,$e$ 是盘的厚度.圆盘所受阻力矩为

$$M_\tau=\int r\mu\mathrm{d}mg=\mu g\int r\rho re\,\mathrm{d}\theta\mathrm{d}r$$

$$=\mu g\rho e\int_0^{2\pi}\mathrm{d}\theta\int_0^R r^2\,\mathrm{d}r=\frac{2}{3}\mu g\rho e\pi R^3$$

因 $m=\rho e\pi R^2$,代入得

$$M_\tau=\frac{2}{3}\mu mgR$$

根据定轴转动定律,阻力矩使圆盘减速,使其获得负的角加速度,即

$$-\frac{2}{3}\mu mgR=J\alpha=\frac{1}{2}mR^2\frac{\mathrm{d}\omega}{\mathrm{d}t}$$

设圆盘经过时间 $t$ 停止转动,则有

$$-\frac{2}{3}\mu g\int_0^t\mathrm{d}t=\frac{1}{2}R\int_{\omega_0}^0\mathrm{d}\omega$$

由此可得

$$t=\frac{3}{4}\frac{R}{\mu g}\omega_0$$

**例 5－2** 在自由转动的水平圆盘上,站一质量为 $m$ 的人.圆盘的半径为 $R$,转动惯量为 $J$,角速度为 $\omega$.如果这人从盘边走到盘心,求角速度的变化及此系统动能的变化.

**分析**　取人和圆盘为定轴转动系统. 人与圆盘的相互作用内力不改变系统绕垂直轴转动的角动量,故系统的角动量守恒.

**解**　人站在盘边缘时,与圆盘具有相同的角速度 $\omega$. 此时,系统的角动量为

$$L=(J+mR^2)\omega$$

设人走到盘心时,系统的角速度为 $\omega'$,由于此时人已在转轴处,对转轴的转动惯量为零,故 $\omega'$ 就是圆盘的角速度. 系统的角动量为

$$L'=J\omega'$$

系统的角动量守恒,有

$$(J+mR^2)\omega=J\omega'$$

得

$$\omega'=\frac{J+mR^2}{J}\omega$$

角速度的变化为

$$\Delta\omega=\omega'-\omega=\frac{mR^2}{J}\omega$$

系统动能的变化为

$$\Delta E_{\mathrm{k}}=\frac{1}{2}J\omega'^2-\frac{1}{2}(J+mR^2)\omega^2=\frac{1}{2}\,\frac{J+mR^2}{J}mR^2\omega^2$$

## 习题分析与解答

### 一、选择题

**5－1**　力 $\boldsymbol{F}=3\boldsymbol{i}+5\boldsymbol{j}$,其作用点的矢径为 $\boldsymbol{r}=4\boldsymbol{i}-3\boldsymbol{j}$,式中 $F$ 的单位为 kN,$r$ 的单位为 m,则该力对坐标原点的力矩大小为（　　）

(A)－3 kN·m　　　　(B)29 kN·m

(C)19 kN·m　　　　(D)3 kN·m

**分析与解**　可以直接按力矩的定义 $\boldsymbol{M}=\boldsymbol{r}\times\boldsymbol{F}$ 来求解,但必须注意坐标轴单位矢量间的叉乘关系:$\boldsymbol{i}\times\boldsymbol{i}=\boldsymbol{j}\times\boldsymbol{j}=0$,$\boldsymbol{i}\times\boldsymbol{j}=\boldsymbol{k}$,$\boldsymbol{j}\times\boldsymbol{i}=-\boldsymbol{k}$,由此即可求得该力对坐标原点的力矩大小为 29 kN·m,故应选(B).

**5－2**　一子弹水平射入一竖直悬挂的木棒后一同上摆. 在上摆

的过程中,以子弹和木棒为系统,则总角动量、总动量及总机械能是否守恒? ( )

(A)三量均不守恒 (B)三量均守恒

(C)只有总机械能守恒 (D)只有总动量不守恒

**解** 根据系统各量的守恒条件分析可知,总角动量、总动量及总机械能都不守恒,所以应选(A).

**5-3** 人造地球卫星绕地球做椭圆运动,地球在椭圆的一个焦点上,卫星的动量 $\boldsymbol{p}$、角动量 $\boldsymbol{L}$ 及卫星与地球所组成的系统的机械能 $E$ 是否守恒? ( )

(A) $\boldsymbol{p}$、$\boldsymbol{L}$、$E$ 都不守恒 (B) $\boldsymbol{p}$ 守恒,$\boldsymbol{L}$、$E$ 不守恒

(C) $\boldsymbol{p}$ 不守恒,$\boldsymbol{L}$、$E$ 守恒 (D) $\boldsymbol{p}$、$\boldsymbol{L}$、$E$ 都守恒

(E) $\boldsymbol{p}$、$E$ 不守恒,$\boldsymbol{L}$ 守恒

**解** 本题应选(C).

**5-4** 一力学系统由两个质点组成,它们之间只有引力作用.若两质点所受外力的矢量和为零,则此系统 ( )

(A)动量、机械能以及对一轴的角动量守恒

(B)动量、机械能守恒,但角动量是否守恒不能断定

(C)动量守恒,但机械能和角动量是否守恒不能断定

(D)动量和角动量守恒,但机械能是否守恒不能断定

**分析与解** 合力为零,合力矩不一定为零,两力做功之和不一定不为零,所以应选(C).

**5-5** 一个转动惯量为 $J$ 的圆盘绕一固定轴转动,初角速度为 $\omega_0$.设它所受阻力矩与转动角速度成正比,即 $M=-k\omega$($k$ 为正常数).它的角速度从 $\omega_0$ 变为 $\frac{\omega_0}{2}$ 所需时间是 ( )

(A) $J/2$ (B) $J/k$ (C) $(J/k)\ln 2$ (D) $J/2k$

**解** 运用转动定律,再分离变量积分,即可求得 $t=\frac{J}{k}\ln 2$,所以应选(C).

## 二、填空题

**5-6** 半径为 $r=1.5\ \mathrm{m}$ 的飞轮,初角速度 $\omega_0=10\ \mathrm{rad\cdot s^{-1}}$,角

加速度 $\beta=-5\ \mathrm{rad}\cdot\mathrm{s}^{-2}$，若初始时刻角位移为零，则在 $t=$______时角位移再次为零，而此时边缘上点的线速度 $v=$______.

**解**　由运动学公式 $\theta=\theta_0+\omega_0 t+\frac{1}{2}\beta t^2$，可求得 $t=4\ \mathrm{s}$. 再由 $\omega=\omega_0+\beta t$ 和 $v=r\omega$，可求得 $v=-15\ \mathrm{m}\cdot\mathrm{s}^{-1}$.

**5－7**　匀质大圆盘质量为 $M$，半径为 $R$，对于过圆心 $O$ 点且垂直于盘面转轴的转动惯量为$\frac{1}{2}MR^2$. 如果在大圆盘的右半圆上挖去一个小圆盘，半径为 $R/2$，如图5－2所示. 剩余部分对于过 $O$ 点且垂直于盘面转轴的转动惯量为______.

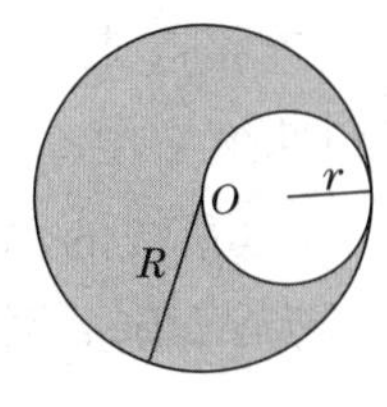

图 5－2　习题 5－7 图

**解**　运用平行轴定理和转动惯量的可加性，即可求得$J=\frac{13}{32}MR^2$.

**5－8**　一根匀质细杆质量为 $m$，长度为 $l$，可绕过其端点的水平轴在竖直平面内转动. 则它在水平位置时所受的重力矩为______. 若将此杆截去 2/3，则剩下 1/3 在上述同样位置时所受的重力矩为______.

**解**　注意到匀质细杆对作用点的位置，即可求得相应的重力矩分别为$\frac{1}{2}mgl$和$\frac{1}{18}mgl$.

**5－9**　长为 $l$ 的匀质细杆，可绕过其端点的水平轴在竖直平面内自由转动. 如果将细杆置于水平位置，然后让其由静止开始自由下摆，则开始转动的瞬间，细杆的角加速度为______，细杆转动到竖直位置时角速度为______.

**解**　运用转动定律，可求得角加速度 $\beta=\frac{3g}{2l}$，再运用机械能守恒定律，可求出角速度 $\omega=\sqrt{\frac{3g}{l}}$.

**5－10**　长为 $l$、质量为 $m$ 的匀质细杆，以角速度 $\omega$ 绕过杆端点且垂直于杆的水平轴转动，杆的动量大小为______，杆绕转动轴的动能为______，动量矩为______.

**解** 根据转动杆的动量、动能和动量矩定义式，可求得动量、动能和动量矩分别为 $p=\frac{1}{2}ml\omega, E_k=\frac{1}{6}ml^2\omega^2, L=\frac{1}{3}ml^2\omega$.

**5-11** 如图 5-3 所示，用三根长为 $l$ 的细杆(忽略杆的质量)将三个质量均为 $m$ 的质点连接起来，并与转轴 $O$ 相连接，若系统以角速度 $\omega$ 绕垂直于杆的 $O$ 轴转动，则中间一个质点的角动量为________，系统的总角动量为________. 如考虑杆的质量，若每根杆的质量为 $M$，则此系统绕轴 $O$ 的总转动惯量为________，总转动动能为________.

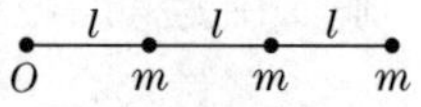

图 5-3 习题 5-11 图

**解** 根据角动量、转动惯量和转动动能的定义式，可分别求得为：$4ml^2\omega, 14ml^2\omega, (14m+9M)l^2, \frac{1}{2}(14m+9M)l^2\omega^2$.

## 三、计算与证明题

**5-12** 一质量为 $m$ 的质点位于$(x_1, y_1)$处，速度为 $\boldsymbol{v}=v_x\boldsymbol{i}+v_y\boldsymbol{j}$，质点受到一个沿 $x$ 负方向的力 $f$ 的作用，求相对于坐标原点的角动量以及作用于质点上的力的力矩.

**解** 由题知，质点的位矢为

$$\boldsymbol{r}=x_1\boldsymbol{i}+y_1\boldsymbol{j}$$

作用在质点上的力为

$$\boldsymbol{f}=-f\boldsymbol{i}$$

所以，质点对原点的角动量为

$$\begin{aligned}\boldsymbol{L}_0=\boldsymbol{r}\times m\boldsymbol{v}&=(x_1\boldsymbol{i}+y_1\boldsymbol{j})\times m(v_x\boldsymbol{i}+v_y\boldsymbol{j})\\&=(x_1mv_y-y_1mv_x)\boldsymbol{k}\end{aligned}$$

作用在质点上的力的力矩为

$$\boldsymbol{M}_0=\boldsymbol{r}\times\boldsymbol{f}=(x_1\boldsymbol{i}+y_1\boldsymbol{j})\times(-f\boldsymbol{i})=y_1f\boldsymbol{k}$$

**5-13** 哈雷彗星绕太阳运动的轨道是一个椭圆. 它离太阳最近距离为 $r_1=8.75\times10^{10}$ m 时的速率是 $v_1=5.46\times10^4\ \mathrm{m\cdot s^{-1}}$，它离太阳最远时的速率是 $v_2=9.08\times10^2\ \mathrm{m\cdot s^{-1}}$，这时它离太阳的距离 $r_2$ 多少？(太阳位于椭圆的一个焦点)

**解** 哈雷彗星绕太阳运动时受到太阳的引力——即有心力的

作用，所以角动量守恒；又由于哈雷彗星在近日点及远日点时的速度都与轨道半径垂直，故有

$$r_1 m v_1 = r_2 m v_2$$

因此

$$r_2 = \frac{r_1 v_1}{v_2} = \frac{8.75\times10^{10}\times5.46\times10^4}{9.08\times10^2} = 5.26\times10^{12}(\text{m})$$

**5－14**　平板中央开一小孔，质量为 $m$ 的小球用细线系住，细线穿过小孔后挂一质量为 $M_1$ 的重物. 小球做匀速圆周运动，当半径为 $r_0$ 时重物达到平衡. 今在 $M_1$ 的下方再挂一质量为 $M_2$ 的物体，如图 5－4 所示. 试问这时小球做匀速圆周运动的角速度 $\omega'$ 和半径 $r'$ 为多少？

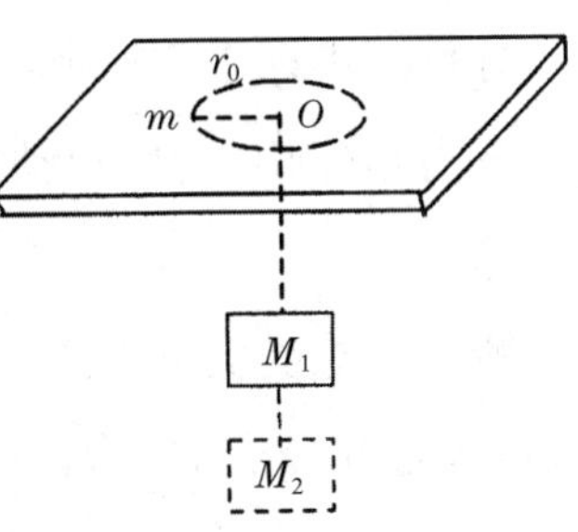


图 5—4　习题 5—14 图

**解**　在只挂重物 $M_1$ 时，小球做圆周运动的向心力为 $M_1 g$，即

$$M_1 g = m r_0 \omega_0^2 \quad ①$$

挂上 $M_2$ 后，则有

$$(M_1 + M_2) g = m r' \omega'^2 \quad ②$$

重力对圆心的力矩为零，故小球对圆心的角动量守恒.

即

$$r_0 m v_0 = r' m v'$$

$$\Rightarrow r_0{}^2 \omega_0 = r'^2 \omega' \quad ③$$

联立①、②、③得

$$\omega_0 = \sqrt{\frac{M_1 g}{m r_0}}$$

$$\omega' = \sqrt{\frac{M_1 g}{m r_0}}\left(\frac{M_1 + M_2}{M_1}\right)^{\frac{2}{3}}$$

$$r' = \frac{M_1 + M_2}{m\omega'} g = \sqrt{\frac{M_1}{M_1 + M_2}} \cdot r_0$$

**5—15**　如图 5—5 所示，一半径为 $R$ 的光滑圆环置于竖直平面

内.有一质量为 $m$ 的小球穿在圆环上,并可在圆环上滑动.小球开始时静止于圆环上的点 $A$(该点在通过环心 $O$ 的水平面上),然后从点 $A$ 开始下滑.设小球与圆环间的摩擦略去不计.求小球滑到点 $B$ 时对环心 $O$ 的角动量和角速度.

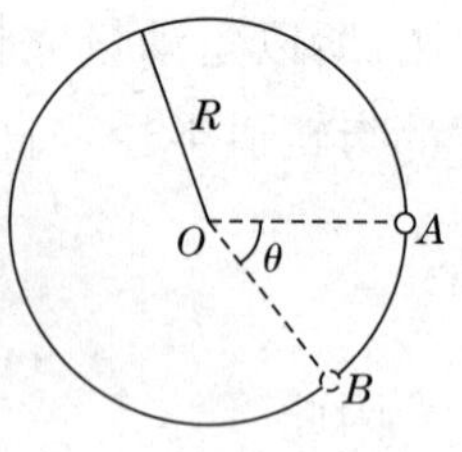

图 5—5　习题 5—15 图

**分析**　小球受支持力 $N$ 和重力 $P$ 作用,$N$ 对 $O$ 点的力矩为零,仅受重力矩作用.运用角动量定理,再分离变量积分,可解得角动量和角速度.

**解**　小球受支持力 $N$ 和重力 $P$ 作用.支持力 $N$ 为指向环心的有心力,它对 $O$ 点的力矩为零,故小球仅受重力矩作用,其大小为

$$M = mgR\cos\theta$$

由右手定则可确定,重力矩的方向垂直于纸面向里.

小球从 $A$ 向 $B$ 滑行过程中,角动量的大小是随时间变化的,但其方向总是垂直于纸面向里.根据角动量定理,有

$$mgR\cos\theta = \frac{\mathrm{d}L}{\mathrm{d}t}$$

即

$$\mathrm{d}L = mgR\cos\theta\mathrm{d}t \tag{①}$$

考虑到 $\omega=\frac{\mathrm{d}\theta}{\mathrm{d}t}$及 $L=mRv=mR^2\omega$,有

$$\mathrm{d}t = \frac{mR^2}{L}\mathrm{d}\theta \tag{②}$$

将②式代入①式,得

$$L\mathrm{d}L = m^2 gR^3\cos\theta\mathrm{d}\theta$$

两边积分,并考虑到:$t=0$ 时,$\theta_0=0$,$L_0=0$,则有

$$\int_0^L L\mathrm{d}L = m^2 gR^3\int_0^\theta \cos\theta\mathrm{d}\theta$$

解得

$$L = mR^{3/2}(2g\sin\theta)^{1/2} \tag{③}$$

将 $L=mR^2\omega$ 代入③式，可得

$$\omega=\left(\frac{2g}{R}\sin\theta\right)^{1/2}$$

**5－16**　一质量为 $m_1$、长为 $l$ 的均匀细杆，静止放置于滑动摩擦因数为 $\mu$ 的水平面上，它可绕过其端点 $O$ 且与平面垂直的光滑轴转动. 今有一质量为 $m_2$ 的滑块从侧面与细杆的另一端 $A$ 相碰，碰撞时间极短. 已知碰撞前后滑块速度的大小分别为 $v_1$ 和 $v_2$，方向均与杆垂直，指向如图5－6所示. 求碰撞后细杆从开始运动到停止所需要的时间.

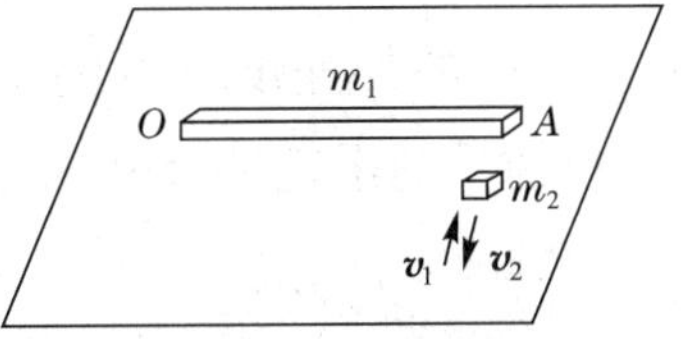

图 5－6　习题 5－16 图

**分析**　滑块与细杆碰撞（时间极短）过程中，系统的角动量守恒. 正确计算出摩擦力矩代入角动量定理，即可求出所需的时间.

**解**　取滑块与细杆为系统，因为碰撞时间极短，摩擦力矩远小于系统内相互之间的冲击力矩，忽略这一摩擦力矩，则系统所受合外力力矩为零，碰撞过程中，系统的角动量守恒，有

$$m_2v_1l=-m_2v_2l+\left(\frac{1}{3}m_1l^2\right)\omega \qquad ①$$

对碰撞后的细杆应用角动量定理，有

$$\int_0^t M_f\mathrm{d}t=0-\left(\frac{1}{3}m_1l^2\right)\omega \qquad ②$$

式中，$M_f$ 为细杆在转动过程中所受到的摩擦力矩. 为了求出 $M_f$，我们在细杆上距离转轴 $O$ 点 $x$ 处取长度元 $\mathrm{d}x$. 令 $\lambda=\frac{m_1}{l}$，则该长度元 $\mathrm{d}x$ 所受到的摩擦力为 $ug\lambda\,\mathrm{d}x$，其力矩为

$$\mathrm{d}M_f=-\mu g\lambda x\,\mathrm{d}x$$

两边积分，得

$$M_f=-\int_0^l\mu g\lambda x\,\mathrm{d}x=-\frac{1}{2}\mu m_1gl \qquad ③$$

联立①～③式，解得

$$t=\frac{2m_2(v_1+v_2)}{\mu m_1g}$$

**5-17** 如图5-7所示,物体1和2的质量分别为 $m_1$ 与 $m_2$,滑轮的转动惯量为 $J$,半径为 $r$.

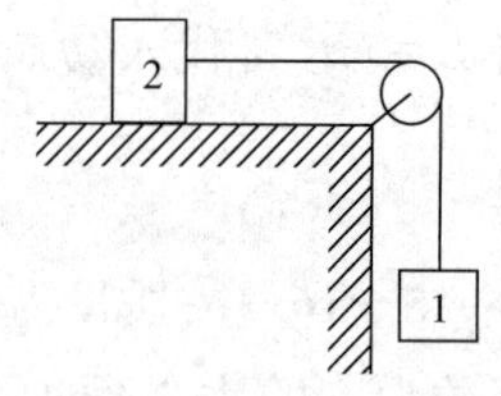

图5-7 习题5-17图

(1)如果物体2与桌面间的摩擦因数为 $\mu$,求系统的加速度 $a$ 及绳中的张力 $T_1$ 和 $T_2$(设绳子与滑轮间无相对滑动,滑轮与转轴无摩擦.)

(2)如果物体2与桌面间为光滑接触,求系统的加速度 $a$ 及绳中的张力 $T_1$ 和 $T_2$.

**分析** 对物体1和2分别运用牛顿第二定律和对滑轮运用转动定律,联立求解即可.

**解** (1)用隔离体法,分别画三个物体的受力图,如图5-8所示.

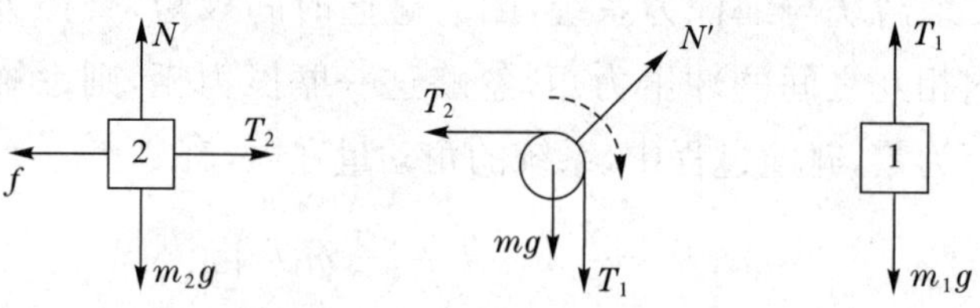

图5-8 习题5-17解图

对物体1应用牛顿第二定律,有

$$m_1g - T_1 = m_1a$$

对物体2应用牛顿第二定律,有

$$T_2 - \mu N = m_2a$$

$$N - m_2g = 0$$

对滑轮应用转动定律,有

$$T_1r - T_2r = J\beta$$

并利用关系

$$a = r\beta$$

联立以上各式,解得

$$a=\frac{m_1-\mu m_2}{m_1+m_2+\frac{J}{r^2}}g$$

$$T_1=\frac{m_2+\mu m_1+\frac{J}{r^2}}{m_1+m_2+\frac{J}{r_2}}m_1 g$$

$$T_2=\frac{m_1+\mu m_2+\mu\frac{J}{r^2}}{m_1+m_2+\frac{J}{r_2}}m_2 g$$

(2)当 $\mu=0$ 时,则有

$$a=\frac{m_1}{m_1+m_2+\frac{J}{r^2}}g$$

$$T_1=\frac{m_2+\frac{J}{r^2}}{m_1+m_2+\frac{J}{r_2}}m_1 g$$

$$T_2=\frac{m_1}{m_1+m_2+\frac{J}{r_2}}m_2 g$$

**5-18**　如图 5-9 所示,轻绳绕于半径 $r=20\ \text{cm}$ 的飞轮边缘,在绳端施以大小为 98 N 的拉力,飞轮的转动惯量 $J=0.5\ \text{kg}\cdot\text{m}^2$. 设绳子与滑轮间无相对滑动,飞轮和转轴间的摩擦不计. 试求:

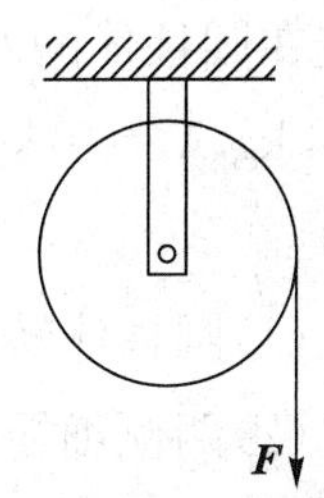

图 5-9　习题 5-18 图

(1)飞轮的角加速度;

(2)当绳端下降 5 m 时飞轮的动能;

(3)如果以质量 $m=10\ \text{kg}$ 的物体挂在绳端,试计算飞轮的角加速度.

**分析**　本题(1)、(2)两个小题,分别直接运用转动定律、动能定理,就可求得结果. 第(3)小题则需要将牛顿第二定律和对飞轮运用转动定律联立起来求解.

**解**　(1)对飞轮应用转动定律 $M=J\beta$,可得

$$\beta=\frac{M}{J}=\frac{Fr}{J}=\frac{98\times 0.2}{0.5}\ \text{rad}\cdot\text{s}^{-2}=39.2\ \text{rad}\cdot\text{s}^{-2}$$

(2)由动能定理,得

$$E_k=A=Fh=98\times 5\ \text{J}=490\ \text{J}$$

(3)对物体应用牛顿第二定律,有

$$mg-T=ma$$

对飞轮应用转动定律,有

$$Tr=J\beta$$

并利用关系

$$a=r\beta$$

联立以上各式,解得

$$\beta=\frac{m}{mr+\frac{J}{r}}g=\frac{10}{10\times 0.2+\frac{0.5}{0.2}}\times 9.8\ \text{rad}\cdot\text{s}^{-2}=21.8\ \text{rad}\cdot\text{s}^{-2}$$

**5-19** 固定在一起的两个同轴均匀圆柱体可绕其光滑的水平对称轴$OO'$转动.设大小圆柱体的半径分别为$R$和$r$,质量分别为$M$和$m$.绕在两圆柱体上的细绳分别与物体$m_1$和$m_2$相连,$m_1$和$m_2$则挂在圆柱体的两侧,如图5-10所示.设$R=0.20$ m,$r=0.10$ m,$m=4$ kg,$M=10$ kg,$m_1=m_2=2$ kg,且开始时$m_1$,$m_2$离地均为$h=2$ m.求:

(1)圆柱体转动时的角加速度;

(2)两侧细绳的张力.

**解** 设$a_1$,$a_2$和$\beta$分别为$m_1$,$m_2$和圆柱体的加速度及角加速度,方向如图5-10(b)所示.

$m_1$,$m_2$和柱体的运动方程如下:

$$T_2-m_2g=m_2a_2 \quad ①$$

$$m_1g-T_1=m_1a_1 \quad ②$$

$$T'_1R-T'_2r=J\beta \quad ③$$

式中$T'_1=T_1$,$T'_2=T_2$,$a_2=r\beta$,$a_1=R\beta$

而

$$J=\frac{1}{2}MR^2+\frac{1}{2}mr^2$$

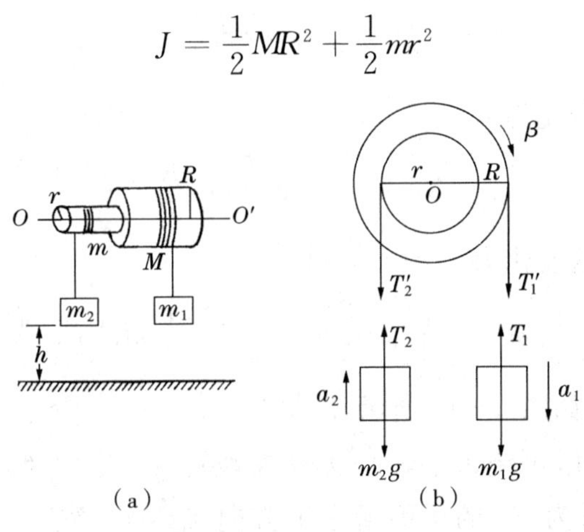


图 5—10 习题 5—19 解图

由上式求得

$$\beta=\frac{Rm_1-rm_2}{J+m_1R^2+m_2r^2}g$$

$$=\frac{0.2\times2-0.1\times2}{\frac{1}{2}\times10\times0.20^2+\frac{1}{2}\times4\times0.10^2+2\times0.20^2+2\times0.10^2}\times9.8$$

$$=6.13(\mathrm{rad}\cdot\mathrm{s}^{-2})$$

(2)由①式得

$$T_2=m_2r\beta+m_2g=2\times0.10\times6.13+2\times9.8=20.8(\mathrm{N})$$

由②式得

$$T_1=m_1g-m_1R\beta=2\times9.8-2\times0.2\times6.13=17.1(\mathrm{N})$$

**5—20** 在自由旋转的水平圆盘上，站一质量为 $m$ 的人. 圆盘的半径为 $R$，转动惯量为 $J$，角速度为 $\omega$. 如果这个人由盘边走到盘心，求角速度的变化及此系统动能的变化.

**分析** 取人和圆盘为定轴转动系统，人与盘的相互作用力为系统的内力，系统所受的重力是外力，但对转轴的力矩为零，故系统的角动量守恒.

**解** 对人和圆盘的系统，根据角动量守恒，有

$$J\omega+mR^2\omega=J\omega'$$

解得

$$\omega' = \omega\left(1+\frac{mR^2}{J}\right)$$

则角速度的变化为

$$\Delta\omega = \omega' - \omega = \omega\frac{mR^2}{J}$$

故系统动能的变化为

$$\Delta E_k = \frac{1}{2}J\omega'^2 - \frac{1}{2}(J+mR^2)\omega^2 = \frac{1}{2}mR^2\omega^2\left(\frac{mR^2}{J}+1\right)$$

**5－21** 如图 5－11 所示，质量为 $m_1$、长为 $l$ 的直杆，可绕水平轴 $O$ 无摩擦地转动. 设一质量为 $m_2$ 的子弹沿水平方向飞来，恰好射入杆的下端，若直杆（连同射入的子弹）的最大摆角为 $\theta=60°$，试证明子弹的速率为

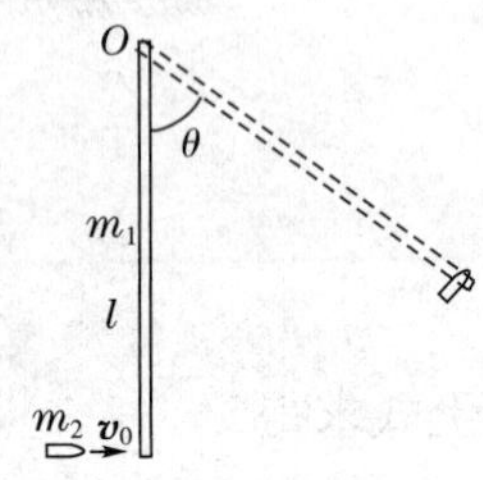

图 5－11 习题 5－21 图

$$v_0 = \sqrt{\frac{(m_1+2m_2)(m_1+3m_2)gl}{6m_2^2}}$$

**分析** 子弹与直杆的运动由两个过程组成. 第一个过程为完全非弹性的碰撞过程，对于由子弹和直杆构成的系统，因所受外力对轴的力矩为零，所以系统对轴的角动量守恒. 第二个过程是子弹与直杆一起上摆的过程，若仍取子弹和直杆为系统，在上摆过程中只有重力做功，利用动能定理即可求得最大摆角. 若取子弹、直杆和地球为系统，则因系统没有外力做功，也没有非保守内力做功，因此系统的机械能守恒.

**证明** 子弹射入直杆，根据角动量守恒，有

$$m_2 v_0 l = \left(\frac{1}{3}m_1 l^2 + m_2 l^2\right)\omega \qquad ①$$

子弹射入后，细杆在摆动过程中只有重力做功. 因此，若以子弹、细杆和地球为一系统，则此系统机械能守恒，有

$$\frac{1}{2}\left(\frac{1}{3}m_1 l^2 + m_2 l^2\right)\omega^2 = m_2 gl(1-\cos 60°) + m_1 g\frac{l}{2}(1-\cos 60°)$$

化简，得

$$2(m_1+3m_2)l^2\omega^2 = 3(m_1+2m_2)gl \qquad ②$$

由①、②式，解得

$$v_0=\sqrt{\frac{(m_1+2m_2)(m_1+3m_2)gl}{6m_2^2}}$$

**5－22**　三个质量均为 $m$ 的小球，其中小球 $a$，$b$ 分别固定在一长为 $l$ 的刚性轻质细杆两端，并放在光滑的水平面上. 现有小球 $d$ 以速度 $\boldsymbol{v}_0$ 与 $b$ 球做对心弹性碰撞，如图 5－12 所示，求：

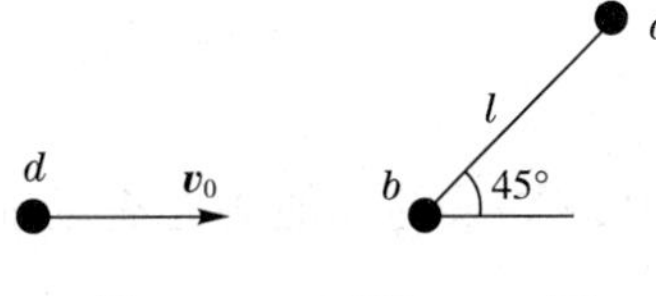

图 5－12　习题 5－22 图

(1)碰后 $d$ 球的速度，$a$，$b$ 两球的质心速度以及绕其质心的角速度；

(2)$d$ 球失去的动能.

**分析**　在小球 $d$ 和 $b$ 的碰撞过程中，对于三个球组成的系统，由于在 $d$ 球的运动方向上无外力作用，故系统的动量守恒，系统对小球 $a$，$b$ 质心的角动量也守恒，而且 $d$ 球与 $b$ 球做弹性碰撞，故系统的机械能也守恒.

**解**　(1)设小球 $d$ 碰后的速度为 $\boldsymbol{v}$，其方向与 $\boldsymbol{v}_0$ 沿同一直线. 考虑三个小球组成的系统，并设碰后 $a$，$b$ 两球系统的质心速度为 $\boldsymbol{v}_{ab}$，方向与 $\boldsymbol{v}_b$ 相同，则由系统的动量守恒，有

$$mv_0=mv+2mv_{ab} \tag{①}$$

同时，碰撞前后绕 $a$，$b$ 两球系统的质心的角动量守恒，有

$$mv_0\,\frac{l}{2}\sin45^\circ=mv\,\frac{l}{2}\sin45^\circ+(2m)\left(\frac{l}{2}\right)^2\omega \tag{②}$$

式中，$\omega$ 为 $a$，$b$ 两球系统在 $d$ 球碰后绕质心的角速度.

因为 $d$ 球与 $b$ 球做弹性碰撞，故三球系统的机械能守恒，即有

$$\frac{1}{2}mv_0^2=\frac{1}{2}mv^2+\frac{1}{2}(2m)v_{ab}^2+\frac{1}{2}(2m)\left(\frac{l}{2}\right)^2\omega^2 \tag{③}$$

联立①～③式，解得

$$v=-\frac{1}{7}v_0$$

$$\omega=\frac{4\sqrt{2}}{7l}v_0$$

$$v_{ab}=\frac{4}{7}v_0$$

(2)$d$ 球失去的动能为

$$\Delta E_k = \frac{1}{2}mv_0^2 - \frac{1}{2}mv^2 = \frac{1}{2}mv_0^2 - \frac{1}{2}m\left(\frac{1}{7}v_0\right)^2$$

$$= \frac{1}{2}\left(\frac{48}{49}\right)mv_0^2$$

即 $d$ 球失去的动能为原有动能的$\frac{48}{49}$.

**5—23** 如图 5—13 所示,一匀质细杆质量为 $m$,长为 $l$,可绕过一端 $O$ 的水平轴自由转动,杆于水平位置由静止开始摆下.求:

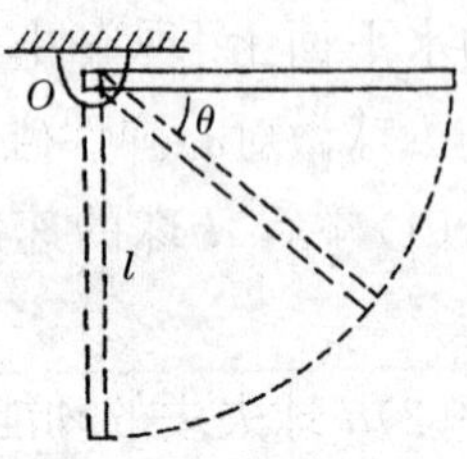

图 5—13 习题 5—23 图

(1)初始时刻的角加速度;

(2)杆转过 $\theta$ 角时的角速度.

**解** (1)由转动定律,有

$$\frac{1}{2}mg = (\frac{1}{3}ml^2)\beta$$

∴
$$\beta = \frac{3g}{2l}$$

(2)由机械能守恒定律,有

$$mg\ \frac{l}{2}\sin\theta = \frac{1}{2}\left(\frac{1}{3}ml^2\right)\omega^2$$

∴
$$\omega = \sqrt{\frac{3g\sin\theta}{l}}$$

**5—24** 一个质量为 $M$、半径为 $R$ 并以角速度 $\omega$ 转动着的飞轮(可看作匀质圆盘),在某一瞬时突然有一片质量为 $m$ 的碎片从轮的边缘上飞出,如图 5-14 所示.假定碎片脱离飞轮时的瞬时速度方向正好竖直向上.

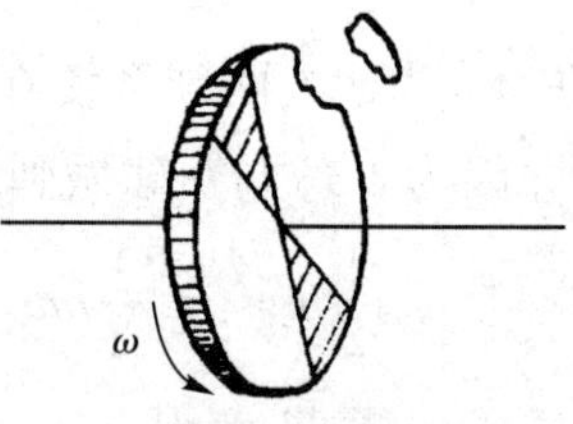

图 5—14 习题 5—24 图

(1)它能升高多少?

(2)求余下部分的角速度、角动量和转动动能.

**解** (1)碎片离盘瞬时的线速度即是它上升的初速度

$$v_0 = R\omega$$

设碎片上升高度 $h$ 时的速度为 $v$，则有

$$v^2 = {v_0}^2 - 2gh$$

令 $v = 0$，可求出上升最大高度为

$$H = \frac{{v_0}^2}{2g} = \frac{1}{2g}R^2\omega^2$$

(2)圆盘的转动惯量 $J = \frac{1}{2}MR^2$，碎片抛出后圆盘的转动惯量 $J' = \frac{1}{2}MR^2 - mR^2$，碎片脱离前，盘的角动量为 $J\omega$，碎片刚脱离后，碎片与破盘之间的内力变为零，但内力不影响系统的总角动量，碎片与破盘的总角动量应守恒，即

$$J\omega = J'\omega' + mv_0R$$

式中 $\omega'$ 为破盘的角速度. 于是

$$\frac{1}{2}MR^2\omega = \left(\frac{1}{2}MR^2 - mR^2\right)\omega' + mv_0R$$

$$\left(\frac{1}{2}MR^2 - mR^2\right)\omega = \left(\frac{1}{2}MR^2 - mR^2\right)\omega'$$

得 $\omega = \omega'$(角速度不变).

圆盘余下部分的角动量为 $\left(\frac{1}{2}MR^2 - mR^2\right)\omega$. 转动动能为 $E_k = \frac{1}{2}\left(\frac{1}{2}MR^2 - mR^2\right)\omega^2$.

# 第六章

## 理想流体的基本规律

### 基本要求

1. 了解流体力学的基本概念.
2. 理解理想流体的性质及定常流动的伯努利方程.

### 基本内容

#### 一、连续性方程

$$S_1 v_1 = S_2 v_2$$

#### 二、流量

$$Q_v = vS$$

#### 三、伯努利方程

$$\frac{1}{2}\rho v^2 + \rho g h + p = 常量$$

### 典型例题

**例 6—1** 一开口容器截面积为 $S_1$,底部开有截面积为 $S_2$ 的小孔.当容器内装的液体高度为 $h$ 时,液体从小孔中喷出的速度为多大?设液体为理想流体且作稳流.

**解** 对液体自由表面到小孔的流管运用伯努利方程,可得

$$\rho g h + p_0 + \frac{1}{2}\rho v_1^2 = p_0 + \frac{1}{2}\rho v^2 \quad ①$$

式中，$p_0$为大气压强. 再由连续性方程，可得

$$S_1 v_1 = S_2 v_2 \quad ②$$

由①、②式联立，解得

$$v = \sqrt{\frac{S_1^2}{S_1^2 - S_2^2} 2gh}$$

显然，当 $S_1 \gg S_2$ 时，即得小孔的流速 $v = \sqrt{2gh}$.

## 习题分析与解答

本章习题都是伯努利方程的运用，或者由伯努利方程和连续性方程联立求解，因此不再一一分析.

**6－1** 水在粗细不均匀的水平管中做定常流动. 已知在截面 $S_1$ 处的压强为 110 Pa，流速为0.2 m · s$^{-1}$，在截面 $S_2$ 处的压强为 5 Pa，求 $S_2$ 处的流速.

**解** 由伯努利方程，有

$$p_1 + \frac{1}{2}\rho v_1^2 = p_2 + \frac{1}{2}\rho v_2^2$$

式中，水的密度 $\rho = 1\ 000\ \mathrm{kg \cdot m^{-3}}$，代入已知数值，可得

$$v_2 = 0.5\ \mathrm{m \cdot s^{-1}}$$

**6－2** 水在截面不同的水平管中做定常流动，出口处的截面积为管的最细处的 3 倍. 若出口处的流速为 2 m · s$^{-1}$，则最细处的压强为多少？若在此最细处开一小孔，水会不会流出来？

**解** 设最细处截面积为 $s$，速度为 $v_1$，压强为 $p_1$，则出口处截面积为 $3s$，速度为 $v_2$，压强为 $p_2$. 根据连续性方程和伯努利方程，有

$$v_1 s = v_2 (3s)$$

$$p_1 + \frac{1}{2}\rho v_1^2 = p_2 + \frac{1}{2}\rho v_2^2$$

由此，解得

$$p_1 = 85\ \mathrm{kPa}$$

而大气压强 $p_0 = 101\ \mathrm{kPa} > p_1$，故水流不出来.

**6－3** 如图6－1所示,有一密封水箱内装有海水,水深$h$＝2.00 m,水面是空气,其压力为$p$＝40.5×10$^5$ Pa,海水从箱底的小孔流出,小孔截面积为$S$＝10.0 cm$^2$. 设海水的密度为$\rho$＝1.03 g·cm$^{-3}$,试求:

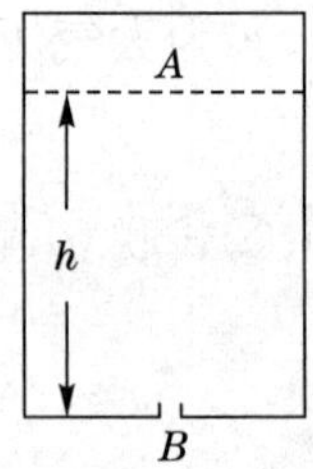

图6－1　习题6－3图

(1)水流出的速度大小$v$和流量$Q$;

(2)流出的水流施于水箱的反作用力.

**解**　(1)对水箱内$A$、$B$两点应用伯努利方程,有

$$p_A + \frac{1}{2}\rho v_A^2 + \rho g h_A = p_B + \frac{1}{2}\rho v_B^2 + \rho g v_g^2 + \rho g h_B$$

解得

$$v_B = \sqrt{\frac{2(p_A - p_B)}{\rho} + 2g(h_A - h_B) + v_A^2}$$

式中,$p_A - p_B$＝40.5×10$^5$ Pa,$v_A$＝0,$h_A - h_B$＝2.0 m,$\rho$＝1.03×10$^3$ kg·m$^{-3}$,将这些数据代入上式,得

$$v_B = 88.9\ \mathrm{m \cdot s^{-1}}$$

流量

$$Q = v_B S = 88.9 \times 10 \times 10^{-4}\ \mathrm{m^3 \cdot s^{-1}} = 8.89 \times 10^{-2}\ \mathrm{m^3 \cdot s^{-1}}$$

(2)根据质点系动量定理的微分形式,可得

$$\begin{aligned} F &= v_B \frac{\mathrm{d}m}{\mathrm{d}t} = v_B \frac{\mathrm{d}}{\mathrm{d}t}(\rho V) = v_B \rho \frac{\mathrm{d}V}{\mathrm{d}t} = v_B \rho Q \\ &= \rho S v_B^2 = 1.03 \times 10^3 \times 10 \times 10^{-4} \times 88.9^2\ \mathrm{N} \\ &= 8.14 \times 10^3\ \mathrm{N} \end{aligned}$$

根据牛顿第三定律,可得水流施于水箱的反作用力为

$$F' = F = 8.14 \times 10^3\ \mathrm{N}$$

**6－4** 如图6－2所示,有一开口截面积很大的水箱,深度$h = h_a - h_b$＝40.0 cm,接到箱外的水平管,水平管的截面积依次为1.00 cm$^2$,0.50 cm$^2$和0.20 cm$^2$. 设液体为理想流体,试求:

(1)流量$Q$和水平管每一段的速率$v_c$,$v_e$,$v_g$;

(2)与水平管相通的各竖直管中的液柱高度$h_c$,$h_e$和$h_g$.

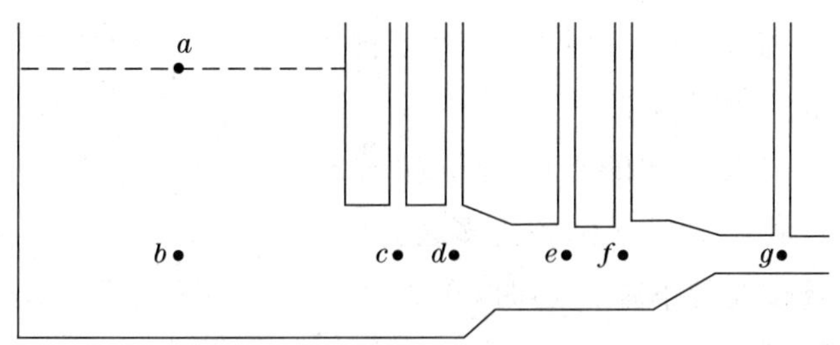


图 6－2　习题 6－4 图

**解**　(1)对 $ag$ 流线应用伯努利方程，有

$$p_a+\frac{1}{2}\rho v_a^2+\rho g h_a=p_g+\frac{1}{2}\rho v_g^2+\rho g v_g^2+\rho g h_g$$

将 $p_a=p_g=p_0$，$v_a=0$，$h_a-h_g=0.40\ \text{m}$ 代入上式，化简，得

$$v_g=\sqrt{2g(h_a-h_g)}=\sqrt{2\times 9.80\times 0.40}\ \text{m}\cdot\text{s}^{-1}=2.80\ \text{m}\cdot\text{s}^{-1}$$

由 $Q=v_g s_g=v_c s_c=v_e s_e$，得

$$Q=v_g s_g=2.80\times 0.20\times 10^{-4}\ \text{m}^3/\text{s}=5.60\times 10^{-5}\ \text{m}^3\cdot\text{s}^{-1}$$

所以

$$v_e=\frac{s_g}{s_e}v_g=\frac{0.20}{0.50}\times 2.80\ \text{m}\cdot\text{s}^{-1}=1.12\ \text{m}\cdot\text{s}^{-1}$$

$$v_c=\frac{s_g}{s_c}v_g=\frac{0.20}{1.00}\times 2.80\ \text{m}\cdot\text{s}^{-1}=0.56\ \text{m}\cdot\text{s}^{-1}$$

(2)对 $ac$ 流线应用伯努利方程，有

$$p_a+\frac{1}{2}\rho v_a^2+\rho g h_a=p_c+\rho g v_c^2+\rho g h_c$$

将 $p_a=p_0$，$v_a=0$，$h_a-h_c=h=0.40\ \text{m}$，$v_c=0.56\ \text{m}\cdot\text{s}^{-1}$ 代入，得

$$p_c-p_0=\rho g h-\frac{1}{2}\rho v_c^2=\rho g h\left(1-\frac{v_c^2}{2gh}\right)$$

$$=\rho g h\left(1-\frac{0.56^2}{2\times 9.80\times 0.40}\right)=0.96\rho g h$$

所以

$$h_c=0.96h=0.96\times 0.40\ \text{m}=0.384\ \text{m}=38.4\ \text{cm}$$

同理，有

$$h_e=\left(1-\frac{v_e^2}{2gh}\right)h=0.336\ \text{m}=33.6\ \text{cm}$$

$$h_g=\left(1-\frac{v_e^2}{2gh}\right)h=0$$

**6-5** 在如图6-3所示的虹吸管装置中,已知 $h_1$ 和 $h_2$,试问:

(1)当截面均匀的虹吸管下端被塞住时,$A$、$B$ 和 $C$ 处的压强各为多大?

(2)当虹吸管下端开启时,$A$、$B$ 和 $C$ 处的压强又各为多少?这时水流出虹吸管的速率有多大?

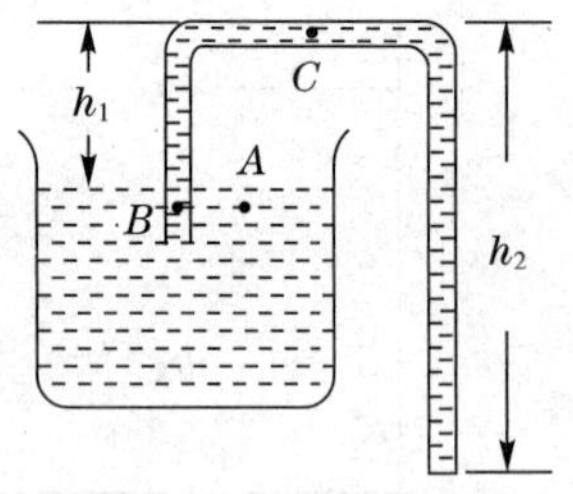


图6-3 习题6-5图

**分析** 理想流体满足连续性方程 $sv=$恒量,由于虹吸管的截面均匀,因此管内液体的流速应处处相等.以出水口的水平面为参考平面,作流线连接 $ABC$ 点至出水口,在此流线上运用伯努利方程求解.

**解** 如图6-3所示,取出水口的水平面为参考平面,作流线连接 $ABC$ 点至出水口.设 $P_0$ 为大气压,在虹吸管下端开启情况下,在流线上运用伯努利方程,对 $A$、$B$ 两点,有

$$P_A+\frac{1}{2}\rho v_A^2+\rho g(h_2-h_1)=P_B+\frac{1}{2}\rho v_B^2+\rho g(h_2-h_1) \quad ①$$

对 $A$、$C$ 两点,有

$$P_A+\frac{1}{2}\rho v_A^2+\rho g(h_2-h_1)=P_C+\frac{1}{2}\rho v_C^2+\rho g h_C \quad ②$$

对 $A$ 和出水口 $D$,有

$$P_A+\frac{1}{2}\rho g(h_2-h_1)=P_D+\frac{1}{2}\rho v_D^2 \quad ③$$

式中,$P_A=P_D=P_0$.

(1)当虹吸管下端被塞住时,$v_A=v_B=v_C$,由①、②式,可得

$$P_A=P_B=P_0,P_C=P_0-\rho g h_1$$

(2)当虹吸管下端开启时,$v_A\approx 0,v_B=v_C=v_D=v,P_A=P_D=P_0$,联立①~③式,解得

$$P_A=P_0,P_B=P_0-\rho g(h_2-h_1),P_C=P_0-\rho g h$$

$$v=\sqrt{2g(h_2-h_1)}$$

**6-6** 如图6-4所示,试证明:盛在圆柱形容器内以角速度 $\omega$ 绕中心轴做匀角速旋转的流体,其表面为一旋转抛物面.

**分析** 本题可采用微元法.在液面上选取一微元 $\Delta m$,分析它的

受力情况，选用直角坐标系，按牛顿第二定律分别列出 $x$ 方向和 $y$ 方向的运动方程，即可求解.

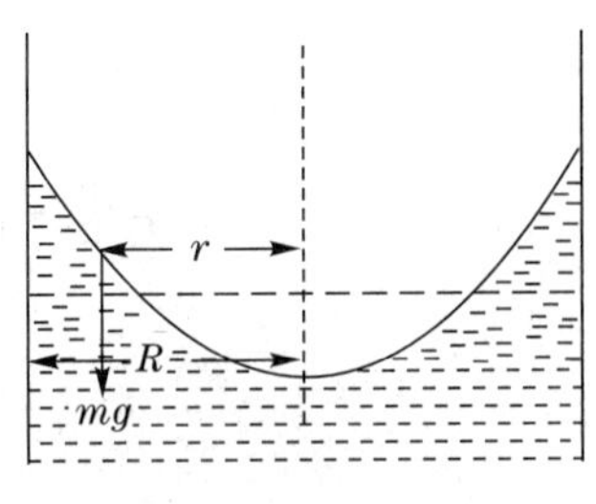

图 6—4　习题 6—6 图

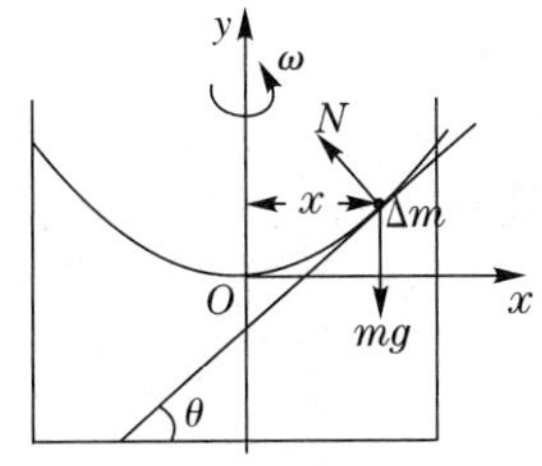

图 6—5　习题 6—6 解图

**证明**　在液面上选取一质元 $\Delta m$，并分析其受力，如图 6—5 所示. 在图示直角坐标系中，分别在 $x$ 方向和 $y$ 方向列出运动方程

$$x\text{ 方向}, N\sin\theta = \Delta m\omega^2 x \qquad ①$$

$$y\text{ 方向}, N\cos\theta - \Delta mg = 0 \qquad ②$$

由①、②式，得

$$\tan\theta = \frac{\omega^2 x}{g}$$

而

$$\tan\theta = \frac{\mathrm{d}y}{\mathrm{d}x}$$

即

$$\mathrm{d}y = \tan\theta\mathrm{d}x = \frac{\omega^2 x}{g}\mathrm{d}x$$

积分，得

$$y = \frac{\omega^2}{2g}x^2 + C$$

$\because x=0$ 时，$y=0$，$\therefore C=0$. 故有

$$y = \frac{\omega}{2g}x^2$$

此为抛物线方程，因此，液面应是一个旋转抛物面.

**6—7**　一个大水池水深 $H=10$ m，在水面下 $h=3$ m 处的侧壁开一个小孔，问：

(1)从小孔射出的水流在池底的水平射程 $R$ 是多少？

(2)$h$ 为多少时射程最远？最远射程为多少？

**解** (1)设水池表面压强为 $p_1$,流速为 $v_1$,高度为 $h_1$,小孔处压强为 $p_2$,流速为 $v_2$,高度为 $h_2$,由伯努利方程可写出

$$p_1+\frac{1}{2}\rho v_1^2+\rho g h_1=p_2+\frac{1}{2}\rho v_2^2+\rho g h_2$$

根据题中条件可知 $p_1=p_2=p_0$,$v_1=0$,$h=h_1-h_2$,于是,由上式可得

$$v_2=\sqrt{2gh}$$

又由运动学方程

$$H-h=\frac{1}{2}gt^2$$

可解出

$$t=\sqrt{\frac{2(H-h)}{g}}$$

则水平射程为

$$R=v_2 t=\sqrt{2gh}\cdot\sqrt{\frac{2(H-h)}{g}}=\sqrt{4h(H-h)}$$

代入数据,得

$$R=\sqrt{4h(H-h)}=\sqrt{4\times3\times(10-3)}=9.17(\mathrm{m})$$

(2)根据极值条件,在 $\frac{\mathrm{d}R}{\mathrm{d}h}=0$ 时,$R$ 出现极大值,即

$$\frac{H-2h}{\sqrt{Hh-h^2}}=0$$

此时解出 $h=5$ m,$R$ 出现极大值,$R=10$ m.

**6-8** 欲用内径为 1 cm 的细水管将地面上内径为 2 cm 的粗水管中的水引到 5 m 高的楼上.已知粗水管中的水压为 $4\times10^5$ Pa,流速为 $4\ \mathrm{m\cdot s^{-1}}$.若忽略水的黏滞性,楼上细水管出口处的流速和压强分别为多少?

**解** 由连续性原理

$$v_1 S_1=v_2 S_2$$

解出细水管出口处的流速为

$$v_2=\frac{v_1 S_1}{S_2}=\frac{4\times(2\times10^{-2})^2}{(1\times10^{-2})^2}=16(\mathrm{m\cdot s^{-1}})$$

再根据伯努利方程

$$p_1 + \frac{1}{2}\rho v_1^2 + \rho g h_1 = p_2 + \frac{1}{2}\rho v_2^2 + \rho g h_2$$

可知细水管出口处的压强 $p$ 为

$$p_2 = p_1 + \frac{1}{2}\rho v_1^2 + \rho g h_1 - \frac{1}{2}\rho v_2^2 - \rho g h_2$$

带入已知数据,解得

$$p_2 = 2.3 \times 10^5 \,\text{Pa}$$

# 第七章

# 狭义相对论力学基础

## 基本要求

1. 掌握爱因斯坦狭义相对论的两个基本原理和洛仑兹坐标变换与速度变换公式.

2. 理解狭义相对论的时空观及其与经典力学时空观的差异,理解同时的相对性、长度收缩和时间膨胀概念,并能进行相关的计算.

3. 掌握相对论质量、能量、动能及其相互联系的公式和意义.

## 基本内容

### 一、狭义相对论的基本原理

1. 爱因斯坦相对性原理

空间是均匀及各向同性的,时间也是均匀的,不存在特殊的惯性系.一切物理规律在所有惯性系中都是相同的.

2. 光速不变原理

真空中的光速既不依赖于光源的运动,也不依赖于接收器的运动,在所有惯性系中,它具有相同的数值.

### 二、洛仑兹变换

1. 坐标变换式

$$x' = \frac{x - ut}{\sqrt{1 - \frac{u^2}{c^2}}}, y' = y, z' = z$$

$$t'=\frac{t-\frac{ux}{c^2}}{\sqrt{1-\frac{u^2}{c^2}}}$$

逆变换为

$$x=\frac{x'+ut'}{\sqrt{1-\frac{u^2}{c^2}}},y=y',z=z'$$

$$t=\frac{t'+\frac{ux'}{c^2}}{\sqrt{1-\frac{u^2}{c^2}}}$$

它们表示同一事件发生在两个惯性系中的时空坐标之间的变换关系.

2. 速度变换式

$$v'_x=\frac{v_x-u}{1-\frac{uv_x}{c^2}},v'_y=\frac{v_y\sqrt{1-u^2/c^2}}{1-\frac{uv_x}{c^2}},v'_z=\frac{v_z\sqrt{1-u^2/c^2}}{1-\frac{uv_x}{c^2}}$$

逆变换为

$$v_x=\frac{v'_x+u}{1+\frac{uv'_x}{c^2}},v_y=\frac{v'_y\sqrt{1-u^2/c^2}}{1+\frac{uv'_x}{c^2}},v_z=\frac{v'_z\sqrt{1-u^2/c^2}}{1+\frac{uv'_x}{c^2}}$$

## 三、狭义相对论的运动学特点

1. 同时的相对性

一个惯性系中不同地点的同时事件,在另一个与之做相对运动的惯性系中不同时.

2. 长度收缩

$$l=l'\sqrt{1-\frac{u^2}{c^2}}\text{（}l'\text{ 为原长）}$$

3. 时间膨胀

$$\Delta t=\frac{\Delta t_0}{\sqrt{1-\frac{u^2}{c^2}}}\text{（}\Delta t_0\text{ 为原时）}$$

## 四、狭义相对论的基本方程

1. 相对论质量

$$m=\frac{m_0}{\sqrt{1-\frac{v^2}{c^2}}}(m_0\text{ 为静止质量})$$

2. 相对论动量

$$\boldsymbol{p}=m\boldsymbol{v}=\frac{m_0\boldsymbol{v}}{\sqrt{1-\frac{v^2}{c^2}}}$$

3. 基本方程

$$\boldsymbol{F}=\frac{\mathrm{d}\boldsymbol{p}}{\mathrm{d}t}=\frac{\mathrm{d}}{\mathrm{d}t}(m\boldsymbol{v})=\frac{\mathrm{d}}{\mathrm{d}t}\left[\frac{m_0\boldsymbol{v}}{(1-v^2/c^2)^{1/2}}\right]$$

## 五、相对论能量

1. 质能关系

$$E=mc^2,E_0=m_0c^2$$

2. 相对论动能

$$E_{\mathrm{k}}=mc^2-m_0c^2$$

3. 相对论动量和能量的关系

$$E^2=p^2c^2+m_0^2c^4$$

# 典型例题

**例 7—1** 一艘宇宙飞船的船身固有长度为 $L_0=90\ \mathrm{m}$，相对于地面以 $v=0.8c$($c$ 为真空中光速)的匀速度在地面观测站的上空飞过.

(1)观测站测得飞船的船身通过观测站的时间间隔是多少?

(2)宇航员测得船身通过观测站的时间间隔是多少?

**解** (1)观测站测得飞船船身的长度为

$$L=L_0\sqrt{1-\left(\frac{v}{c}\right)^2}=54\ \mathrm{m}$$

则观测站测得飞船的船身通过观测站的时间间隔为

$$\Delta t_1 = L/v = 2.25 \times 10^{-7}\ \text{s}$$

(2)宇航员测得飞船船身的长度为 $L_0$,则宇航员测得船身通过观测站的时间间隔为

$$\Delta t_2 = L_0/v = 3.75 \times 10^{-7}\ \text{s}$$

**例 7—2** 一电子以 $v=0.99c$($c$ 为真空中光速)的速率运动.试求:

(1)电子的总能量是多少?

(2)电子的经典力学动能与相对论动能之比是多少?(电子静止质量 $m_e=9.11\times10^{-31}$ kg)

**解** (1) 电子的总能量为

$$E = mc^2 = \frac{m_e}{\sqrt{1-(v/c)^2}}c^2 = 5.81 \times 10^{-13}\ \text{J}$$

(2)电子的经典力学动能为

$$E_{k0} = \frac{1}{2}m_e v^2 = 4.02 \times 10^{-14}\ \text{J}$$

电子的相对论动能为

$$E_k = mc^2 - m_e c^2 = \left[\frac{1}{\sqrt{1-(v/c)^2}} - 1\right]m_e c^2 = 4.99 \times 10^{-13}\ \text{J}$$

所以,电子的经典力学动能与相对论动能之比为

$$\frac{E_{k0}}{E_k} = 8.06 \times 10^{-2}$$

## 习题分析与解答

### 一、选择题

**7—1** 两个事件分别由两个观察者 $S$、$S'$观察,$S$、$S'$彼此相对做匀速运动,观察者 $S$ 测得两事件相隔 3 s,两事件发生地点相距 10 m,观察者 $S'$测得两事件相隔 5 s,$S'$测得两事件发生地的距离最接近于 ( )

(A)0 m (B)2 m (C)10 m (D)17 m (E)$10^9$ m

**解** 根据洛仑兹时空变换公式可得答案为(E).

**7—2** 以下关于同时性的结论中,正确的是 (  )

(A)在一惯性系同时发生的两个事件,在另一惯性系一定不同时发生

(B)在一惯性系不同地点同时发生的两个事件,在另一惯性系一定同时发生

(C)在一惯性系同一地点同时发生的两个事件,在另一惯性系一定同时发生

(D)在一惯性系不同地点不同时发生的两个事件,在另一惯性系一定不同时发生

**解** 根据同时的相对性可知答案为(C).

**7—3** 某种介子静止时的寿命为$10^{-8}$ s,质量为$10^{-25}$g.如它在实验室中的速度为$2\times10^{8}$ m·s$^{-1}$,则它的一生中能飞行(以m为单位) (  )

(A)$10^{-3}$ (B)2 (C)$\sqrt{5}$ (D)$6/\sqrt{5}$ (E)$9/\sqrt{5}$

**解** 在实验室坐标系中观测到某种介子的寿命为$\Delta t' = \Delta t/\sqrt{1-\left(\frac{v}{c}\right)^2}$,所以它的一生能飞行的距离为$v\Delta t'$,计算可得答案为(D).

**7—4** 已知电子的静能为0.51 MeV,若电子的动能为0.25 MeV,则它增加的质量约为静止质量的 (  )

(A)0.1倍 (B)0.2倍 (C)0.5倍 (D)0.9倍

**解** 电子的静能$m_0c^2 = 0.51$ MeV,由$mc^2 = E_k + m_0c^2 = 0.76$ MeV,可得$(m-m_0)/m_0 = 0.5$,答案为(C).

**7—5** $E_k$是粒子的动能,$p$是它的动量,那么粒子的静能$m_0c^2$等于 (  )

(A)$(p^2c^2-E_k^2)/2E_k$ (B)$(p^2c^2-E_k)/2E_k$ (C)$p^2c^2-E_k^2$

(D)$(p^2c^2+E_k^2)/2E_k$ (E)$(pc-E_k)^2/2E_k$

**解** 粒子的静能可由相对论动能$E_k = mc^2 - m_0c^2$和相对论动量和能量的关系$E^2 = p^2c^2 + m_0^2c^4$直接得出,答案为(A).

**7—6** 把一个静止质量为$m_0$的粒子,由静止加速到$v=0.6c$,需做的功为 (  )

(A)$0.18\,m_0c^2$ (B)$0.25\,m_0c^2$ (C)$0.36\,m_0c^2$ (D)$1.25\,m_0c^2$

**解** 根据功能原理，要做的功 $A=\Delta E=mc^2-m_0c^2=m_0c^2\left[\frac{1}{\sqrt{1-\frac{v^2}{c^2}}}-1\right]=0.25\,m_0c^2$，答案为(B).

## 二、填空题

**7—7** 陈述狭义相对论的两条基本原理.

(1)________________________________________；

(2)________________________________________.

**解** (1)爱因斯坦相对性原理：物理定律在所有的惯性系中都具有相同的表达形式，即所有的惯性参考系对运动的描述都是等效的；(2)光速不变原理：真空中的光速是常量，它与光源或观测者的运动无关.

**7—8** 两个惯性系 $K$ 和 $K'$，相对速率为 $0.6c$，在 $K$ 系中观测，一事件发生在 $t=2\times10^{-4}$ s，$x=5\times10^3$ m处，则在 $K'$系中观测，该事件发生在 $t'=$______ s，$x'=$______ m 处.

**解** 根据洛仑兹时空变换公式

$$t'=\left(t-\frac{ux}{c^2}\right)\Big/\sqrt{1-u^2/c^2},x'=(x-ut)\Big/\sqrt{1-u^2/c^2}$$

可求得 $t'$和 $x'$分别为 $2.375\times10^{-4}$ s，$-3.875\times10^4$ m.

**7—9** 半人马星座 $\alpha$ 星是距离太阳系最近的恒星，它距离地球 $S=4.3\times10^{16}$ m. 设有一宇宙飞船自地球飞到半人马星座 $\alpha$ 星，若宇宙飞船相对于地球的速度为 $v=0.999c$，按地球上的时钟计算要用多少年时间？如以飞船上的时钟计算，所需时间又为多少年？

**解** 以地球上的时钟计算

$$\Delta t=\frac{S}{v}\approx4.5\text{ 年}$$

以飞船上的时钟计算

$$\Delta t'=\Delta t\sqrt{1-\frac{v^2}{c^2}}\approx0.20\text{ 年}$$

**7—10** 两火箭 $A$，$B$ 沿同一直线相向运动，测得两者相对地球的速度大小分别为 $v_A=0.9c$，$v_B=0.8c$. 则两者互测的相对运动速度为__________.

**解** 根据洛仑兹速度逆变换公式 $v=(v'+u)\Big/\left(1+\frac{uv'}{c^2}\right)$，可得 $v=0.988c$.

**7—11** $\alpha$ 粒子在加速器中被加速，当加速到质量为静止质量的5倍时，其动能为静止能量的__________倍.

**解** 因为 $m=5m_0$，$E_k=mc^2-m_0c^2=4m_0c^2$，所以动能是静止能量的4倍.

**7—12** 静止的 $\mu$ 子的平均寿命约为 $\tau_0=2\times10^{-6}$ s. 今在8 km的高空，由于 $\pi$ 介子的衰变产生一个速度为 $v=0.998c$（$c$ 为真空中光速）的 $\mu$ 子，则此 $\mu$ 子__________（填"能"或"不能"）到达地面.

**解** 考虑相对论效应，以地球为参照系，$\mu$ 子的平均寿命 $\tau=\frac{\tau_0}{\sqrt{1-(v/c)^2}}=31.6\times10^{-6}$ s，则 $\mu$ 子的平均飞行距离 $L=v\cdot\tau=9.46$ km. $\mu$ 子的飞行距离大于高度，有可能到达地面.

**7—13** 设有两个静止质量均为 $m_0$ 的粒子，以大小相等的速度 $v_0$ 相向运动并发生碰撞，合成为一个粒子，则该复合粒子的静止质量 $m_0'=$__________，运动速度 $v=$__________.

**解** 两粒子以大小相等的速度相向运动并发生碰撞，合成一个复合粒子，故碰撞后的速度为0，由能量守恒定律可得静质量为 $2m_0\Big/\sqrt{1-v_0^2/c^2}$.

## 三、计算与证明题

**7—14** 一航空母舰从太平洋的 $A$ 点出发向北航行，速度为 $0.6c$，设 $t=t'=0$ 时刻，$A$ 点和航空母舰的尾部重合，这时恰巧有一架飞机自舰尾向东北方向滑行，经过 $t'=20$ s后滑行150 m离舰飞行，假设 $A$ 点为地球参考系的原点. 求飞机离舰飞行时在地球参考系的时空坐标和速度.

**分析** 根据洛仑兹时空变换公式即可求解.

**解** 设地球参考系的坐标系 $S(x,y,z,t)$，建立在航空母舰上的坐标系为$S'(x',y',z',t')$，则有

$\beta = u/c = 0.6, \gamma = 1/\sqrt{1-\beta^2} = 1.25$

$x' = \frac{\sqrt{2}}{2} \times 150\ \text{m} = 106.066\ \text{m}, y' = \frac{\sqrt{2}}{2} \times 150\ \text{m} = 106.066\ \text{m},$

$z' = 0, t' = 20\ \text{s}$

所以,有

$$\begin{cases} x = x' = 106.066\ \text{m} \\ y = \dfrac{y' + ut'}{\sqrt{1-\beta^2}} = \gamma(y' + ut') \\ \qquad = 1.25(106.066 + 0.6c \times 20)\text{m} \\ \qquad = 4\,500\,000\,132.58\ \text{m} \\ z = z' = 0 \\ t = \dfrac{t' + uy'/c^2}{\sqrt{1-\beta^2}} = \gamma\left(t' + \dfrac{uy'}{c^2}\right) \\ \qquad = 1.25(20 + 0.6c \times 106.066/c^2)\text{s} = 25\ \text{s} \end{cases}$$

$v = \sqrt{x^2 + y^2}/t = \sqrt{(106.066)^2 + (4\,500\,000\,132.58)^2}/25\ \text{m} \cdot \text{s}^{-1}$
$= 180\,000\,005.30\ \text{m} \cdot \text{s}^{-1}$

**7—15** 一体积为 $V_0$,质量为 $m_0$ 的立方体沿其一棱的方向相对于观察者 $A$ 以速度 $v$ 运动,则观察者 $A$ 测得其密度是多少?

**解** 设立方体的长、宽、高分别以 $x_0, y_0, z_0$ 表示,观察者 $A$ 测得立方体的长、宽、高分别为

$$x = x_0\sqrt{1-\frac{v^2}{c^2}}, y = y_0, z = z_0$$

相应体积为

$$V = xyz = V_0\sqrt{1-\frac{v^2}{c^2}}$$

观察者 $A$ 测得立方体的质量

$$m = \frac{m_0}{\sqrt{1-\frac{v^2}{c^2}}}$$

故相应密度为

$$\rho = m/V = \frac{m_0 \Big/ \sqrt{1-\frac{v^2}{c^2}}}{v_0\sqrt{1-\frac{v^2}{c^2}}} = \frac{m_0}{V_0\left(1-\frac{v^2}{c^2}\right)}$$

**7－16** 设一飞行器自西向东沿水平方向飞行，飞行速度为 $0.6c$，飞行器内一物体自尾部移动到首部，移动距离 100 m，用时 20 s，问：

(1)地面上观察者所看到的飞行器的长度是多少？

(2)地面上观察者看到的飞行器内物体移动的时间是多少？

(3)地面上观察者看到的物体移动的速度是多少？

**分析** 分别应用长度收缩、时间膨胀和洛仑兹速度逆变换公式即可求解，可见长度和时间与相对运动的速度有关.

**解** $\beta=u/c=0.6,\gamma=1/\sqrt{1-\beta^2}=1.25,l_0=100\text{ m},\Delta t_0=20\text{ s}$

$$l = l_0\sqrt{1-\beta^2} = 100\times\sqrt{1-0.6^2}\text{ m} = 80\text{ m}$$

$$\Delta t = \frac{\Delta t_0}{\sqrt{1-\beta^2}} = \frac{20}{\sqrt{1-0.6^2}}\text{ s} = 25\text{ s}$$

$$v'_x = \frac{100}{20}\text{ m}\cdot\text{s}^{-1} = 5\text{ m}\cdot\text{s}^{-1}$$

$$v_x = \frac{v'_x+u}{1+\frac{uv'_x}{c^2}} = \frac{5+0.6c}{1+\frac{0.6c\times5}{c^2}}\text{ m}\cdot\text{s}^{-1} = 0.600\,000\,010\,666\,667c$$

**7－17** 一列火车长 0.40 km(火车上观察者测得)，以 300 km/h 的速度行驶，地面上的观察者发现有两个闪电同时击中火车前后两端. 问火车上的观察者测得两闪电击中火车前后两端的时间间隔是多少？

**解** $\Delta x' = 400\text{ m}, u = 300\,000/3\,600 = 83.333\text{ m}\cdot\text{s}^{-1}, \Delta t = 0$

$$\Delta t = \frac{\Delta t' + \frac{u}{c^2}\Delta x'}{\sqrt{1-\beta^2}}, 0 = \frac{\Delta t' + \frac{83.333}{(3\times10^8)^2}\times400}{\sqrt{1-\beta^2}}$$

$$\Delta t' = \frac{83.333}{(3\times10^8)^2}\times400\text{ s} = 3.70\times10^{-13}\text{ s}$$

**7－18** 在惯性系 $S$ 中，有两事件发生于同一地点，且第二事件比第一事件晚发生 $\Delta t=2$ s；而在另一惯性系 $S'$ 中，观测第二事件比

第一事件晚发生 $\Delta t'=3$ s. 那么在 $S'$系中发生两事件的地点之间的距离是多少?

**解** 令 $S'$系与 $S$ 系的相对速度为 $v$,有

$$\Delta t' = \frac{\Delta t}{\sqrt{1-(v/c)^2}}, (\Delta t/\Delta t')^2 = 1-(v/c)^2$$

则

$$v = c \cdot [1-(\Delta t/\Delta t')^2]^{1/2} = 2.24 \times 10^8 \text{ m} \cdot \text{s}^{-1}$$

那么,在 $S'$系中测得两事件之间距离为

$$\Delta x' = v \cdot \Delta t' = 6.72 \times 10^8 \text{ m}$$

**7—19** $\pi^+$ 介子是一种不稳定的粒子,其平均寿命为 $2.6\times10^{-8}$ s(在它自身参考系中测得). 如果此粒子相对实验室以 $0.8c$ 的速度运动,那么实验室坐标系中测得 $\pi^+$ 介子的寿命是多少? $\pi^+$ 介子在衰变前运动了多长距离?

**分析** 在 $\pi^+$ 介子自身参考系中平均寿命是固有时间,即在同一地点粒子产生和衰变两事件的时间间隔;在实验室参考系中测量的 $\pi^+$ 介子寿命为运动时间,是在不同地点发生两事件的时间间隔.

**解** 由题意知,固有时间为 $\Delta t = 2.6 \times 10^{-8}$ s .

在实验室坐标系中观测到 $\pi^+$ 介子的寿命为

$$\Delta t' = \frac{\Delta t}{\sqrt{1-\left(\frac{v}{c}^2\right)}} = \frac{2.6 \times 10^{-8}}{\sqrt{1-0.8^2}} \text{ s} = 4.33 \times 10^{-8} \text{ s}$$

在实验室坐标系中测量到 $\pi^+$ 介子在衰变前运动的距离为

$$\Delta x' = v \cdot \Delta t' = 0.8 \times 3 \times 10^8 \times 4.33 \times 10^{-8} \text{ m} = 10.39 \text{ m}$$

**7—20** 要使电子的速度从 $v_1=1.2\times10^8 \text{ m}\cdot\text{s}^{-1}$增加到 $v_2=2.4\times10^8 \text{ m}\cdot\text{s}^{-1}$,必须对它做多少功?(电子静止质量 $m_e=9.11\times10^{-31}$ kg)

**解** 根据功能原理,要做的功

$$A = \Delta E$$

根据相对论能量公式

$$\Delta E = m_2 c^2 - m_1 c^2$$

根据相对论质量公式

$$m_2 = m_e / [1-(v_2/c)^2]^{1/2}, m_1 = m_e / [1-(v_1/c)^2]^{1/2}$$

可得

$$A=m_{e}c^{2}\left(\frac{1}{\sqrt{1-\frac{v_{2}^{2}}{c^{2}}}}-\frac{1}{\sqrt{1-\frac{v_{1}^{2}}{c^{2}}}}\right)=4.76\times10^{-14}\ \mathrm{J}$$

$$=2.98\times10^{5}\ \mathrm{eV}$$

**7－21** 设有一 $\pi^{+}$ 介子，在静止下来后，衰变为 $\mu^{+}$ 子和中微子 $\gamma$. 三者的静止质量分别为 $m_{\pi}$，$m_{\mu}$ 和 0，求 $\mu^{+}$ 子和中微子 $\gamma$ 的动量、能量和动能.

**分析** $\pi^{+}$ 介子衰变为 $\mu^{+}$ 子和中微子 $\gamma$ 的过程满足能量守恒定律和动量守恒定律. 中微子 $\gamma$ 的静止质量为零，与光子类似. 解题中应注意正确运用相对论的动能、动量的关系式.

**解** 在相对 $\pi^{+}$ 介子静止的参考系中，$\pi^{+}$ 介子衰变前的动量为零，衰变后粒子系统的总动量也为零. 设中微子 $\gamma$ 的动量为 $p_{\gamma}$，$\mu^{+}$ 子的动量为 $p_{\mu}$.

根据动量守恒定律，有

$$0=p_{\gamma}+p_{\mu} \qquad ①$$

设中微子 $\gamma$ 的能量为 $E_{\gamma}$，$\mu^{+}$ 子的能量为 $E_{\mu}$，系统能量守恒，有

$$E_{\gamma}+E_{\mu}=E_{\pi}=m_{\pi}c^{2} \qquad ②$$

$\mu^{+}$ 子的相对论动量和能量关系为

$$E_{\mu}^{2}=c^{2}p_{\mu}^{2}+m_{\mu}^{2}c^{4} \qquad ③$$

中微子 $\gamma$ 的相对论动量和能量关系为

$$E_{\gamma}^{2}=c^{2}p_{\gamma}^{2}+0 \qquad ④$$

相对论动能表达式为

$$E_{k}=E-m_{0}c^{2} \qquad ⑤$$

由①～④式，可得 $\mu^{+}$ 子的总能量为

$$E_{\mu}=\frac{(m_{\pi}^{2}+m_{\mu}^{2})c^{2}}{2m_{\pi}}$$

中微子 $\gamma$ 的总能量为

$$E_{\gamma}=\frac{(m_{\pi}^{2}-m_{\mu}^{2})c^{2}}{2m_{\pi}}$$

由⑤式，可得 $\mu^+$ 子和中微子 $\gamma$ 的动能分别为

$$E_{k\mu}=E_\mu-m_\mu c^2=\frac{(m_\pi-m_\mu)^2c^2}{2m_\pi}$$

$$E_{k\gamma}=E_\gamma-0=\frac{(m_\pi^2-m_\mu^2)c^2}{2m_\pi}$$

**7—22** 一静质量为 207 MeV 的粒子经过某加速器后，总能量变为 1 000 MeV，求该粒子的动能、动量和速率.

**解** $E=\sqrt{p^2c^2+m_0^2c^4},c=1$

$$1\,000\ \text{MeV}=\sqrt{p^2c^2+(207\ \text{MeV})^2c^4},1\,000=\sqrt{p^2+207^2}$$

$$E_k=1\,000-207=793\ (\text{MeV}),p=978.34\ \text{MeV}$$

$$E=mc^2=\frac{m_0c^2}{\sqrt{1-\left(\frac{u}{c}\right)^2}},\ 1\,000=\frac{207}{\sqrt{1-\left(\frac{u}{c}\right)^2}},u=0.97834c$$

**7—23** 北京正负电子对撞机将正负电子分别加速到 $0.8c$ 后发生对撞，对撞后湮灭为两个同频率的光子，求：碰撞前正负电子的相对速度是多少？湮灭为两光子的频率是多少？

**解** $v_x=-0.8c,u=0.8c,v_x'=\dfrac{v_x-u}{1-\dfrac{uv_x}{c^2}}$

$$v_x'=\frac{-0.8c-0.8c}{1-\dfrac{0.8c\times(-0.8c)}{c^2}}=\frac{-1.6c}{1.64}=-0.975\,6c$$

故相对速度为 $0.975\,6c$.

$$E=\frac{m_0c^2}{\sqrt{1-\left(\frac{u}{c}\right)^2}}=\frac{m_0c^2}{\sqrt{1-\left(\frac{0.8c}{c}\right)^2}}=\frac{m_0c^2}{0.6}=h\nu,\nu=\frac{m_0c^2}{0.6h}$$

**7—24** 试证：一粒子的相对论动量大小可表示为

$$p=\frac{\sqrt{2E_0E_k+E_k^2}}{c}$$

式中，$E_0$ 为粒子的静止能量，$E_k$ 为粒子的动能，$c$ 为真空中的光速.

**证明** 相对论质量公式为

$$m=\frac{m_0}{\sqrt{1-v^2/c^2}}$$

将上式两边平方,再同乘以 $c^4(1-v^2/c^2)$,得

$$m^2c^4-m^2v^2c^2=m_0^2c^4$$

利用关系式

$$E_k=mc^2-m_0c^2,E_0=m_0c^2,p=mv$$

将上式改写成

$$(E_k+E_0)^2-p^2c^2=E_0^2$$

由此,可解得

$$p=\frac{\sqrt{2E_0E_k+E_k^2}}{c}$$

即得证.

# 第八章

## 振动学基础

### 基本要求

1. 掌握描述简谐运动的物理量，特别是相位的物理意义及各量之间的相互关系.

2. 掌握旋转矢量法，并能用以分析有关问题.

3. 掌握简谐运动的基本特征，即动力学特征、运动学特征和能量特征，能建立弹簧振子或单摆运动的微分方程，能根据给定的初始条件写出一维简谐运动的运动方程，并理解其物理意义.

4. 理解两个同方向同频率简谐运动的合成规律以及合振动振幅极大和极小的条件.

5. 了解“拍”现象.

### 基本内容

#### 一、简谐运动

1. 简谐运动的表达式

位移表达式

$$x = A\cos(\omega t + \varphi)$$

速度表达式

$$v = -\omega A\sin(\omega t + \varphi)$$

加速度表达式

$$a = -\omega^2 A\cos(\omega t + \varphi)$$

2. 简谐运动的振幅、圆频率及初相位

振幅 $A$(决定于质点运动的初始条件)

$$A=\sqrt{x_0^2+\frac{v_0^2}{\omega^2}}$$

圆频率 $\omega$(决定于振动系统的性质),对于弹簧振子

$$\omega=\sqrt{\frac{k}{m}}$$

初相位 $\varphi$(决定于运动的初始条件)

$$\tan\varphi=-\frac{v_0}{\omega x_0}$$

## 二、简谐运动的能量

动能　$E_k=\frac{1}{2}mv^2=\frac{1}{2}m\omega^2A^2\sin^2(\omega t+\varphi)$

势能　$E_p=\frac{1}{2}kx^2=\frac{1}{2}kA^2\cos^2(\omega t+\varphi)$

总能量　$E=E_k+E_p=\frac{1}{2}kA^2$

## 三、两个简谐运动的合成

1. 同方向、同频率简谐运动的合成

合成后仍为该方向该频率的简谐运动,振幅决定于两个分振动的振幅及相位差.当 $\Delta\varphi=\begin{cases}2k\pi\\(2k+1)\pi\end{cases}$,$k=0,\pm1,\pm2,\cdots$ 时,则有

$$A=\begin{cases}A_1+A_2\\|A_1-A_2|\end{cases}$$

2. 同方向不同频率简谐运动的合成

两振动的频率差与它们的频率和相比很小时,合成后产生“拍”现象,拍频为 $\nu=|\nu_2-\nu_1|$.

## 典型例题

**例 8—1** 一质量为 10 g 的物体做简谐运动，其振幅为 24 cm，周期为 4.0 s. 当 $t=0$ 时，位移为 +24 cm. 求：

(1) $t=0.5$ s 时，物体所在位置；

(2) $t=0.5$ s 时，物体所受力的大小与方向；

(3) 由起始位置运动到 $x=12$ cm 处所需的最短时间；

(4) 在 $x=12$ cm 处，物体的速度、动能以及系统的势能和总能量.

**分析** 已知简谐运动振幅 $A$ 和角频率 $\omega$，根据物体的初始运动状态 $x_0$ 和 $v_0$ 即可得到初相位 $\varphi$，由此可写出简谐运动的运动方程. 简谐运动物体在任意时刻的运动状态都与简谐运动的相位相对应. 作为保守力系统，简谐运动系统的机械能守恒.

**解** 据题意，简谐运动的振幅 $A=24$ cm，周期 $T=4.0$ s，故 $\omega=\frac{2\pi}{T}=\frac{\pi}{2}$. 由简谐运动的初始位移 $x_0=A=24$ cm 可知，初始速度 $v_0=0$. 所以，振动的初相位 $\varphi=0$. 故简谐运动的表达式为

$$x=0.24\cos\left(\frac{\pi}{2}t\right)\qquad [\text{SI}]$$

(1) $t=0.5$ s 时，有

$$x=0.24\cos\left(\frac{\pi}{2}\times 0.5\right)\text{ m}=0.17\text{ m}$$

故 $t=0.5$ s 时，物体的位移在 $x$ 轴正方向，距平衡位置 0.17 m 处.

(2) $t=0.5$ s 时，物体的加速度为

$$a=\left.\frac{\mathrm{d}^2x}{\mathrm{d}t^2}\right|_{t=0.5}=-0.24\left(\frac{\pi}{2}\right)^2\cos\left(\frac{\pi}{2}\times 0.5\right)\text{ m}\cdot\text{s}^{-2}=-0.419\text{ m}\cdot\text{s}^{-2}$$

物体所受的力为

$$F=ma=-4.19\times 10^{-3}\text{ N}$$

故 $t=0.5$ s 时，物体受力的方向与位移的方向相反，指向平衡位置.

(3) 物体在 $x=12$ cm 处的相位 $\varphi$，由 $0.12=0.24\cos\left(\frac{\pi t}{2}\right)$，得

$$\varphi=\frac{\pi t}{2}=\pm\frac{\pi}{3}$$

由于物体是从起始时刻的最大位移处向平衡位置方向运动，故运动至 $x=12\ \mathrm{cm}$ 时的速度 $v_0<0$，其相位 $\varphi$ 应取 $\varphi=\frac{\pi}{3}$. 所以，所需要的最短时间为

$$t=\frac{2}{3}\ \mathrm{s}=0.67\ \mathrm{s}$$

(4)在 $x=12\ \mathrm{cm}$ 处，物体的速度为

$$v=\left.\frac{\mathrm{d}x}{\mathrm{d}t}\right|_{x=0.12}=-0.24\times\frac{\pi}{2}\times\sin\left(\frac{\pi}{3}\right)\ \mathrm{m}\cdot\mathrm{s}^{-1}=-0.326\ \mathrm{m}\cdot\mathrm{s}^{-1}$$

物体的动能为

$$E_{\mathrm{k}}=\frac{1}{2}mv^2=5.31\times10^{-4}\ \mathrm{J}$$

物体的势能为

$$E_{\mathrm{p}}=\frac{1}{2}kx^2=\frac{1}{2}m\omega^2x^2=1.78\times10^{-4}\ \mathrm{J}$$

则系统的总机械能为

$$E=E_{\mathrm{k}}+E_{\mathrm{p}}=(5.31+1.78)\times10^{-4}\ \mathrm{J}=7.09\times10^{-4}\ \mathrm{J}$$

**例 8—2** 当两个同方向的简谐运动合成为一个振动时，其振动表达式为

$$x=A\cos(2.1t)\cos(50.0t)$$

式中，$t$ 以 s 为单位.

求各分振动的角频率和合振动的拍的周期.

**分析** 两个同振幅、同方向、频率稍有差异的简谐运动合成时，合振动以两分振动的“平均频率”振动，合振动以缓慢的“拍频”变化产生“拍”现象.

**解** 两个同振幅、同方向、频差较小的简谐运动的合成可表示为

$$x=2A\cos\frac{\Delta\omega}{2}t\cos(\overline{\omega}t+\varphi)=A(t)\cos(\overline{\omega}t+\varphi)$$

式中，$A(t)=2A\cos\frac{\Delta\omega}{2}t$ 是以 $\frac{\Delta\omega}{2}=\frac{\omega_2-\omega_1}{2}$ 为角频率随时间缓慢变化的因子，$\overline{\omega}=\frac{\omega_2+\omega_1}{2}$ 为合振动的频率.

由于在$A(t)$变化的一个周期内，合振动的振幅有两次达到极大值和极小值，因此，合振幅$|A(t)|$的变化周期$\tau$决定于$\frac{|\Delta\omega|}{2}\tau=\pi$，所以，拍频为

$$\nu=\frac{1}{\tau}=\frac{|\Delta\omega|}{2\pi}=\frac{|\omega_2-\omega_1|}{2\pi}=|\nu_2-\nu_1|$$

拍的周期为

$$\tau=\frac{1}{\nu}=\frac{2\pi}{|\Delta\omega|}=\frac{2\pi}{|\omega_2-\omega_1|}$$

由合振动的表达式，有

$$\frac{\omega_2-\omega_1}{2}=2.1,\frac{\omega_2+\omega_1}{2}=50.0$$

解得

$$\omega_1=47.9\ \mathrm{rad\cdot s^{-1}},\omega_2=52.1\ \mathrm{rad\cdot s^{-1}}$$

$$\tau=\frac{2\pi}{|\omega_2-\omega_1|}=1.5\ \mathrm{s}$$

## 习题分析与解答

### 一、选择题

**8－1** 一弹簧振子，当把它水平放置时，它做简谐运动.若把它竖直放置或放在光滑斜面上，下列情况中正确的是 （ ）

(A)竖直放置做简谐运动，在光滑斜面上不做简谐运动

(B)竖直放置不做简谐运动，在光滑斜面上做简谐运动

(C)两种情况都做简谐运动

(D)两种情况都不做简谐运动

**分析与解** 要说明一个系统是否做简谐运动，首先要分析其受力情况，然后看是否满足简谐运动的受力特征(或简谐运动微分方程).易证无论弹簧水平放置、斜置还是竖直悬挂，物体都做简谐运动，而且可以证明它们的频率相同，均由弹簧振子的固有性质决定，故本题选(C).

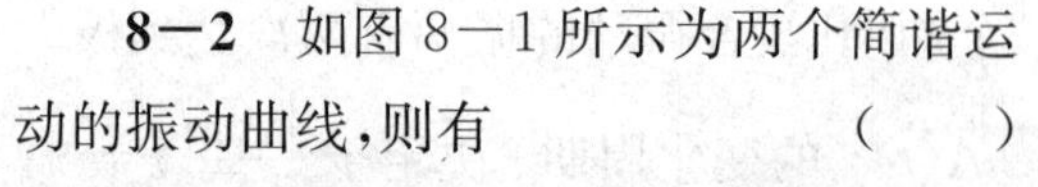

**8－2**　如图 8－1 所示为两个简谐运动的振动曲线,则有　(　　)

(A)$A$ 超前 $\pi/2$　　(B)$A$ 落后 $\pi/2$

(C)$A$ 超前 $\pi$　　(D)$A$ 落后 $\pi$

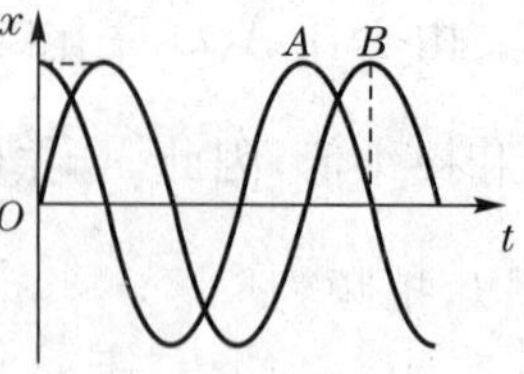


图 8－1　习题 8－2 图

**解**　由图可得 $A$ 的振动超前 $B$ 的振动 $\pi/2$,故本题选(A).

**8－3**　一个质点做简谐运动,周期为 $T$,当质点由平衡位置向 $x$ 轴正方向运动时,由平衡位置到二分之一最大位移处所需要的最短时间为　(　　)

(A)$T/4$　　(B)$T/12$

(C)$T/6$　　(D)$T/8$

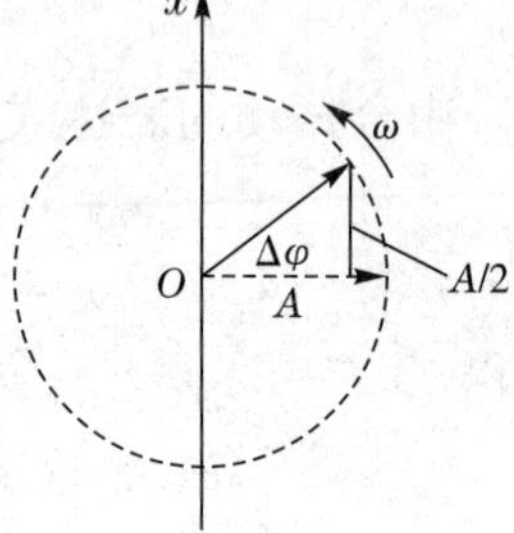


图 8－2　习题 8－3 解图

**分析与解**　本题可用旋转矢量法求解. 根据题意,画出旋转矢量图,如图 8－2 所示. 从图中可见,$\Delta\varphi=\pi/6$,从而可得最短时间为 $t=\dfrac{\Delta\varphi}{\omega}=\dfrac{\pi}{6}\dfrac{T}{2\pi}=\dfrac{T}{12}$,故本题选(B).

**8－4**　分振动方程分别为 $x_1=3\cos(50\pi t+0.25\pi)$ 和 $x_2=4\cos(50\pi t+0.75\pi)$(SI 制),则它们的合振动表达式为　(　　)

(A)$x=2\cos(50\pi t+0.25\pi)$　　(B)$x=5\cos(50\pi t)$

(C)$x=5\cos\left(50\pi t+\dfrac{\pi}{2}+\tan^{-1}\dfrac{1}{7}\right)$　　(D)$x=7$

**分析与解**　根据合振动的振幅公式 $A=\sqrt{A_1^2+A_2^2+2A_1A_2\cos(\varphi_2-\varphi_1)}$ 和合振动的初相位公式 $\tan\varphi=\dfrac{A_1\sin\varphi_1+A_2\sin\varphi_2}{A_1\cos\varphi_1+A_2\cos\varphi_2}$ 可求解,本题亦可用旋转矢量法求解. 本题选(C).

**8－5**　两个质量相同的物体分别挂在两个不同的弹簧下端,弹簧的伸长量分别为 $\Delta l_1$ 和 $\Delta l_2$,且 $\Delta l_1=2\Delta l_2$,两弹簧振子的周期之比 $T_1:T_2$ 为　(　　)

(A)2　　(B)$\sqrt{2}$　　(C)$\dfrac{1}{2}$　　(D)$1/\sqrt{2}$

**解** 设两个弹簧的劲度系数分别为 $k_1$ 和 $k_2$，则有 $k_1\Delta l_1 = k_2\Delta l_2$，而 $\Delta l_1 = 2\Delta l_2$，所以 $k_1 : k_2 = 1 : 2$. 弹簧振子的周期为 $T = 2\pi\sqrt{\dfrac{m}{k}}$，从而 $T_1 : T_2 = 2\pi\sqrt{\dfrac{m}{k_1}} : 2\pi\sqrt{\dfrac{m}{k_2}} = \sqrt{2} : 1$，因此本题选(B).

## 二、填空题

**8—6** 一单摆的悬线长 $l$，在顶端固定的铅直下方 $l/2$ 处有一小钉，如图 8—3 所示. 则单摆的左右两方振动周期之比 $T_1/T_2$ 为________.

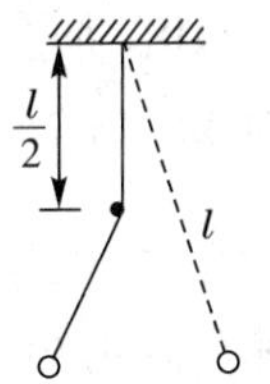

图 8—3 习题 8—6 图

**解** 单摆的周期公式为 $T = 2\pi\sqrt{\dfrac{l}{g}}$，因此单摆的左右两方振动周期之比为 $T_1/T_2 = 2\pi\sqrt{\dfrac{l/2}{g}}/2\pi\sqrt{\dfrac{l}{g}} = \sqrt{2}/2$.

**8—7** 若两个同方向不同频率的谐运动的表达式分别为 $x_1 = A\cos 10\pi t$ 和 $x_2 = A\cos 12\pi t$，则它们的合振动频率为________，每秒的拍数为________.

**解** 合振动的表达式为 $x = x_1 + x_2 = 2A\cos\pi t\cos 11\pi t$，从而可得合振动的频率为 $11\pi/2\pi = 5.5\ \text{Hz}$，每秒的拍数为 1.

**8—8** 弹簧振子做简谐运动，其振动曲线如图 8—4 所示. 则它的周期 $T=$________，用余弦函数描述时初相位 $\varphi=$________.

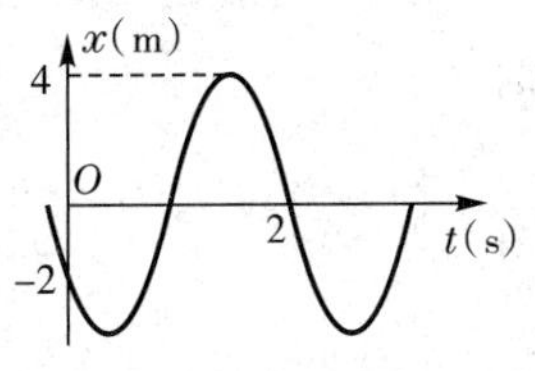

图 8—4 习题 8—8 图

**解** 设简谐运动方程为 $x = A\cos(\omega t + \varphi)$，由图可得

$$-2 = 4\cos\varphi, 0 = 4\cos(2\omega + \varphi)$$

解得 $\omega = \dfrac{11}{12}\pi$，所以周期 $T = \dfrac{2\pi}{\omega} = \dfrac{24}{11}\ \text{s}$，$\varphi = \dfrac{2}{3}\pi$.

**8—9** 两个同方向同频率的简谐运动，其合振动的振幅为 0.2 m，合振动的相位与第一个简谐运动的相位差为$\frac{\pi}{6}$.若第一个简谐运动的振幅为$\sqrt{3}\times10^{-1}$ m,则第二个简谐运动的振幅为______ m,第一、二两个简谐运动的相位差为______.

**解** 用旋转矢量法,易得第二个简谐运动的振幅为0.1 m,两个简谐运动的相位差为$\frac{\pi}{2}$.

**8-10** 质量为$m$的物体和一轻弹簧组成弹簧振子,其固有振动周期为$T$,当它做振幅为$A$的自由简谐运动时,其振动能量$E=$______.

**解** 因为简谐运动的能量$E=\frac{1}{2}kA^2$,而$k=m\omega^2$,所以

$$E=\frac{1}{2}kA^2=\frac{1}{2}m\omega^2A^2=\frac{1}{2}m\left(\frac{2\pi}{T}\right)^2A^2=2\pi^2mA^2T^{-2}$$

## 三、计算与证明题

**8-11** 做简谐运动的小球,速度最大值为$v_{max}=3\ \text{cm}\cdot\text{s}^{-1}$,振幅$A=2$ cm,若从速度为正的最大值某点开始计算时间.

(1)求振动的周期;

(2)求加速度的最大值;

(3)写出振动表达式.

**解** 简谐运动的振幅$A=2$ cm,速度最大值为$v_{max}=3\ \text{cm}\cdot\text{s}^{-1}$,则

(1) $T=\frac{2\pi}{\omega}=\frac{2\pi A}{v_{max}}=\frac{2\pi\times0.02}{0.03}\ \text{s}=\frac{4\pi}{3}\ \text{s}\approx4.2\ \text{s}$

(2) $a_{max}=\omega^2A=A\times\left(\frac{2\pi}{T}\right)^2=0.02\times\left(\frac{2\pi}{4\pi/3}\right)^2\ \text{m}\cdot\text{s}^{-2}$

$=0.045\ \text{m}\cdot\text{s}^{-2}$

(3) 由于$\varphi_0=-\frac{\pi}{2}$,$\omega=\frac{3}{2}\text{rad}\cdot\text{s}^{-1}$,所以

$$x=0.02\cos\left(\frac{3}{2}t-\frac{\pi}{2}\right)\quad[\text{SI}]$$

**8-12** 设想沿地球直径凿一隧道,并设地球是密度为$\rho=5.5$

$\times 10^3\ \mathrm{kg \cdot m^{-3}}$的均匀球体，试证：

(1)当无阻力时，一物体落入此隧道后将做简谐运动；

(2)物体由地球表面落至地心的时间为

$$t = \frac{1}{4}\sqrt{\frac{3\pi}{G\rho}} = 21\ \mathrm{min}$$

式中，$G$是引力常量.

**证明** (1)物体在地球内与地心相距为$r$时，它受到的引力为

$$F = -G\frac{Mm}{r^2}$$

式中，负号表示物体受力方向与它相对于地心的位移方向相反，$M$是以地心为中心、以$r$为半径的球体内的质量，其值为

$$M = \frac{4}{3}\pi r^3 \rho$$

因此

$$F = -\frac{4}{3}G\pi m\rho r = -kx$$

物体的加速度为

$$a = \frac{F}{m} = -\frac{4}{3}G\pi\rho r$$

$\boldsymbol{a}$与$\boldsymbol{r}$的大小成正比，方向相反，故物体在隧道内做简谐运动.

(2)物体的振动周期为

$$T = 2\pi\sqrt{\frac{m}{k}} = \sqrt{\frac{3\pi}{G\rho}}$$

则得

$$t = \frac{T}{4} = \frac{1}{4}\sqrt{\frac{3\pi}{G\rho}} = \frac{1}{4}\times\sqrt{\frac{3\times 3.14}{6.67\times 10^{-11}\times 5.5\times 10^3}}\ \mathrm{s}$$
$$= 1267\ \mathrm{s} \approx 21\ \mathrm{min}$$

**8－13** 如图8－5所示，轻质弹簧的一端固定，另一端系一轻绳，轻绳绕过滑轮连接一质量为$m$的物体，绳在轮上不打滑，使物体上下自由振动. 已知弹簧的劲度系数为$k$，滑轮的半径为$R$，转动惯量为$J$.

(1)证明物体做简谐运动；

(2)求物体的振动周期；

(3)设$t=0$时，弹簧无伸缩，物体也无初速，写出物体的振动表

达式.

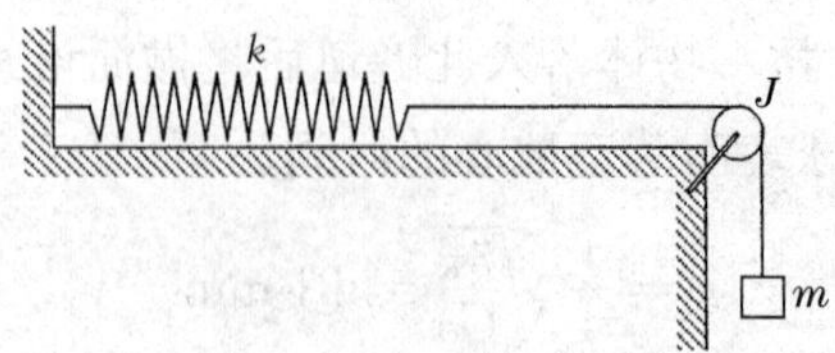


图 8－5　习题 8－13 图

**分析**　一物体是否做简谐运动,可从动力学方法和能量分析方法作出判断. 动力学分析方法由对物体的受力分析入手,根据牛顿运动方程写出物体所满足的微分方程,与简谐运动的微分方程作比较后得出判断. 能量分析方法求解从系统的机械能守恒入手,列出系统机械能守恒方程,然后求得系统做简谐运动的微分方程.

**解**　**[方法一]**动力学方法求解.

物体和滑轮的受力情况如图 8－6 所示.

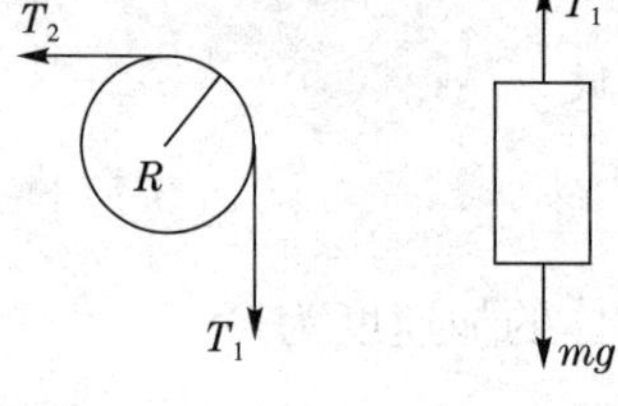


图 8－6　习题 8－13 解图 1

$$mg - T_1 = ma \qquad ①$$

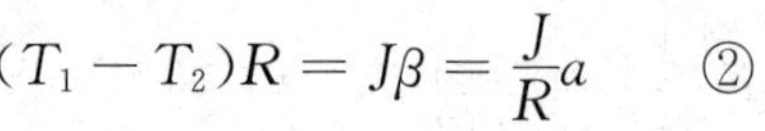

$$(T_1 - T_2)R = J\beta = \frac{J}{R}a \qquad ②$$

设物体位于平衡位置时,弹簧的伸长量为 $l$, 因为这时 $a = 0$, 可得

$$mg = T_1 = T_2 = kl$$

当物体对平衡位置向下的位移为 $x$ 时,有

$$T_2 = k(l + x) = mg + kx \qquad ③$$

由①～③式,解得

$$a = -\frac{k}{m + J/R^2}x$$

物体的加速度与位移成正比,方向相反,所以它做简谐运动.

(2)物体的振动周期为

$$T = \frac{2\pi}{\omega} = 2\pi\sqrt{\frac{m + J/R^2}{k}}$$

(3)当 $t = 0$ 时,弹簧无伸长,物体的位移 $x_0 = -l$; 物体也无初速, $v_0 = 0$, 物体的振幅为

$$A = \sqrt{x_0^2 + \left(\frac{v_0}{\omega}\right)^2} = \sqrt{(-l)^2} = l = \frac{mg}{k}$$

$$\cos\varphi_0 = \frac{x_0}{A} = \frac{-kl}{mg} = -1$$

则得

$$\varphi_0 = \pi$$

所以,物体简谐运动的表达式为

$$x = \frac{mg}{k}\cos(\sqrt{\frac{k}{m + J/R^2}}t + \pi)$$

**[方法二]** 能量法求解.

取地球、轻弹簧、滑轮和质量为 $m$ 的物体作为系统. 在物体上下自由振动的过程中,系统不受外力,系统内无非保守内力做功,所以系统的机械能守恒.

取弹簧的原长处为弹性势能零点,取物体受合力为零的位置为振动的平衡位置,也即 $Ox$ 轴的坐标原点,如图 8—7 所示.

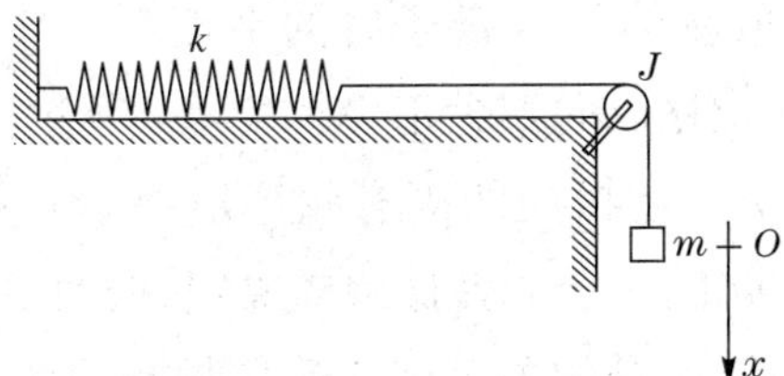


图 8—7　习题 8—13 解图 2

设物体在平衡位置时,弹簧的伸长量为 $l$, 由图 8—8,有

$$mg - T_1 = 0, T_1R - T_2R = 0, T_2 = kl$$

得

$$l = \frac{mg}{k}$$

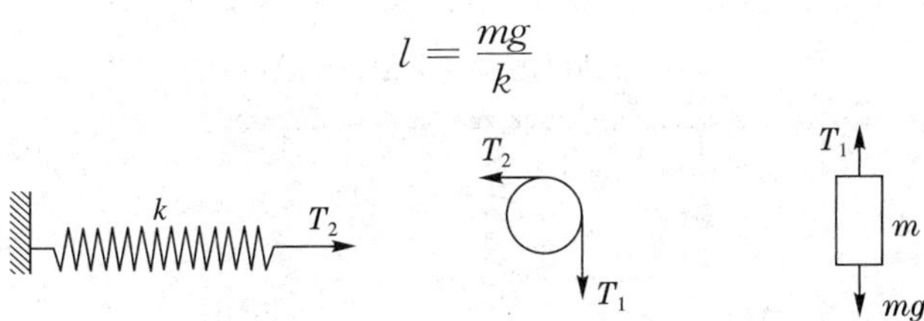


图 8—8　习题 8—13 解图 3

当物体 $m$ 偏离平衡位置 $x$ 时,其运动速率为 $v$, 弹簧的伸长量为 $x+l$, 滑轮的角速度为 $\omega$. 由系统的机械能守恒,可得

$$\frac{1}{2}k(x+l)^2 + \frac{1}{2}mv^2 + \frac{1}{2}J\omega^2 - mgx = 常量$$

式中的角速度为

$$\omega=\frac{v}{R}=\frac{1}{R}\frac{\mathrm{d}x}{\mathrm{d}t}$$

将机械能守恒式对时间 $t$ 求一阶导数,得

$$\frac{\mathrm{d}^2x}{\mathrm{d}t^2}=-\frac{k}{m+J/R^2}x=-\omega^2x$$

上式即为简谐运动所满足的微分方程,式中 $\omega$ 为简谐运动的角频率

$$\omega=\sqrt{\frac{k}{m+J/R^2}}$$

**8-14** 如图 8-9 所示,一质量为 $M$ 的盘子系于竖直悬挂的轻弹簧下端,弹簧的劲度系数为 $k$. 现有一质量为 $m$ 的物体自离盘 $h$ 高处自由下落,掉在盘上没有反弹,以物体掉在盘上的瞬时作为计时起点,求盘子的振动表达式.(取物体掉入盘子后的平衡位置为坐标原点,位移以向下为正.)

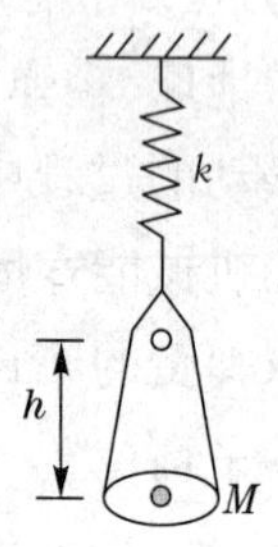

图 8-9 习题 8-14 图

**分析** $M$、$m$ 一起振动的固有频率取决于 $k$ 和 $M+m$,振动初速度 $v_{0m}$ 由 $M$ 和 $m$ 的完全非弹性碰撞决定,振动的初始位置则为空盘原来的平衡位置.本题的关键在于确定振动系统的平衡位置以及振动的初始条件.

**解** 设空盘静止时,弹簧伸长 $\Delta l_1$,如图 8-10 所示,则

$$Mg=k\Delta l_1 \quad ①$$

物体与盘粘合后且处于平衡位置,弹簧再伸长 $\Delta l_2$,则

$$(m+M)g=k(\Delta l_1+\Delta l_2) \quad ②$$

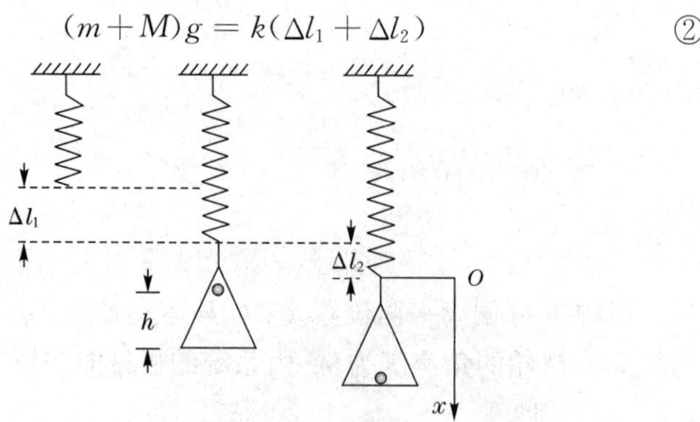

图 8-10 习题 8-14 解图

将①式代入，得

$$mg = k\Delta l_2$$

与 $M$ 碰撞前，物体 $m$ 的速度为

$$v_{0m} = \sqrt{2gh}$$

与盘粘合时，服从动量守恒定律，碰撞后的速度为

$$v = \frac{m}{m+M}v_{0m} = \frac{m}{m+M}\sqrt{2gh}$$

取此时作为计时零点，物体与盘粘合后的平衡位置作为坐标原点，坐标轴方向竖直向下. 则 $t = 0$ 时，$x_0 = -\Delta l_2 = -\frac{mg}{k}$，$v_0 = v = \frac{m}{m+M}\sqrt{2gh}$，盘的振动角频率为

$$\omega = \sqrt{\frac{k}{m+M}}$$

由简谐运动的初始条件：$x_0 = A\cos\varphi_0$，$v_0 = -A\omega\sin\varphi_0$，可得

$$A = \sqrt{x_0^2 + \left(\frac{v_0}{\omega}\right)^2} = \sqrt{\left(-\frac{mg}{k}\right)^2 + \frac{\left(\frac{m}{m+M}\sqrt{2gh}\right)^2}{\frac{k}{m+M}}}$$

$$= \frac{mg}{k}\sqrt{1 + \frac{2kh}{(m+M)g}}$$

初相位 $\varphi_0$ 满足

$$\tan\varphi_0 = -\frac{v_0}{x_0\omega} = \frac{-\frac{m}{m+M}\sqrt{2gh}}{-\frac{mg}{k}\sqrt{\frac{k}{m+M}}} = \sqrt{\frac{2kh}{(m+M)g}}$$

因为

$$x_0 < 0, v_0 > 0$$

所以

$$\pi < \varphi_0 < \frac{3}{2}\pi, \varphi_0 = \pi + \arctan\sqrt{\frac{2kh}{(m+M)g}}$$

所以，盘子的振动表达式为

$$x = \frac{mg}{k}\sqrt{1 + \frac{2kh}{(m+M)g}}\cos\left(\sqrt{\frac{k}{m+M}}t + \arctan\sqrt{\frac{2kh}{(m+M)g}} + \pi\right)$$

**8-15** 一弹簧振子做简谐运动，振幅 $A=0.20\ \mathrm{m}$，如果弹簧的劲度系数 $k=2.0\ \mathrm{N\cdot m^{-1}}$，所系物体的质量 $m=0.50\ \mathrm{kg}$. 试求：

(1)当动能和势能相等时，物体的位移；

(2)设 $t=0$ 时，物体在正最大位移方向达到动能和势能相等处所需的时间.(在一个周期内)

**解** (1) 振子做简谐运动时，有 $E=E_\mathrm{k}+E_\mathrm{p}=\dfrac{1}{2}mv^2+\dfrac{1}{2}kx^2=\dfrac{1}{2}kA^2$，当 $E_\mathrm{k}=E_\mathrm{p}$ 时，即 $E_\mathrm{p}=\dfrac{1}{2}E$，所以

$$\frac{1}{2}kx^2=\frac{1}{2}\times\frac{1}{2}kA^2$$

$$x=\pm\frac{A}{\sqrt{2}}=\pm\frac{0.20}{1.41}\ \mathrm{m}=\pm0.14\ \mathrm{m}$$

(2)由条件可得，振子的角频率为

$$\omega=\sqrt{\frac{k}{m}}=\sqrt{\frac{2.0}{0.50}}\ \mathrm{rad\cdot s^{-1}}=2\ \mathrm{rad\cdot s^{-1}}$$

当 $t=0$ 时，$x_0=A$，故 $\varphi_0=0$. 动能和势能相等时，物体的坐标

$$x=\pm\frac{A}{\sqrt{2}}$$

即

$$A\cos\omega t=\pm\frac{A}{\sqrt{2}},\quad \cos\omega t=\pm\frac{1}{\sqrt{2}}$$

在一个周期内，相位变化为 $2\pi$，故

$$\omega t=\frac{\pi}{4},\frac{3\pi}{4},\frac{5\pi}{4},\frac{7\pi}{4}$$

时间则为

$$t_1=\frac{\pi}{4\omega}=\frac{3.14}{4\times2.0}\ \mathrm{s}=0.39\ \mathrm{s}$$

$$t_2=\frac{3\pi}{4\omega}=3t_1=3\times0.39\ \mathrm{s}=1.2\ \mathrm{s}$$

$$t_3=\frac{5\pi}{4\omega}=5t_1=5\times0.39\ \mathrm{s}=2.0\ \mathrm{s}$$

$$t_4=\frac{7\pi}{4\omega}=7t_1=7\times0.39\ \mathrm{s}=2.7\ \mathrm{s}$$

**8—16** 有两个同方向同频率的简谐运动，它们的振动表达式为

$x_1=0.05\cos\left(10t+\frac{3}{4}\pi\right)$，$x_2=0.06\cos\left(10t+\frac{1}{4}\pi\right)$（SI 制）

(1)求它们合成振动的振幅和初相位；

(2)若另有一振动 $x_3=0.07\cos(10t+\varphi_0)$，则 $\varphi_0$ 为何值时，$x_1+x_3$ 的振幅为最大？$\varphi_0$ 为何值时，$x_2+x_3$ 的振幅为最小？

**解** (1)合成振动的振幅为

$$A=\sqrt{A_1^2+A_2^2+2A_1A_2\cos(\varphi_{20}-\varphi_{10})}$$

$$=\sqrt{0.05^2+0.06^2+2\times0.05\times0.06\times\cos(\frac{1}{4}\pi-\frac{3}{4}\pi)}\ \mathrm{m}$$

$$=0.078\ \mathrm{m}$$

合成振动的初相位 $\varphi_0$ 可由下式求出，即

$$\tan\varphi_0=\frac{A_1\sin\varphi_{10}+A_2\sin\varphi_{20}}{A_1\cos\varphi_{10}+A_2\cos\varphi_{20}}$$

$$=\frac{0.05\times\sin\frac{3\pi}{4}+0.06\times\sin\frac{\pi}{4}}{0.05\times\cos\frac{3\pi}{4}+0.06\times\cos\frac{\pi}{4}}=11$$

所以

$$\varphi_0=84.8^\circ$$

(2)当 $\varphi_0-\varphi_{10}=\pm2k\pi$，$k=0,1,2,\cdots$时，即 $\varphi_0=\pm2k\pi+\varphi_{10}=\pm2k\pi+\frac{3\pi}{4}$时，$x_1+x_3$ 的振幅最大. 取 $k=0$，则 $\varphi_0=\frac{3\pi}{4}$.

当 $\varphi_0-\varphi_{20}=\pm(2k+1)\pi$，$k=0,1,2,\cdots$时，即 $\varphi_0=\pm(2k+1)\pi+\varphi_{20}=\pm(2k+1)\pi+\frac{\pi}{4}$时，$x_1+x_3$ 的振幅最小. 取 $k=0$，则 $\varphi_0=\frac{5\pi}{4}$（或 $\varphi_0=-\frac{3\pi}{4}$）.

**8—17** 质量为 0.1 kg 的质点同时参与互相垂直的两个振动，其振动表达式分别为 $x=0.06\cos\left(\frac{\pi}{3}t+\frac{\pi}{3}\right)$ m及 $y=0.03\cos\left(\frac{\pi}{3}t-\frac{\pi}{6}\right)$ m. 求：

(1)质点的运动轨迹；

(2)质点在任一位置所受的作用力.

**分析** 质点同时受到 $x$ 和 $y$ 方向振动的作用,其运动轨迹在 $Oxy$ 平面内,质点所受的作用力满足力的叠加原理.

**解** (1)质点的运动轨迹可由振动表达式消去参量 $t$ 得到. 对 $t$ 作变量替换,令 $t' = t - \frac{1}{2}$,两振动表达式可改写为

$$x = 0.06\cos(\frac{\pi}{3}t' + \frac{\pi}{2}) = -0.06\sin\frac{\pi}{3}t'$$

$$y = 0.03\cos\frac{\pi}{3}t'$$

将两式平方后相加,得质点的轨迹方程为

$$\frac{x^2}{0.06^2} + \frac{y^2}{0.03^2} = 1$$

所以,质点的运动轨迹为一椭圆.

(2)质点加速度的两个分量为

$$a_x = \frac{\mathrm{d}^2 x}{\mathrm{d}t^2} = -0.06\left(\frac{\pi}{3}\right)^2\cos(\frac{\pi}{3}t + \frac{\pi}{3}) = -\frac{\pi^2}{9}x$$

$$a_y = \frac{\mathrm{d}^2 y}{\mathrm{d}t^2} = -0.03\left(\frac{\pi}{3}\right)^2\cos(\frac{\pi}{3}t - \frac{\pi}{6}) = -\frac{\pi^2}{9}y$$

当质点的坐标为 $(x,y)$ 时,它所受的作用力为

$$\boldsymbol{F} = ma_x\boldsymbol{i} + ma_y\boldsymbol{j} = -\frac{\pi^2}{9}m(x\boldsymbol{i} + y\boldsymbol{j}) = -\frac{\pi^2}{9}m\boldsymbol{r}$$

可见它所受作用力的方向总是指向中心(坐标原点),作用力的大小为

$$F = ma = m\sqrt{a_x^2 + a_y^2} = \frac{\pi^2}{9}m\sqrt{x^2 + y^2}$$

$$= \frac{3.14^2}{9}\times 0.1\sqrt{x^2 + y^2} = 0.11\sqrt{x^2 + y^2}$$

# 第九章

## 波动学基础

### 基本要求

1. 掌握描述简谐波动的各物理量的物理意义及各量之间的相互关系，并能熟练地确定这些物理量.

2. 掌握由波动方程求位于某处质点的振动方程或某时刻波形方程的方法，并能熟练地求出同一波线上两点的相位差，或同一位置处质点不同时刻的振动相位差；掌握写出波源不在坐标原点时波动方程的方法；掌握由已知时刻波形曲线写出波动方程或写出（画出）某位置处质点的振动方程（振动曲线）的方法.

3. 了解波的能量传播特征及能流、能流密度概念及相关的计算.

4. 理解惠更斯原理和波的叠加原理；了解波的衍射现象.

5. 掌握波的干涉条件，能运用相位差或波程差概念分析和确定相干波叠加后振幅加强或减弱的条件.

6. 掌握驻波的振幅和相位的分布特点，理解半波损失的概念，掌握产生半波损失的条件.

7. 了解多普勒效应及其产生的原因.

8. 了解平面电磁波的产生及其性质.

### 基本内容

#### 一、机械波的产生

机械振动在介质中的传播形成机械波. 机械波产生的条件是存在波源和介质.

## 二、波速、波长、波的周期和频率

波速 $u$:振动的传播速度,其值取决于介质的性质.

波长 $\lambda$:波线上相位差为 $2\pi$ 的两个质点间的距离.

波的周期 $T$:一个完整的波通过波线上某点所需要的时间.

波的频率 $\nu$:单位时间内通过波线上某点的完整波的数目.

波的周期、频率决定于波源的性质,波速决定于传播介质的性质,而波长 $\lambda = uT$ 则由波源和介质的性质共同决定.

## 三、平面简谐波的波动表达式

沿波线 $x$ 轴传播的平面简谐波波动表达式为

$$y(x,t) = A\cos\left[\omega\left(t \mp \frac{x}{u}\right) + \varphi\right]$$

小括号中,负号表示沿 $x$ 轴正方向传播,正号表示沿 $x$ 轴负方向传播.

其他一些等效表达式

$$y(x,t) = A\cos\left[2\pi\left(\frac{t}{T} \mp \frac{x}{\lambda}\right) + \varphi\right]$$

$$y(x,t) = A\cos\left[2\pi\left(\nu t \mp \frac{x}{\lambda}\right) + \varphi\right]$$

$$y(x,t) = A\cos[\omega t \mp kx + \varphi]$$

凡振动量 $y$ 均满足微分方程(动力学方程)

$$\frac{\partial^2 y}{\partial x^2} = \frac{1}{u^2}\frac{\partial^2 y}{\partial t^2}$$

## 四、波的能量

波的能量密度

$$w = \rho\omega^2 A^2 \sin^2\left[\omega\left(t - \frac{x}{u}\right) + \varphi\right]$$

平均能量密度

$$\overline{w} = \frac{1}{2}\rho\omega^2 A^2$$

平面简谐机械波的能量特征是动能和势能同相位,而且在任何时刻大小相等. 在一个给定的空间范围内,波的能量不守恒. 平面简谐电磁波也具有同样的性质.

平均能流

$$p=\overline{w}uS$$

能流密度

$$I=\overline{w}u=\frac{1}{2}\rho u\omega^2A^2$$

## 五、波的吸收

平面波振幅衰减规律

$$A=A_0\mathrm{e}^{-\alpha x}$$

平面波强度衰减规律

$$I=I_0\mathrm{e}^{-2\alpha x}$$

## 六、波的干涉

1. 相干波源

频率相同、振动方向相同、相位差恒定的波源.

2. 确定合振幅大小的干涉条件

$$\Delta\varphi=(\varphi_2-\varphi_1)-2\pi\frac{r_2-r_1}{\lambda}$$
$$=\begin{cases}\pm 2k\pi & \text{干涉相长}\\ \pm(2k+1)\pi & \text{干涉相消}\end{cases}\quad k=0,1,2,\cdots$$

当波源的初相位相同,即 $\varphi_2=\varphi_1$ 时,干涉条件可用波程差 $\delta=r_2-r_1$ 表示,即

$$\delta=r_2-r_1=\begin{cases}\pm k\lambda & \text{干涉相长}\\ \pm(2k+1)\dfrac{\lambda}{2} & \text{干涉相消}\end{cases}\quad k=0,1,2,\cdots$$

## 七、驻波

驻波方程

$$y=2A\cos\frac{2\pi}{\lambda}x\cos2\pi\nu t$$

波腹位置

$$x = k\frac{\lambda}{2} \quad k = 0, \pm 1, \pm 2, \cdots$$

波节位置

$$x = (2k+1)\frac{\lambda}{4} \qquad k = 0, \pm 1, \pm 2, \cdots$$

半波损失:当驻波由入射波和反射波叠加形成时,反射端为固定端时有半波损失,反射端为波节;反射端为自由端时无半波损失,反射端为波腹.两端固定弦线形成驻波的条件是

$$L = n\frac{\lambda_n}{2} \qquad n = 1,2,3,\cdots$$

## 八、多普勒效应

1. 波源不动,观察者相对于介质以速度 $v_r$ 向着波源运动

$$\nu_r = \frac{u + v_r}{u}\nu_s$$

2. 观察者不动,波源相对于介质以速度 $v_s$ 向着观察者运动

$$\nu_r = \frac{u}{u - v_s}\nu_s$$

3. 波源和观察者同时相对于介质运动

$$\nu_r = \frac{u + v_r}{u - v_s}\nu_s$$

## 九、电磁波

1. 电磁波的波速

$$u = \frac{1}{\sqrt{\varepsilon\mu}}$$

2. $E$ 和 $H(B)$ 的关系

$$\sqrt{\varepsilon}E = \sqrt{\mu}H$$

3. 坡印廷矢量

$$\boldsymbol{I} = \boldsymbol{E} \times \boldsymbol{H}$$

## 典型例题

**例 9—1** 有一平面简谐波在介质中传播,波速 $u = 100\ \mathrm{m \cdot s^{-1}}$,波线上右侧距波源 $O$(坐标原点)为 75.0 m 处的一点 $P$ 的运动方程为

$$y_P = 0.30\cos\left(2\pi t + \frac{\pi}{2}\right) \qquad [\mathrm{SI}]$$

(1)求波向 $x$ 轴正方向传播时的波动方程;

(2)求波向 $x$ 轴负方向传播时的波动方程.

**分析** 在已知波线上某点运动方程的条件下,建立波动方程时常采用下面两种方法:(1)先写出以波源 $O$ 为原点的波动方程的一般形式,然后利用已知点 $P$ 的运动方程来确定该波动方程中各物理量,从而建立所求波动方程.(2)建立以点 $P$ 为原点的波动方程,由它来确定波源点 $O$ 的运动方程,从而可得以波源点 $O$ 为原点的波动方程.

**解** **[方法一]**

(1)设以波源为原点 $O$,沿 $x$ 轴正方向传播的波动方程为

$$y = A\cos\left[\omega\left(t - \frac{x}{u}\right) + \varphi\right]$$

将 $u = 100\ \mathrm{m \cdot s^{-1}}$ 代入,且取 $x=75\ \mathrm{m}$ 得点 $P$ 的运动方程为

$$y_P = A\cos[\omega(t - 0.75) + \varphi]$$

与题意中点 $P$ 的运动方程相比较,可得 $A=0.30\ \mathrm{m}$、$\omega = 2\pi$、$\varphi = 2\pi$,则所求的波动方程为

$$y = 0.30\cos\left[2\pi\left(t - \frac{x}{100}\right)\right]$$

(2)当沿 $x$ 轴负方向传播时,波动方程为

$$y = A\cos\left[\omega\left(t + \frac{x}{u}\right) + \varphi\right]$$

将 $x=75\ \mathrm{m}$、$u = 100\ \mathrm{m \cdot s^{-1}}$ 代入后,与题意中点 $P$ 的运动方程相比较,可得 $A=0.30\ \mathrm{m}$、$\omega = 2\pi$、$\varphi = -\pi$,则所求的波动方程为

$$y = 0.30\cos\left[2\pi\left(t + \frac{x}{100}\right) - \pi\right]$$

**[方法二]**

(1)如图 9-1(a)所示，取点 $P$ 为坐标原点 $O'$，沿 $O'x$ 轴向右的方向为正方向. 根据分析，当波沿正方向传播时，由点 $P$ 的运动方程，可得出以点 $O'$（即点 $P$）为原点的波动方程为

$$y = 0.30\cos\left[2\pi\left(t - \frac{x}{100}\right) + \frac{\pi}{2}\right]$$

将 $x=-75$ m 代入上式，可得点 $O$ 的运动方程为

$$y_O = 0.30\cos(2\pi t)$$

由此，可写出以点 $O$ 为坐标原点的波动方程为

$$y = 0.30\cos\left[2\pi\left(t - \frac{x}{100}\right)\right]$$

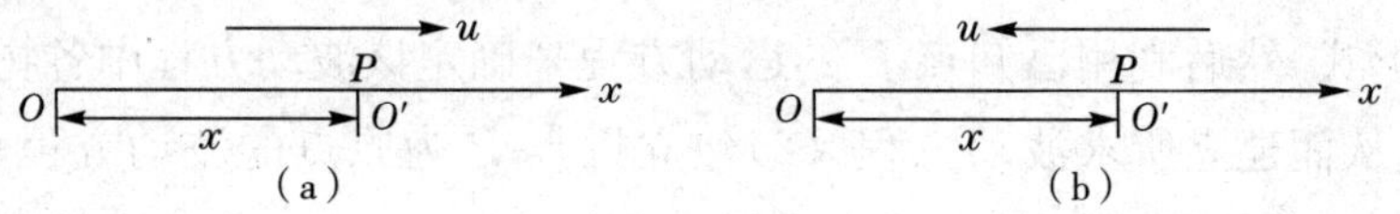

图 9-1　例题 9-1 解图

(2)当波沿 $O'x$ 轴负方向传播时，如图 9-1(b)所示，仍先写出以点 $O'$（即点 $P$）为原点的波动方程为

$$y = 0.30\cos\left[2\pi\left(t + \frac{x}{100}\right) + \frac{\pi}{2}\right]$$

将 $x=-75$ m 代入上式，可得点 $O$ 的运动方程为

$$y_O = 0.30\cos[2\pi t - \pi]$$

则以点 $O$ 为原点的波动方程为

$$y = 0.30\cos\left[2\pi\left(t + \frac{x}{100}\right) - \pi\right]$$

**例 9-2**　一沿弹性绳的简谐波的波动方程为

$$y = A\cos 2\pi\left(10t - \frac{x}{2}\right) \qquad [\mathrm{SI}]$$

波在 $x=11$ m 处的固定端反射，设传播中无能量损失，反射是完全的. 求：

(1)该简谐波的波长和波速；

(2)反射波的波动方程；

(3)驻波方程，并确定 $x=0\sim11$ m 波节的位置.

**解** (1)已知波动方程为

$$y = A\cos 2\pi\left(10t - \frac{x}{2}\right)$$

从而，$\nu = 10\ \text{Hz}$，$\lambda = 2\ \text{m}$，$u = \lambda\nu = 20\ \text{m} \cdot \text{s}^{-1}$.

(2)将 $x=11\ \text{m}$ 代入波动方程，可得入射波在反射点的振动方程为

$$y = A\cos 2\pi\left(10t - \frac{11}{2}\right)$$

由于反射端固定，反射波有半波损失. 故反射波在反射点的振动方程为

$$y' = A\cos\left[2\pi\left(10t - \frac{11}{2}\right) - \pi\right] = A\cos 20\pi t$$

所以反射波的波动方程为

$$y_{反} = A\cos 2\pi\left[10\left(t - \frac{11-x}{20}\right)\right] = A\cos\left[2\pi\left(10t + \frac{x}{2}\right) - \pi\right]$$

(3)驻波方程为

$$y_{驻} = y_{入} + y_{反} = 2A\cos\left(\pi x - \frac{\pi}{2}\right)\cos\left(20\pi t - \frac{\pi}{2}\right)$$

波节的位置满足

$$\cos\left(\pi x - \frac{\pi}{2}\right) = 0$$

即

$$\pi x - \frac{\pi}{2} = (2n-1)\frac{\pi}{2} \qquad (x > 0)$$

所以

$$x = n\ \text{m} \quad n = 1,2,3,\cdots,11$$

## 习题分析与解答

### 一、选择题

**9-1** 一个平面简谐波沿 $x$ 轴负方向传播，波速 $u=10\ \text{m} \cdot \text{s}^{-1}$. $x=0$ 处，质点振动曲线如图 9-2 所示，则该波的表达式为 ( )

(A) $y=2\cos\left(\frac{\pi}{2}t+\frac{\pi}{20}x+\frac{\pi}{2}\right)$ m

(B) $y=2\cos\left(\frac{\pi}{2}t+\frac{\pi}{20}x-\frac{\pi}{2}\right)$ m

(C) $y=2\sin\left(\frac{\pi}{2}t+\frac{\pi}{20}x+\frac{\pi}{2}\right)$ m

(D) $y=2\sin\left(\frac{\pi}{2}t+\frac{\pi}{20}x-\frac{\pi}{2}\right)$ m

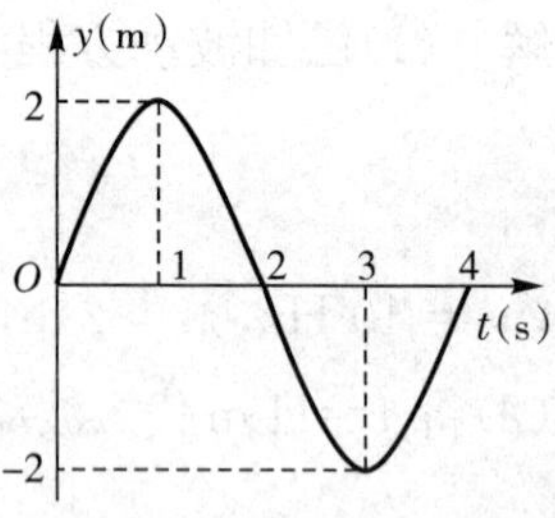

图 9—2 习题 9—1 图

**解** 由题意可设 $y=A\cos(\omega t+kx+\varphi)$,由质点振动曲线图可得振幅$A=2$ m,周期 $T=4$ s,从而 $\omega=2\pi/T=\pi/2$,波数 $k=\omega/u=\pi/20\ \mathrm{m^{-1}}$;又因为当 $x=0$,$t=0$ 时,$y=0$,且速率 $v>0$,所以 $\varphi=-\pi/2$. 故本题选(B).

**9—2** 一个平面简谐波在弹性媒质中传播,媒质质元从最大位置回到平衡位置的过程中 ( )

(A)它的势能转化成动能

(B)它的动能转化成势能

(C)它从相邻的媒质质元获得能量,其能量逐渐增加

(D)把自己的能量传给相邻的媒质质元,其能量逐渐减小

**解** 本题选(C).

**9—3** 在同一媒质中,两列相干的平面简谐波强度之比是 $I_1:I_2=4$,则两列波的振幅之比 $A_1:A_2$ 为 ( )

(A)4 (B)2 (C)16 (D)1/4

**解** 平面简谐波的强度与振幅的平方成正比,故 $A_1:A_2=\sqrt{I_1}:\sqrt{I_2}=2:1$,故本题选(B).

**9—4** 两相干平面简谐波沿不同方向传播,如图 9—3 所示,波速均为 $u=0.40\ \mathrm{m\cdot s^{-1}}$,其中一列波在 $A$ 点引起的振动方程为 $y_1=A_1\cos\left(2\pi t-\frac{\pi}{2}\right)$,另一列波在 $B$ 点引起的振动方程为 $y_2=A_2\cos\left(2\pi t+\frac{\pi}{2}\right)$,它们在 $P$ 点相遇. 若 $\overline{AP}=0.80$ m,$\overline{BP}=1.00$ m,则两波在 $P$ 点的相位差为 ( )

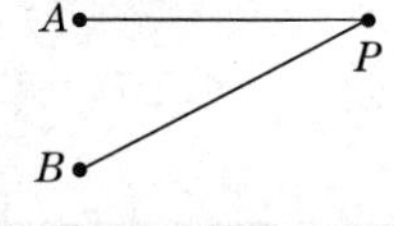

图 9—3 习题 9—4 图

(A)0 (B)$\pi/2$ (C)$\pi$ (D)$3\pi/2$

**解** 由振动方程可知,频率 $\nu=1\,\text{Hz}$,波长 $\lambda=u/\nu=0.4\,\text{m}$. 两列波在点 $P$ 的相位差 $\Delta\varphi=\varphi_2-\varphi_1-2\pi\dfrac{\overline{BP}-\overline{AP}}{\lambda}=\dfrac{\pi}{2}+\dfrac{\pi}{2}-2\pi\times\dfrac{1-0.8}{0.4}=0$,故本题选(A).

**9—5** 两列完全相同的平面简谐波相向而行形成驻波. 以下哪种说法为驻波所特有的特征 (  )

(A)有些质元总是静止不动

(B)叠加后各质点振动相位依次落后

(C)波节两侧的质元振动相位相反

(D)质元振动的动能与势能之和不守恒

**解** 驻波特有的特征为波节两侧的质元振动相位相反,故本题选(C).

**9—6** 电磁波在自由空间传播时,电场强度 $\boldsymbol{E}$ 与磁场强度 $\boldsymbol{H}$ (  )

(A)在垂直于传播方向上的同一条直线上

(B)朝互相垂直的两个方向传播

(C)互相垂直,且都垂直于传播方向

(D)有相位差 $\pi/2$

**解** 由坡印廷矢量 $\boldsymbol{I}=\boldsymbol{E}\times\boldsymbol{H}$,可知本题答案为(C).

## 二、填空题

**9—7** 产生机械波的必要条件是:________和________.

**解** 波源;传播机械波的介质.

**9—8** 处于原点($x=0$)的一波源所发出的平面简谐波的波动方程为 $y=A\cos(Bt-Cx)$,其中 $A,B,C$ 皆为常数. 此波的波速为________,波的周期为________,波长为________,离波源距离 $l$ 处的质元振动相位比波源落后________,此质元的初相位为________.

**解** 将题中所给波动方程整理成标准形式 $y(x,t)=A\cos\left[2\pi\left(\dfrac{t}{T}-\dfrac{x}{\lambda}\right)\right]$,易得波速为 $\dfrac{B}{C}$,周期为 $\dfrac{2\pi}{B}$,波长为 $\dfrac{2\pi}{C}$,离波源距离 $l$ 处的质元振动相位比此波源落后 $lC$,初相位为 $-lC$.

**9—9** 一列强度为 $I$ 的平面简谐波通过一面积为 $S$ 的平面，波的传播方向与该平面法线的夹角为 $\theta$，则通过该平面的能流是________.

**解** $IS\cos\theta$.

**9—10** 一驻波方程为 $y=A\cos2\pi x\cos100\pi t$ (SI 制)，位于 $x_1=\frac{3}{8}$ m处质元与位于 $x_2=\frac{5}{8}$ m 处质元的振动相位差为________.

**解** 由 $y_1=A\cos2\pi x_1<0$，$y_2=A\cos2\pi x_2<0$ 可知，$x_1$ 和 $x_2$ 在两波节之间，因此两点的振动相位相同，相位差为 0.

**9—11** 一汽笛发出频率为 700 Hz 的声音，并且以 15 m · s$^{-1}$的速度接近悬崖. 由正前方反射回来的声波的波长为(已知空气中的声速为 330 m · s$^{-1}$)________.

**解** 当观察者不动，波源相对于介质以速度 $v_s=15$ m · s$^{-1}$ 向着观察者运动时，观察者接收到的频率为 $\nu=\frac{u}{u-v_s}\nu_s=\frac{330}{330-15}\times$ 700 Hz，因而反射回来的声波的波长为 $\lambda=u/\nu=0.45$ m.

## 三、计算题

**9—12** 一横波沿绳子传播的波动表达式为 $y=0.05\cos(10\pi t-4\pi x)$ (SI 制).

(1)求此波的振幅、波速、频率和波长；

(2)求绳子上各质点振动的最大速度和最大加速度；

(3)求 $x=0.2$ m 处的质点在 $t=1$ s 时的相位，它是原点处质点在哪一时刻的相位?

(4)分别画出 $t=1$ s、1.25 s、1.50 s 时刻的波形.

**分析** 平面简谐波在弹性介质中传播时，介质中各质点做位移方向、振幅、频率都相同的谐振动，振动的相位沿传播方向依次落后，以速度 $u$ 传播. 把绳中横波的表达式与波动表达式相比较，可得到波的振幅、波速、频率和波长等特征量. $t$ 时刻 $x>0$ 处质点的振动相位与 $t$ 时刻前 $x=0$ 处质点的振动相位相同.

**解** (1)将绳中的横波表达式

$$y = 0.05\cos(10\pi t - 4\pi x)$$

与标准波动表达式

$$y = A\cos(2\pi\nu t - 2\pi x/\lambda + \varphi_0)$$

相比较,可得

$$A = 0.05\ \mathrm{m}, \nu = \frac{\omega}{2\pi} = 5\ \mathrm{Hz}, \lambda = 0.5\ \mathrm{m}$$

$$u = \lambda\nu = 0.5 \times 5\ \mathrm{m \cdot s^{-1}} = 2.5\ \mathrm{m \cdot s^{-1}}$$

(2)各质点振动的最大速度为

$$v_{max} = A\omega = 0.05 \times 10\pi\ \mathrm{m \cdot s^{-1}} = 0.5\pi\ \mathrm{m \cdot s^{-1}} \approx 1.57\ \mathrm{m \cdot s^{-1}}$$

各质点振动的最大加速度为

$$a_{max} = A\omega^2 = 0.05 \times 100\pi^2\ \mathrm{m \cdot s^{-2}} = 5\pi^2\ \mathrm{m \cdot s^{-2}} \approx 49.3\ \mathrm{m \cdot s^{-2}}$$

(3)将 $x = 0.2$ m, $t = 1$ s 代入 $(10\pi t - 4\pi x)$,可得所求相位为

$$\varphi = 10\pi \times 1 - 4\pi \times 0.2 = 9.2\pi$$

$x = 0.2$ m 处质点的振动比原点处质点的振动在时间上落后

$$\frac{x}{u} = \frac{0.2}{2.5}\ \mathrm{s} = 0.08\ \mathrm{s}$$

所以它是原点处质点在 $t_0 = (1 - 0.08)\ \mathrm{s} = 0.92$ s 时的相位.

(4) $t = 1$ s 时,波形曲线方程为

$$y = 0.05\cos(10\pi \times 1 - 4\pi x) = 0.05\cos 4\pi x$$

$t = 1.25$ s 时波形曲线方程为

$$y = 0.05\cos(10\pi \times 1.25 - 4\pi x) = 0.05\cos(4\pi x - 0.5\pi)$$

$t = 1.50$ s 时波形曲线方程为

$$y = 0.05\cos(10\pi \times 1.5 - 4\pi x) = 0.05\cos(4\pi x - \pi)$$

$t = 1$ s, $t = 1.25$ s, $t = 1.50$ s 时,各时刻的波形如图 9—4 所示.

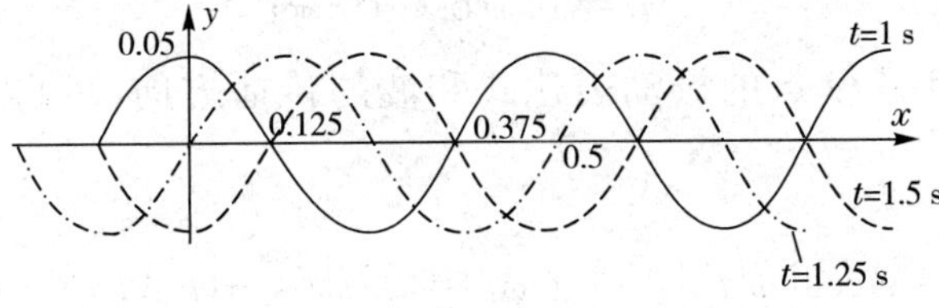


图 9—4　习题 9—12 解图

**9-13** 已知一沿 $x$ 轴负方向传播的平面余弦波，在 $t=\frac{1}{3}$ s 时的波形如图 9-5所示，且周期 $T=2$ s.

(1)写出 $O$ 点的振动表达式；

(2)写出此波的波动表达式；

(3)写出 $Q$ 点的振动表达式；

(4)$Q$ 点离 $O$ 点的距离多远？

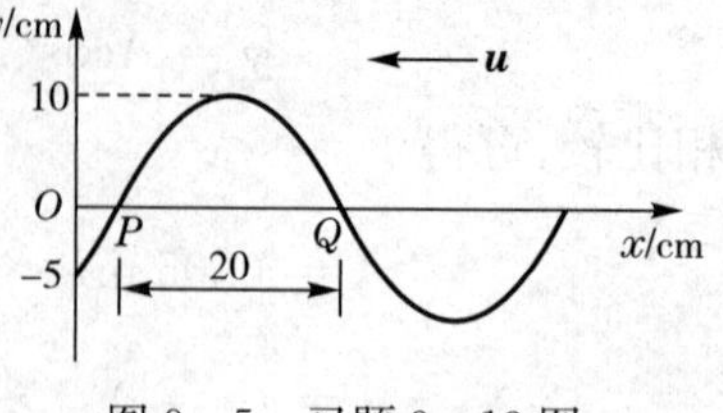

图 9-5　习题 9-13 图

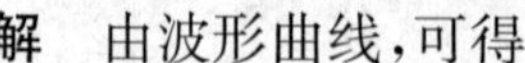
**解**　由波形曲线，可得

$$A = 10\ \text{cm} = 0.1\ \text{m}, \lambda = 40\ \text{cm} = 0.4\ \text{m}$$

从而

$$u = \frac{\lambda}{T} = \frac{0.4}{2}\ \text{m} \cdot \text{s}^{-1} = 0.2\ \text{m} \cdot \text{s}^{-1}, \omega = \frac{2\pi}{T} = \pi\ \text{rad} \cdot \text{s}^{-1}$$

(1)设波动表达式为

$$y = A\cos\left[\omega\left(t + \frac{x}{u}\right) + \varphi_0\right]$$

由 $t = \frac{1}{3}$ s时 $O$ 点的振动状态：$y_O = -\frac{A}{2}$，$v_O > 0$，利用旋转矢量法可得，该时刻 $O$ 点的振动相位为 $-\frac{2\pi}{3}$，即

$$\varphi_O = (\omega t + \varphi_0)\big|_{t=\frac{1}{3}} = \frac{\pi}{3} + \varphi_0 = -\frac{2\pi}{3}$$

所以 $O$ 点的振动初相位为

$$\varphi_0 = -\pi$$

将 $x = 0$，$\varphi_0 = -\pi$ 代入波动表达式，即得 $O$ 点的振动表达式为

$$y_O = 0.1\cos(\pi t - \pi)$$

(2)根据 $O$ 点的振动表达式和波的传播方向，可得波动表达式为

$$y = A\cos\left[\omega\left(t + \frac{x}{u}\right) + \varphi_0\right] = 0.1\cos[\pi(t + 5x) - \pi]$$

(3)由 $t = \frac{1}{3}$ s时 $Q$ 点的振动状态：$y_Q = 0$，$v_Q < 0$，利用旋转矢

量法可得，该时刻 $Q$ 点的振动相位为 $\frac{\pi}{2}$，即

$$\varphi_Q=\left[\omega\left(t+\frac{x}{u}\right)+\varphi_0\right]\bigg|_{t=\frac{1}{3}}=\frac{\pi}{3}+\frac{\pi x_Q}{0.2}-\pi=\frac{\pi}{2}$$

可得

$$x_Q=0.233\ \mathrm{m}$$

将 $x_Q=0.233\ \mathrm{m}$，$\varphi_0=-\pi$ 代入波动表达式，即得 $Q$ 点的振动表达式为

$$y_Q=0.1\cos\left(\pi t+\frac{\pi}{6}\right)$$

(4) $Q$ 点离 $O$ 点的距离为

$$x_Q=0.233\ \mathrm{m}$$

**9—14** 一平面简谐声波，沿直径为 0.14 m 的圆柱形管行进，波的强度为 $9.0\times10^{-3}\ \mathrm{W\cdot m^{-2}}$，频率为 300 Hz，波速为 $300\ \mathrm{m\cdot s^{-1}}$. 求：

(1)波的平均能量密度和最大能量密度；

(2)两个相邻的、相位差为 $2\pi$ 的同相面间的能量.

**分析** 波的传播过程也是能量的传播过程，波的能量同样具有空间和时间的周期性. 波的强度即能流密度，为垂直通过单位面积的、对时间平均的能流. 注意能流、平均能流、能流密度、能量密度、平均能量密度等概念的区别和联系.

**解** (1)波的平均能量密度为

$$\overline{w}=\frac{1}{2}\rho A^2\omega^2=\frac{I}{u}=\frac{9.0\times10^{-3}}{300}\ \mathrm{J\cdot m^{-3}}=3.0\times10^{-5}\ \mathrm{J\cdot m^{-3}}$$

最大能量密度为

$$w_{\max}=2\overline{w}=6.0\times10^{-5}\ \mathrm{J\cdot m^{-3}}$$

(2)每两个相邻的、相位差为 $2\pi$ 的同相面间的能量为

$$W=\overline{w}V=\overline{w}\lambda S=\overline{w}\frac{u}{\nu}\pi\left(\frac{d}{2}\right)^2$$

$$=3.0\times10^{-5}\times\frac{300}{300}\times\pi\times\left(\frac{0.14}{2}\right)^2\ \mathrm{J}=4.62\times10^{-7}\ \mathrm{J}$$

**9—15** 在一根线密度 $\mu=10^{-3}\ \mathrm{kg\cdot m^{-1}}$、张力 $F=10\ \mathrm{N}$ 的弦线上，有一列沿 $x$ 轴正方向传播的简谐波，其频率 $\nu=50\ \mathrm{Hz}$，振幅 $A=$

0.04 m. 已知弦线上离坐标原点 $x_1=0.5$ m 处的质点在 $t=0$ 时刻的位移为 $+\frac{A}{2}$，且沿 $y$ 轴负方向运动. 当波传播到 $x_2=10$ m 处的固定端时被全部反射. 试写出：

(1)入射波和反射波的波动表达式；

(2)入射波与反射波叠加的合成波在 $0\leqslant x\leqslant 10$ m 区间内波腹和波节处各点的坐标；

(3)合成波的平均能流.

**分析** 根据弦线上已知质点的振动状态，推出原点处质点振动的初相位，即可写出入射波的表达式. 根据入射波在反射点的振动，考虑反射时的相位突变，可写出反射波的表达式. 据题意，入射波和反射波的能量相等，因此，在弦线上形成驻波的平均能流为零.

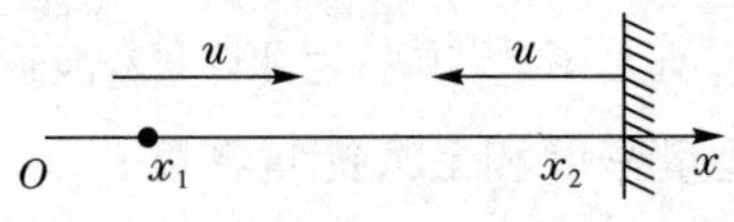


图 9－6 习题 9－15 解图

**解** 沿弦线建立 $Ox$ 坐标系，如 9－6 所示. 根据所给数据，可得

$$u=\sqrt{\frac{F}{\mu}}=\sqrt{\frac{10}{10^{-3}}}\ \mathrm{m\cdot s^{-1}}=100\ \mathrm{m\cdot s^{-1}}$$

$$\omega=2\pi\nu=100\pi\ \mathrm{rad\cdot s^{-1}},\ \lambda=\frac{u}{\nu}=\frac{100}{50}\ \mathrm{m}=2\ \mathrm{m}$$

(1)设原点处质元的初相位为 $\varphi_0$，入射波的表达式为

$$y=A\cos\left[\omega\left(t-\frac{x}{u}\right)+\varphi_0\right]$$

据题意可知，在 $x_1=0.5$ m 处质元的振动初相位为 $\varphi_{10}=\frac{\pi}{3}$，即有

$$\varphi_{10}=-\frac{\omega x_1}{u}+\varphi_0=-\frac{100\pi\times 0.5}{100}+\varphi_0=\frac{\pi}{3}$$

得

$$\varphi_0=\frac{\pi}{3}+\frac{\pi}{2}=\frac{5\pi}{6}$$

所以，入射波表达式为

$$y_{入}=0.04\cos\left[100\pi\left(t-\frac{x}{u}\right)+\frac{5\pi}{6}\right]$$

$$=0.04\cos\left[100\pi\left(t-\frac{x}{100}\right)+\frac{5\pi}{6}\right]$$

考虑半波损失，反射波在 $x_2$ 处质元振动的初相位为

$$\varphi_{20}=100\pi\left(-\frac{10}{100}\right)+\frac{5\pi}{6}+\pi=\frac{11\pi}{6}$$

故反射波表达式为

$$y_{反}=A\cos\left[\omega\left(t+\frac{x-x_2}{u}\right)+\varphi_{20}\right]$$

$$=0.04\cos\left[100\pi\left(t+\frac{x-10}{100}\right)+\frac{11\pi}{6}\right]$$

$$=0.04\cos\left[100\pi\left(t+\frac{x}{100}\right)+\frac{11\pi}{6}\right]$$

(2)入射波和反射波的传播方向相反，叠加后合成波为驻波，则

$$y=y_{反}+y_{入}=0.08\cos\left(\pi x+\frac{\pi}{2}\right)\cos\left(100\pi t+\frac{4\pi}{3}\right)$$

波腹处，满足条件

$$\pi x+\frac{\pi}{2}=k\pi$$

即

$$x=\left(k-\frac{1}{2}\right)\text{ m}$$

因为 $0\leqslant x\leqslant 10$ m，故在此区间内波腹位置为

$$x=0.5,1.5,2.5,\cdots,9.5\text{ m}$$

波节处，满足条件

$$\pi x+\frac{\pi}{2}=(2k+1)\frac{\pi}{2}$$

即

$$x=k\text{ m}$$

故在区间 $0\leqslant x\leqslant 10$ m 内，波节坐标为

$$x=0,1,2,\cdots,10\text{ m}$$

(3)合成波为驻波,在驻波中没有能量的定向传播,因而平均能流为零.

**9－16** 如图 9－7 所示.

(1)波源 S 频率为 2040 Hz,以速度 $v_s$ 向一反射面靠近,观察者在 A 点听到拍音的频率为 $\Delta\nu = 3$ Hz,求波源移动的速度大小 $v_s$. 设声速为 $340\ \text{m} \cdot \text{s}^{-1}$.

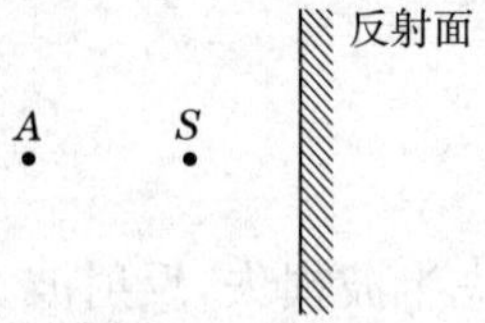

反射面

A　　S

图 9－7　习题 9－16 图

(2)若(1)中波源没有运动,而反射面以速度 $v = 0.20\ \text{m} \cdot \text{s}^{-1}$ 向观察者 A 接近. 观察者在 A 点所听到拍音的频率为 $\Delta\nu = 4$ Hz,求波源的频率.

**分析**　运动波源接近固定反射面而背离观察者时,观察者既接收到直接来自波源的声波,也接收到来自固定反射面反射的声波,两声波在 A 点的振动合成为拍.

当波源相对于观察者静止,而反射面接近波源和观察者时,观察者接收到直接来自波源的声波无多普勒效应,但反射面反射的频率和观察者接收到的反射波频率都发生多普勒效应,因此,两个不同频率的振动在 A 点也将合成为拍.

**解**　(1)波源远离观察者而去,观察者接收到直接来自波源声音频率为

$$\nu_{r1} = \frac{u}{u + v_s} \nu_s$$

观察者相对反射面静止,接收到来自反射面的声波频率 $\nu_{r2}$ 就是固定反射面接收到的声波频率,这时的波源以 $v_s$ 接近反射面. 即

$$\nu_{r2} = \nu_{反} = \frac{u}{u - v_s} \nu_s$$

A 处的观察者听到的拍频为

$$\Delta\nu = |\nu_{r2} - \nu_{r1}| = \frac{u}{u - v_s} \nu_s - \frac{u}{u + v_s} \nu_s = \frac{2uv_s\nu_s}{u^2 - v_s^2}$$

由此,可得方程

$$\Delta\nu v_s^2 + 2uv_s\nu_s - \Delta\nu u^2 = 0$$

由此,解得

$$v_s \approx 0.25\ \text{m} \cdot \text{s}^{-1}$$

(2)观察者直接接收到的波的频率就是波源振动频率,即

$$\nu'_{r1} = \nu_s$$

对于波源来说,反射面相当于接收器,它接收到的频率为

$$\nu' = \frac{u+v}{u}\nu_s$$

对于观察者来说,反射面相当于另一波源,观察者接收到的来自反射面的频率为

$$\nu'_{r2} = \frac{u}{u-v}\nu' = \frac{u}{u-v}\cdot\frac{u+v}{u}\nu_s = \frac{u+v}{u-v}\nu_s$$

$A$ 处的观察者听到的拍频为

$$\Delta\nu = |\nu'_{r2} - \nu'_{r1}| = \frac{u+v}{u-v}\nu_s - \nu_s = \frac{2v}{u-v}\nu_s$$

所以波源的频率为

$$\nu_s = \frac{u-v}{2v}\Delta\nu = \frac{340-0.2}{0.4}\times 4\ \text{Hz} = 3398\ \text{Hz}$$

# 第十章

# 热力学基础

## 基本要求

1. 理解内能、功和热量等概念，了解状态量与过程量的区别和联系，理解准静态过程.

2. 掌握热力学第一定律的意义，能分析、计算理想气体在等体、等压、等温和绝热过程中的功、热量和内能的改变量.

3. 理解摩尔热容量的概念，并能运用于理想气体各过程热量的计算.

4. 理解循环过程的特征，掌握热机效率和致冷系数的计算.

5. 了解可逆过程和不可逆过程，了解热力学第二定律的意义.

## 基本内容

### 一、热力学第一定律

$$Q = E_2 - E_1 + W$$

对于微过程，有

$$\mathrm{d}Q = \mathrm{d}E + \mathrm{d}W$$

式中，$Q$、$W$ 是过程量，且有正、负规定，系统吸热 $Q>0$，系统放热 $Q<0$，系统对外做功 $W>0$，外界对系统做功 $W<0$. 热力学第一定律是包括热现象在内的能量守恒与转化定律.

### 二、功

功是过程量，准静态过程中系统对外做功为

$$\mathrm{d}W = p\mathrm{d}V, W = \int_{V_1}^{V_2} p\mathrm{d}V$$

## 三、热量与热容

热量是过程量，热容也是过程量.

热量：系统与外界或两个物体之间由于温度不同而交换的热运动能量.

热容：$C=\dfrac{\mathrm{d}Q}{\mathrm{d}T}$

当系统的物质的量为 1 mol 时，相应的热容量为摩尔热容；当系统具有单位质量(1 kg)时其热容称为比热容. 对于理想气体，有

摩尔定体热容

$$C_{V,\mathrm{m}}=\frac{\mathrm{d}Q_V}{\mathrm{d}T},\ C_{V,\mathrm{m}}=\frac{i}{2}R$$

摩尔定压热容

$$C_{p,\mathrm{m}}=\frac{\mathrm{d}Q_p}{\mathrm{d}T},\ C_{p,\mathrm{m}}=\frac{i+2}{2}R$$

迈耶公式

$$C_{p,\mathrm{m}}=C_{V,\mathrm{m}}+R$$

比热容比

$$\gamma=\frac{C_{p,\mathrm{m}}}{C_{V,\mathrm{m}}}=\frac{i+2}{i}$$

以上各式中，$i$ 为气体分子的自由度.

## 四、内能

内能是状态量. 对于理想气体，其内能为

$$\mathrm{d}E=\frac{m}{M}C_{V,\mathrm{m}}\mathrm{d}T$$

理想气体的内能变化为

$$\Delta E=E_2-E_1=\frac{m}{M}C_{V,\mathrm{m}}(T_2-T_1)$$

## 五、循环过程

循环过程的特征是

$$\Delta E=0,W=Q_1-Q_2$$

式中,$Q_1$为系统吸收热量的总和,$Q_2$为系统放出热量的总和,$Q_1$和$Q_2$都是指热量的绝对值;$W$为系统对外做的净功.

正循环(热机循环):系统从高温热源吸收热量$Q_1$,对外做功$W$,向低温热源放热$Q_2$(放热量值),效率为

$$\eta=\frac{W}{Q_1}=\frac{Q_1-Q_2}{Q_1}=1-\frac{Q_2}{Q_1}$$

逆循环(致冷循环):系统从低温热源吸收热量$Q_2$,接受外界做功$W$,向高温热源放热$Q_1$,致冷系数为

$$\varepsilon=\frac{Q_2}{W}=\frac{Q_2}{Q_1-Q_2}$$

## 六、卡诺循环

系统只和两个恒温热源(高温热源的温度为$T_1$,低温热源的温度为$T_2$)进行热交换的准静态循环过程叫作卡诺循环.

正循环效率为

$$\eta=1-\frac{T_2}{T_1}$$

逆循环制冷系数为

$$\varepsilon=\frac{T_2}{T_1-T_2}$$

## 七、热力学第二定律

开尔文表述:不可能从单一热源吸收热量使之完全变为有用功而不产生其他变化.

克劳修斯表述:热量不能自发地从低温物体传递到高温物体.

热力学第二定律是反映自然界过程进行方向的规律.

# 典型例题

**例 10-1** 设有 5 mol 的氢气,最初的压强为 $1.013\times10^5$ Pa,温度为 20℃,求在下列过程中,把氢气压缩为原体积的 1/10 需做的功:(1)等温过程;(2)绝热过程;(3)经这两过程后,气体的压强各为多少?

**解** (1)如图 10－1 所示,对等温过程,氢气由点 1 等温压缩到点 $2'$做的功为

$$W'_{12}=\frac{m}{M}RT\ln\frac{V'_2}{V_1}=-2.80\times10^4\ \mathrm{J}$$

式中,负号表示外界对气体做功.

(2)因为氢气是双原子分子,$\gamma=1.40$,所以对绝热过程,可求得点 2 的温度为

$$T_2=T_1\left(\frac{V_1}{V_2}\right)^{\gamma-1}=735\ \mathrm{K}$$

如图 10－1 所示,氢气由点 1 绝热压缩到点 2 做的功为

$$W_{12}=-\frac{m}{M}C_{V,\mathrm{m}}(T_2-T_1)$$

$$=-4.60\times10^4\ \mathrm{J}$$

式中,负号表示外界对气体做功.

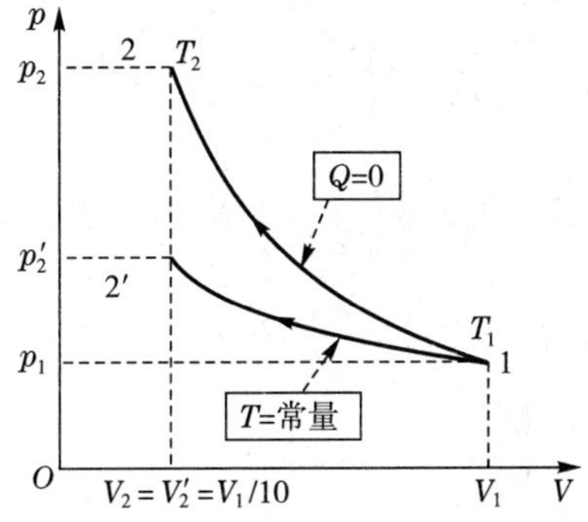


图 10－1 例题 10－1 解图

(3)对于等温过程,有

$$p'_2=p_1\left(\frac{V_1}{V_2}\right)=1.013\times10^6\ \mathrm{Pa}$$

对于绝热过程,有

$$p_2=p_1\left(\frac{V_1}{V_2}\right)^{\gamma}=2.54\times10^6\ \mathrm{Pa}$$

**例 10－2** 1 mol 单原子分子理想气体的循环过程如图 10－2 所示,其中 $c$ 点的温度为$T_c=600$ K. 试求:

(1)$ab$,$bc$,$ca$ 各个过程系统吸收的热量;

(2)经一循环系统所做的净功;

(3)循环的效率.

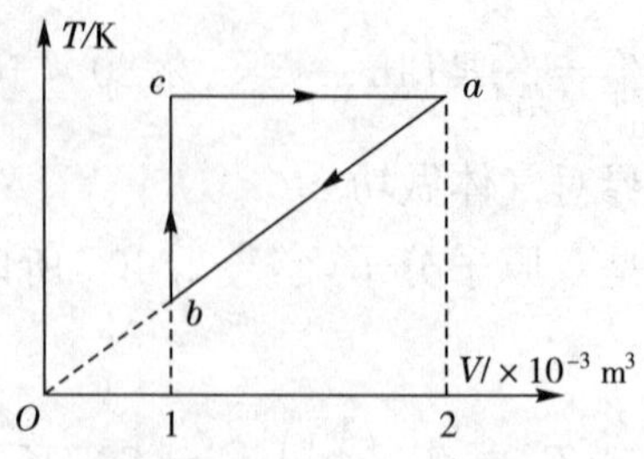


图 10—2　例题 10—2 图

**解**　单原子分子的自由度 $i=3$,从图中可知,$ab$ 是等压过程(因为 $T-V$ 曲线为过原点的直线).则有

$$\frac{V_a}{T_a}=\frac{V_b}{T_b},T_a=T_c=600\ \mathrm{K}$$

由图可知,$V_b=V_c$,$V_a=2V_b$,则

$$T_b=\frac{V_b}{V_a}T_a=300\ \mathrm{K}$$

(1)$Q_{ab}=C_{p,\mathrm{m}}(T_b-T_a)=\left(\frac{i}{2}+1\right)R(T_b-T_a)=-6\,232.5\ \mathrm{J}$ (放热)

$Q_{bc}=C_{V,\mathrm{m}}(T_c-T_b)=\frac{i}{2}R(T_c-T_b)=3\,739.5\ \mathrm{J}$ (吸热)

$Q_{ca}=RT_c\ln\frac{V_a}{V_c}=3456\ \mathrm{J}$ (吸热)

(2) $W=(Q_{bc}+Q_{ca})-|Q_{ab}|=963\ \mathrm{J}$

(3) $\eta=\frac{W}{Q_{bc}+Q_{ca}}=13.4\%$

## 习题分析与解答

### 一、选择题

**10—1**　如图 10—3 所示为一定量的理想气体的 $p-V$ 图,由图可得出结论 (　　)

(A)$ABC$ 是等温过程

(B) $T_A > T_B$

(C) $T_A < T_B$

(D) $T_A = T_B$

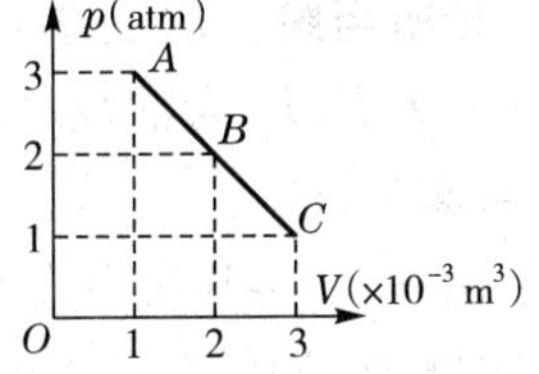

图 10－3 习题 10－1 图

**分析与解** 由理想气体状态方程 $pV = mRT/M$ 计算，可得答案为(C).

**10－2** 气体的摩尔定压热容 $C_{p,\mathrm{m}}$ 大于摩尔定体热容 $C_{V,\mathrm{m}}$，其主要原因是 ( )

(A)膨胀系数不同 (B)温度不同

(C)气体膨胀需做功 (D)分子引力不同

**分析与解** 在等压升温过程中，气体要膨胀而对外做功，所以要比气体等体升温过程多吸收一部分热量，答案为(C).

**10－3** 压强、体积和温度都相同(常温条件)的氧气和氦气在等压过程中吸收了相等的热量，它们对外做功之比为 ( )

(A)1∶1 (B)5∶9 (C)5∶7 (D)9∶5

**分析与解** 由热力学第一定律 $\mathrm{d}Q = \mathrm{d}E + \mathrm{d}W$，可得 $C_{p,\mathrm{m}}\mathrm{d}T = C_{V,\mathrm{m}}\mathrm{d}T + \mathrm{d}W$，对于氧气：$C_{p,\mathrm{m}} = \frac{7}{2}R$，$C_{V,\mathrm{m}} = \frac{5}{2}R$，所以 $\frac{7}{2}R\mathrm{d}T = \frac{5}{2}R\mathrm{d}T + \mathrm{d}W$；对于氦气：$C_{p,\mathrm{m}} = \frac{5}{2}R$，$C_{V,\mathrm{m}} = \frac{3}{2}R$，所以 $\frac{5}{2}R\mathrm{d}T' = \frac{3}{2}R\mathrm{d}T' + \mathrm{d}W'$. 由题意可知 $\frac{7}{2}R\mathrm{d}T = \frac{5}{2}R\mathrm{d}T'$，从而可得 $\mathrm{d}W/\mathrm{d}W' = 5 : 7$，答案为(C).

**10－4** 1 mol 单原子理想气体，从初态温度 $T_1$、压强 $p_1$、体积 $V_1$，准静态地等温压缩至体积 $V_2$，外界需做功 ( )

(A) $RT_1 \ln \frac{V_2}{V_1}$ (B) $RT_1 \ln \frac{V_1}{V_2}$

(C) $p_1(V_2 - V_1)$ (D) $p_2V_2 - p_1V_1$

**分析与解** 1 mol 理想气体在准静态等温过程中的体积由 $V_1$ 改变为 $V_2$，气体所做的功为 $W_T = RT_1 \ln \frac{V_2}{V_1}$，所以外界需做功为(B).

**10－5** 一定量的理想气体，其内能 $E$ 随体积 $V$ 的变化关系为一直线(其延长线过原点)，则此过程为 ( )

(A)等温过程 (B)等体过程 (C)等压过程 (D)绝热过程

**分析与解** 由题意知 $E=kV$, $k$ 为常数;又因为理想气体的内能 $E=k'T$, $k'$ 为常数. 所以 $V/T=k'/k=C$, 因此此过程是等压过程,答案为(C).

**10－6** 一热机由温度为 727 ℃的高温热源吸热,向温度为 527 ℃的低温热源放热. 若热机在最大可能效率下工作,且吸热为 2 000 J,则热机做功约为 ( )

(A)400 J (B)550 J (C)1 450 J (D)1 600 J (E)2 000 J

**分析与解** 热机的最大可能效率为 $\eta=1-\frac{T_2}{T_1}=1-\frac{527+273}{727+273}=20\%$,热机做功约为 $W=\eta Q=400$ J, 答案为(A).

## 二、填空题

**10－7** 一定量的理想气体从同一初态 $a(p_0,V_0)$ 出发,分别经两个准静态过程 $ab$ 和 $ac$, $b$ 点的压强为 $p_1$, $c$ 点的体积为 $V_1$,如图 10－4 所示. 若两个过程中系统吸收的热量相同,则该气体的 $\gamma=\frac{C_{p,\mathrm{m}}}{C_{V,\mathrm{m}}}=$________.

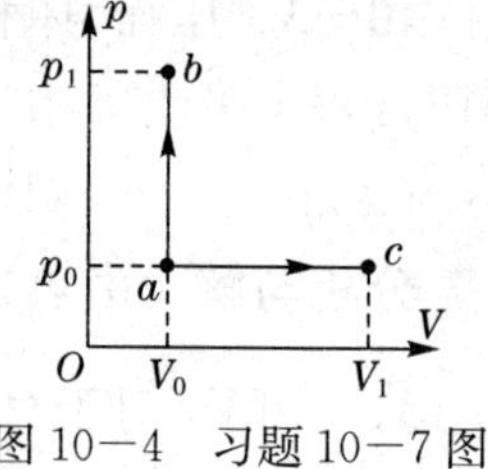

图 10－4 习题 10－7 图

**解** 在等压过程中,有

$$Q_p=\frac{m}{M}C_{p,\mathrm{m}}(T_c-T_a)=C_{p,\mathrm{m}}\left(\frac{p_0V_1}{R}-\frac{p_0V_0}{R}\right)$$

在等体过程中,有

$$Q_V=\frac{m}{M}C_{V,\mathrm{m}}(T_b-T_a)=C_{V,\mathrm{m}}\left(\frac{p_1V_0}{R}-\frac{p_0V_0}{R}\right)$$

又因为两过程中系统吸收的热量相等,即 $Q_p=Q_V$, 可得

$$C_{p,\mathrm{m}}\left(\frac{p_0V_1}{R}-\frac{p_0V_0}{R}\right)=C_{V,\mathrm{m}}\left(\frac{p_1V_0}{R}-\frac{p_0V_0}{R}\right)$$

所以

$$\gamma=\frac{C_{p,\mathrm{m}}}{C_{V,\mathrm{m}}}=\frac{p_1V_0-p_0V_0}{p_0V_1-p_0V_0}$$

**10－8** 如图 10－5 所示，一理想气体系统由状态 $a$ 沿 $acb$ 到达状态 $b$，系统吸收热量 350 J，而系统做功为 130 J.

(1)经过过程 $adb$，系统对外做功 40 J，则系统吸收的热量$Q=$________；

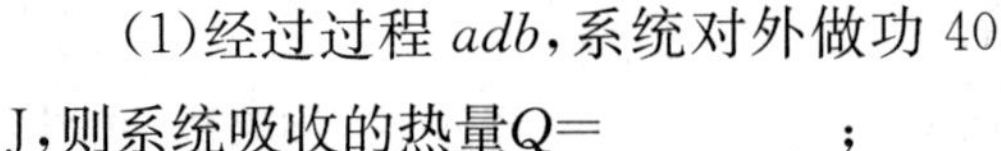

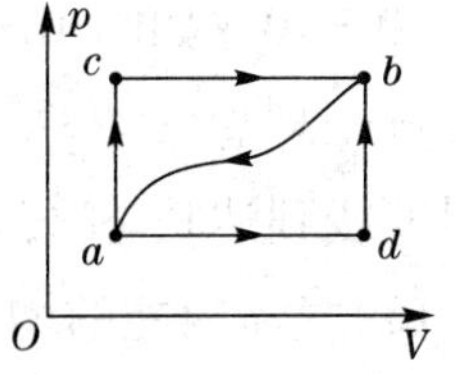

图 10－5 习题 10－8 图

(2)当系统由状态 $b$ 沿曲线 $ba$ 返回状态 $a$ 时，外界对系统做功为 60 J，则系统吸收的热量 $Q=$________.

**解** (1)对于 $acb$，由热力学第一定律 $Q=\Delta E+W$ 可得 $350=\Delta E+130$，所以 $\Delta E=220$ J，则在 $adb$ 过程中，系统吸收的热量 $Q=\Delta E+40=260$ J.

(2)当系统由状态 $b$ 沿曲线 $ba$ 返回状态 $a$ 时，系统吸收的热量 $Q=-\Delta E-W=-280$ J.

**10－9** 下表所列的是理想气体各过程，参照图 10－6 所示填表并判断系统的内能增量 $\Delta E$、对外做功 $W$ 和吸收热量 $Q$ 的正负(用符号＋，－，0 表示).

| 过 程 | | $\Delta E$ | $W$ | $Q$ |
|---|---|---|---|---|
| 等体减压 | | － | 0 | － |
| 等压压缩 | | － | － | － |
| 绝热膨胀 | | － | ＋ | 0 |
| 图(a)$a\to b\to c$ | | 0 | － | － |
| 图(b) | $a\to b\to c$ | － | ＋ | － |
| | $a\to d\to c$ | － | ＋ | ＋ |

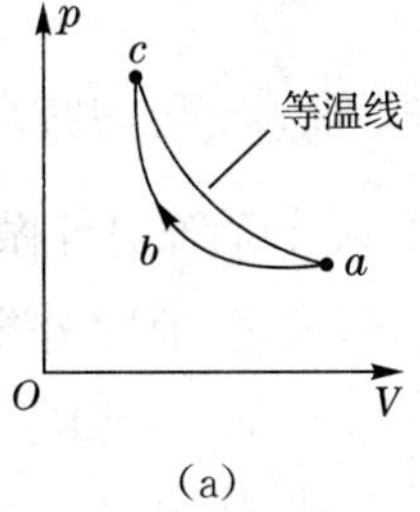

(a)

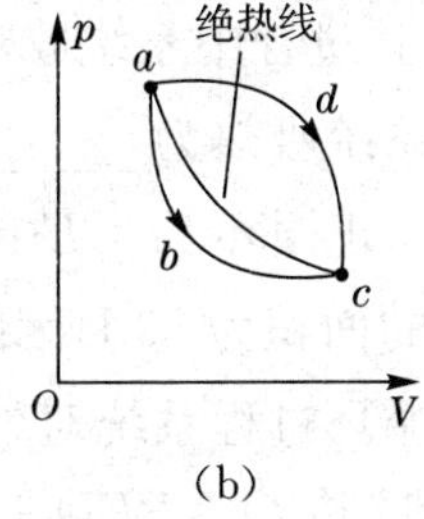

(b)

图 10－6 习题 10－9 图

**10－10** 如图 10－7 所示，1 mol 双原子刚性分子理想气体，从状态 $a(p_1,V_1)$ 沿 $p-V$ 图直线到达状态 $b(p_2,V_2)$，则：

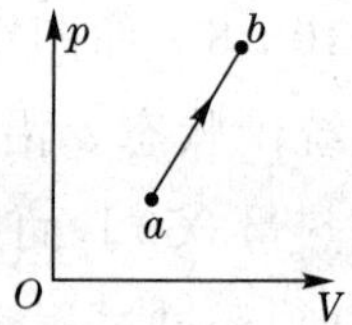

图 10－7 习题 10－10 图

(1)气体内能的增量 $\Delta E=$________；

(2)气体对外界所做的功 $W=$________；

(3)气体吸收的热量 $Q=$________.

**解** (1)由题意可知，气体内能的增量

$$\Delta E = C_{V,\mathrm{m}}(T_2 - T_1) = \frac{5}{2}R\left(\frac{p_2V_2}{R} - \frac{p_1V_1}{R}\right) = \frac{5}{2}(p_2V_2 - p_1V_1)$$

(2)气体对外界所做的功为 $p-V$ 图上曲线下的面积，由图易知

$$W = \frac{1}{2}(p_2 + p_1)(V_2 - V_1)$$

(3)由热力学第一定律，气体吸收的热量

$$Q = \Delta E + W = 3(p_2V_2 - p_1V_1) + \frac{1}{2}(p_1V_2 - p_2V_1)$$

**10－11** 一定量的理想气体在 $p-V$ 图中的等温线与绝热线交点处两线的斜率之比为 0.714，则其摩尔定体热容为________.

**解** 对于等温线，有 $\left(\frac{\mathrm{d}p}{\mathrm{d}V}\right)_T = -\frac{p}{V}$；对于绝热线，有 $\left(\frac{\mathrm{d}p}{\mathrm{d}V}\right)_Q = -\gamma\frac{p}{V}$. 所以 $(\mathrm{d}p/\mathrm{d}V)_T/(\mathrm{d}p/\mathrm{d}V)_Q = 1/\gamma = 0.714$，可得 $\gamma = 1/0.714 = 1.4$. 由 $C_{p,\mathrm{m}}/C_{V,\mathrm{m}} = \gamma$，$(C_{V,\mathrm{m}}+R)/C_{V,\mathrm{m}} = \gamma$ 可得 $C_{V,\mathrm{m}} = R/(\gamma-1) = 20.8\ \mathrm{J/(mol\cdot K)}$.

**10－12** 如图 10－8 所示，$AB$、$DC$ 是绝热过程，$CEA$ 是等温过程，$BED$ 是任意过程，组成一个循环. 若图中 $EDCE$ 所包围的面积为 70 J，$EABE$ 所包围的面积为 30 J，过程中系统放热 100 J，则 $BED$ 过程中系统吸热为________ J.

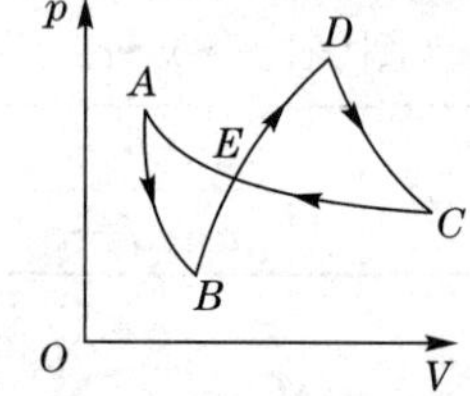

图 10－8 习题 10－12 图

**解** 正循环 $EDCE$ 包围的面积为 70 J，表示系统对外做正功 70 J；$EABE$ 的面积为 30 J，因图中表示为逆循环，故系统对外做负功，所以整个循环过程系统对外做功为 $W = 70 + (-30) = 40(\mathrm{J})$. 设 $CEA$ 过程中吸热 $Q_1$，$BED$ 过程中吸热 $Q_2$，由热力学第一定律可得 $W = Q_1 + Q_2 = 40(\mathrm{J})$，所以 $Q_2 = W - Q_1 = 40 - (-100) = 140(\mathrm{J})$.

**10—13** 一卡诺机从 373 K 的高温热源吸热，向 273 K 的低温热源放热. 若该热机从高温热源吸收 1 000 J 热量，则该热机所做的功$W=$________，放出热量$Q_2=$________.

**解** 卡诺热机的效率为

$$\eta = 1 - \frac{T_2}{T_1} = 26.8\%$$

该热机所做的功为

$$W = \eta Q_1 = 268\ \mathrm{J}$$

放出的热量

$$Q_2 = Q_1 - W = 732\ \mathrm{J}$$

## 三、计算与证明题

**10—14** 1 mol 单原子理想气体从 300 K 加热到 350 K，

(1)容积保持不变；(2)压强保持不变.

问：在这两个过程中各吸收了多少热量？增加了多少内能？对外做了多少功？

**分析** 理想气体的内能是温度 $T$ 的单值函数，内能增量 $\Delta E$ 由始末状态的温度的增量 $\Delta T$ 决定，与经历的准静态过程无关. 根据热力学第一定律可知，在等体过程中，系统从外界吸收的热量全部转变为内能的增量，在等压过程中，系统从外界吸收的热量部分用来转变为内能的增量，同时对外做功.

**解** 单原子理想气体的摩尔定体热容 $C_{V,\mathrm{m}} = \frac{3}{2}R, \frac{m}{M} = 1\ \mathrm{mol}$.

(1)等体升温过程

$$W = 0$$

$$\Delta E = Q_V = C_{V,\mathrm{m}}\Delta T = \frac{3}{2}R\Delta T = \frac{3}{2}R(T_2 - T_1)$$

$$= \frac{3}{2} \times 8.31 \times 50\ \mathrm{J} = 623\ \mathrm{J}$$

(2)等压膨胀过程

$$\Delta E = C_{V,\mathrm{m}}\Delta T = \frac{3}{2}R(T_2 - T_1) = \frac{3}{2} \times 8.31 \times 50\ \mathrm{J} = 623\ \mathrm{J}$$

$$W = p(V_2 - V_1) = R(T_2 - T_1) = 8.31 \times 50\ \text{J} = 416\ \text{J}$$

$$Q_p = W + \Delta E = 1\,039\ \text{J}$$

或者

$$Q_p = C_{p,\text{m}}\Delta T = C_{p,\text{m}}(T_2 - T_1) = \frac{5}{2} \times 8.31 \times 50\ \text{J} = 1\,039\ \text{J}$$

**10－15** 1 mol 氢气在压强为 $1.0\times10^5$ Pa、温度为 20 ℃时，其体积为 $V_0$. 今使它经以下两种过程到达同一状态.

(1)先保持体积不变，加热使其温度升高到 80 ℃，然后令它作等温膨胀，体积变为原体积的 2 倍；

(2)先使它作等温膨胀至原体积的 2 倍，然后保持体积不变，加热使其温度升到 80 ℃.

试分别计算以上两种过程中吸收的热量、气体对外做的功和内能的增量，并在 $p-V$ 图上表示此两种过程.

**分析** 根据热力学第一定律和理想气体状态方程求解.

**解** 氢气的摩尔定体热容 $C_{V,\text{m}} = \frac{5}{2}R, \frac{m}{M} = 1$ mol.

(1)氢气先作等体升压过程，再作等温膨胀过程，如图 10－9 所示.

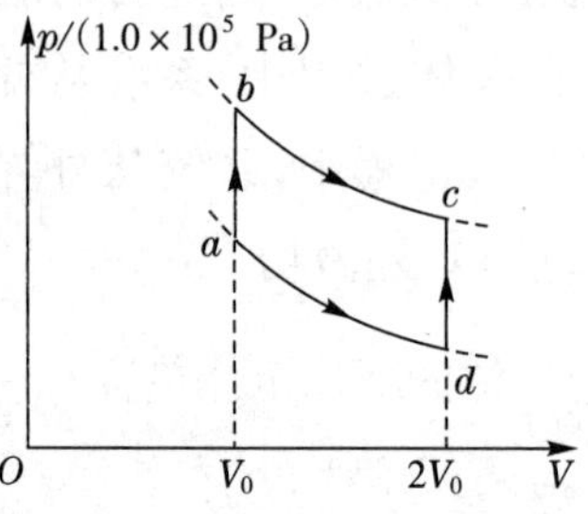


图 10－9 习题 10－15 解图

在等体过程中，内能的增量为

$$Q_V = \Delta E = C_{V,\text{m}}\Delta T = \frac{5}{2}R\Delta T = \frac{5}{2} \times 8.31 \times 60\ \text{J} = 1\,247\ \text{J}$$

在等温过程中，对外界做功为

$$W_T = Q_T = RT_2 \ln\frac{V_2}{V_1} = 8.31 \times (273 + 80) \times \ln 2\ \text{J} = 2\,033\ \text{J}$$

吸收的热量为

$$Q = Q_V + Q_T = 3\ 280\ \mathrm{J}$$

(2)氢气先作等温膨胀过程,然后作等体升压过程,如图 10－9 所示.

在等温膨胀过程中,对外界做功为

$$W_T = RT_1 \ln \frac{V_2}{V_1} = 8.31 \times (273 + 20) \times \ln 2\ \mathrm{J} = 1\ 687\ \mathrm{J}$$

在等体升压过程中,内能的增量为

$$\Delta E = C_{V,\mathrm{m}} \Delta T = \frac{5}{2} R \Delta T = \frac{5}{2} \times 8.31 \times 60\ \mathrm{J} = 1\ 247\ \mathrm{J}$$

吸收的热量为

$$Q = W_T + \Delta E = 2\ 934\ \mathrm{J}$$

**10－16** 一定量的某种理想气体,开始时处于压强、体积、温度分别为 $p_0=1.2\times10^6\ \mathrm{Pa}$,$V_0=8.31\times10^{-3}\ \mathrm{m}^3$,$T_0=300\ \mathrm{K}$ 的初态,后经过一等体过程,温度升高到 $T_1=450\ \mathrm{K}$,再经过一等温过程,压强降到 $p=p_0$ 的末态. 已知该理想气体的摩尔定压热容与摩尔定体热容之比 $C_{p,\mathrm{m}}/C_{V,\mathrm{m}}=5/3$. 求:

(1)该理想气体的摩尔定压热容 $C_{p,\mathrm{m}}$ 和摩尔定体热容 $C_{V,\mathrm{m}}$;

(2)气体从始态变到末态的全过程中从外界吸收的热量.

**解** (1)由 $\dfrac{C_{p,\mathrm{m}}}{C_{V,\mathrm{m}}}=\dfrac{5}{3}$ 和 $C_{p,\mathrm{m}}-C_{V,\mathrm{m}}=R$

可解得

$$C_{p,\mathrm{m}} = \frac{5}{2} R,\ C_{V,\mathrm{m}} = \frac{3}{2} R$$

(2)该理想气体的摩尔数

$$\nu = \frac{p_0 V_0}{R T_0} = 4\ \mathrm{mol}$$

在全过程中气体内能的改变量为

$$\Delta E = \nu C_{V,\mathrm{m}} (T_1 - T_0) = 7.48 \times 10^3\ \mathrm{J}$$

全过程中气体对外做的功为

$$W = \nu R T_1 \ln \frac{p_1}{p_0}$$

又因为

$$\frac{p_1}{p_0} = \frac{T_1}{T_0}$$

所以

$$W = \nu R T_1 \ln \frac{T_1}{T_0} = 6.06 \times 10^3 \text{ J}$$

则全过程中气体从外界吸收的热量为

$$Q = \Delta E + W = 1.35 \times 10^4 \text{ J}$$

**10－17** 1 mol 的理想气体，完成了由两个等体过程和两个等压过程构成的循环过程，如图 10－10 所示. 已知状态 1 的温度为 $T_1$，状态 3 的温度为 $T_3$，且状态 2 和 4 在同一条等温线上. 试求气体在这一循环过程中做的功.

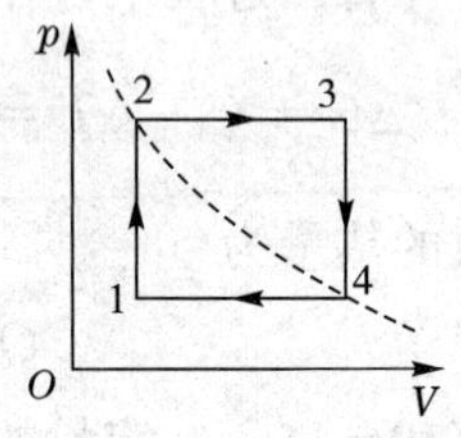


图 10－10 习题 10－17 图

**解** 设状态 2 和 4 的温度为 $T$.

$$\begin{aligned} W &= W_{41} + W_{23} = R(T_3 - T) + R(T_1 - T) \\ &= R(T_1 + T_3) - 2RT \end{aligned}$$

因为

$$p_1 = p_4, p_2 = p_3, V_1 = V_2, V_3 = V_4$$

而

$$p_1 V_1 = RT_1, p_3 V_3 = RT_3, p_2 V_2 = RT, p_4 V_4 = RT$$

所以

$$T_1 T_3 = p_1 V_1 p_3 V_3 / R^2, \ T^2 = p_2 V_2 p_4 V_4 / R^2$$

可得

$$T^2 = T_1 T_3$$

即

$$T = \sqrt{T_1 T_3}$$

所以

$$W = R(T_1 + T_3 - 2\sqrt{T_1 T_3})$$

**10－18** 比热容比 $\gamma$=1.40 的理想气体，进行如图 10－11 所示的 $ABCA$ 循环，状态 $A$ 的温度为 300 K. 试求：

(1)状态 $B$、$C$ 的温度;

(2)各过程中气体所吸收的热量、做的功和内能的增量.

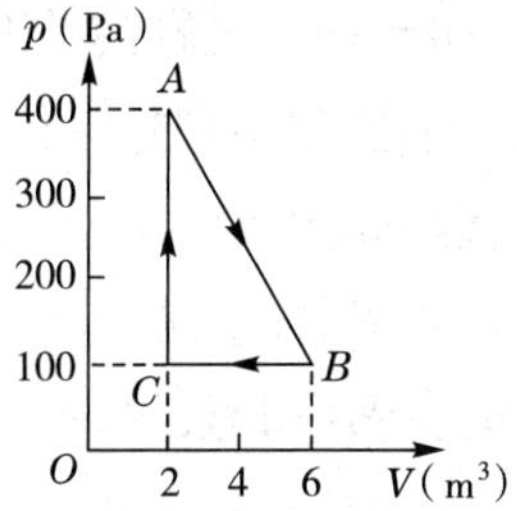

**解** (1) 对于 $C\to A$ 等体过程,有

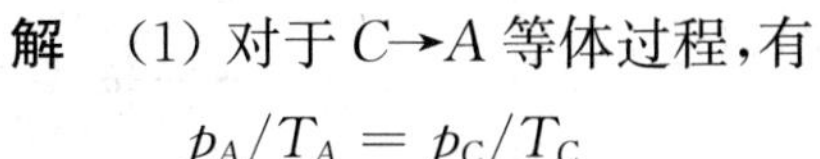

$$p_A/T_A = p_C/T_C$$

图 10—11 习题 10—18 图

所以

$$T_C = T_A\left(\frac{p_C}{p_A}\right) = 75\ \mathrm{K}$$

对于 $B\to C$ 等压过程,有

$$V_B/T_B = V_C/T_C$$

所以

$$T_B = T_C\left(\frac{V_B}{V_C}\right) = 225\ \mathrm{K}$$

(2)气体的摩尔数为

$$\nu = \frac{m}{M} = \frac{p_A V_A}{RT_A} = 0.321\ \mathrm{mol}$$

由 $\gamma=1.40$ 可知,该气体为双原子分子气体,故

$$C_{V,\mathrm{m}} = \frac{5}{2}R, C_{p,\mathrm{m}} = \frac{7}{2}R$$

$C\to A$ 等体吸热过程

$$W_{CA} = 0$$

$$Q_{CA} = \Delta E_{CA} = \nu C_{V,\mathrm{m}}(T_A - T_C) = 1500\ \mathrm{J}$$

$B\to C$ 等压压缩过程

$$W_{BC} = p_B(V_C - V_B) = -400\ \mathrm{J}$$

$$\Delta E_{BC} = \nu C_{V,\mathrm{m}}(T_C - T_B) = -1000\ \mathrm{J}$$

$$Q_{BC} = \Delta E_{BC} + W_{BC} = -1400\ \mathrm{J}$$

$A\to B$ 膨胀过程

$$W_{AB} = \frac{1}{2}(400+100)(6-2)\ \mathrm{J} = 1000\ \mathrm{J}$$

$$\Delta E_{AB} = \nu C_{V,\mathrm{m}}(T_B - T_A) = -500\ \mathrm{J}$$

$$Q_{AB} = \Delta E_{AB} + W_{AB} = 500\ \mathrm{J}$$

**10－19** 气缸内贮有 36 g 水蒸气(视为刚性分子理想气体)，经 $abcda$ 循环过程，如图 10－12 所示. 其中 $a \to b$、$c \to d$ 为等体过程，$b \to c$ 为等温过程，$d \to a$ 为等压过程. 试求：

(1) $d \to a$ 过程中水蒸气做的功 $W_{da}$；

(2) $a \to b$ 过程中水蒸气内能的增量 $\Delta E_{ab}$；

(3)循环过程水蒸气做的净功 $W$；

(4)循环效率 $\eta$.

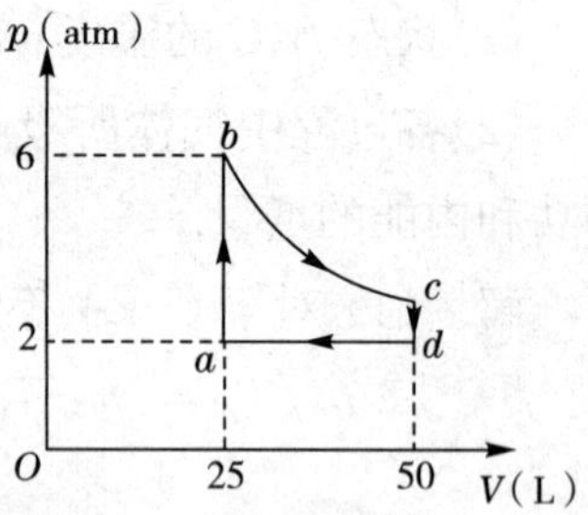

图 10－12　习题 10－19 图

**解**　水蒸气的质量 $m=36\times10^{-3}$ kg，水蒸气的摩尔质量 $M=18\times10^{-3}$ kg，$i=6$.

(1) $d \to a$ 过程中水蒸气做的功为

$$W_{da} = p_a(V_a - V_d) = -5.065\times10^3\ \text{J}$$

(2) $a \to b$ 过程中水蒸气内能的增量为

$$\Delta E_{ab} = (m/M)(i/2)R(T_b - T_a) = (i/2)V_a(p_b - p_a) = 3.039\times10^4\ \text{J}$$

(3)状态 $b$ 的温度为

$$T_b = \frac{p_b V_a}{(m/M)R} = 914\ \text{K}$$

$b \to c$ 过程中水蒸气做的功为

$$W_{bc} = (m/M)RT_b\ln(V_c/V_b) = 1.05\times10^4\ \text{J}$$

循环过程水蒸气做的净功

$$W = W_{bc} + W_{da} = 5.435\times10^3\ \text{J}$$

(4)循环过程水蒸气吸收的热量为

$$Q_1 = Q_{ab} + Q_{bc} = \Delta E_{ab} + W_{bc} = 4.09\times10^4\ \text{J}$$

所以，循环效率为

$$\eta = \frac{W}{Q_1} = 13.3\%$$

**10－20** 1 mol 理想气体在 400 K 与 300 K 之间完成一个卡诺循环，在400 K的等温线上，起始体积为 0.001 $m^3$，最后体积为 0.005 $m^3$. 试计算气体在此循环中所做的功，以及从高温热源吸收的热量和传给低温热源的热量.

**分析** 卡诺循环的效率仅与高、低温热源的温度 $T_1$ 和 $T_2$ 有关. 本题中，求出等温膨胀过程吸收热量后，利用卡诺循环效率及其定义，便可求出此循环中所做的功和在等温压缩过程中系统向低温热源放出的热量.

**解** 从高温热源吸收的热量

$$Q_1=\frac{m}{M}RT_1\ln\frac{V_2}{V_1}=8.31\times400\times\ln\frac{0.005}{0.001}\ \mathrm{J}=5.35\times10^3\ \mathrm{J}$$

由卡诺循环的效率

$$\eta=\frac{W}{Q_1}=1-\frac{T_2}{T_1}=1-\frac{300}{400}=25\%$$

可得循环中所做的功为

$$W=\eta Q_1=0.25\times5\ 350\ \mathrm{J}=1.34\times10^3\ \mathrm{J}$$

此时，传给低温热源的热量为

$$Q_2=(1-\eta)Q_1=(1-0.25)\times5.35\times10^3\ \mathrm{J}=4.01\times10^3\ \mathrm{J}$$

**10－21** 以理想气体为工作物质的热机循环，如图 10－13 所示. 试证明其效率为

$$\eta=1-\gamma\frac{\dfrac{V_1}{V_2}-1}{\dfrac{p_1}{p_2}-1}$$

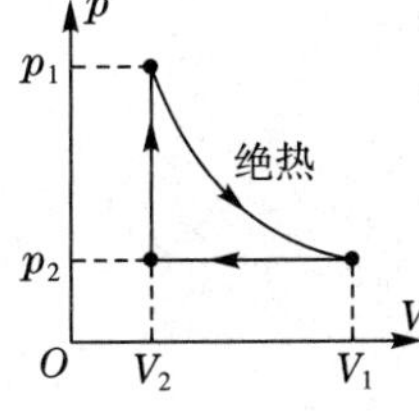


图 10－13 习题 10－21 图

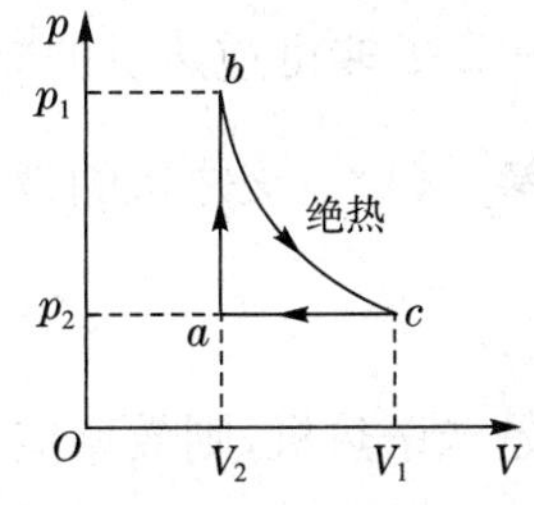


图 10－14 习题 10－21 解图

**分析** 如图 10－14 所示,在 $a \to b$ 等体过程中,系统从外界吸收的热量全部转换为内能的增量,温度升高. 在 $b \to c$ 绝热过程中,系统减少内能,降低温度对外做功,与外界无热量交换. 在 $c \to a$ 等压压缩过程中,系统放出热量,温度降低,对外做负功. 计算得出各个过程的热量和功,根据热机循环效率的定义即可得证.

**证明** 如图 10－14 所示,在 $a \to b$ 等体过程中,系统从外界吸收的热量为

$$Q_V = \frac{m}{M}C_{V,\mathrm{m}}(T_b - T_a) = \frac{C_{V,\mathrm{m}}}{R}(p_1V_2 - p_2V_2)$$

在 $c \to a$ 等压压缩过程中,系统放出的热量为

$$|Q_p| = \frac{m}{M}C_{p,\mathrm{m}}(T_c - T_a) = \frac{C_{p,\mathrm{m}}}{R}(p_2V_1 - p_2V_2)$$

所以,该热机的循环效率为

$$\eta = 1 - \frac{|Q_p|}{Q_V} = 1 - \frac{C_{p,\mathrm{m}}(p_2V_1 - p_2V_2)}{C_{V,\mathrm{m}}(p_1V_2 - p_2V_2)} = 1 - \gamma\frac{\dfrac{V_1}{V_2} - 1}{\dfrac{p_1}{p_2} - 1}$$

**10－22** 一热机每秒从高温热源($T_1 = 600$ K)吸取热量 $Q_1 = 3.34\times10^4$ J,做功后向低温热源($T_2 = 300$ K)放出热量 $Q_2 = 2.09\times10^4$ J.

(1)它的效率是多少?它是不是可逆热机?

(2)如果尽可能地提高热机效率,若每秒从高温热源吸取 $3.34\times10^4$ J热量,则每秒最多能做多少功?

**分析** 根据卡诺定理,在相同的高温热源($T_1$)与相同的低温热源($T_2$)之间工作的一切可逆热机的效率都相等,均为 $\eta = 1 - \frac{Q_2}{Q_1} = 1 - \frac{T_2}{T_1}$. 非可逆热机的效率 $\eta = 1 - \frac{Q_2}{Q_1} < 1 - \frac{T_2}{T_1}$.

**解** (1) 该热机的效率为

$$\eta = 1 - \frac{Q_2}{Q_1} = 37.4\%$$

如果是卡诺热机,则效率应该是

$$\eta_c = 1 - \frac{T_2}{T_1} = 50\%$$

由此可见,它不是可逆热机.

(2)“尽可能地提高效率”是指热机的循环尽可能地接近理想的可逆循环工作方式.根据热机效率的定义,可得理想热机每秒吸热 $Q_1$ 时所做的功为

$$W=\eta_c Q_1=0.50\times 3.34\times 10^4\ \mathrm{J}=1.67\times 10^4\ \mathrm{J}$$

# 第十一章

# 气体动理论

## 基本要求

1. 能从宏观和统计的意义上理解压强、温度、内能等概念；了解系统的宏观性质是微观运动的统计表现.

2. 了解气体分子热运动的图像；理解理想气体压强公式和温度公式的物理意义；了解从提出模型，进行统计平均，建立宏观量与微观量的联系，阐述宏观量的微观思想和本质.

3. 了解麦克斯韦速率分布律及速率分布函数和速率分布曲线的物理意义；了解气体分子热运动的算术平均速率、方均根速率、最概然速率的求法和意义.

4. 理解能量按自由度均分定理，并能熟练用于理想气体的摩尔定体热容、摩尔定压热容及内能的计算.

5. 了解气体分子的平均自由程和平均碰撞频率的概念.

6. 理解热力学第二定律的统计意义及无序性；理解熵的概念和熵增加原理，能计算简单过程的熵变.

## 基本内容

### 一、理想气体压强公式

平均平动动能

$$\bar{\varepsilon}_k = \frac{1}{2}m\overline{v^2}$$

压强公式

$$p = \frac{1}{3}nm\overline{v^2} = \frac{2}{3}n\bar{\varepsilon}_k$$

## 二、理想气体温度公式

$$\bar{\varepsilon}_k = \frac{1}{2}m\overline{v^2} = \frac{3}{2}kT$$

## 三、麦克斯韦速率分布

1. 速率分布函数

在平衡态下，对于大量无规则热运动的气体分子，其速率在 $v \sim v + dv$ 区间内的分子数 $dN$ 与分子总数 $N$ 和 $dv$ 区间大小成正比，可表示为 $dN = Nf(v)dv$，其中 $f(v)$ 是一个与速率大小有关的比例系数，称为分布函数.

$f(v)dv = \frac{dN}{N}$，表示分子速率在 $v \sim v + dv$ 区间内的分子数占总分子数的百分比.

$f(v) = \frac{dN}{Ndv}$，表示分子速率在 $v$ 值附近单位速率区间的分子数占总分子数的百分比，也表示任一个分子的速率在 $v$ 值附近单位速率区间内出现的概率.

分布函数必须满足归一化条件：$\int_0^\infty f(v)dv = 1$.

2. 麦克斯韦速率分布函数

$$f(v) = 4\pi\left(\frac{m}{2\pi kT}\right)^{3/2} v^2 e^{-\frac{mv^2}{2kT}}$$

3. 三种统计速率

最概然速率

$$v_p = \sqrt{\frac{2kT}{m}} = \sqrt{\frac{2RT}{M}} \approx 1.41\sqrt{\frac{RT}{M}}$$

平均速率

$$\bar{v} = \sqrt{\frac{8kT}{\pi m}} = \sqrt{\frac{8RT}{\pi M}} \approx 1.60\sqrt{\frac{RT}{M}}$$

方均根速率

$$\sqrt{\overline{v^2}} = \sqrt{\frac{3kT}{m}} = \sqrt{\frac{3RT}{M}} \approx 1.73\sqrt{\frac{RT}{M}}$$

## 四、能量均分定理

每一个自由度的平均动能 $\frac{1}{2}kT$

一个分子的总平均动能 $\frac{i}{2}kT$

1 mol 理想气体的内能 $E=\frac{i}{2}RT$

质量为 $m$，摩尔质量为 $M$ 的理想气体的内能

$$E=\frac{m}{M}\frac{i}{2}RT$$

## 五、气体分子的平均自由程 $\bar{\lambda}$ 和平均碰撞频率 $\bar{z}$

平均自由程

$$\bar{\lambda}=\frac{1}{\sqrt{2}n\pi d^2}=\frac{kT}{\sqrt{2}\pi d^2 p}$$

平均碰撞频率

$$\bar{z}=\sqrt{2}n\pi d^2\bar{v}$$

## 六、熵和熵增加原理

熵是一个态函数

$$\mathrm{d}S=\left(\frac{\mathrm{d}Q}{T}\right)_{可逆},\Delta S=S_2-S_1=\int_1^2\left(\frac{\mathrm{d}Q}{T}\right)_{可逆}$$

熵增加原理：孤立系统的熵永不会减少，即

$$\mathrm{d}S\geqslant 0 \text{ 或 } \Delta S\geqslant 0$$

# 典型例题

**例 11－1** 一容器内贮有氧气，其压强为 $p=1.00$ atm，温度为 $t=27$ ℃，试求：

(1)单位体积内的分子数；

(2)氧气的密度；

(3)氧分子的质量；

(4)分子的平均平动动能.

**解** (1)单位体积内的分子数

$$n=\frac{p}{kT}=\frac{1.013\times10^{5}}{1.38\times10^{-23}\times300}\ \mathrm{m^{-3}}$$
$$=2.45\times10^{25}\ \mathrm{m^{-3}}=2.45\times10^{19}\ \mathrm{cm^{-3}}$$

(2)氧气的密度

$$\rho=\frac{m}{V}=\frac{pM}{RT}=\frac{1\times32}{8.21\times10^{-2}\times300}\ \mathrm{g\cdot L^{-1}}=1.30\ \mathrm{g\cdot L^{-1}}$$

(3)氧分子的质量

$$m'=\frac{M}{N_A}=\frac{32}{6.02\times10^{23}}\ \mathrm{g}=5.32\times10^{-23}\ \mathrm{g}$$

(4)分子的平均平动动能

$$\bar{\varepsilon}_{\mathrm{k}}=\frac{3}{2}kT=\frac{3}{2}\times1.38\times10^{-23}\times300\ \mathrm{J}=6.21\times10^{-21}\ \mathrm{J}$$

**例 11－2** 假定总分子数为 $N$ 的气体分子的速率分布如图11－1所示，试求：

(1)说明曲线与横坐标所包围的面积的含义；

(2)最概然速率 $v_p$；

(3)$a$ 与 $N$、$v_0$ 的关系；

(4)平均速率；

(5)速率大于 $v_0/2$ 的分子数.

**解** (1)由归一化条件可知，图 11－1 中曲线下的面积 $S=\int_0^{3v_0}Nf(v)\mathrm{d}v=N$，即曲线下的面积表示系统分子总数 $N$.

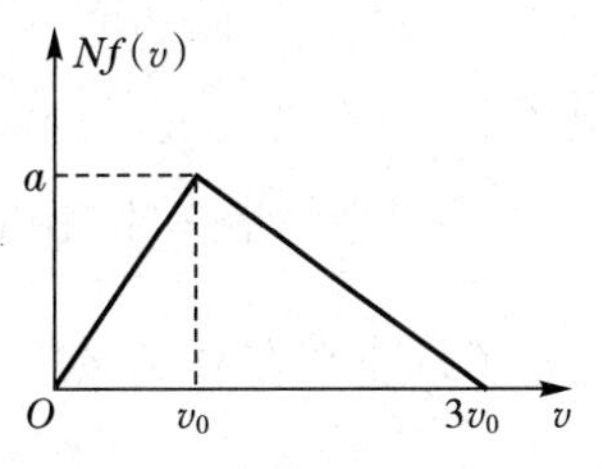

图 11－1 例题 11－2 图

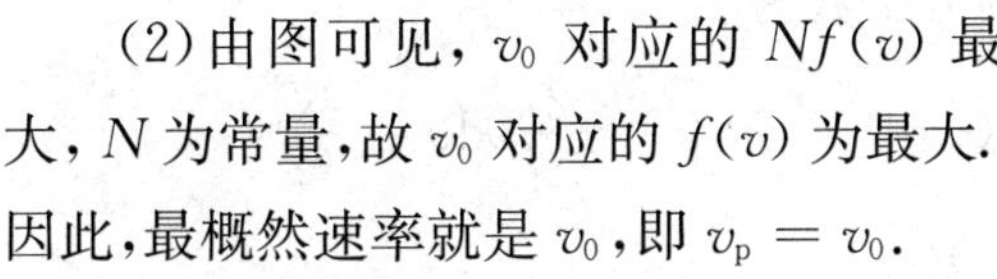

(2)由图可见，$v_0$ 对应的 $Nf(v)$ 最大，$N$ 为常量，故 $v_0$ 对应的 $f(v)$ 为最大. 因此，最概然速率就是 $v_0$，即 $v_\mathrm{p}=v_0$.

(3) $f(v)$ 的归一化条件为

$$\int_0^{\infty}f(v)\mathrm{d}v=1$$

或

$$N=\int_0^{\infty} Nf(v)\mathrm{d}v=\int_0^{3v_0} Nf(v)\mathrm{d}v$$

由图中的几何关系,可得

$$\int_0^{3v_0} Nf(v)\mathrm{d}v=\frac{1}{2}a(3v_0)$$

因此

$$N=3av_0/2$$

于是有

$$a=\frac{2N}{3v_0}$$

(4)由图示曲线,可得

$$Nf(v)=\begin{cases}\dfrac{a}{v_0}v, & 0\leqslant v\leqslant v_0\\ -\dfrac{a}{2v_0}v+\dfrac{3}{2}a, & v_0<v\leqslant 3v_0\\ 0 & v>3v_0\end{cases}$$

将(3)中结果代入,便有

$$f(v)=\begin{cases}\dfrac{2}{3v_0^2}v, & 0\leqslant v\leqslant v_0\\ -\dfrac{1}{3v_0^2}v+\dfrac{1}{v_0}, & v_0<v\leqslant 3v_0\\ 0 & v>3v_0\end{cases}$$

于是

$$\bar{v}=\int_0^{\infty} vf(v)\mathrm{d}v=\int_0^{3v_0} vf(v)\mathrm{d}v=\frac{4}{3}v_0$$

(5)速率在0到$v_0/2$的分子数为

$$\Delta N=N\int_0^{v_0/2} f(v)\mathrm{d}v=N\int_0^{v_0/2}\frac{2}{3v_0^2}v\mathrm{d}v=\frac{N}{12}$$

因此,速率大于$v_0/2$的分子数为

$$N'=N-\Delta N=\frac{11}{12}N$$

# 习题分析与解答

## 一、选择题

**11－1** 容器中储有一定量的处于平衡态的理想气体，温度为 $T$，分子质量为 $m$，则分子速度在 $x$ 方向的分量平均值为（根据理想气体分子模型和统计假设讨论） （　　）

(A) $\bar{v}_x=\frac{1}{3}\sqrt{\frac{8kT}{\pi m}}$　　(B) $\bar{v}_x=\sqrt{\frac{8kT}{3\pi m}}$

(C) $\bar{v}_x=\sqrt{\frac{3kT}{2m}}$　　(D) $\bar{v}_x=0$

**解** 分子速度在 $x$ 方向的分量平均值为 0，本题选(D).

**11－2** 若理想气体的体积为 $V$，压强为 $p$，温度为 $T$，一个分子的质量为 $m$，$k$ 为玻耳兹曼常量，$R$ 为摩尔气体常量，则该理想气体的分子数为 （　　）

(A) $pV/m$　(B) $pV/(kT)$　(C) $pV/(RT)$　(D) $pV/(mT)$

**解** 由理想气体状态方程 $pV=\frac{\mu}{M}RT$，可得 $pV=\frac{Nm}{N_{\mathrm{A}}m}RT=NkT$，则该理想气体的分子数 $N=pV/(kT)$，本题选(B).

**11－3** 在一固定容器内，如果理想气体分子速率提高为原来的 2 倍，那么 （　　）

(A) 温度和压强都升高为原来的 2 倍

(B) 温度升高为原来的 2 倍，压强升高为原来的 4 倍

(C) 温度升高为原来的 4 倍，压强升高为原来的 2 倍

(D) 温度与压强都升高为原来的 4 倍

**解** 因为分子平均平动动能 $\bar{\varepsilon}_{\mathrm{k}}=\frac{1}{2}m\overline{v^2}=\frac{3}{2}kT$，压强 $p=\frac{2}{3}n\bar{\varepsilon}_{\mathrm{k}}$，所以当理想气体分子速率提高为原来的 2 倍时，分子的平均平动动能升高为原来的 4 倍，温度升高为原来的 4 倍，压强亦升高为原来的 4 倍，故本题选(D).

**11－4** 在一定速率 $v$ 附近，麦克斯韦速率分布函数 $f(v)$ 的物理意义是：一定量的气体在给定温度下处于平衡态时的 （　　）

(A)速率为 $v$ 的分子数

(B)分子数随速率 $v$ 的变化

(C)速率为 $v$ 的分子数占总分子数的百分比

(D)速率在 $v$ 附近单位速率区间内的分子数占总分子数的百分比

**解** 本题选(D).

**11-5** 在恒定不变的压强下,理想气体分子的平均碰撞次数 $\bar{z}$ 与温度 $T$ 的关系为 ( )

(A)与 $T$ 无关 (B)与 $\sqrt{T}$ 成正比 (C)与 $\sqrt{T}$ 成反比

(D)与 $T$ 成正比 (E)与 $T$ 成反比

**解** 理想气体分子的平均碰撞次数 $\bar{z}=\sqrt{2}\pi d^2\bar{v}n$,压强公式为 $p=nkT$,平均速率为 $\bar{v}=\sqrt{\dfrac{8RT}{\pi M}}$,所以 $\bar{z}=\sqrt{2}\pi d^2\cdot\sqrt{\dfrac{8RT}{\pi M}}\cdot\dfrac{p}{kT}\propto\dfrac{1}{\sqrt{T}}$,故本题选(C).

**11-6** 1 mol 双原子刚性分子理想气体,在 1 atm 下从 0 ℃上升到 100 ℃时,内能的增量为 ( )

(A)23 J (B)46 J (C)2 077.5 J (D)1 246.5 J (E)12 500 J

**解** 双原子刚性分子理想气体的摩尔定体热容 $C_{V,\mathrm{m}}=\dfrac{5}{2}R$,内能 $\Delta E=C_{V,\mathrm{m}}\Delta T=\dfrac{5}{2}R\times 100\ \mathrm{J}=2\ 077.5\ \mathrm{J}$,故本题选(C).

**11-7** 一定量的理想气体向真空作自由膨胀,体积由 $V_1$ 增至 $V_2$,此过程中气体的 ( )

(A)内能不变,熵增加 (B)内能不变,熵减少

(C)内能不变,熵不变 (D)内能增加,熵增加

**分析与解** 理想气体可当作孤立系统,气体向真空自由膨胀,气体与外界没有接触,即气体自由膨胀并不对外做功,因而气体的内能没有改变,即气体的温度保持恒定.这是一个不可逆过程,但是,为了计算熵变就必须设想一个可逆过程.从上面分析可知气体是从始态$(V_1,T)$变为末态$(V_2,T)$的,这样我们就可设想气体从始态变至末态是在可逆的等温过程下进行的.由于等温过程 $\mathrm{d}E=0$,所以 $\mathrm{d}Q=\mathrm{d}W=p\mathrm{d}V$,从而熵变为 $\Delta S=\int\dfrac{\mathrm{d}Q}{T}=\int\dfrac{p\mathrm{d}V}{T}=\dfrac{m}{M}R\int_{V_1}^{V_2}\dfrac{\mathrm{d}V}{V}$

$=\frac{m}{M}R\ln\frac{V_2}{V_1}$，因为 $V_2>V_1$，所以理想气体在自由膨胀过程中熵是增加的，故本题选(A).

## 二、填空题

**11－8** 两种不同种类的理想气体，其分子的平均平动动能相等，但分子数密度不同，则它们的温度________，压强________；如果它们的温度、压强相同，但体积不同，则它们的分子数密度________，单位体积的气体质量________，单位体积的分子平均平动动能________(填"相同"或"不同").

**解** 相同；不同；相同；不同；相同.

**11－9** 理想气体的微观模型：

(1)________________________________________；

(2)________________________________________；

(3)________________________________________.

**解** 分子体积忽略不计；分子间的碰撞是完全弹性的；只有在碰撞时分子间才有相互作用.

**11－10** $f(v)$为麦克斯韦速率分布函数，$\int_{v_p}^{\infty}f(v)\mathrm{d}v$ 的物理意义是____________，$\int_0^{\infty}\frac{mv^2}{2}f(v)\mathrm{d}v$ 的物理意义是____________，速率分布函数归一化条件的数学表达式为____________，其物理意义是____________.

**解** 速率大于 $v_p$ 的分子数占总分子数的百分比；分子的平均平动动能；$\int_0^{\infty}f(v)\mathrm{d}v=1$；速率在 $0\sim\infty$ 内的分子数占总分子数的百分之百.

**11－11** 同一温度下的氢气和氧气的速率分布曲线如图 11－2 所示，其中曲线 1 为________的速率分布曲线，________的最概然速率较大(填"氢气"或"氧气"). 若图 11－2 中曲线表示同一种气体不同温度时的速率分布曲线，温度分别为 $T_1$ 和 $T_2$，且 $T_1<T_2$，则曲线 1 代表温度为________的分布曲线(填"$T_1$"或"$T_2$").

**分析与解** 若曲线表示同一温度下氢气和氧气的速率分布曲线,由最概然速率公式 $v_p = \sqrt{\dfrac{2RT}{M}}$ 可知,氧气的最概然速率较小,故曲线1表示氧气的速率分布曲线,氢气的最概然速率较大.若曲线表示同一种气体不同温度时的速率分布曲线,由最概然速率公式可知,温度越大,最概然速率越大,故曲线1代表温度为 $T_1$ 的分布曲线.

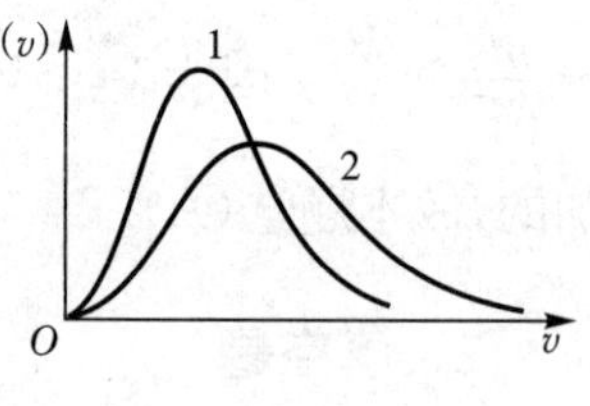


图 11—2 习题 11—11 图

**11—12** 设氮气为刚性分子组成的理想气体,其分子的平动自由度为________,转动自由度为________;分子内原子间的振动自由度为________.

**解** 3;2;0.

**11—13** 一超声波源发射超声波的功率为 10 W.假设它工作 10 s,并且全部波动能量都被 1 mol 氧气吸收而用于增加其内能,若将氧气分子视为刚性分子,则氧气的温度升高了__________K.

**解** 波动总能量为 $A=Pt$,其全部被氧气吸收而增加内能,则 $\Delta E=\dfrac{1}{2}\nu iR\Delta T=Pt$,氧气分子可视为刚性分子,则 $i=5$.所以 $\Delta T=2Pt/(\nu iR)=4.81\ \mathrm{K}$.

**11—14** 1 mol 氧气和 2 mol 氮气组成混合气体,在标准状态下,氧分子的平均能量为________,氮分子的平均能量为________;氧气与氮气的内能之比为________.

**解** 氧分子和氮分子的自由度 $i=5$,故标况下氧分子和氮分子的平均能量均为 $\bar{\varepsilon}=\dfrac{5}{2}kT=\dfrac{5}{2}\times1.38\times10^{-23}\times273\ \mathrm{J}=9.42\times10^{-21}\ \mathrm{J}$.氧气与氮气的内能之比为 $E_{O_2}:E_{N_2}=\dfrac{m_{O_2}}{M_{O_2}}\dfrac{i_{O_2}}{2}RT:\dfrac{m_{N_2}}{M_{N_2}}\dfrac{i_{N_2}}{2}RT=1:2$.

**11—15** 某种理想气体在温度为 300 K 时,分子平均碰撞频率为 $\bar{z}_1=5.0\times10^9\ \mathrm{s^{-1}}$.若保持压强不变,当温度升到 500 K 时,则分子的平均碰撞频率 $\bar{z}_2=$__________ $\mathrm{s^{-1}}$.

**解** 由气体分子的平均碰撞频率公式 $\bar{z}=\sqrt{2}\,n\pi d^2\bar{v}$,可得

$\bar{z}_2/\bar{z}_1 = n_2\bar{v}_2/(n_1\bar{v}_1) = (T_2/T_1)^{1/2} \cdot T_1/T_2 = (T_1/T_2)^{1/2}$. 从而可得 $\bar{z}_2 = (T_1/T_2)^{1/2}\bar{z}_1 = (3/5)^{1/2}\bar{z}_1 = 3.87\times10^9\ \text{s}^{-1}$.

**11－16** 从统计意义来解释：不可逆过程实质是一个____________的转变过程，一切实际过程都向着____________的方向进行.

**解** 概率；概率大的状态.

## 三、计算与证明题

**11－17** 一体积为 $1.0\times10^{-3}\ \text{m}^3$ 容器中，含有 $4.0\times10^{-5}$ kg 的氦气和$4.0\times10^{-5}$ kg的氢气，它们的温度为 30 ℃，试求容器中混合气体的压强.

**分析** 根据道尔顿分压定律可知，内部无化学反应的平衡状态下的混合气体的总压强，等于混合气体中各成分理想气体的压强之和.

**解** 设氦气、氢气压强分别为 $p_1$ 和 $p_2$，则 $p = p_1 + p_2$. 由理想气体状态方程，得

$$p_1 = \frac{m_{\text{He}}}{M_{\text{He}}}\frac{RT}{V}, p_2 = \frac{m_{\text{H}_2}}{M_{\text{H}_2}}\frac{RT}{V}$$

所以，总压强为

$$\begin{aligned} p &= p_1 + p_2 = \left(\frac{m_{\text{He}}}{M_{\text{He}}} + \frac{m_{\text{H}_2}}{M_{\text{H}_2}}\right)\frac{RT}{V} \\ &= \left(\frac{4.0\times10^{-5}}{4.0\times10^{-3}} + \frac{4.0\times10^{-5}}{2.0\times10^{-3}}\right)\times\frac{8.31\times(273+30)}{1.0\times10^{-3}}\ \text{Pa} \\ &= 7.55\times10^4\ \text{Pa} \end{aligned}$$

**11－18** 计算在 300 K 温度下，氢、氧和水银蒸气分子的方均根速率和平均平动动能.

**解** (1)由方均根速率公式 $\sqrt{\overline{v^2}} = \sqrt{\dfrac{3RT}{M}}$，可得：

氢的方均根速率

$$\sqrt{\overline{v^2_{\text{H}_2}}} = \sqrt{\frac{3RT}{M_{\text{H}_2}}} = \sqrt{\frac{3\times8.31\times300}{2\times10^{-3}}}\ \text{m}\cdot\text{s}^{-1} = 1.93\times10^3\ \text{m}\cdot\text{s}^{-1}$$

氧的方均根速率

$$\sqrt{\overline{v_{O_2}^2}}=\sqrt{\frac{3RT}{M_{O_2}}}=\sqrt{\frac{3\times 8.31\times 300}{32\times 10^{-3}}}\ \mathrm{m\cdot s^{-1}}=483\ \mathrm{m\cdot s^{-1}}$$

水银的方均根速率

$$\sqrt{\overline{v_{Hg}^2}}=\sqrt{\frac{3RT}{M_{Hg}}}=\sqrt{\frac{3\times 8.31\times 300}{200\times 10^{-3}}}\ \mathrm{m\cdot s^{-1}}=193\ \mathrm{m\cdot s^{-1}}$$

(2)温度相同,三种气体的平均平动动能相同,即

$$\bar{\varepsilon}_k=\frac{3}{2}kT=\frac{3}{2}\times 1.38\times 10^{-23}\times 300\ \mathrm{J}=6.21\times 10^{-21}\ \mathrm{J}$$

**11—19** 求氢气在300 K时分子速率在 $v_p-10\ \mathrm{m\cdot s^{-1}}$ 到 $v_p+10\ \mathrm{m\cdot s^{-1}}$ 之间的分子数占总分子数的百分比.

**分析** 在某一速率区间,分布函数 $f(v)$ 曲线下的面积,表示分子速率在该速率区间内的分子数占总分子数的百分比.当速率区间很小时,这个百分比可近似为矩形面积 $f(v)\Delta v=\frac{\Delta N}{N}$,函数值 $f(v)$ 为矩形面积的高,本题中函数值可取 $f(v_p)$. 利用 $v_p$ 改写麦克斯韦速率分布律,可进一步简化计算.

**解** 当 $T=300$ K时,氢气的最概然速率为

$$v_p=\sqrt{\frac{2kT}{m}}=\sqrt{\frac{2RT}{M}}=\sqrt{\frac{2\times 8.31\times 300}{0.002}}\ \mathrm{m\cdot s^{-1}}=1\,579\ \mathrm{m\cdot s^{-1}}$$

根据麦克斯韦速率分布率,在 $v\to v+\Delta v$ 区间内的分子数占分子总数的百分比为

$$\frac{\Delta N}{N}=f(v)\Delta v=4\pi\left(\frac{m}{2\pi kT}\right)^{\frac{3}{2}}\mathrm{e}^{-\frac{mv^2}{2kT}}v^2\Delta v$$

用 $v_p$ 改写 $f(v)\Delta v$,有

$$f(v)\Delta v=4\pi\left(\frac{m}{2\pi kT}\right)^{\frac{3}{2}}\mathrm{e}^{-\frac{mv^2}{2kT}}v^2\Delta v=\frac{4}{\sqrt{\pi}}\left(\frac{v}{v_p}\right)^2\mathrm{e}^{-\left(\frac{v}{v_p}\right)^2}\left(\frac{\Delta v}{v_p}\right)$$

由题意可知,$v=v_p-10$, $\Delta v=(v_p+10)-(v_p-10)=20\ \mathrm{m\cdot s^{-1}}$. 而 $v_p\gg 10$, 所以可取 $v\approx v_p$,代入可得

$$\frac{\Delta N}{N}=\frac{4}{\sqrt{\pi}}\times \mathrm{e}^{-1}\times\frac{20}{1579}=1.05\%$$

**11—20** 已知某粒子系统中粒子的速率分布曲线如图 11-3 所示，即

$$f(v)=\begin{cases}Kv^3 & (0\leqslant v\leqslant v_0)\\ 0 & (v_0<v<\infty)\end{cases}$$

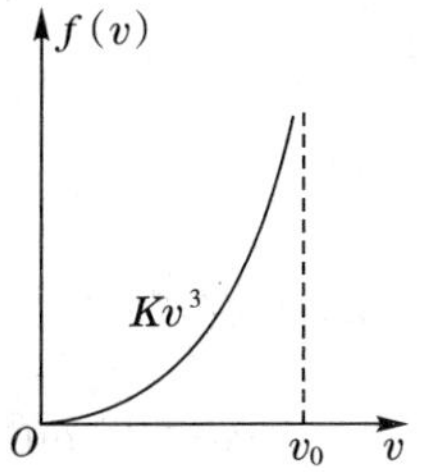

求：(1)比例常数 $K$；

(2)粒子的平均速率 $\bar{v}$；

图 11—3　习题 11—20 图

(3)速率在 $0\sim v_1$ 之间的粒子占总粒子数的 1/16 时，$v_1$ 是多少.（答案均以 $v_0$ 表示）

**解**　(1) ∵　$1=\int_0^{\infty}f(v)\mathrm{d}v=\int_0^{v_0}Kv^3\,\mathrm{d}v=Kv_0^4/4$

∴　$K=4/v_0^4$

(2)$\bar{v}=\int_0^{\infty}vf(v)\mathrm{d}v=\int_0^{v_0}vKv^3\,\mathrm{d}v=Kv_0^5/5=4v_0/5$

(3)∵　$\dfrac{1}{16}=\int_0^{v_1'}f(v)\mathrm{d}v=\int_0^{v_1}Kv^3\,\mathrm{d}v=K\,\dfrac{(v_1)^4}{4}=\dfrac{4}{v_0^4}\,\dfrac{(v_1)^4}{4}$

$=\left(\dfrac{v_1}{v_0}\right)^4$

∴　$v_1=v_0/2$

**11—21**　导体中自由电子的运动类似于气体分子的运动. 设导体中共有 $N$ 个自由电子. 电子气中电子的最大速率 $v_{\mathrm{F}}$ 叫作费米速率. 电子的速率在 $v\sim v+\mathrm{d}v$ 之间的概率为

$$\frac{\mathrm{d}N}{N}=\begin{cases}\dfrac{4\pi v^2A\mathrm{d}v}{N}, & v_{\mathrm{F}}>v>0\\ 0, & v>v_{\mathrm{F}}\end{cases}$$

式中，$A$ 为常量.

(1)由归一化条件求 $A$.

(2)证明电子气中电子的平均动能 $\bar{\omega}=\dfrac{3}{5}\left(\dfrac{1}{2}mv_{\mathrm{F}}^2\right)=\dfrac{3}{5}E_{\mathrm{F}}$，此处 $E_{\mathrm{F}}$ 叫作费米能.

**解**　(1)　由归一化条件

$$\int_0^{\infty}f(v)\mathrm{d}v=\int_0^{v_{\mathrm{F}}}\frac{\mathrm{d}N}{N}=\int_0^{v_{\mathrm{F}}}\frac{4\pi v^2A\mathrm{d}v}{N}=1$$

可得

$$A = \frac{3N}{4\pi v_F^3}$$

(2)平均动能

$$\overline{\omega} = \int_0^{\infty} \omega f(v)\mathrm{d}v = \int_0^{v_F} \frac{1}{2}mv^2 \times \frac{4\pi v^2}{N} \times \frac{3N}{4\pi v_F^3}\mathrm{d}v$$

$$= \int_0^{v_F} \frac{3}{2}mv^4 \times \frac{1}{v_F^3}\mathrm{d}v = \frac{3}{5}\left(\frac{1}{2}mv_F^2\right) = \frac{3}{5}E_F$$

**11－22** 一容积为 10 $cm^3$ 的电子管，当温度为 300 K 时，用真空泵把管内空气抽成压强为 $5\times10^{-6}$ mmHg 的高真空，则此时管内有多少个空气分子？这些空气分子的平均平动动能的总和是多少？平均转动动能的总和是多少？平均动能的总和是多少？(760 mmHg＝$1.013\times10^5$ Pa，空气分子可认为是刚性双原子分子，玻尔兹曼常量 $k=1.38\times10^{-23}$ J·$K^{-1}$)

**解** 设管内总分子数为 $N$. 由 $p=nkT=NkT/V$，可得

(1)$N=pV/(kT)=1.61\times10^{12}$个.

(2)分子的平均平动动能的总和＝$(3/2)NkT=10^{-8}$ J

(3)分子的平均转动动能的总和＝$(2/2)NkT=0.667\times10^{-8}$ J

(4)分子的平均动能的总和＝$(5/2)NkT=1.67\times10^{-8}$ J

**11－23** 有 $2\times10^{-3}$ $m^3$ 刚性双原子分子理想气体，其内能为 $6.75\times10^2$ J.

(1)试求气体的压强；

(2)设分子总数为 $5.4\times10^{22}$ 个，求分子的平均平动动能及气体的温度.

(玻尔兹曼常量 $k=1.38\times10^{-23}$ J·$K^{-1}$)

**解** (1) 设分子数为 $N$.

据 $E=N(i/2)kT$ 及 $p=(N/V)kT$

得 $$p=2E/(iV)=1.35\times10^5\ \text{Pa}$$

(2)由 $$\frac{\bar{\varepsilon}_k}{E} = \frac{\frac{3}{2}kT}{N\frac{5}{2}kT}$$

得 $\bar{\varepsilon}_k = 3E/(5N) = 7.5\times10^{-21}\ \text{J}$

又有 $$E = N\frac{5}{2}kT$$

得 $T = 2E/(5Nk) = 362\ \text{K}$

**11－24** 设氮分子的有效直径为 $10^{-10}$ m.

(1)求氮气在标准状态下的平均碰撞次数.

(2)如果温度不变,气压降到 $1.33\times10^{-4}$ Pa,则平均碰撞次数又为多少?

**分析** 气体分子处于平衡态时,其平均碰撞次数与分子数密度和分子的平均速率有关.温度一定时,平均碰撞次数和压强成正比.

**解** (1)标准状态为 $p_0 = 1.013\times10^5\ \text{Pa}$, $T_0 = 273\ \text{K}$,氮气的摩尔质量为 $M = 28\times10^{-3}\ \text{kg/mol}$. 由公式

$$\bar{v} = \sqrt{\frac{8RT}{\pi M}},\ n = \frac{p}{kT}$$

可得氮气在标准状态下的平均碰撞次数为

$$\bar{z} = \sqrt{2}\pi d^2 n\bar{v} = \sqrt{2}\pi d^2\frac{p}{kT}\sqrt{\frac{8RT}{\pi M}} = 4\pi d^2\sqrt{\frac{RT}{\pi M}}\frac{p}{kT}$$

$$= 4\pi\times(10^{-10})^2\times\sqrt{\frac{8.31\times273}{\pi\times28\times10^{-3}}}\times\frac{1.013\times10^5}{1.38\times10^{-23}\times273}\ \text{次}\cdot\text{s}^{-1}$$

$$= 5.42\times10^8\ \text{次}\cdot\text{s}^{-1}$$

(2)在 $p = 1.33\times10^{-4}\ \text{Pa}$, $T = 273\ \text{K}$ 时,平均碰撞次数为

$$\bar{z} = 4\pi d^2\sqrt{\frac{RT}{\pi M}}\frac{p}{kT}$$

$$= 4\pi\times(10^{-10})^2\times\sqrt{\frac{8.31\times273}{\pi\times28\times10^{-3}}}\times\frac{1.33\times10^{-4}}{1.38\times10^{-23}\times273}\ \text{次}\cdot\text{s}^{-1}$$

$$= 0.71\ \text{次}\cdot\text{s}^{-1}$$

**11－25** 将质量为 5 kg、比热容(单位质量物质的热容)为 $544\ \text{J}\cdot\text{kg}^{-1}\cdot{}^{\circ}\text{C}^{-1}$的铁棒加热到300 ℃,然后浸入一大桶 27 ℃的水中.求在冷却过程中铁的熵变.

**分析** 把加热的铁棒浸入处于室温的水中后,铁棒将向水传热而降低温度,但“一大桶水”吸热后的水温并不会发生明显变化,因

而可以把“一大桶水”近似为恒温热源.把铁棒和“一大桶水”一起视为与外界没有热和功作用的孤立系统，根据热力学第二定律可知，在铁棒冷却至最终与水同温度的不可逆过程中，系统的熵将增加.熵是态函数，系统的熵变仅与系统的始末状态有关，而与过程无关.因此，求不可逆过程的熵变，可在始末状态之间设计任一可逆过程进行求解.

**解** 根据题意有

$$T_1 = 273 + 300 = 573\ (\mathrm{K}),\ T_2 = 273 + 27 = 300\ (\mathrm{K}).$$

设铁棒的比热容为 $c$，当铁棒的质量为 $m$，温度变化 $\mathrm{d}T$ 时，吸收(或放出)的热量为

$$\mathrm{d}Q = mc\,\mathrm{d}T$$

设铁棒经历一可逆的降温过程，其温度连续地由 $T_1$ 降为 $T_2$，在此过程中铁棒的熵变为

$$\Delta S = \int \frac{\mathrm{d}Q}{T} = \int_{T_1}^{T_2} \frac{mc\,\mathrm{d}T}{T} = mc\ln\frac{T_2}{T_1}$$

$$= 5 \times 544 \times \ln\frac{300}{573}\ \mathrm{J \cdot K^{-1}} = -1760\ \mathrm{J \cdot K^{-1}}$$

# 第十二章

## 真空中的静电场

## 基本要求

1. 理解静电场的基本概念.

(1)静电场的物质性:带电体之间通过电场发生相互作用.静电场具有物质的基本属性.

(2)描述静电场的基本物理量是场强 $\boldsymbol{E}$ 和电势 $U$. 场强 $\boldsymbol{E}$ 是矢量分布函数,即矢量场;电势 $U$ 是标量分布函数,即标量场.

2. 掌握静电场的基本性质.

(1)静电场的高斯定理表示静电场以正电荷为“源”,以负电荷为“汇”,即静电场为有散度的场.

(2)静电场的环路定理反映静电场力做功与路径无关,即静电场为无旋度的场.

3. 掌握已知电荷分布求场强分布和电势分布的方法.

(1)由点电荷的场强和电势通过叠加原理求任意带电体的场强分布与电势分布.

(2)利用高斯定理求场强分布.

(3)利用场强与电势的关系求场强和电势.

## 基本内容

### 一、库仑定律

如图 12－1 所示,点电荷 $q_1$ 对 $q_2$ 的作用力用 $\boldsymbol{F}_{12}$表示,则

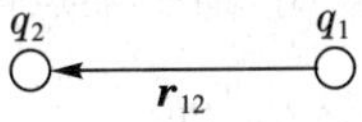

$q_2$ $q_1$ $\boldsymbol{r}_{12}$

图 12－1

$$\boldsymbol{F}_{12} = k\frac{q_1 q_2}{r_{12}^3}\boldsymbol{r}_{12}$$

式中,$\boldsymbol{r}_{12}$是由点电荷 $q_1$ 指向点电荷 $q_2$ 的矢量.

## 二、电场强度

$$\boldsymbol{E}=\frac{\boldsymbol{F}}{q_0}$$

式中,$\boldsymbol{E}$ 为场源电荷 $q$ 激发的电场强度,$q_0$ 为试探电荷.

点电荷 $q$ 的电场强度

$$\boldsymbol{E}=\frac{\boldsymbol{F}}{q_0}=\frac{1}{4\pi\varepsilon_0}\frac{q}{r^3}\boldsymbol{r}$$

式中,$\boldsymbol{r}$ 表示以点电荷 $q$ 为坐标原点 $O$,指向场点 $P$ 的位置矢量.

若场源为带电体而非点电荷,则其在给定点产生的总场强 $\boldsymbol{E}$ 为

$$\boldsymbol{E}=\int \mathrm{d}\boldsymbol{E}=\frac{1}{4\pi\varepsilon_0}\int\frac{\mathrm{d}q}{r^3}\boldsymbol{r}$$

$\boldsymbol{r}$ 表示电荷元 $\mathrm{d}q$ 指向给定点的位矢.

## 三、真空中的高斯定理

通过任意闭合曲面的电场强度通量 $\Phi_\mathrm{e}$ 等于该闭合曲面所包围的电量代数和 $\sum q$ 的$\frac{1}{\varepsilon_0}$倍.

$\Phi_\mathrm{e}=\oint_S\boldsymbol{E}\cdot\mathrm{d}\boldsymbol{S}=\frac{1}{\varepsilon_0}\sum q$, 反映了静电场的“有源”性.

## 四、静电场的环路定理

静电场的环流恒为零,即$\oint_l\boldsymbol{E}\cdot\mathrm{d}\boldsymbol{l}=0$, 反映了静电场的“无旋”性.

## 五、电场强度和电势的关系

电场中某点的场强等于该点的电势沿等势面法线方向导数$\frac{\mathrm{d}U}{\mathrm{d}n}$的负值,即

$$\boldsymbol{E}=-\frac{\mathrm{d}U}{\mathrm{d}n}\boldsymbol{e}_\mathrm{n}=-\nabla U$$

## 六、电场强度和电势的求解方法

| $E$ | $U$ |
|---|---|
| (1)点电荷电场强度和叠加原理<br>$\boldsymbol{E}=\dfrac{1}{4\pi\varepsilon_0}\displaystyle\int\frac{\mathrm{d}q}{r^3}\boldsymbol{r}$ | (1)场强积分法<br>$U_A=\displaystyle\int_A^{\text{电势零点}}\boldsymbol{E}\cdot\mathrm{d}\boldsymbol{l}$ |
| (2)高斯定理法<br>$\displaystyle\oint_S\boldsymbol{E}\cdot\mathrm{d}\boldsymbol{S}=\frac{1}{\varepsilon_0}\sum q$ | (2)点电荷电势叠加法<br>$U_P=\displaystyle\int\frac{\mathrm{d}q}{4\pi\varepsilon_0 r}$ |
| (3)电场强度与电势梯度的关系<br>$\boldsymbol{E}_{\mathrm{n}}=-\dfrac{\mathrm{d}U}{\mathrm{d}n}\boldsymbol{e}_{\mathrm{n}}$ | |

## 七、几种常见的带电体的电场强度大小和电势

| | 圆环（轴线上离开圆心 $x$ 处） | 圆面（轴线上离开圆心 $x$ 处） | 球面（离开球心 $r$ 处） | 无限长带电直线（离开直线 $r$ 处） |
|---|---|---|---|---|
| 参数 | 半径为 $R$<br>带电荷为 $q$ | 半径为 $R$<br>电荷面密度为 $\sigma$ | 半径为 $R$<br>带电荷为 $q$ | 电荷线密度为 $\lambda$ |
| 场强大小 | $\dfrac{qx}{4\pi\varepsilon_0(x^2+R^2)^{3/2}}$ | $\dfrac{\sigma}{2\varepsilon_0}\left(1-\dfrac{x}{\sqrt{x^2+R^2}}\right)$ | $0(0<r<R)$<br>$\dfrac{q}{4\pi\varepsilon_0 r^2}(r\geqslant R)$ | $\dfrac{\lambda}{2\pi\varepsilon_0 r}$ |
| 电势 | $\dfrac{q}{4\pi\varepsilon_0\sqrt{x^2+R^2}}$ | $\dfrac{\sigma}{2\varepsilon_0}(\sqrt{x^2+R^2}-\lvert x\rvert)$ | $\dfrac{q}{4\pi\varepsilon_0 R}(0<r<R)$<br>$\dfrac{q}{4\pi\varepsilon_0 r}(r\geqslant R)$ | $\dfrac{\lambda}{2\pi\varepsilon_0}\ln\dfrac{r_B}{r}$<br>$(U_B=0)$ |

## 典型例题

**例 12－1** 一个内外半径分别为 $a$ 和 $b$ 的球壳，如图 12－2 所示，壳内电荷体密度 $\rho=\dfrac{A}{r}$，$A$ 为常数，$r$ 为球壳内任一点到球心的距离. 球壳中心有一个点电荷 $Q$. 求 $A$ 为多大时，才能使 $a<r<b$ 区域中的场强大小恒定？

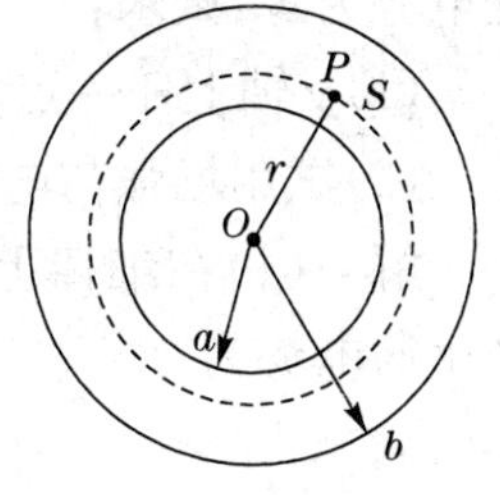

图 12－2 例题 12－1 图

**解** 设 $P$ 为壳内距球心 $O$ 为 $r$ 的任意一点，过 $P$ 点作同心球面 $S$ 为高斯面，则

$$\oint_S \boldsymbol{E}\cdot d\boldsymbol{S}=\frac{1}{\varepsilon_0}\sum q \qquad ①$$

$\boldsymbol{E}$ 为点电荷 $Q$ 和壳上电荷 $Q'$ 共同产生的电场，则

$$\boldsymbol{E}=\boldsymbol{E}_Q+\boldsymbol{E}_{Q'}$$

故

$$\sum q=Q+\int_V \rho\cdot dV=Q+\int_a^r \frac{A}{r}\cdot 4\pi r^2 dr$$

$$=Q+4\pi A\cdot\frac{1}{2}(r^2-a^2)$$

代入①式，得

$$E\cdot 4\pi r^2=\frac{Q}{\varepsilon_0}+\frac{2\pi A}{\varepsilon_0}\cdot(r^2-a^2)$$

故

$$E=\frac{Q}{4\pi\varepsilon_0 r^2}+\frac{A}{2\varepsilon_0}-\frac{Aa^2}{2\varepsilon_0 r^2}$$

想使 $E$ 为常量，则有

$$\frac{Q}{4\pi\varepsilon_0 r^2}=\frac{Aa^2}{2\varepsilon_0 r^2}$$

故

$$A=\frac{Q}{2\pi a^2}$$

**例 12—2** 在 $x$ 轴上有长为 $l$ 的细棒如图 12—3 所示，其一端在原点 $x=0$ 处，每单位长度分布着 $\lambda=kx$ 的正电荷，其中 $k$ 为常数. 若取无限远处电势为零，试求：

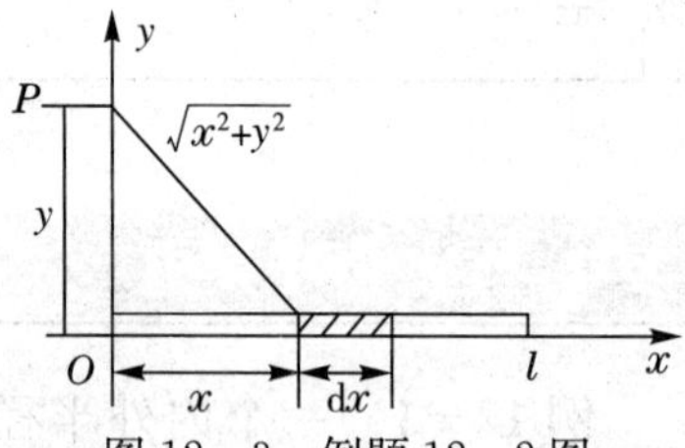

图 12—3 例题 12—2 图

(1) $y$ 轴上任一点 $P$ 的电势；

(2) 试用场强与电势的关系求 $E_y$.

**解** (1) 在细棒上 $x$ 处取线元 $dx$，则 $dx$ 段在 $y$ 轴上任一点 $P$ 产生的电势为

$$dU=\frac{1}{4\pi\varepsilon_0}\cdot\frac{\lambda dx}{\sqrt{x^2+y^2}}$$

其中 $\lambda=kx$.

整个棒在点 $P$ 产生的电势为

$$U=\int \mathrm{d}U=\int_0^l \frac{1}{4\pi\varepsilon_0}\frac{kx\,\mathrm{d}x}{\sqrt{x^2+y^2}}=\frac{k}{4\pi\varepsilon_0}\cdot\frac{1}{2}\int_0^l \frac{\mathrm{d}(x^2+y^2)}{\sqrt{x^2+y^2}}$$

$$=\frac{k}{4\pi\varepsilon_0}\cdot\frac{1}{2}\cdot 2\sqrt{x^2+y^2}\Big|_0^l=\frac{k}{4\pi\varepsilon_0}\left(\sqrt{l^2+y^2}-y\right)$$

(2)根据(1),得

$$E_y=-\frac{\partial U}{\partial y}=\frac{k}{4\pi\varepsilon_0}\left(1-\frac{y}{\sqrt{l^2+y^2}}\right)$$

当 $k>0$,$\boldsymbol{E}_y$ 沿 $y$ 轴正方向;当 $k<0$,$\boldsymbol{E}_y$ 沿 $y$ 轴负方向.

## 习题分析与解答

### 一、选择题

**12－1** 两个均匀带电的同心球面,半径分别为 $R_1$、$R_2$($R_1<R_2$),小球带电 $Q$,大球带电 $-Q$,图 12－4 中哪一个图线正确表示了电场的分布? (  )

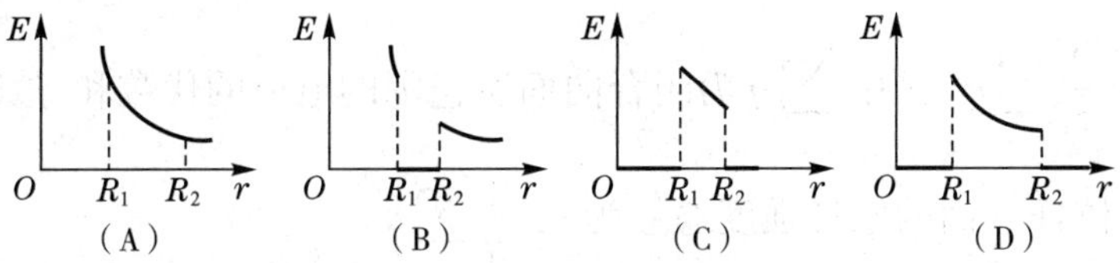


图 12－4 习题 12－1 图

**分析与解** 如图 12－5 所示,利用高斯定理,得到同心球面的电场强度大小为

$$E=0(r<R_1)$$

$$E=\frac{Q}{4\pi\varepsilon_0 r^2}(R_1<r<R_2)$$

$$E=0(r>R_2)$$

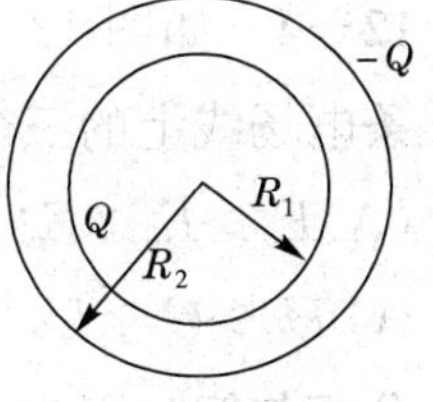


图 12－5 习题 12－1 解图

可知选择(D).

**12－2** 如图 12－6 所示,任一闭合曲面 $S$ 内有一点电荷 $q$,$O$ 为 $S$ 面上任一点,若将 $q$ 由闭合曲面内的 $P$ 点移到 $T$ 点,且 $OP=OT$,那么 (  )

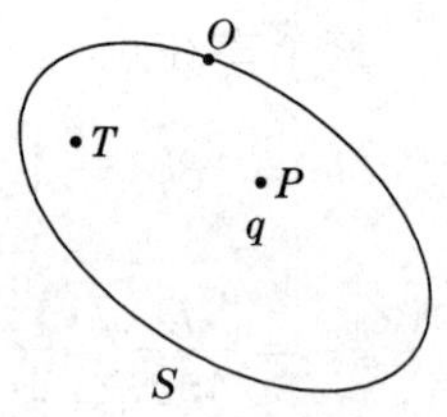

图12－6　习题12－2图

(A)穿过 $S$ 面的电通量改变，$O$ 点的场强大小不变

(B)穿过 $S$ 面的电通量改变，$O$ 点的场强大小改变

(C)穿过 $S$ 面的电通量不变，$O$ 点的场强大小改变

(D)穿过 $S$ 面的电通量不变，$O$ 点的场强大小不变

**分析与解**　电场强度通量是标量，闭合曲面的电场强度通量仅与闭合曲面所围点电荷有关，与点电荷在闭合曲面内所处位置无关；电场强度是矢量，点电荷从 $P$ 点移到 $T$ 点，因为 $OP=OT$，故 $O$ 点电场强度大小不变，方向变化.

可知选择(D).

**12－3**　在边长为 $a$ 的正立方体中心有一个电量为 $q$ 的点电荷，则通过该立方体任一面的电场强度通量为　(　　)

(A)$q/\varepsilon_0$　(B)$q/(2\varepsilon_0)$　(C)$q/(4\varepsilon_0)$　(D)$q/(6\varepsilon_0)$

**分析与解**　根据高斯定理，闭合曲面的电场强度通量为 $\oint_S \boldsymbol{E}\cdot \mathrm{d}\boldsymbol{S}=\dfrac{1}{\varepsilon_0}\sum q$，其中 $\sum q$ 为闭合曲面所包围的电荷的代数和，故通过立方体任一面的电场强度通量为 $\dfrac{1}{6}\dfrac{1}{\varepsilon_0}\sum q$.

可知选择(D).

**12－4**　如图12－7所示，$a,b,c$ 是电场中某条电场线上的三个点，由此可知(　　)

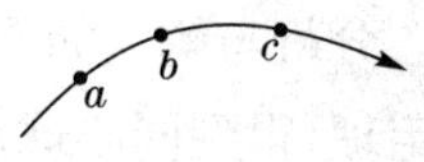

图12－7　习题12－4图

(A)$E_a>E_b>E_c$　(B)$E_a<E_b<E_c$

(C)$U_a>U_b>U_c$　(D)$U_a<U_b<U_c$

**分析与解**　因为垂直通过电场中某点附近单位面积的电场线数目等于该点电场强度的大小，故仅由一根电场线无法判断曲线上各点电场强度大小的相对关系；但由于电场线的方向恒指向电势降落的方向，故有 $U_a>U_b>U_c$.

可知选择(C).

**12－5** 关于高斯定理的理解，下面说法中正确的是 （　　）

(A)如果高斯面内无电荷，则高斯面上 $\boldsymbol{E}$ 处处为零

(B)如果高斯面上 $\boldsymbol{E}$ 处处不为零，则该面内必无电荷

(C)如果高斯面内有净电荷，则通过该面的电通量必不为零

(D)如果高斯面上 $\boldsymbol{E}$ 处处为零，则该面内必无电荷

**分析与解** (A)反例：匀强电场；

(B)根据高斯定理，高斯面上 $\boldsymbol{E}$ 处处不为零，则 $\oint_S \boldsymbol{E}\cdot \mathrm{d}\boldsymbol{S}$ 不为零，故高斯面内必有电荷；

(D)反例：球形高斯面内，在球心处放置两个电性相反、电荷量相等的点电荷，此时，高斯面上 $\boldsymbol{E}$ 处处为零.

可知选择(C).

## 二、填空题

**12－6** 如图 12－8 所示，边长分别为 $a$ 和 $b$ 的矩形，其 $A,B,C$ 三个顶点上分别放置三个电量均为 $q$ 的点电荷，则中心 $O$ 点的场强为________，方向_______.

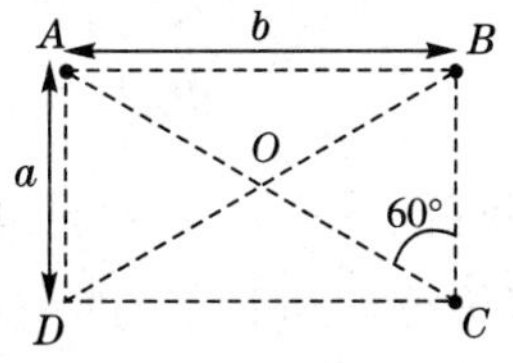

图 12－8 习题 12－6 图

**分析与解** 根据电场强度叠加原理，$A,C$ 两个点电荷在 $O$ 点激发的场强大小相等，方向相反，故 $O$ 点电场强度可以看成仅由 $B$ 点电荷激发，根据点电荷周围某一点电场强度 $\boldsymbol{E}=\dfrac{1}{4\pi\varepsilon_0}\dfrac{q}{r^3}\boldsymbol{r}$ 知，$O$ 点电场强度大小为 $E=\dfrac{q}{4\pi\varepsilon_0 a^2}$，方向由 $O$ 指向 $D$.

**12－7** 内、外半径分别为 $R_1$、$R_2$ 的均匀带电厚球壳，电荷体密度为 $\rho$. 则在 $r<R_1$ 的区域内场强大小为______，在 $R_1<r<R_2$ 的区域内场强大小为______，在 $r>R_2$ 的区域内场强大小为______.

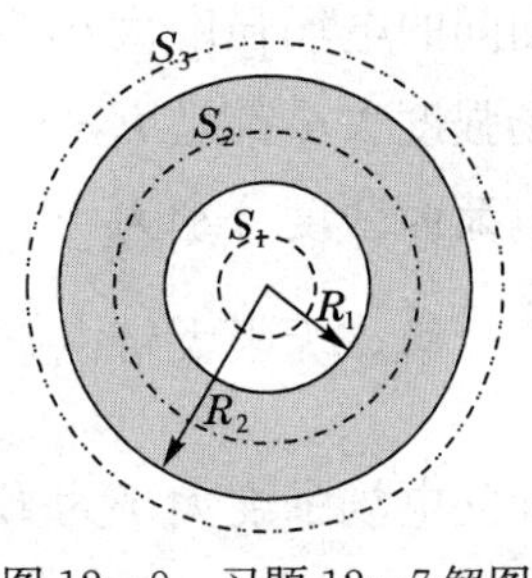

图 12－9 习题 12－7 解图

**分析与解** 在 $r<R_1$、$R_1<r<R_2$、$r>R_2$

范围内分别取球形高斯面 $S_1$、$S_2$、$S_3$，如图 12－9 所示. 根据高斯定理$\oint_S \boldsymbol{E}\cdot \mathrm{d}\boldsymbol{S}=\frac{1}{\varepsilon_0}\sum q$，有

$$\oint_{S_1} E_1 \mathrm{d}S = 0 \Rightarrow E_1 = 0 (r < R_1)$$

$$\oint_{S_2} E_2 \mathrm{d}S = \frac{1}{\varepsilon_0}\rho \frac{4}{3}\pi(r^3 - R_1^3) \Rightarrow E_2 = \frac{\rho}{3\varepsilon_0 r^2}(r^3 - R_1^3) (R_1 < r < R_2)$$

$$\oint_{S_3} E_3 \mathrm{d}S = \frac{1}{\varepsilon_0}\rho \frac{4}{3}\pi(R_2^3 - R_1^3) \Rightarrow E_3 = \frac{\rho}{3\varepsilon_0 r^2}(R_2^3 - R_1^3) (r > R_2)$$

**12－8** 在场强为 $E$ 的均匀电场中取一半球面，其半径为 $R$，电场强度的方向与半球面的对称轴平行. 则通过这个半球面的电通量为__________，若用半径为 $R$ 的圆面将半球面封闭，则通过这个封闭的半球面的电通量为__________.

**解** 根据题意，可作示意图如图 12－10 所示，对曲面 $S$，电场强度通量为

$$\Phi_e = \int_S \boldsymbol{E}\cdot \mathrm{d}\boldsymbol{S}$$

半球面的电场强度通量与半球面投影的电场强度通量相等，即

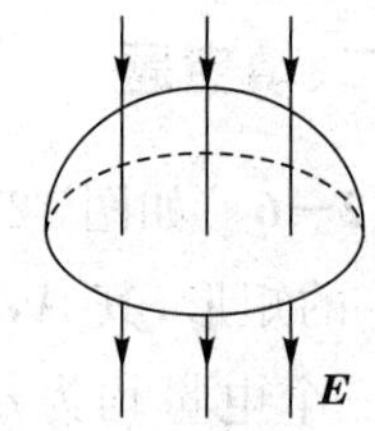

图 12－10　习题 12－8 解图

$$\Phi_e = \int_S \boldsymbol{E}\cdot \mathrm{d}\boldsymbol{S} = E\pi R^2$$

闭合半球面的电场强度通量为

$$\Phi_e = \oint_S \boldsymbol{E}\cdot \mathrm{d}\boldsymbol{S} = E\pi R^2 - E\pi R^2 = 0$$

**12－9** 如图 12－11 所示，$A$，$B$ 为真空中两块平行无限大带电平面，已知两平面间的电场强度大小为 $E_0$，两平面外侧电场强度大小都是 $E_0/3$，则 $A$，$B$ 两平面上的电荷面密度分别为________和________.

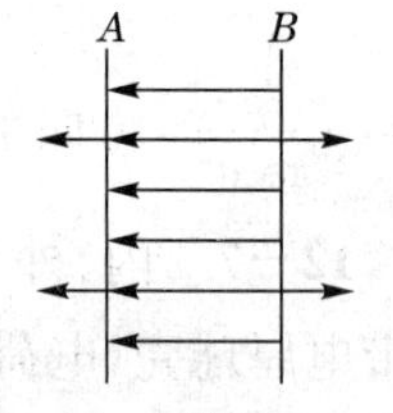

图 12－11　习题 12－9 图

**解** 无限大带电平面周围一点电场强度大小为 $E=\frac{\sigma}{2\varepsilon_0}$，且平面间电场强度大小为 $E_0$，两侧电场强度大小为$\frac{E_0}{3}$，则$A$，$B$平面的电荷符号相反. 设 $A$，$B$ 平面的面电荷密度分别为 $\sigma_1$、$\sigma_2$，则由电场强度

叠加原理，在 $A$，$B$ 平面间和平面外分别有

$$\begin{cases} E_0 = \dfrac{|\sigma_1|}{2\varepsilon_0} + \dfrac{\sigma_2}{2\varepsilon_0} \\ \dfrac{1}{3}E_0 = \dfrac{\sigma_2}{2\varepsilon_0} - \dfrac{|\sigma_1|}{2\varepsilon_0} \end{cases}$$

解方程组，有

$$\sigma_1 = -\frac{2}{3}\varepsilon_0 E_0, \sigma_2 = \frac{4}{3}\varepsilon_0 E_0$$

**12－10** 如图 12－12 所示，在 $A$，$B$ 两点处有电量分别为 $+q$，$-q$ 的点电荷，$AB$ 间距离为 $2R$. 现将另一正试探点电荷 $q_0$ 从 $O$ 点经半圆弧路径移到 $C$ 点，电场力所做的功为________.

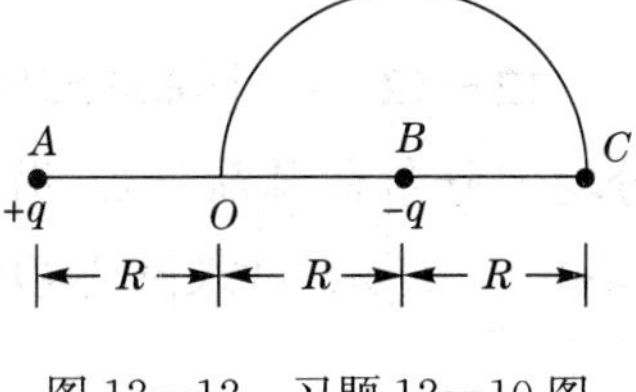

图 12－12 习题 12－10 图

**解** 以无穷远处为电势零点，则

$$U_O = \frac{q}{4\pi\varepsilon_0 R} - \frac{q}{4\pi\varepsilon_0 R} = 0$$

$$U_C = \frac{q}{4\pi\varepsilon_0 (3R)} - \frac{q}{4\pi\varepsilon_0 R} = \frac{-q}{6\pi\varepsilon_0 R}$$

$$\therefore A_{OC} = (U_O - U_C)q_0 = \frac{q_0 q}{6\pi\varepsilon_0 R}$$

## 三、计算与证明题

**12－11** 如图 12－13 所示，长 $L=15$ cm 的直导线 $AB$ 上均匀地分布着线密度为 $\lambda = 5\times10^{-9}\,\mathrm{C\cdot m^{-1}}$ 的电荷. 求在导线的延长线上与导线一端 $B$ 相距 $d=5$ cm 处 $P$ 点的场强.

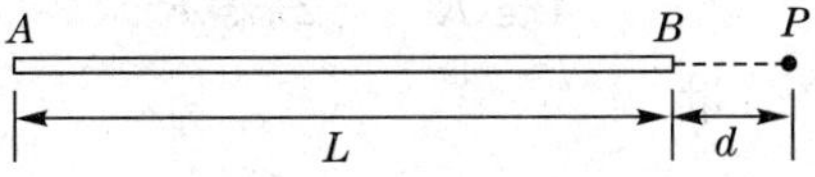

图 12－13 习题 12－11 图

**分析** 利用场强叠加原理，选取合适的电荷元，利用积分得到结果.

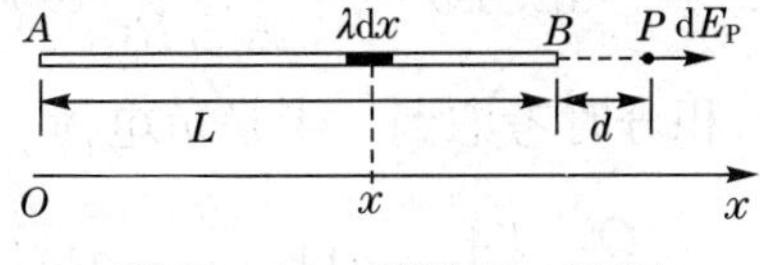

图 12－14 习题 12－11 图

**解**　建立如图12－14所示的坐标系，在导线上取电荷元$\lambda dx$. 电荷元$\lambda dx$在$P$点所激发的场强方向如图所示，场强大小为

$$dE_P=\frac{1}{4\pi\varepsilon_0}\frac{\lambda dx}{(L+d-x)^2}$$

导线上电荷在$P$点所激发的总场强方向沿$x$轴正方向，大小为

$$E_P=\int dE_P=\int_0^L\frac{1}{4\pi\varepsilon_0}\frac{\lambda dx}{(L+d-x)^2}=\frac{\lambda}{4\pi\varepsilon_0}\left(\frac{1}{d}-\frac{1}{d+L}\right)$$

$$=9\times10^9\times5\times10^{-9}\left(\frac{1}{0.05}-\frac{1}{0.20}\right)=675(\mathrm{V\cdot m^{-1}})$$

**12－12**　一个细玻璃棒被弯成半径为$R$的半圆形，沿其上半部分均匀分布有电荷$+Q$，沿其下半部分均匀分布有电荷$-Q$，如图12-15(a)所示. 试求圆心$O$处的电场强度.

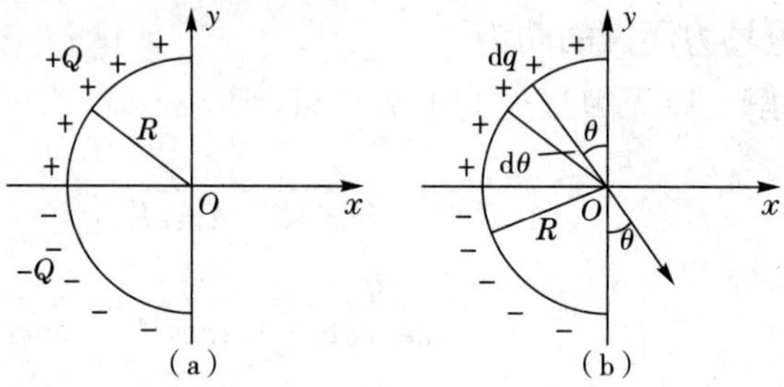


图12－15　习题12－12图

**解**　把所有电荷都当作正电荷处理. 在$\theta$处取电荷元，如图12－15(b)所示.

$$dq=\lambda dl=2Qd\theta/\pi$$

它在$O$处产生场强

$$dE=\frac{dq}{4\pi\varepsilon_0R^2}=\frac{Q}{2\pi^2\varepsilon_0R^2}d\theta$$

将$dE$分解成两个分量

$$dE_x=dE\sin\theta=\frac{Q}{2\pi^2\varepsilon_0R^2}\sin\theta d\theta$$

$$dE_y=-dE\cos\theta=-\frac{Q}{2\pi^2\varepsilon_0R^2}\cos\theta d\theta$$

对各分量分别积分，积分时考虑到一半是负电荷

$$E_x=\frac{Q}{2\pi^2\varepsilon_0R^2}\left[\int_0^{\pi/2}\sin\theta d\theta-\int_{\pi/2}^{\pi}\sin\theta d\theta\right]=0$$

$$E_y = \frac{-Q}{2\pi^2\varepsilon_0 R^2}\left[\int_0^{\pi/2}\cos\theta d\theta - \int_{\pi/2}^{\pi}\cos\theta d\theta\right] = -\frac{Q}{\pi^2\varepsilon_0 R^2}$$

所以

$$\boldsymbol{E} = E_x\boldsymbol{i} + E_y\boldsymbol{j} = -\frac{Q}{\pi^2\varepsilon_0 R^2}\boldsymbol{j}$$

**12—13** 两条无限长平行直导线相距为 $r_0$，均匀带有等量异号电荷，电荷线密度为 $\lambda$.

(1)求两导线构成的平面上任意一点的电场强度(设该点到其中一条导线的垂直距离为 $x$)；

(2)求每一根导线上单位长度导线受到另一根导线上电荷的电场力.

**分析** 利用无限长直导线周围一点电场强度的结论和场强叠加原理得到结果.

**解** (1)先考虑一条无限长直导线在 $P$ 点产生的电场，利用高斯定理(过程略)可以得到 $E_1 = \dfrac{\lambda}{2\pi\varepsilon_0 x}$，$E_2 = \dfrac{\lambda}{2\pi\varepsilon_0 (r_0 - x)}$，方向如图 12—16 所示.

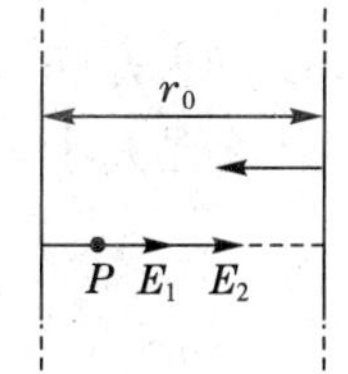

图 12—16　习题 12—12 解图

因此，总电场强度大小为

$$E = E_1 + E_2 = \frac{\lambda}{2\pi\varepsilon_0}\left(\frac{1}{x} + \frac{1}{r_0 - x}\right)$$

$$= \frac{r_0\lambda}{2\pi\varepsilon_0 x(r_0 - x)}$$

(2)一根导线在另一根导线处产生的电场强度大小为

$$E = \frac{\lambda}{2\pi\varepsilon_0 r_0}$$

从而单位长度导线受到另一根导线上电荷的电场力大小为

$$F = \frac{\lambda^2}{2\pi\varepsilon_0 r_0}$$

方向指向另一根导线(吸引力).

**12—14** 在半径为 $R$，电荷体密度为 $\rho$ 的均匀带电球内，挖去一个半径为 $r$ 的小球，如图 12—17 所示. 试求 $P$，$P'$ 两点的场强.($O$，$O'$，$P$，$P'$在一条直线上.)

**分析** 用"补偿法",可以把此带电体看成一个半径为$R$、电荷体密度为$+\rho$和一个半径为$r$、电荷体密度为$-\rho$的两个带电体的叠加,应用场强叠加原理求解.

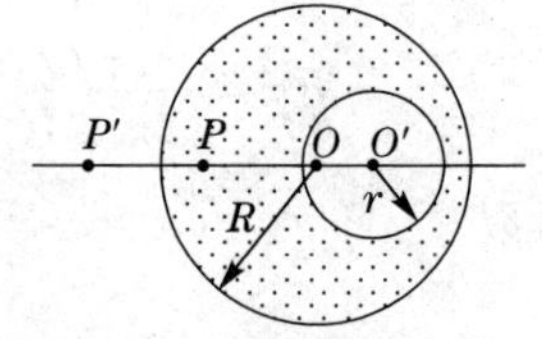

图 12-17 习题 12-14 图

**解** 取$OO'$为正方向,利用高斯定理(过程略),$P$点场强大小为

$$E_P = E_{RP} + E_{rP}$$

$$= -\frac{1}{4\pi\varepsilon_0}\frac{\rho\frac{4}{3}\pi r_{PO}^3}{r_{PO}^2} + \frac{1}{4\pi\varepsilon_0}\frac{\rho\frac{4}{3}\pi r^3}{(r_{PO}+r_{OO'})^2}$$

$$= \frac{\rho}{3\varepsilon_0}\left[\frac{r^3}{(r_{PO}+r_{OO'})^2} - r_{PO}\right]$$

方向沿着$OO'$方向.

$P'$点场强大小为

$$E_{P'} = E_{RP'} + E_{rP'} = -\frac{1}{4\pi\varepsilon_0}\frac{\rho\cdot\frac{4}{3}\pi R^3}{r_{P'O}^2} + \frac{1}{4\pi\varepsilon_0}\frac{\rho\cdot\frac{4}{3}\pi r^3}{(r_{P'O}+r_{OO'})^2}$$

$$= \frac{\rho}{3\varepsilon_0}\left[\frac{r^3}{(r_{P'O}+r_{OO'})^2} - \frac{R^3}{r_{P'O}^2}\right]$$

方向沿着$OO'$方向.

**12-15** 如图 12-18 所示,一厚度为$a$的无限大带电平板,电荷体密度为$\rho=kx(0\leqslant x\leqslant a)$,$k$为正常数.求:

(1)板外两侧任一点$M_1$,$M_2$的场强大小;

(2)板内任一点$M$的场强大小;

(3)场强最小的点在何处?

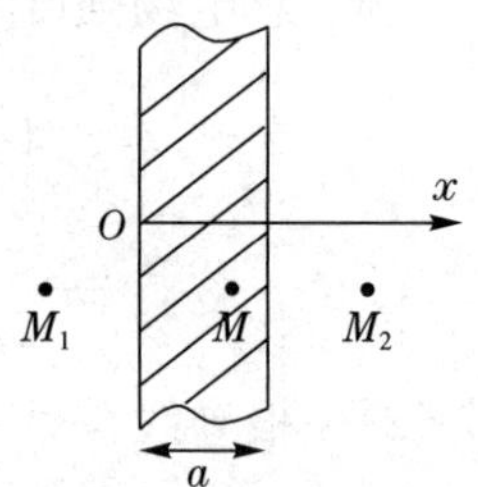

图 12-18 习题 12-15 图

**分析** 利用面电荷密度为$\sigma$的无限大带电平板两侧任一点电场强度的值为$E=\frac{\sigma}{2\varepsilon_0}$的结论,将厚度为$a$的平板分割成一个个平面,利用积分求解.

**解** 在平板内取厚度为$\mathrm{d}x$的薄层作为电荷元,其电荷面密度为$\sigma=\rho\,\mathrm{d}x$,薄层两侧场强的值为

$$\mathrm{d}E = \frac{\rho}{2\varepsilon_0}\mathrm{d}x$$

方向平行于 $x$ 轴.

(1)$M_1$ 处的场强大小为

$$E_1=\int \mathrm{d}E=\int_0^a -\frac{\rho}{2\varepsilon_0}\mathrm{d}x=\int_0^a -\frac{kx}{2\varepsilon_0}\mathrm{d}x=-\frac{ka^2}{4\varepsilon_0}$$

方向平行于 $x$ 轴,负号表示方向水平向左.

$M_2$ 处的场强大小为

$$E_2=\int \mathrm{d}E=\int_0^a \frac{\rho}{2\varepsilon_0}\mathrm{d}x=\frac{ka^2}{4\varepsilon_0}$$

方向平行于 $x$ 轴,正号表示方向水平向右.

(2)$M$ 处的场强大小为

$$E=\int \mathrm{d}E=\int_0^x \frac{\rho}{2\varepsilon_0}\mathrm{d}x+\int_x^a -\frac{\rho}{2\varepsilon_0}\mathrm{d}x=\frac{k}{4\varepsilon_0}(2x^2-a^2)$$

方向平行于 $x$ 轴.

(3)场强最小为 $E_{\min}=0$,代入上式,得

$$\frac{k}{4\varepsilon_0}(2x^2-a^2)=0(0\leqslant x\leqslant a)$$

则

$$x=\frac{\sqrt{2}}{2}a$$

**12—16** 如图 12—19 所示,一电荷面密度为 $\sigma$ 的"无限大"平面,在距离平面 $a$ 处的一点的场强大小的一半是由平面上的一个半径为 $R$ 的圆面积范围内的电荷所产生的.试求该圆半径的大小.

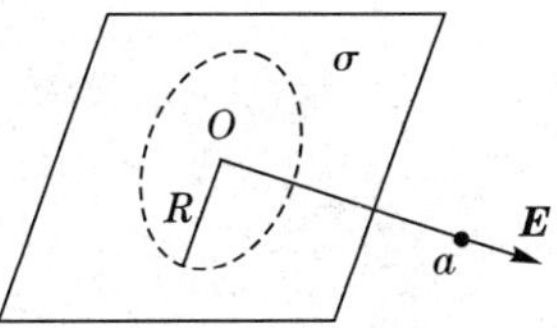


图 12—19 习题 12—16 图

**解** 电荷面密度为 $\sigma$ 的无限大均匀带电平面在任意点的场强大小为

$$E=\sigma/(2\varepsilon_0)$$

以图中 $O$ 点为圆心,取半径为 $r\to r+\mathrm{d}r$ 的环形面积,其电量为

$$\mathrm{d}q=\sigma 2\pi r\mathrm{d}r$$

它在距离平面为 $a$ 的一点处产生的场强

$$\mathrm{d}E'=\frac{\sigma a r\mathrm{d}r}{2\varepsilon_0(a^2+r^2)^{3/2}}$$

则半径为 $R$ 的圆面内的电荷在该点的场强为

$$E' = \frac{\sigma a}{2\varepsilon_0}\int_0^R \frac{r\mathrm{d}r}{(a^2+r^2)^{3/2}} = \frac{\sigma}{2\varepsilon_0}\left(1-\frac{a}{\sqrt{a^2+R^2}}\right)$$

由题意可知 $E'=\sigma/(4\varepsilon_0)$，则

$$R=\sqrt{3}a$$

**12—17** 如图 12—20 所示，两个点电荷 $+q$ 和 $-3q$，相距为 $d$. 试求：

(1) 在它们的连线上电场强度 $\boldsymbol{E}=0$ 的点与电荷为 $+q$ 的点电荷相距多远？

(2) 若选无穷远处电势为零，两点电荷之间电势 $U=0$ 的点与电荷为 $+q$ 的点电荷相距多远？

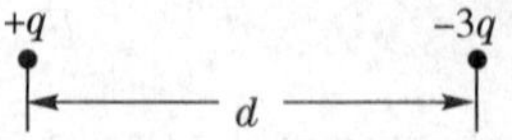

图 12—20　习题 12—17 图

**解** 以点电荷 $q$ 所在处为坐标原点 $O$，$x$ 轴沿两点电荷的连线，建立坐标系，如图 12-21 所示.

(1) 设 $\boldsymbol{E}=0$ 的点的坐标为 $x'$，由题意知，合场强

$$\boldsymbol{E}=\frac{q}{4\pi\varepsilon_0 x'^2}\boldsymbol{i}-\frac{3q}{4\pi\varepsilon_0\,(x'-d)^2}\boldsymbol{i}=0$$

可得

$$2x'^2+2dx'-d^2=0$$

解得

$$x'=-\frac{1}{2}(1+\sqrt{3})d$$

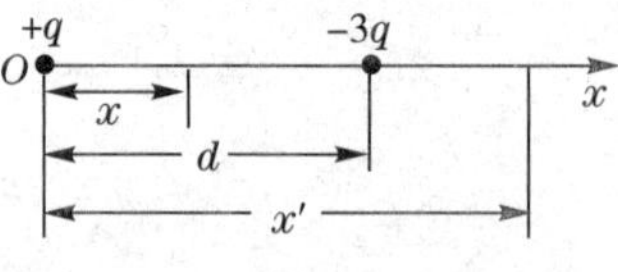

图 12—21　习题 12—17 解图

另有一解 $x''=\frac{1}{2}(\sqrt{3}-1)d$ 不符合题意，舍去.

(2) 设坐标 $x$ 处 $U=0$，则

$$U=\frac{q}{4\pi\varepsilon_0 x}-\frac{3q}{4\pi\varepsilon_0(d-x)}=\frac{q}{4\pi\varepsilon_0}\left[\frac{d-4x}{x(d-x)}\right]=0$$

得

$$d-4x=0, x=d/4$$

**12—18** 如图 12—22 所示，半径为 $R=8\ \mathrm{cm}$ 的薄圆盘，均匀带电，面电荷密度为 $\sigma=2\times10^{-5}\mathrm{C\cdot m^{-2}}$. 求：

(1)垂直于盘面的中心对称轴线上任一点 $P$ 的电势(用 $P$ 与盘心 $O$ 的距离 $x$ 来表示)；

(2)从场强与电势的关系求该点的场强；

(3) 计算 $x=6$ cm 处的电势和场强.

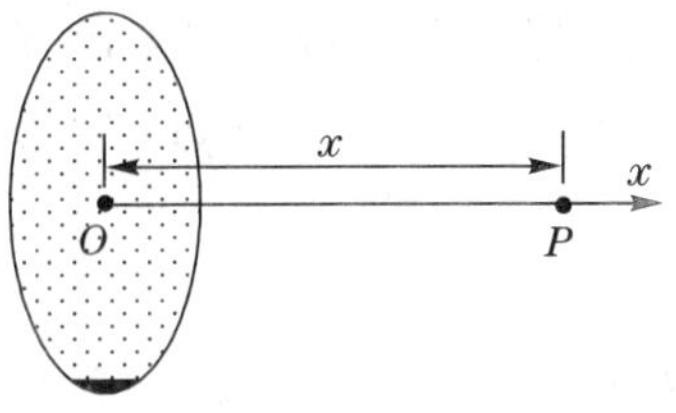

图 12—22　习题 12—18 图

**分析**　求解电势的方法有两种：(1)点电荷电势叠加法;(2)场强积分法.

利用均匀带电圆环轴线上离开环心为 $x$ 处的场强和电势的结论求解本题.

**解**　取半径为 $r$、宽为 $\mathrm{d}r$ 的圆环为电荷元,其电量为 $\mathrm{d}q=\sigma 2\pi r\mathrm{d}r$.

电荷元在 $P$ 点产生的电势为

$$\mathrm{d}U_P=\frac{1}{4\pi\varepsilon_0}\frac{\mathrm{d}q}{\sqrt{x^2+r^2}}=\frac{1}{4\pi\varepsilon_0}\frac{\sigma 2\pi r\mathrm{d}r}{\sqrt{x^2+r^2}}$$

(1)带电圆盘在 $P$ 点的电势为

$$U_P=\int \mathrm{d}U_P=\int_0^R\frac{1}{4\pi\varepsilon_0}\frac{\sigma 2\pi r\mathrm{d}r}{\sqrt{x^2+r^2}}=\frac{\sigma}{2\varepsilon_0}(\sqrt{x^2+R^2}-x)$$

(2)由场强与电势的关系 $\boldsymbol{E}=-\frac{\partial U}{\partial x}\boldsymbol{i}$ 知,$P$ 点场强大小为

$$E_P=-\frac{\partial U_P}{\partial x}=-\frac{\mathrm{d}U_P}{\mathrm{d}x}=\frac{\sigma}{2\varepsilon_0}\left(1-\frac{x}{\sqrt{x^2+R^2}}\right)$$

方向水平向右.

(3)$x=6$ cm 时,电势与场强的大小分别为

$$U_P=\frac{\sigma}{2\varepsilon_0}(\sqrt{x^2+R^2}-x)=4.52\times 10^4(\mathrm{V})$$

$$E_P=\frac{\sigma}{2\varepsilon_0}\left(1-\frac{x}{\sqrt{x^2+R^2}}\right)=4.52\times 10^5(\mathrm{V\cdot m^{-1}})$$

**12—19**　一"无限大"平面,中部有一半径为 $R$ 的圆孔,设平面上均匀带电,电荷面密度为 $\sigma$,如图 12—23 所示.试求通过小孔中心 $O$ 点并与平面垂直的直线上各点的场强和电势(选 $O$ 点的电势为零).

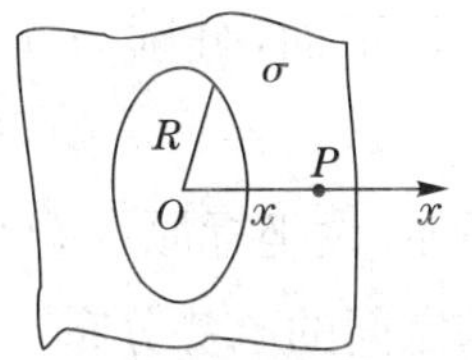

图 12—23　习题 12—19 图

**分析**　考虑无限大带电平面和半径为 $R$ 的带电圆平面所产生的电场和电势,设"带孔无限大平面"是一个无限大平面与带异性电荷的圆平面的叠加,运用叠加原理求解.

**解** 连接 $OP$,以 $OP$ 方向为 $x$ 轴正方向,无限大带电平面电荷面密度为 $\sigma$,它在 $P$ 点产生的电场强度大小为

$$E_1=\frac{\sigma}{2\varepsilon_0}$$

方向水平向右.

若以 $O$ 点为电势零点,$x$ 处的电势为

$$U_1=\int_x^0 \boldsymbol{E}_1\cdot \mathrm{d}\boldsymbol{l}=\int_x^0 E_1\mathrm{d}x=-\frac{\sigma x}{2\varepsilon_0}$$

带电圆平面电荷面密度为 $-\sigma$,它在 $x$ 处产生的电场强度大小为

$$E_2=-\frac{\sigma}{2\varepsilon_0}\left(1-\frac{x}{\sqrt{x^2+R^2}}\right)$$

方向水平向左.

若以 $O$ 点为电势零点,$x$ 处的电势为

$$U_2=\int_x^0 \boldsymbol{E}_2\cdot \mathrm{d}\boldsymbol{l}=\int_x^0 E_2\mathrm{d}x=\frac{\sigma}{2\varepsilon_0}(x+R-\sqrt{x^2+R^2})$$

因此 $P$ 点的电场强度为

$$E=E_1+E_2=\frac{\sigma}{2\varepsilon_0}\frac{x}{\sqrt{x^2+R^2}}$$

方向平行于 $x$ 轴正方向.

电势为

$$U=U_1+U_2=\frac{\sigma}{2\varepsilon_0}(R-\sqrt{x^2+R^2})$$

**12－20** 电荷面密度分别为 $+\sigma$ 和 $-\sigma$ 的两块"无限大"均匀带电平行平面,分别与 $x$ 轴垂直相交于 $x_1=a$,$x_2=-a$ 两点,如图 12－24 所示. 设坐标原点 $O$ 处电势为零,试求空间的电势分布.

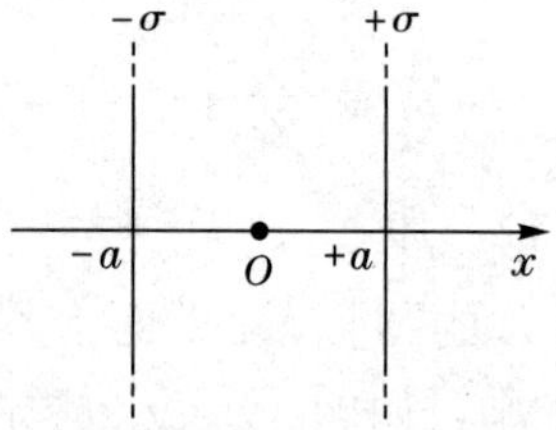


图 12—24 例题 12—20 图

**解** 由高斯定理可得场强分布为

$$E=-\sigma/\varepsilon_0 \quad (-a\leqslant x\leqslant a)$$

$$E=0\ (-\infty<x<-a,a<x<+\infty)$$

在 $-\infty<x<-a$ 区间

$$U=\int_x^0 E\mathrm{d}x=\int_x^{-a}0\mathrm{d}x+\int_{-a}^0-\sigma\mathrm{d}x/\varepsilon_0=-\frac{\sigma a}{\varepsilon_0}$$

在$-a\leqslant x\leqslant a$区间

$$U=\int_x^0 E\mathrm{d}x=\int_x^0-\frac{\sigma}{\varepsilon_0}\mathrm{d}x=\frac{\sigma x}{\varepsilon_0}$$

在$a<x<\infty$区间

$$U=\int_x^0 E\mathrm{d}x=\int_x^a 0\mathrm{d}x+\int_a^0-\frac{\sigma}{\varepsilon_0}\mathrm{d}x=\frac{\sigma a}{\varepsilon_0}$$

**12－21**　一半径为$R$的均匀带电球面，电荷为$q$，求球外、球面及球内各点的电势.

**解**　如图12－25所示，由高斯定理(过程略)，有

当$r\geqslant R$时，$E_1=\frac{1}{4\pi\varepsilon_0}\frac{q}{r^2}$；当$r<R$时，$E_2=0$.

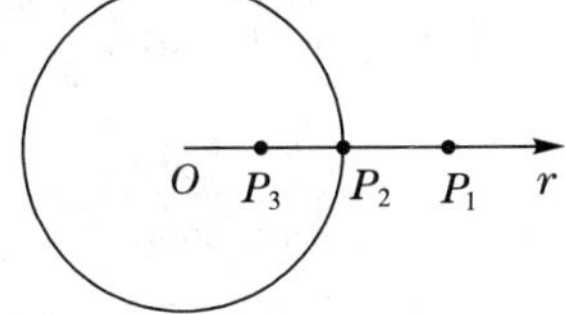

图12－25　习题12－21解图

以无穷远处为参考点，球外离球心$r$处的$P_1$点的电势为

$$U_{P_1}=\int_r^\infty \boldsymbol{E}\cdot\mathrm{d}\boldsymbol{l}$$

沿径向路径积分，得

$$U_{P_1}=\int_r^\infty \boldsymbol{E}_1\cdot\mathrm{d}\boldsymbol{l}=\int_r^\infty\frac{1}{4\pi\varepsilon_0}\frac{q}{r^2}\mathrm{d}r=\frac{q}{4\pi\varepsilon_0 r}$$

同理，球面$P_2$点的电势为

$$U_{P_2}=\int_R^\infty \boldsymbol{E}_1\cdot\mathrm{d}\boldsymbol{l}=\int_R^\infty\frac{1}{4\pi\varepsilon_0}\frac{q}{r^2}\mathrm{d}r=\frac{q}{4\pi\varepsilon_0 R}$$

球内离球心$r$处的$P_3$点的电势为

$$U_{P_3}=\int_r^R \boldsymbol{E}_2\cdot\mathrm{d}\boldsymbol{l}+\int_R^\infty \boldsymbol{E}_1\cdot\mathrm{d}\boldsymbol{l}=\frac{q}{4\pi\varepsilon_0 R}$$

故球外、球面及球内各点电势为

$$U_P=\begin{cases}\frac{q}{4\pi\varepsilon_0 r}(r>R)\\ \frac{q}{4\pi\varepsilon_0 R}(r\leqslant R)\end{cases}$$

**12－22**　两个同心球面的半径分别为$R_1$和$R_2$，各自带有电荷$Q_1$和$Q_2$. 求：

(1)各区域电势的分布；

(2)两球面上的电势差.

**解** 运用高斯定理可求得各区域(如图 12—26 所示)电场强度的值为

$$E_0 = 0(r < R_1)$$

$$E_1 = \frac{Q_1}{4\pi\varepsilon_0 r^2}(R_1 < r < R_2)$$

$$E_2 = \frac{Q_1 + Q_2}{4\pi\varepsilon_0 r^2}(r > R_2)$$

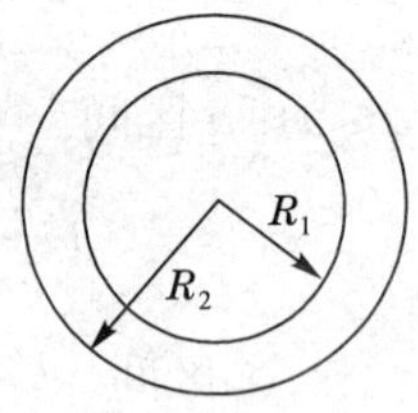


图 12—26 习题 12—22 解图

(1)取无限远处为电势零点,积分路径沿径向,可求得各区域电势为

$$U_0 = \int_r^{R_1} E_0 \mathrm{d}r + \int_{R_1}^{R_2} E_1 \mathrm{d}r + \int_{R_2}^{\infty} E_2 \mathrm{d}r$$

$$= \int_{R_1}^{R_2} \frac{Q_1}{4\pi\varepsilon_0 r^2}\mathrm{d}r + \int_{R_2}^{\infty} \frac{Q_1 + Q_2}{4\pi\varepsilon_0 r^2}\mathrm{d}r$$

$$= \frac{1}{4\pi\varepsilon_0}\left(\frac{Q_1}{R_1} + \frac{Q_2}{R_2}\right) \quad (r \leqslant R_1)$$

$$U_1 = \int_r^{R_2} E_1 \mathrm{d}r + \int_{R_2}^{\infty} E_2 \mathrm{d}r = \int_r^{R_2} \frac{Q_1}{4\pi\varepsilon_0 r^2}\mathrm{d}r + \int_{R_2}^{\infty} \frac{Q_1 + Q_2}{4\pi\varepsilon_0 r^2}\mathrm{d}r$$

$$= \frac{1}{4\pi\varepsilon_0}\left(\frac{Q_1}{r} + \frac{Q_2}{R_2}\right) \quad (R_1 \leqslant r < R_2)$$

$$U_2 = \int_r^{\infty} E_2 \mathrm{d}r = \int_r^{\infty} \frac{Q_1 + Q_2}{4\pi\varepsilon_0 r^2}\mathrm{d}r$$

$$= \frac{Q_1 + Q_2}{4\pi\varepsilon_0 r} \quad (r \geqslant R_2)$$

(2)两球面的电势差为

$$\Delta U = \frac{1}{4\pi\varepsilon_0}\left(\frac{Q_1}{R_1} + \frac{Q_2}{R_2}\right) - \frac{Q_1 + Q_2}{4\pi\varepsilon_0 R_2} = \frac{Q_1}{4\pi\varepsilon_0}\left(\frac{1}{R_1} - \frac{1}{R_2}\right)$$

**12—23** 一半径为 $R$ 的“无限长”圆柱形带电体,其电荷体密度为 $\rho = Ar$ $(r \leqslant R)$,式中 $A$ 为常量. 试求:

(1) 圆柱体内外各点场强大小分布;

(2) 选与圆柱轴线的距离为 $l$ $(l > R)$ 处为电势零点,计算圆柱体内外各点的电势分布.

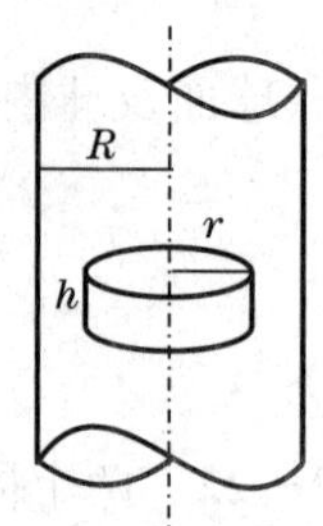


图 12—27 习题 12—23 解图

**解** (1) 取半径为 $r$、高为 $h$ 的圆柱形高斯面(如图 12-27 所示),面上各点场强大小为 $E$ 并垂直于柱面,则穿过该柱面的电场强度通量为

$$\oint_S \boldsymbol{E}\cdot \mathrm{d}\boldsymbol{S} = 2\pi rhE$$

为求高斯面内的电荷,当 $r\leqslant R$ 时,取一半径为 $r'$、厚 $\mathrm{d}r'$、高为 $h$ 的圆筒,其电荷为

$$\rho \mathrm{d}V = 2\pi Ahr'^2 \mathrm{d}r'$$

则包围在高斯面内的总电荷为

$$\int_V \rho \mathrm{d}V = \int_0^r 2\pi Ahr'^2 \mathrm{d}r' = 2\pi Ahr^3/3$$

由高斯定理得

$$2\pi rhE = 2\pi Ahr^3/(3\varepsilon_0)$$

解出

$$E = Ar^2/(3\varepsilon_0) \qquad (r\leqslant R)$$

当 $r>R$ 时,高斯面内包围的总电荷为

$$\int_V \rho \mathrm{d}V = \int_0^R 2\pi Ahr'^2 \mathrm{d}r' = 2\pi AhR^3/3$$

由高斯定理

$$2\pi rhE = 2\pi AhR^3/(3\varepsilon_0)$$

解出

$$E = AR^3/(3\varepsilon_0 r) \qquad (r > R)$$

(2)当 $r\leqslant R$ 时,电势为

$$U = \int_r^l E\mathrm{d}r = \int_r^R \frac{A}{3\varepsilon_0}r^2\mathrm{d}r + \int_R^l \frac{AR^3}{3\varepsilon_0}\cdot\frac{\mathrm{d}r}{r}$$

$$= \frac{A}{9\varepsilon_0}(R^3 - r^3) + \frac{AR^3}{3\varepsilon_0}\ln\frac{l}{R}$$

当 $r>R$ 时,电势为

$$U = \int_r^l E\mathrm{d}r = \int_r^l \frac{AR^3}{3\varepsilon_0}\cdot\frac{\mathrm{d}r}{r} = \frac{AR^3}{3\varepsilon_0}\ln\frac{l}{r}$$

**12—24** 如图 12—28 所示,有三个电荷 $q_1$、$q_2$、$q_3$ 沿一条直线等间距分布,已知其中任一点电荷所受合力均为零,且 $q_1=q_3=q$. 求在固定 $q_1$、$q_3$ 的情况下,将 $q_2$ 从点 $O$ 移到无穷远处外力所做的功.

**分析** 根据 $q_1$(或 $q_3$)所受合力为零即可得 $q_2$,外力做功 $A'$应为电场力做功 $A$ 的负值,即 $A'=-A$.

**解** ［**方法一**］

由已知，$q_1$ 所受合力为零，即

$$\frac{q_1q_2}{4\pi\varepsilon_0 d^2}+\frac{q_1q_3}{4\pi\varepsilon_0(2d)^2}=0$$

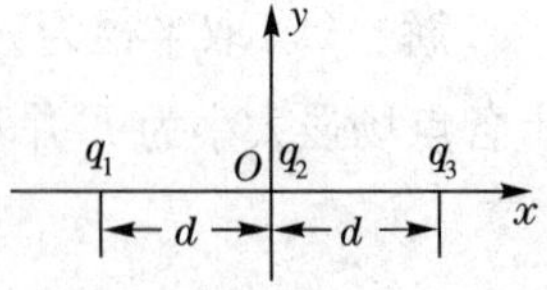

图 12—28　习题 12—24 图

解得

$$q_2=-\frac{1}{4}q$$

将 $q_2$ 从点 $O$ 移到无穷远处，$q_1$、$q_3$ 分别对 $q_2$ 做功为

$$A_1=\int_d^\infty q_2\boldsymbol{E}_1\cdot d\boldsymbol{l}=\int_d^\infty \frac{q_1q_2}{4\pi\varepsilon_0}\frac{\mathrm{d}r}{r^2}=-\frac{q^2}{16\pi\varepsilon_0 d}$$

$$A_2=\int_d^\infty q_2\boldsymbol{E}_2\cdot d\boldsymbol{l}=\int_d^\infty \frac{q_3q_2}{4\pi\varepsilon_0}\frac{\mathrm{d}r}{r^2}=-\frac{q^2}{16\pi\varepsilon_0 d}$$

故外力做功为

$$A'=-A=-(A_1+A_2)=\frac{q^2}{8\pi\varepsilon_0 d}$$

［**方法二**］

同方法一，$q_2=-\frac{1}{4}q$，由电势叠加原理，得 $q_1$、$q_3$ 在 $O$ 点电势为

$$U_0=\frac{q_1}{4\pi\varepsilon_0 d}+\frac{q_3}{4\pi\varepsilon_0 d}=\frac{q}{2\pi\varepsilon_0 d}$$

故将 $q_2$ 从 $O$ 点移到无穷远处电场力做功为

$$A=q_2U_0=-\frac{q^2}{8\pi\varepsilon_0 d}$$

故外力做功为

$$A'=-A=\frac{q^2}{8\pi\varepsilon_0 d}$$

**12－25**　长为 $l$ 的两根相同的细棒，均匀带电，电荷线密度为 $\lambda$，沿同一直线放置，相距也为 $l$，如图 12－29 所示. 求两根棒间的静电相互作用力.

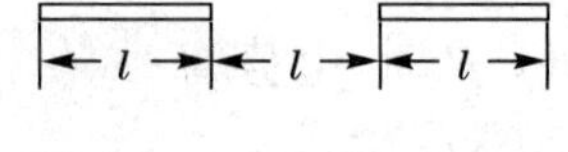

图 12—29　习题 12—25 图

**解**　在两细棒上分别取 $\mathrm{d}q$ 与 $\mathrm{d}q'$，如图 12—30 所示，则

$$dq=\lambda dx, dq'=\lambda dx'$$

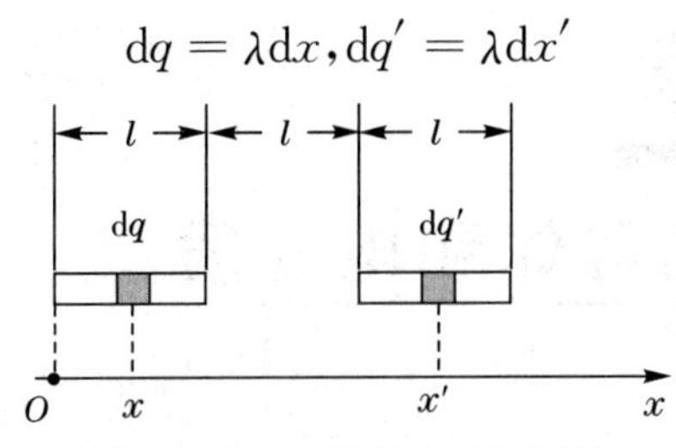


图 12—30　习题 12—25 解图

则右棒 $x'$处电荷元$\lambda dx'$受左棒上$\lambda dx$ 的电场力为

$$dF=\frac{1}{4\pi\varepsilon_0}\frac{dq\cdot dq'}{(x'-x)^2}=\frac{1}{4\pi\varepsilon_0}\frac{\lambda^2 dx\cdot dx'}{(x'-x)^2}$$

方向水平向右.

故整个棒受电场力为

$$F=\int dF=\int_{2l}^{3l}dx'\int_0^l\frac{1}{4\pi\varepsilon_0}\frac{\lambda^2 dx}{(x'-x)^2}$$

$$=\int_{2l}^{3l}\frac{\lambda^2 dx'}{4\pi\varepsilon_0}\left(\frac{1}{x'-l}-\frac{1}{x'}\right)$$

$$=\frac{\lambda^2}{4\pi\varepsilon_0}\ln\frac{4}{3}$$

方向水平向右.

# 第十三章 静电场中的导体和电介质

## 基本要求

1. 理解导体的静电平衡条件及平衡时导体上的电荷、电场和电势分布，能通过静电平衡条件分析带电导体在静电场中的电荷分布，会计算由同心导体球壳和平行导体板组合存在时带电体上的电荷分布以及空间的静电场分布.

2. 了解电介质的极化现象及其微观解释. 了解各向同性介质中 $\boldsymbol{P}$、$\boldsymbol{D}$ 和电场强度 $\boldsymbol{E}$ 之间的关系和区别. 了解铁电体、压电体、永电体. 理解电介质中的高斯定理，能计算某些有均匀电介质存在情况下静电场的电位移和场强分布.

3. 理解电容器及其电容的概念，能计算几何形状简单的电容器的电容值，如平板电容器、圆柱形电容器、球形电容器等.

4. 理解电场能量的概念，在一些简单对称情况下，能计算电场储存的能量.

## 基本内容

### 一、导体静电平衡条件

1. 从场强角度看(如图 13—1 所示)

(1)导体内任一点电场强度等于零；

(2)导体表面上任一点电场强度与表面垂直.

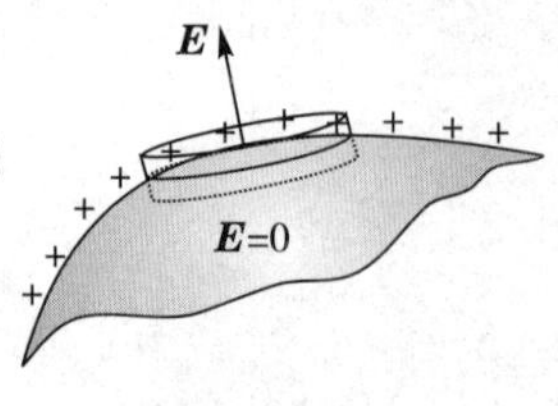


图 13—1

2. 从电势角度看

(1)导体内各点电势相等；

(2)导体表面为等势面.

静电平衡时导体为等势体.

## 二、静电平衡时导体的电荷分布

电荷分布在导体表面.

## 三、电介质的极化

1. 电极化强度

定义 $\boldsymbol{P}=\lim\limits_{\Delta V\to 0}\dfrac{\sum\limits_{i}\boldsymbol{p}_{ei}}{\Delta V}$，$\boldsymbol{p}_{ei}$ 为第 $i$ 个分子电矩.

在各向同性的介质中 $\boldsymbol{P}=\chi_e\varepsilon_0\boldsymbol{E}$，$\chi_e$ 称为电极化率.

均匀电介质表面电极化强度沿表面外法线方向的投影等于该处的极化电荷面密度 $P_n=\sigma'$.

2. 电位移矢量 $\boldsymbol{D}$(辅助矢量)

$\boldsymbol{D}=\varepsilon_0\boldsymbol{E}+\boldsymbol{P}$（无论电介质是否各向同性）

$\boldsymbol{D}=\varepsilon\boldsymbol{E}=\varepsilon_r\varepsilon_0\boldsymbol{E}$（适用于各向同性电介质）

3. 介质中的高斯定理

通过有电介质的静电场中任一闭合曲面的电位移通量，等于该曲面所包围的自由电荷的代数和.

$$\oint_S \boldsymbol{D}\cdot \mathrm{d}\boldsymbol{S}=\sum q_i$$

## 四、电容、电容器

1. 电容定义

$$C=\frac{Q}{U}$$

2. 几种常见的电容器的电容(电介质的电容率为 $\varepsilon$)

| 电容器 | 参 数 | 电容值 |
|---|---|---|
| 平行板电容器 | 平行板面积为 $S$,距离为 $d$ | $C=\varepsilon\dfrac{S}{d}$ |
| 球形电容器 | 内外半径分别为 $R_A$、$R_B$ | $C=4\pi\varepsilon\dfrac{R_AR_B}{R_B-R_A}$ |
| 圆柱形电容器 | 长为 $l$,内外半径分别为 $R_A$、$R_B$ | $C=\dfrac{2\pi\varepsilon l}{\ln R_B/R_A}$ |

3. 电容器的连接

(1)串联 $$\frac{1}{C}=\sum_i\frac{1}{C_i}$$

(2)并联 $$C=\sum_i C_i$$

**五、静电场的能量**

1. 电场能量密度

$$\omega_e=\frac{1}{2}\varepsilon E^2=\frac{1}{2}DE$$

2. 电场能量

$$W_e=\int_V\omega_e\mathrm{d}V=\int_V\frac{1}{2}\varepsilon E^2\mathrm{d}V$$

## 典型例题

**例 13－1** 如图 13－2 所示,在电荷$+q$ 的电场中,放一不带电的金属球,从球心 $O$ 到点电荷所在距离处的矢径为 $\boldsymbol{r}$,试求:

(1)金属球上净感应电荷 $q'$;

(2)这些感应电荷在球心 $O$ 处产生的场强 $\boldsymbol{E}$.

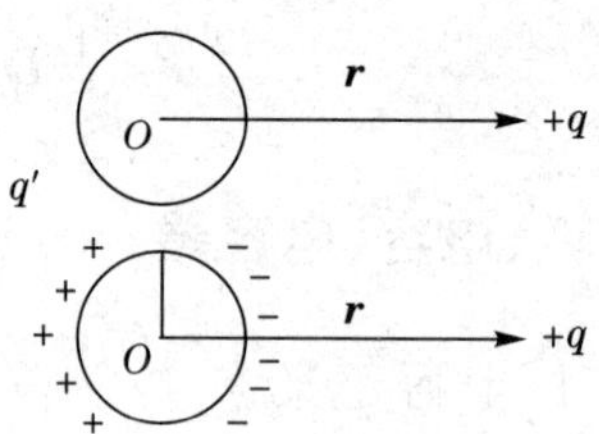

图 13－2 例题 13－1 图

**解** (1)根据电荷守恒定律,得净电荷$q'=0$,但电荷分布为靠近$+q$ 的部分带负电,远离$+q$ 的部分带正电.

(2)球心 $O$ 处场强 $\boldsymbol{E}=0$(静电平衡要求),即 $+q$ 在球心 $O$ 处产生的场强 $\boldsymbol{E}_+$ 与感应电荷在球心 $O$ 处产生场强 $\boldsymbol{E}'$ 的矢量和为零,即

$$\boldsymbol{E}_+ + \boldsymbol{E}' = 0$$

$$\boldsymbol{E}' = -\boldsymbol{E}_+ = \frac{q}{4\pi\varepsilon_0 r^3}\boldsymbol{r}$$

方向指向 $+q$.

**例 13—2**　带电导体球 $A$ 与带电导体球壳 $B$ 同心,$A$ 球带电荷 $q$,$B$ 球带电荷 $Q$,如图 13—3 所示.求:

(1)各表面电荷分布;

(2)导体球 $A$ 的电势 $U_A$;

(3)将 $B$ 接地,各表面电荷分布;

(4)将 $B$ 的地线拆掉后,再将 $A$ 接地时,各表面电荷分布.

**解**　(1)根据静电平衡条件——电荷分布在导体表面,知 $A$ 表面带电荷 $q$,球壳 $B$ 内表面带电荷 $-q$,外表面带电荷 $Q+q$,如图 13—4 所示.

(2)利用电势叠加法,导体球 $A$ 的电势 $U_A$ 可以看成是三层均匀带电球面的电势叠加,即

$$U_A = \frac{q}{4\pi\varepsilon_0 R_1} + \frac{-q}{4\pi\varepsilon_0 R_2} + \frac{Q+q}{4\pi\varepsilon_0 R_3} = \frac{1}{4\pi\varepsilon_0}\left(\frac{q}{R_1} - \frac{q}{R_2} + \frac{Q+q}{R_3}\right)$$

图 13—3　例题 13—2 图

图 13—4　例题 13—2 解图 1

(3)将 $B$ 接地,如图 13—5 所示,即 $U_B = \frac{q_{B外}}{4\pi\varepsilon_0 R_3} = 0$,故球壳 $B$ 外表面无电荷,内表面带电荷 $-q$;$A$ 球不变,表面带电荷 $q$.

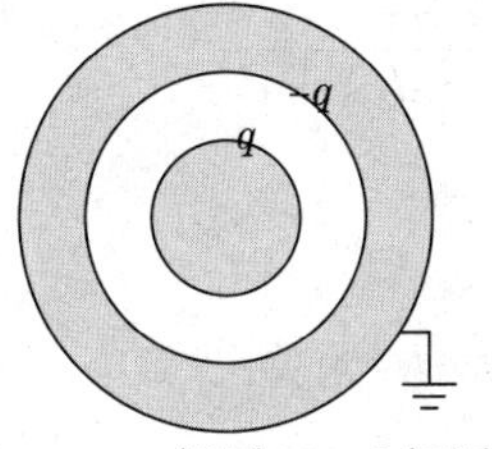

图 13—5　例题 13—2 解图 2

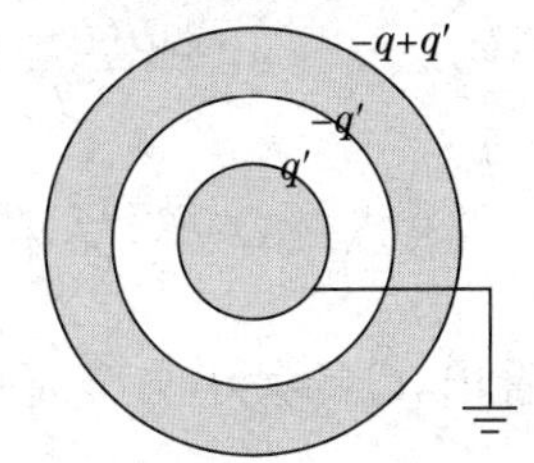

图 13—6　例题 13—2 解图 3

(4)如图13－6所示，将$B$的地线拆掉后，再将$A$接地时，$U_A=0$．设此时$A$表面电荷为$q'$，则$B$内表面电荷为$-q'$，$B$外表面电荷为$-q+q'$，即

$$U_A=\frac{q'}{4\pi\varepsilon_0 R_1}+\frac{-q'}{4\pi\varepsilon_0 R_2}+\frac{-q+q'}{4\pi\varepsilon_0 R_3}=0$$

解得

$$q'=\frac{qR_1R_2}{R_2R_3-R_1R_3+R_1R_2}$$

**例13－3** 某一平行板电容器，极板宽、长分别为$a$和$b$，间距为$d$，今将厚度$t$、宽为$a$的金属板平行电容器极板插入电容器中，如图13－7所示．不计边缘效应，求电容与金属板插入深度$x$的关系．

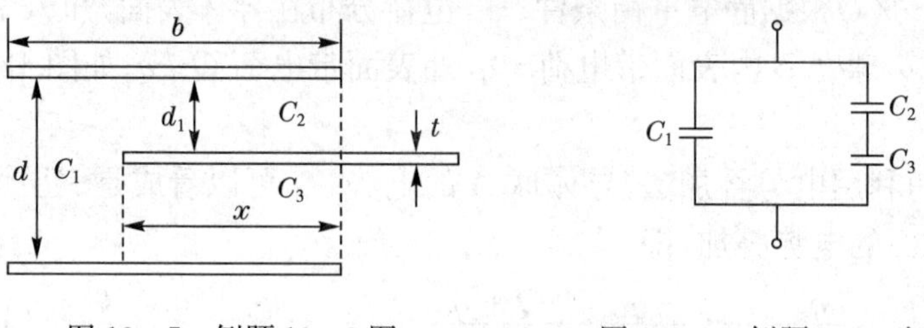


图13－7 例题13－3图　　　图13－8 例题13－3解图

**解** 由题意知，等效电容如图13－8所示，根据电容器串并联电容值的计算公式，得电容为

$$C=C_1+C'=C_1+\frac{C_2C_3}{C_2+C_3}$$

$$=\frac{\varepsilon_0 a(b-x)}{d}+\frac{\frac{\varepsilon_0 ax}{d_1}\frac{\varepsilon_0 ax}{(d-t-d_1)}}{\frac{\varepsilon_0 ax}{d_1}+\frac{\varepsilon_0 ax}{(d-t-d_1)}}$$

$$=\frac{\varepsilon_0 a(b-x)}{d}+\frac{\varepsilon_0 ax}{(d-t-d_1)+d_1}$$

$$=\frac{\varepsilon_0 a}{d}\left(b+\frac{tx}{d-t}\right)$$

可以看出，$C$的大小与金属板距极板距离$d_1$无关．

## 习题分析与解答

### 一、选择题

**13－1**　一个中性空腔导体，腔内有一个带正电的带电体，当另一中性导体接近空腔导体时，腔内各点的场强（　　）

(A)变化　　(B)不变　　(C)不能确定

**分析与解**　由空腔导体的屏蔽作用，可知腔内电场分布不受外电场或导体壳外表面电荷的影响.

可知选(B).

**13－2**　对于带电的孤立导体球，下列说法正确的是（　　）

(A)导体内的场强与电势大小均为零

(B)导体内的场强为零，而电势为恒量

(C)导体内的电势比导体表面高

(D)导体内的电势与导体表面的电势高低无法确定

**分析与解**　由静电平衡条件——导体内任一点电场强度等于零，可知导体球内场强为零；而平衡时电荷只分布在导体球表面，是一个稳定分布. 故电势为恒量.

可知选(B).

**13－3**　忽略重力作用，两个电子在库仑力作用下从静止开始运动，由相距 $r_1$ 到相距 $r_2$，在此期间，两个电子组成的系统中保持不变的物理量是（　　）

(A)动能总和　　(B)电势能总和

(C)动量总和　　(D)电子相互作用力

**分析与解**　(A)根据能量守恒与转化，可知库仑力为保守内力，仅在其作用下的点电荷系统，电势能与动能总和保持恒值，故电势能发生变化，动能随之亦发生变化.

(B)由系统电势能 $W=k\dfrac{q_1q_2}{r}$，可知电势能总和会发生变化.

(C)在系统中，只有内力作用，满足动量守恒的条件，故动量守恒.

(D)电子 $q_1$、$q_2$ 在库仑力作用下运动,相对距离 $r$ 有变化,在此期间,两个电子组成的系统中,由库仑力的大小 $F=k\frac{q_1q_2}{r^2}$,可知相互作用力会发生变化.

可知选(C).

**13-4** 一个空气平行板电容器,充电后把电源断开,这时电容器中储存的能量为 $W_0$,然后在两极板间充满相对电容率为 $\varepsilon_r$ 的各向同性均匀电介质,则该电容器中储存的能量为 ( )

(A)$\varepsilon_r W_0$ (B)$W_0/\varepsilon_r$ (C)$(1+\varepsilon_r)W_0$ (D)$W_0$

**分析与解** 充电后断开电源,即电荷 $Q$ 保持不变.若设此时两个极板电势差为 $U$,其储存的能量为 $W_0=\frac{1}{2}QU_0$,充满相对电容率为 $\varepsilon_r$ 的介质后,两个极板电势差变为 $U=\frac{1}{\varepsilon_r}U_0$,故 $W=\frac{1}{2}QU=\frac{W_0}{\varepsilon_r}$.

可知选(B).

**13-5** 极板间为真空的平行板电容器,充电后与电源断开,将两极板用绝缘工具拉开一些距离.则下列说法中,正确的是 ( )

(A)电容器极板上电荷面密度增加

(B)电容器极板间的电场强度增加

(C)电容器的电容不变

(D)电容器极板间的电势差增大

**分析与解** 充电后断开电源,即电荷 $Q$ 保持不变,电荷面密度不变;两极板间距增大,由电容 $C=\varepsilon_0\frac{S}{d}$,可知电容变小,故电势差 $U=\frac{Q}{C}$ 增大;平板电容器间的场强大小可以看作一对带相反电荷的无限大平面所形成的场强,只要其面电荷密度不变,则场强不变;或由 $E=\frac{U}{d}$,代入 $U$,可得 $E=\frac{Q}{\varepsilon_0 S}$,亦可得.

可知选(D).

## 二、填空题

**13－6**　如图 13－9 所示，有一块大金属板 $A$，面积为 $S$，带有电量 $q$，今在其近旁平行地放入另一块大金属板 $B$，该板原来不带电，则 $A$ 板上的电荷分布 $\sigma_1=$____，$\sigma_2=$____；$B$ 板上的电荷分布 $\sigma_3=$____，$\sigma_4=$____. 周围空间电场分布为 $E_{\mathrm{I}}=$______，方向______；$E_{\mathrm{II}}=$______，方向______；$E_{\mathrm{III}}=$______，方向______. 如果把 $B$ 板接地，则 $\sigma_1=$______，$\sigma_2=$______，$\sigma_3=$______，$\sigma_4=$______.

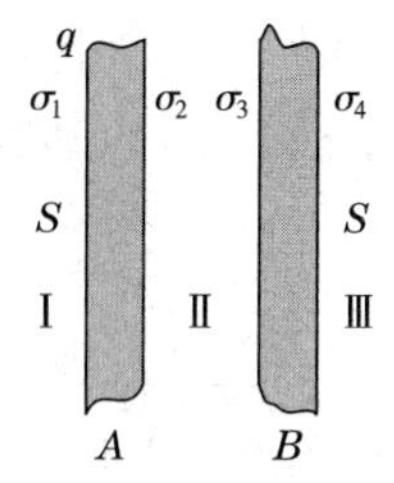

图 13－9　习题 13－6 图

**解**　利用静电平衡条件，得

$$\begin{cases}\sigma_1+\sigma_2=\dfrac{q}{S}\\ \sigma_3+\sigma_4=0\\ \sigma_2+\sigma_3=0\\ \sigma_1+\sigma_2+\sigma_3-\sigma_4=0\end{cases}$$

解得

$$\sigma_1=\sigma_2=\sigma_4=\frac{q}{2S},\sigma_3=-\frac{q}{2S}$$

设向右为正方向，电场强度分别为

$$E_{\mathrm{I}}=-\frac{1}{2\varepsilon_0}\frac{q}{2S}\times 3+\frac{1}{2\varepsilon_0}\frac{q}{2S}=-\frac{q}{2\varepsilon_0 S}$$

负号表示方向向左.

$$E_{\mathrm{II}}=\frac{1}{2\varepsilon_0}\frac{q}{2S}\times 3-\frac{q}{2\varepsilon_0 S}=\frac{q}{2\varepsilon_0 S}$$

方向向右.

$$E_{\mathrm{III}}=\frac{1}{2\varepsilon_0}\frac{q}{2S}\times 3-\frac{1}{2\varepsilon_0}\frac{q}{2S}=\frac{q}{2\varepsilon_0 S}$$

方向向右.

若将 $B$ 板接地，则

$$\begin{cases}\sigma_4=0\\ \sigma_1+\sigma_2=\dfrac{q}{S}\\ \sigma_2+\sigma_3=0\\ \sigma_1+\sigma_2+\sigma_3=0\end{cases}$$

解得

$$\sigma_1 = \sigma_4 = 0, \sigma_2 = \frac{q}{S}, \sigma_3 = -\frac{q}{S}$$

**13－7** 如图13－10所示的电容器组中,2、3间的电容为____,2、4间的电容为______.

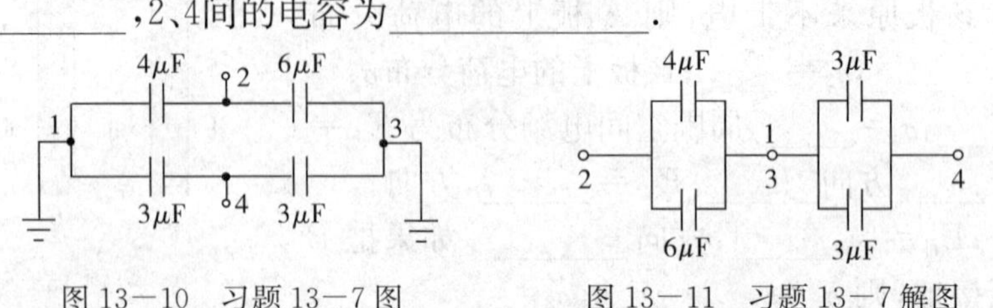


图13－10 习题13－7图　　图13－11 习题13－7解图

**分析** 电容的计算,找出其等效图,利用串并联公式求之.

**解** 由于接地,电容等效图如图13－11所示.可见2、4间的电容是2、3间并联,3、4间并联,再串联.

2、3间的电容为 $C_1 = 4\ \mu\text{F} + 6\ \mu\text{F} = 10\ \mu\text{F}$

3、4间的电容为 $C_2 = 3\ \mu\text{F} + 3\ \mu\text{F} = 6\ \mu\text{F}$

故2、4间的电容为 $C = \frac{C_1 C_2}{C_1 + C_2} = \frac{10\ \mu\text{F} \times 6\ \mu\text{F}}{10\ \mu\text{F} + 6\ \mu\text{F}} = 3.75\ \mu\text{F}$

**13－8** 如图13－12所示,平行板电容器极板面积为$S$,充满两种电容率分别为$\varepsilon_1$和$\varepsilon_2$的均匀介质,则该电容器的电容为$C=$______.

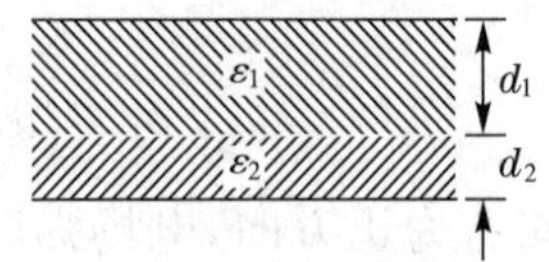


图13－12 习题13－8图

**解** 设平板电容器两个极板的电荷面密度为$\sigma$,面积为$S$,充满介质后,在介质1,2中,分别有

$$E_1 = \frac{\sigma}{\varepsilon_1}, E_2 = \frac{\sigma}{\varepsilon_2}$$

则两个极板间电势差为

$$U = E_1 d_1 + E_2 d_2 = \frac{\sigma}{\varepsilon_1} d_1 + \frac{\sigma}{\varepsilon_2} d_2$$

故电容为

$$C = \frac{Q}{U} = \frac{\sigma S}{\frac{\sigma}{\varepsilon_1} d_1 + \frac{\sigma}{\varepsilon_2} d_2} = \frac{\varepsilon_1 \varepsilon_2 S}{\varepsilon_2 d_1 + \varepsilon_1 d_2}$$

**13－9** 为了把4个点电荷$q$置于边长为$L$的正方形的4个顶点上,外力需做功______.

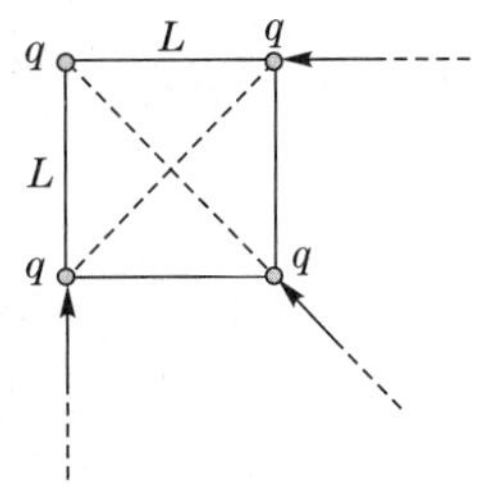

图 13—13　习题 13—9 解图

**解**　因为静电场力(库仑力)是保守力，故其做功与路径无关，于是可以选择如图 13—13 所示的路径积分，则移动过程中静电场力所做的功，等于外力做功的负值.

将第一个点电荷 $q$ 放置在正方形的一个顶点上，需做功

$$A_1 = 0$$

将第二个点电荷 $q$ 放置在正方形的一个顶点上，需克服第一个点电荷对它的电场力做功

$$A_2 = q\frac{q}{4\pi\varepsilon_0 L}$$

将第三个点电荷 $q$ 放置在正方形的一个顶点上，需克服前两个点电荷对它的电场力做功

$$A_3 = q\left(\frac{q}{4\pi\varepsilon_0 L} + \frac{q}{4\pi\varepsilon_0\sqrt{2}L}\right)$$

将第四个点电荷 $q$ 放置在正方形的一个顶点上，需要克服前三个点电荷对它的电场力做功

$$A_4 = q\left(\frac{q}{4\pi\varepsilon_0 L} + \frac{q}{4\pi\varepsilon_0 L} + \frac{q}{4\pi\varepsilon_0\sqrt{2}L}\right)$$

故外力需做功

$$A = A_1 + A_2 + A_3 + A_4 = \frac{q^2}{2\pi\varepsilon_0 L}\left(2 + \frac{1}{\sqrt{2}}\right)$$

**13—10**　半径分别为 $R$ 和 $r$ 的两个孤立球形导体($R>r$)，它们的电容之比 $C_R/C_r$ 为____________，若用一根细导线将它们连接起来，并使两个导体带电，则两导体球表面电荷面密度之比 $\sigma_R/\sigma_r$ 为__________.

**解**　真空中，半径为 $R$ 的孤立导体球的电容 $C = 4\pi\varepsilon_0 R$，故半径为 $R$ 和 $r$ 的孤立球形导体电容值之比为 $R/r$.

如图 13—14 所示，若用一根细导线将两个导体球连接，设其电荷面密度分别为 $\sigma_R$、$\sigma_r$，由于电势相等，有

$$U_1=\frac{Q_R}{C_R}, U_2=\frac{Q_r}{C_r}, U_1=U_2$$

即

$$\frac{4\pi R^2\sigma_R}{4\pi\varepsilon_0 R}=\frac{4\pi r^2\sigma_r}{4\pi\varepsilon_0 r}$$

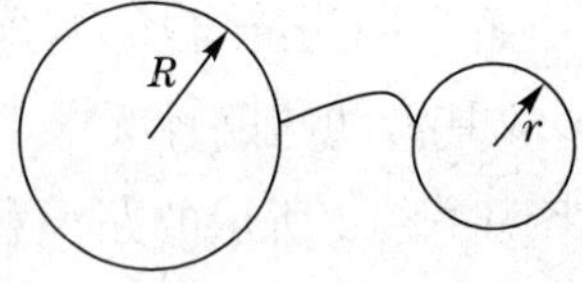

图 13－14　习题 13－10 解图

解得

$$\frac{\sigma_R}{\sigma_r}=\frac{r}{R}$$

**13－11**　一平行板电容器,极板面积为 $S$,极板间距为 $d$,接在电源上,保持电压恒定为 $U$,若将极板间距拉大 1 倍,那么电容器中静电能改变为________,电源对极板做功为________,外力对极板做功为________.

**解**　平行板电容器极板面积为 $S$,间距为 $d$,电压为 $U$,故其静电能为

$$W_{e0}=\frac{1}{2}C_0U^2=\frac{1}{2}\frac{\varepsilon_0 S}{d}U^2$$

保持电压不变,将极板拉开到间距为 $2d$ 时,其静电能变为

$$W_e=\frac{1}{2}C_1U^2=\frac{1}{2}\frac{\varepsilon_0 S}{2d}U^2$$

电源对极板做功为

$$\Delta q\cdot U=\Delta C\cdot U^2=-\frac{\varepsilon_0 S}{2d}\cdot U^2$$

设电容器极板上带电荷 $Q$,在将极板拉开的过程中,外力 $F$ 克服电场力做功,其大小与电场力相等,故 $F=QE$. 其中 $E$ 为一块极板产生的电场强度的大小, $E=\frac{1}{2}\frac{Q}{\varepsilon_0 S}$, 故拉开过程中,外力做功

$$W=\int_d^{2d}F\mathrm{d}x=\int_d^{2d}\frac{1}{2}\frac{Q^2}{\varepsilon_0 S}\mathrm{d}x=\int_d^{2d}\frac{1}{2}\frac{C^2U^2}{\varepsilon_0 S}\mathrm{d}x$$

$$=\int_d^{2d}\frac{1}{2}\left(\frac{\varepsilon_0 S}{x}\right)^2\frac{U^2}{\varepsilon_0 S}\mathrm{d}x=\frac{1}{2}\frac{\varepsilon_0 S}{2\mathrm{d}}U^2$$

## 三、计算与证明题

**13－12**　半径分别为 1.0 cm 与 2.0 cm 的两个球形导体,各带

电荷 $q=1.0\times10^{-8}$ C，两球相距很远. 若用细导线将两球相连接，求：

(1)每个球所带的电荷；

(2)每个球的电势.

**解**　(1)两球相距很远，可视为孤立导体，互不影响. 球上电荷均匀分布. 设两球半径分别为 $r_1$ 和 $r_2$，导线连接后的电荷分别为 $q_1$ 和 $q_2$，而 $q_1+q_2=2q$，则两球电势分别为

$$U_1=\frac{q_1}{4\pi\varepsilon_0 r_1},\ U_2=\frac{q_2}{4\pi\varepsilon_0 r_2}$$

两球相连后电势相等，即 $U_1=U_2$，所以有

$$\frac{q_1}{r_1}=\frac{q_2}{r_2}$$

由此可得

$$q_1=\frac{r_1}{r_1+r_2}\cdot 2q=6.67\times10^{-9}\mathrm{C}$$

$$q_2=\frac{r_2}{r_1+r_2}\cdot 2q=13.3\times10^{-9}\mathrm{C}$$

(2)两球电势为

$$U_1=U_2=\frac{q_1}{4\pi\varepsilon_0 r_1}=6.0\times10^3\ \mathrm{V}$$

**13－13**　平板电容器极板间的距离为 $d$，保持极板上的电荷不变，把相对电容率为 $\varepsilon_\mathrm{r}$，厚度为 $\delta(<d)$ 的玻璃板插入极板间，求无玻璃时和插入玻璃后极板间电势差的比.

**解**　设无玻璃时电势差为 $U_0$，则无玻璃时电容器极板间电场强度大小为

$$E=\frac{U_0}{d}$$

插入玻璃后有玻璃的区域电场强度大小为

$$E'=\frac{U_0}{\varepsilon_\mathrm{r} d}$$

无玻璃的区域电场强度大小仍为

$$E=\frac{U_0}{d}$$

则插入玻璃后极板间电势差为

$$U=\frac{U_0}{\varepsilon_r d}\delta+\frac{U_0}{d}(d-\delta)$$

两者之比为

$$U_0/U=\frac{\varepsilon_r d}{\varepsilon_r d+(1-\varepsilon_r)\delta}$$

**13－14** 如图13－15所示，半径为$R_0$的导体球带有电荷$Q$，球外有一层均匀介质同心球壳，其内、外半径分别为$R_1$和$R_2$，相对电容率为$\varepsilon_r$.求：

(1)介质内、外的电场强度$\boldsymbol{E}$和电位移$\boldsymbol{D}$；

(2)介质内的电极化强度$\boldsymbol{P}$和表面上的极化电荷面密度$\sigma'$.

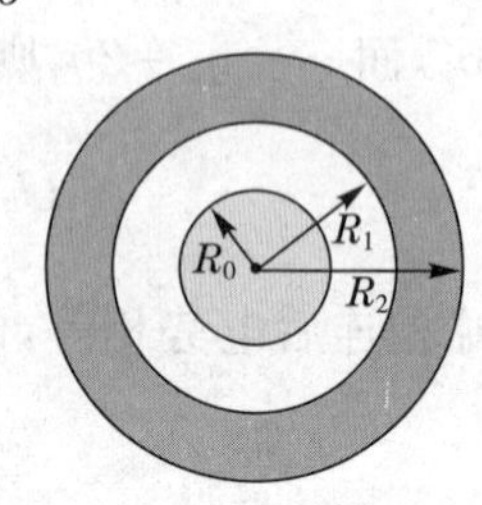

图13－15　习题13－13图

**分析**　利用介质中的高斯定理$\oint_S \boldsymbol{D}\cdot \mathrm{d}\boldsymbol{S}=\sum q_i$，选取合适的高斯面，求解$\boldsymbol{D}$，利用$\boldsymbol{D}$与$\boldsymbol{E}$的关系$\boldsymbol{D}=\varepsilon\boldsymbol{E}=\varepsilon_r\varepsilon_0\boldsymbol{E}$，求解$\boldsymbol{E}$，进而利用公式$\boldsymbol{P}=(\varepsilon_r-1)\varepsilon_0\boldsymbol{E}$及$P_n=\sigma$求解$\boldsymbol{P}$和$\sigma'$.

**解**　(1)当$r<R_0$时，取半径为$r$的球形高斯面$S_1$，则

$$\oint_{S_1}\boldsymbol{D}\cdot \mathrm{d}\boldsymbol{S}=0$$

故

$$D=0(r<R_0)$$

当$R_0<r<R_1$时，取半径为$r$的球形高斯面$S_2$，由于高斯面上每个面元$\mathrm{d}\boldsymbol{S}_2$与$\boldsymbol{D}$方向都相同，则

$$\oint_{S_2}\boldsymbol{D}\cdot \mathrm{d}\boldsymbol{S}=D\cdot 4\pi r^2=Q$$

故

$$D=\frac{Q}{4\pi r^2}(R_0<r<R_1)$$

当$R_1<r<R_2$时，取半径为$r$的球形高斯面$S_3$，则

$$\oint_{S_3}\boldsymbol{D}\cdot \mathrm{d}\boldsymbol{S}=D\cdot 4\pi r^2=Q$$

故

$$D=\frac{Q}{4\pi r^2}(R_1<r<R_2)$$

当 $R_2<r$ 时，取半径为 $r$ 的球形高斯面 $S_4$，则

$$\oint_{S_4}\boldsymbol{D}\cdot\mathrm{d}\boldsymbol{S}=D\cdot 4\pi r^2=Q$$

故

$$D=\frac{Q}{4\pi r^2}(R_2<r)$$

由于 $E=\dfrac{D}{\varepsilon}$，所以介质内外的电位移矢量 $D$ 和电场强度 $E$ 的大小为

$$r<R_0, D=0, E=0$$

$$R_0<r<R_1, D=\frac{Q}{4\pi r^2}, E=\frac{D}{\varepsilon_0}=\frac{Q}{4\pi\varepsilon_0 r^2}$$

$$R_1<r<R_2, D=\frac{Q}{4\pi r^2}, E=\frac{D}{\varepsilon_r\varepsilon_0}=\frac{Q}{4\pi\varepsilon_r\varepsilon_0 r^2}$$

$$R_2<r, D=\frac{Q}{4\pi r^2}, E=\frac{E}{\varepsilon_0}=\frac{Q}{4\pi\varepsilon_0 r^2}$$

电位移矢量和电场强度方向均沿半径方向.

(2)介质内的电极化强度为

$$P=(\varepsilon_r-1)\varepsilon_0 E=\frac{(\varepsilon_r-1)}{\varepsilon_r}\frac{Q}{4\pi r^2}$$

$\boldsymbol{P}$ 的方向与 $\boldsymbol{E}$ 的方向相同.

由 $\sigma'=P_n$ 知，介质外表面和内表面上的极化电荷面密度为

$$\sigma'_{R_2}=P_{nR_2}=\frac{(\varepsilon_r-1)}{\varepsilon_r}\frac{Q}{4\pi R_2^2}$$

$$\sigma'_{R_1}=P_{nR_1}=-\frac{(\varepsilon_r-1)}{\varepsilon_r}\frac{Q}{4\pi R_1^2}$$

**13－15**　如图 13－16 所示，球形电极浮在相对电容率为 $\varepsilon_r=3.0$ 的油槽中，球的一半浸没在油中，另一半在空气中. 已知电极所带净电荷 $Q_0=2.0\times10^{-6}$ C，球的上下部分各有多少电荷？

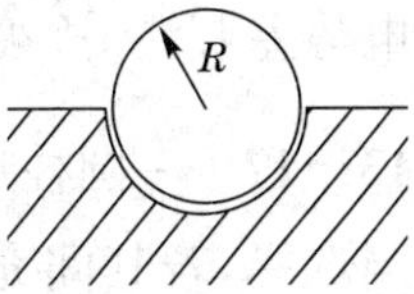

图 13－16　习题 13－14 图

**解**　将导体球看作两个悬浮于空气和油中的半球形孤立电容

器,它们的电容分别为

$$C_{上} = 2\pi\varepsilon_0 R$$
$$C_{下} = 2\pi\varepsilon_0\varepsilon_r R$$

因为静电平衡,导体球为等势体,故有

$$U = \frac{Q_{上}}{C_{上}} = \frac{Q_{下}}{C_{下}} \quad ①$$

其中 $Q_{上}$、$Q_{下}$ 分别为上半球与下半球所带电量,且

$$Q_{上} + Q_{下} = Q_0 \quad ②$$

将 $C_{上}$、$C_{下}$ 代入①式,联立①、②式,可解得

$$Q_{上} = \frac{1}{1+\varepsilon_r}Q_0 = 5.0\times10^{-7}(\mathrm{C})$$

$$Q_{下} = \frac{\varepsilon_r}{1+\varepsilon_r}Q_0 = 1.5\times10^{-6}(\mathrm{C})$$

**13－16** 一平行板电容器,充电后,将电源断开,然后将一厚度为两极板间距一半的金属板放在两极板之间. 试问下述各量如何变化? (1)电容;(2)极板上面电荷;(3)极板间的电势差;(4)极板间的电场强度;(5)电场的能量.

**解** 因充电后将电源断开,因此电荷 $Q$ 保持不变,面电荷密度保持不变,则电场强度不变,当插入金属板后(注意是金属板!),很快由于静电平衡,电荷重新分布,可视为两电容器串联,串联电容值为

$$\frac{1}{C} = \frac{1}{C_1} + \frac{1}{C_2}$$

其中 $C_1 = C_2 = \dfrac{\varepsilon_0 S}{d/4}$,故 $C = \dfrac{2\varepsilon_0 S}{d}$. 因此,电容值变大.

电势差 $U = \dfrac{Q}{C}$ 变小,电场能量 $W_e = \dfrac{1}{2}QU$ 变小.

**13－17** 一圆柱形电容器,外柱的直径为 4 cm,内柱的直径可以适当选择,若其间充满各向同性的均匀电介质,该介质的击穿电场强度的大小为 $E_0 = 200\ \mathrm{kV\cdot cm^{-1}}$. 试求该电容器可能承受的最高电压.(自然对数的底 e=2.7183)

**解** 设圆柱形电容器单位长度上带有电荷为 $\lambda$,则电容器两极

板之间的场强分布为

$$E = \frac{\lambda}{2\pi\varepsilon r}$$

设电容器内外两极板半径分别为 $r_0$,$R$,则极板间电压为

$$U = \int_{r_0}^{R} \boldsymbol{E} \cdot \mathrm{d}\boldsymbol{r} = \int_{r_0}^{R} \frac{\lambda}{2\pi\varepsilon r}\mathrm{d}r = \frac{\lambda}{2\pi\varepsilon}\ln\frac{R}{r_0}$$

电介质中场强最大处在内柱面上,当这里场强达到 $E_0$ 时电容器击穿,这时应有

$$\lambda = 2\pi\varepsilon r_0 E_0$$

$$U = r_0 E_0 \ln\frac{R}{r_0}$$

适当选择 $r_0$ 的值,可使 $U$ 有极大值,即令

$$\frac{\mathrm{d}U}{\mathrm{d}r_0} = E_0 \ln\frac{R}{r_0} - E_0 = 0$$

得

$$r_0 = \frac{R}{\mathrm{e}}$$

显然有 $\frac{\mathrm{d}^2U}{\mathrm{d}r_0^2} < 0$,故当 $r_0 = R/\mathrm{e}$ 时,电容器可承受的最高电压

$$U_{\max} = \frac{RE_0}{\mathrm{e}} = 147\ \mathrm{kV}$$

**13－18**　假想从无限远处陆续移来微量电荷,使一半径为 $R$ 的导体球带电.

(1)当球上已带有电荷 $q$ 时,再将一个电荷元 $\mathrm{d}q$ 从无限远处移到球上的过程中,外力做多少功?

(2) 使球上电荷从零开始增加到 $Q$ 的过程中,外力共做多少功?

**解**　(1)令无限远处电势为零,则带电荷为 $q$ 的导体球,其电势为

$$U = \frac{q}{4\pi\varepsilon_0 R}$$

将 $\mathrm{d}q$ 从无限远处搬到球上过程中,外力做的功等于该电荷元在球上所具有的电势能

$$dA = dW = \frac{q}{4\pi\varepsilon_0 R}dq$$

(2)带电球体的电荷从零增加到 $Q$ 的过程中,外力做功为

$$A = \int dA = \int_0^Q \frac{q dq}{4\pi\varepsilon_0 R} = \frac{Q^2}{8\pi\varepsilon_0 R}$$

**13－19** 在真空中,一半径为 $R$ 的导体球带有电荷 $Q$. 设无穷远处为电势零点,计算电场能量 $W$.

**解** **[方法一]**

孤立导体球的电容为

$$C = 4\pi\varepsilon_0 R$$

$$W = \frac{1}{2}\frac{Q^2}{C} = \frac{Q^2}{8\pi\varepsilon_0 R}$$

**[方法二]**

导体球在空间中产生的电场强度大小为

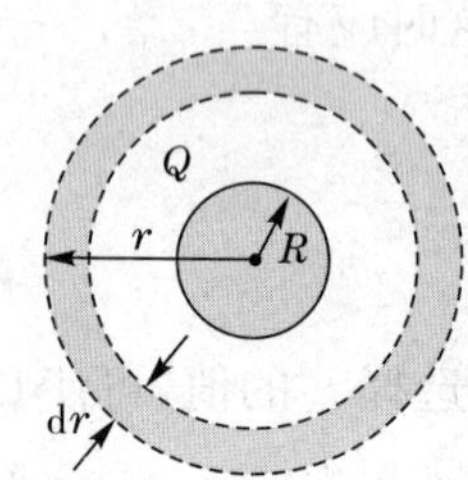

图 13－17　习题 13－19 解图

$$E = \frac{Q}{4\pi\varepsilon_0 r^2}$$

电场能量密度

$$\omega = \frac{1}{2}\varepsilon_0 E^2$$

取体积元 $4\pi r^2 dr$,如图 13－17 所示,积分

$$W = \int_R^\infty \frac{1}{2}\varepsilon_0 E^2 \cdot 4\pi r^2 dr = \frac{Q^2}{8\pi\varepsilon_0}\int_R^\infty \frac{dr}{r^2} = \frac{Q^2}{8\pi\varepsilon_0 R}$$

**13－20** 电容 $C_1 = 4\ \mu F$ 的电容器在 800 V 的电势差下充电,然后切断电源,并将此电容器的两个极板分别与原来不带电、电容为 $C_2 = 6\ \mu F$ 的两极板相连. 求:

(1)每个电容器极板所带的电量;

(2)连接前后 $C_1$ 的静电场能.

**解** 切断电源后,电容器的电量为

$$Q = C_1 U_0 = 4\times 10^{-6}\times 800 = 3.2\times 10^{-3}(C)$$

(1)两电容器连接后,总电容为

$$C = C_1 + C_2 = 10\times 10^{-6}(F)$$

两电容器连接后,电容的电压为

$$U=\frac{Q}{C}=\frac{3.2\times10^{-3}}{10\times10^{-6}}=3.2\times10^{2}(\text{V})$$

每个电容器的电量分别为

$$Q_1=C_1U_1=C_1U=4\times10^{-6}\times3.2\times10^{2}=1.28\times10^{-3}(\text{C})$$

$$Q_2=C_2U_2=C_2U=6\times10^{-6}\times3.2\times10^{2}=1.92\times10^{-3}(\text{C})$$

(2)连接前的静电场能量为

$$W=\frac{1}{2}C_1U_0^2=\frac{1}{2}QU_0=\frac{1}{2}\times3.2\times10^{-3}\times800=1.28(\text{J})$$

连接后的静电场能为

$$W'=\frac{1}{2}C_1U^2=\frac{1}{2}Q_1U=\frac{1}{2}\times1.28\times10^{-3}\times3.2\times10^{2}=0.205(\text{J})$$

**13－21**　半径为 2 cm 的导体球，外套同心的导体球壳，球壳的内、外半径分别为 4 cm 和 5 cm，球与壳之间是空气. 壳外也是空气，当内球的电荷量为$3\times10^{-8}$ C时，求：

(1)这个系统储存了多少电能？

(2)如果用导线把球与壳连在一起，结果将如何？

**解**　(1)如图 13－18 所示，由介质中的高斯定理(过程略)，得

$$r<R_1, D=0$$

$$R_2>r>R_1, D=\frac{Q}{4\pi r^2}$$

$$R_3>r>R_2, D=0$$

$$r>R_3, D=\frac{Q}{4\pi r^2}$$

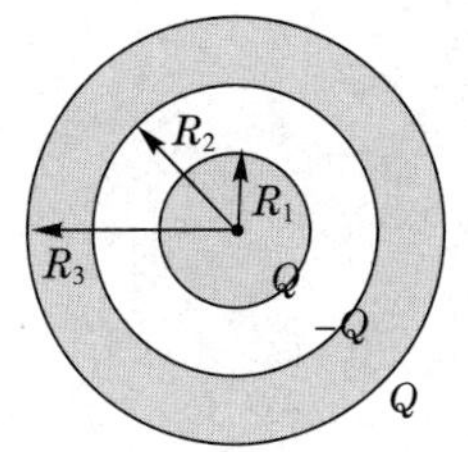

图 13－18　习题 13－21 解图 1

系统储存的电能为

$$W=\int w\mathrm{d}V=\int\frac{D^2}{2\varepsilon_0}\mathrm{d}V=\int_{R_1}^{R_2}\frac{1}{2\varepsilon_0}\left(\frac{Q}{4\pi r^2}\right)^2\mathrm{d}V+\int_{R_3}^{\infty}\frac{1}{2\varepsilon_0}\left(\frac{Q}{4\pi r^2}\right)^2\mathrm{d}V$$

$$=\frac{1}{4\pi\varepsilon_0}\frac{Q^2}{2}\left(\frac{1}{R_1}-\frac{1}{R_2}+\frac{1}{R_3}\right)$$

$$=9\times10^{9}\times\frac{(3\times10^{-8})^2}{2}\times\left(\frac{1}{2\times10^{-2}}-\frac{1}{4\times10^{-2}}+\frac{1}{5\times10^{-2}}\right)$$

$$\approx1.8\times10^{-4}(\text{J})$$

(2)如图 13－19 所示，将球与壳连在一起，根据静电平衡，导体

球和导体球壳组成的系统所带电荷均分布在外表面. 则由介质中的高斯定理,得

$$r < R_3, D = 0$$

$$r > R_3, D = \frac{Q}{4\pi r^2}$$

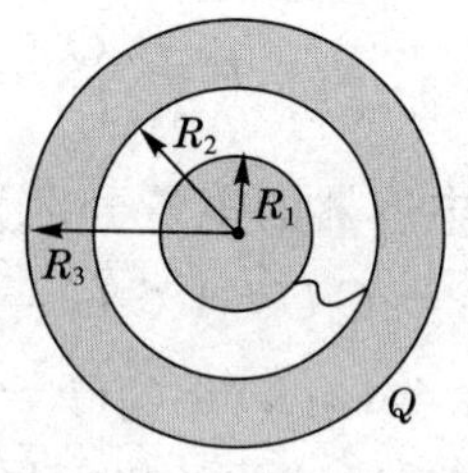


图 13—19　习题 13—21 解图 2

系统储存的电能为

$$W = \int w \mathrm{d}V = \int \frac{D^2}{2\varepsilon_0} \mathrm{d}V$$

$$= \int_{R_3}^{\infty} \frac{1}{2\varepsilon_0} \left( \frac{Q}{4\pi r^2} \right)^2 \mathrm{d}V = \frac{1}{4\pi\varepsilon_0} \frac{Q^2}{2} \frac{1}{R_3}$$

$$= 9 \times 10^9 \times \frac{(3 \times 10^{-8})^2}{2} \times \frac{1}{5} \times 10^2$$

$$= 8.1 \times 10^{-5} (\mathrm{J})$$

# 第十四章

# 真空中的恒定磁场

## 基本要求

1. 理解电流形成的条件和电流密度矢量，掌握电动势的定义和计算方法.

2. 掌握磁感应强度的概念及毕奥—萨伐尔定律，能计算一些简单问题中的磁感应强度及磁通量；了解运动电荷的磁场.

3. 理解恒定磁场的规律：磁场高斯定理和安培环路定理；掌握用安培环路定理计算磁感应强度的条件和方法，并能熟练运用.

4. 理解安培定律和洛伦兹力公式，能计算简单形状载流导体和载流平面线圈在磁场中所受的力和力矩，能求解点电荷在均匀电磁场中的运动问题，了解磁力的功.

## 基本内容

### 一、电流、电流密度、电动势

1. 电流密度

$$\boldsymbol{j} = \frac{\mathrm{d}I}{\mathrm{d}S_{\perp}}\boldsymbol{n}$$

2. 电流

(1)通过导体中任一曲面 S 的电流

$$I = \int_S \boldsymbol{j} \cdot \mathrm{d}\boldsymbol{S}$$

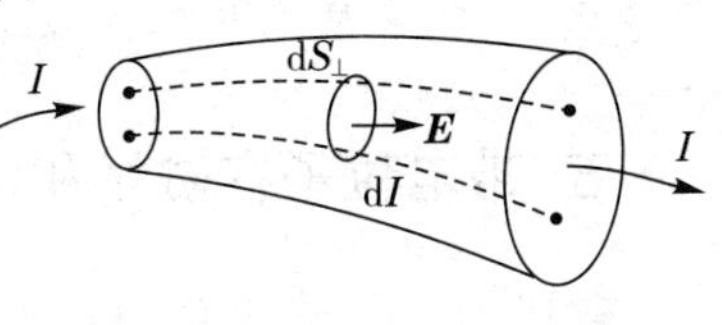


图 14—1

(2)恒定电流条件

$$\oint \boldsymbol{j} \cdot \mathrm{d}\boldsymbol{S} = 0$$

3. 电动势(非静电场强度从负极板经电源内部积分到正极板)

$$\varepsilon = \int_{-\,(\text{内部})}^{+} \boldsymbol{E}_{\mathrm{k}} \cdot \mathrm{d}\boldsymbol{l}$$

## 二、毕奥—萨伐尔定律

电流元 $I\mathrm{d}\boldsymbol{l}$ 在其周围一点 $\boldsymbol{r}$ 激发的磁感应强度 $\mathrm{d}\boldsymbol{B}$ 为

$$\mathrm{d}\boldsymbol{B} = \frac{\mu_0}{4\pi}\frac{I\mathrm{d}\boldsymbol{l}\times\boldsymbol{r}}{r^3}$$

(1)连续导线在某点激发的总磁感应强度 $\boldsymbol{B}$ 为

$$\boldsymbol{B} = \int \mathrm{d}\boldsymbol{B} = \int \frac{\mu_0}{4\pi}\frac{I\mathrm{d}\boldsymbol{l}\times\boldsymbol{r}}{r^3}$$

(2)带电量为 $q$ 的粒子,以速度 $\boldsymbol{v}$ 运动,在 $\boldsymbol{r}$ 处激发的磁感应强度为

$$\boldsymbol{B} = \frac{\mu_0}{4\pi}\frac{q\boldsymbol{v}\times\boldsymbol{r}}{r^3}$$

## 三、磁场的高斯定理

通过任何闭合曲面的磁通量必为零.

$$\Phi_{\mathrm{m}} = \oint_S \boldsymbol{B} \cdot \mathrm{d}\boldsymbol{S} = 0 \text{——磁场是“无源场”}$$

## 四、安培环路定理

磁感应强度对闭合回路的积分为 $\mu_0$ 与闭合曲面所包围的电流的代数和之积.

$$\oint_L \boldsymbol{B} \cdot \mathrm{d}\boldsymbol{l} = \mu_0 \sum_{\text{内}} I_i \text{——磁场是“有旋场”}$$

## 五、带电粒子在磁场和电场中受到的力的作用

磁场力——洛伦兹力　$\boldsymbol{F}_{\mathrm{m}} = q\boldsymbol{v}\times\boldsymbol{B}$

电场力　$\boldsymbol{F}_{\mathrm{e}} = q\boldsymbol{E}$

## 六、磁场(磁感应强度为 $\boldsymbol{B}$)对载流导线和载流线圈的作用

1. 安培定律

磁感应强度为 $\boldsymbol{B}$ 的磁场对电流元 $I\mathrm{d}\boldsymbol{l}$ 的作用力

$$\mathrm{d}\boldsymbol{F} = I\mathrm{d}\boldsymbol{l} \times \boldsymbol{B}$$

2. 对载流导线的作用力

$$\boldsymbol{F} = \int_L \mathrm{d}\boldsymbol{F} = \int_L I\mathrm{d}\boldsymbol{l} \times \boldsymbol{B}$$

3. 对载流线圈(磁矩为 $\boldsymbol{p}_\mathrm{m} = NI\boldsymbol{S}$)的力矩

$$\boldsymbol{M} = \boldsymbol{p}_\mathrm{m} \times \boldsymbol{B}$$

4. 磁力对运动载流导线做的功

$$A = \int \mathrm{d}A = \int_{\Phi_{m1}}^{\Phi_{m2}} I\mathrm{d}\Phi_\mathrm{m}$$

## 七、几种常见模型的磁感应强度 $\boldsymbol{B}$(真空中)

| | 无限长直导线(离开导线的垂直距离为 $r$) | 圆电流(轴线上离开圆心 $x$ 处) | 无限长密绕螺线管(内部磁感应强度) | 均匀螺绕环(内部磁感应强度) |
|---|---|---|---|---|
| 参数 | 电流为 $I$ | 半径为 $R$<br>电流为 $I$ | 单位长度的匝数 $n$<br>单匝线圈电流为 $I$ | 平均半径为 $r$,单匝线圈电流为 $I$,$N$ 匝 |
| 大小 | $B = \frac{\mu_0 I}{2\pi r}$ | $B = \frac{\mu_0 IR^2}{2(R^2 + x^2)^{3/2}}$<br>$x = 0$ 时,$B = \frac{\mu_0 I}{2R}$ | $B=\mu_0 nI$ | $B=\frac{\mu_0 NI}{2\pi r}$ |
| 方向 | 与无限长直导线的电流方向成右手螺旋关系 | 与圆环的电流方向成右手螺旋关系 | 与无限长密绕螺线管的电流方向成右手螺旋关系 | 与均匀螺绕环的电流方向成右手螺旋关系 |

## 典型例题

**例 14—1** 一个圆盘,半径为 $R$,带电荷为 $q$,以角速度 $\omega$ 绕轴旋转.求:

(1)圆盘轴线上离开圆盘中心 $x$ 处的磁感应强度;

(2)圆盘的磁矩.

**分析** 利用圆环在其轴线上离开圆心 $x$ 处的磁感应强度的结论:$B=\frac{\mu_0 IR^2}{2(R^2+x^2)^{3/2}}$,选取合适的电荷元,积分求解. 取合适的面积元,计算由于运动所产生的圆电流 $\mathrm{d}I$,利用圆电流在轴线上产生磁感应强度 $\mathrm{d}\boldsymbol{B}$,积分求出整个圆盘轴线上的磁感应强度 $\boldsymbol{B}$;根据定义 $\boldsymbol{p}_\mathrm{m}=NIS$ 可以得磁矩.

**解** (1)由已知得,圆盘的电荷面密度为

$$\sigma = q/\pi R^2$$

选取半径为 $r$、宽度为 $\mathrm{d}r$ 的环带,如图 14-2 所示,其所带电荷为

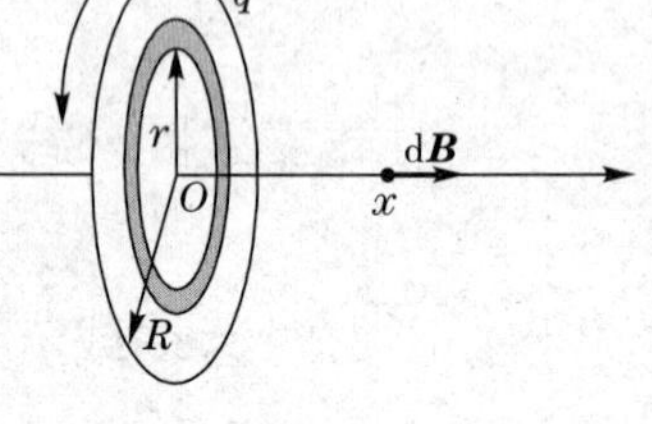

图 14-2 例题 14-1 解图

$$\mathrm{d}q = \sigma 2\pi r \mathrm{d}r$$

故由环带产生的圆电流大小为

$$\mathrm{d}I = \frac{\mathrm{d}q}{\mathrm{d}t} = \frac{\sigma 2\pi r \mathrm{d}r}{2\pi/\omega} = \omega\sigma r \mathrm{d}r$$

所以圆电流在轴线上离开圆心 $x$ 处产生的磁感应强度大小为

$$\mathrm{d}B = \frac{\mu_0 r^2 \mathrm{d}I}{2(r^2+x^2)^{3/2}} = \frac{\mu_0 \sigma\omega r^3 \mathrm{d}r}{2(r^2+x^2)^{3/2}}$$

则整个圆盘在 $x$ 处产生的磁感应强度大小为

$$B = \int \mathrm{d}B = \int_0^R \frac{\mu_0 \sigma\omega r^3 \mathrm{d}r}{2(r^2+x^2)^{3/2}} = \frac{\mu_0 \omega q}{2\pi R^2}\left(\frac{R^2+2x^2}{\sqrt{x^2+R^2}} - 2x\right)$$

方向为 $x$ 轴正方向.

**讨论:**当 $x=0$ 时, $B = \frac{\mu_0 \omega q}{2\pi R}$.

(2)半径为 $r$、宽度为 $\mathrm{d}r$ 的环带磁矩大小为

$$\mathrm{d}p_\mathrm{m} = \pi r^2 \mathrm{d}I = \pi r^3 \omega\sigma \mathrm{d}r$$

故总磁矩大小为

$$p_\mathrm{m} = \int \mathrm{d}p_\mathrm{m} = \int_0^R \pi r^3 \omega\sigma \mathrm{d}r = \frac{\omega q R^2}{4}$$

方向沿 $x$ 轴正向.

**例 14－2** 如图 14－3 所示，一通有电流 $I$ 的闭合回路放在磁感应强度为 $\boldsymbol{B}$ 的均匀磁场中，回路平面与磁感应强度 $\boldsymbol{B}$ 垂直. 回路由直导线 $AB$ 和半径为 $r$ 的圆弧导线 $BCA$ 组成，电流为顺时针方向，求磁场作用于闭合导线的力.

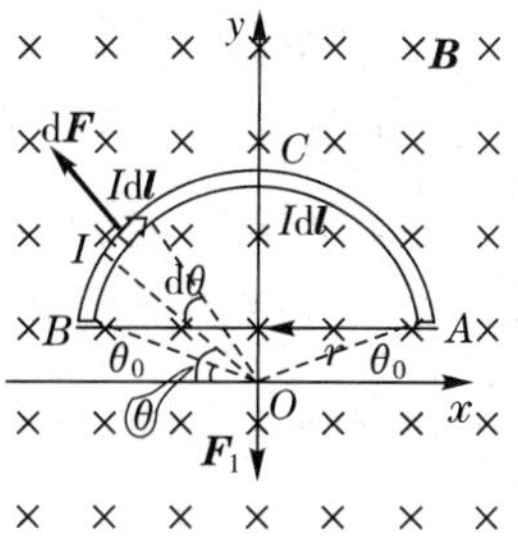

图 14－3 例题 14－2 图

**分析** 充分利用对称性解题.

**解** 对于直导线 $AB$，所受的力 $\boldsymbol{F}_1 = -BI\overline{AB}\boldsymbol{j}$.

对于圆弧导线 $BCA$，根据对称性分析，则有

$$F_{2x} = 0$$

所以 $\boldsymbol{F}_2 = F_{2y}\boldsymbol{j}$，$\mathrm{d}F_2 = BI\mathrm{d}l$，故

$$F_2 = \int \mathrm{d}F_{2y} = \int \mathrm{d}F_2 \sin\theta = \int BI\mathrm{d}l\sin\theta$$

因为 $\mathrm{d}l = r\mathrm{d}\theta$，所以

$$F_2 = BIr\int_{\theta_0}^{\pi-\theta_0} \sin\theta \mathrm{d}\theta$$

$$\boldsymbol{F}_2 = BI(2r\cos\theta_0)\boldsymbol{j} = BI\overline{AB}\boldsymbol{j}$$

由于 $\boldsymbol{F}_1 = -BI\overline{AB}\boldsymbol{j}$，故 $\boldsymbol{F} = \boldsymbol{F}_1 + \boldsymbol{F}_2 = 0$.

由此特例，可以得到结论：圆弧形导线在均匀磁场中所受的力，与其始点和终点相同的载流直导线所受的磁场力相同. 这一结论可以推广到任意平面导线.

## 习题分析与解答

### 一、选择题

**14－1** 空间某点的磁感应强度 $\boldsymbol{B}$ 的方向，一般可以用下列几种办法来判断，其中哪个是错误的？ ( )

(A)小磁针北极(N)在该点的指向

(B)运动正电荷在该点所受最大的力与其速度的矢积的方向

(C)电流元在该点不受力的方向

(D)载流线圈稳定平衡时,磁矩在该点的指向

**分析与解** (A)、(B)、(D)正确;而对于(C)选项,电流元 $I\mathrm{d}\boldsymbol{l}$ 在磁场中受到的力为 $\mathrm{d}\boldsymbol{F} = I\mathrm{d}\boldsymbol{l}\times\boldsymbol{B}$,当 $\theta=0$ 或者 $\theta=\pi$ 时,都有 $\mathrm{d}\boldsymbol{F}=0$,故不能确定磁感应强度 $\boldsymbol{B}$ 的方向.

可知选择(C).

**14-2** 下列关于磁感应线的描述,正确的是 ( )

(A)条形磁铁的磁感应线是从N极到S极的

(B)条形磁铁的磁感应线是从S极到N极的

(C)磁感应线是从N极出发终止于S极的曲线

(D)磁感应线是无头无尾的闭合曲线

**分析与解** 条形磁铁的磁感应线在磁铁外是从N极到S极的,在磁铁内部是从S极到N极的,故(A)、(B)均错误.根据磁感应线的特点:任何磁场中的每一条磁感应线都是环绕电流的无头无尾的闭合线,没有起点也没有终点.

可知选择(D).

**14-3** 关于磁场的高斯定理 $\oint\boldsymbol{B}\cdot\mathrm{d}\boldsymbol{S}=0$,正确的是 ( )

a 穿入闭合曲面的磁感应线条数必然等于穿出的磁感应线条数

b 穿入闭合曲面的磁感应线条数不等于穿出的磁感应线条数

c 一根磁感应线可以终止在闭合曲面内

d 一根磁感应线可以完全处于闭合曲面内

(A)a d (B)a c (C)c d (D)a b

**分析与解** 由于每一条磁感应线都是闭合线,因此有几条磁感应线进入闭合曲面,必然有相同条数的磁感应线穿出闭合曲面.而一根磁感应线是可以完全处于闭合曲面内的.

可知选择(A).

**14-4** 如图14-4所示,在无限长载流直导线附近作一球形闭合曲面 $S$,当曲面 $S$ 向长直导线靠近时,穿过曲面 $S$ 的磁通量 $\Phi$ 和面上各点的磁感应强度 $B$ 将如何变化? ( )

(A)$\Phi$ 增大,$B$ 也增大

(B)$\Phi$ 不变,$B$ 也不变

(C)$\Phi$ 增大,$B$ 不变

(D)$\Phi$ 不变,$B$ 增大

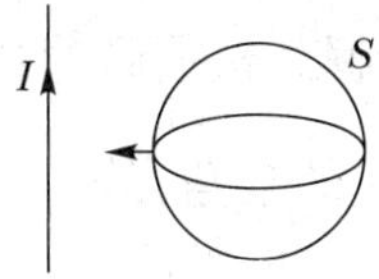


图 14—4　习题 14—4 图

**分析与解**　由于曲面 $S$ 是闭合的,所以无论将闭合曲面 $S$ 放置在恒定磁场的任何位置,根据磁场的高斯定理 $\Phi=\oint_S \mathrm{B}\cdot \mathrm{d}\boldsymbol{S}=0$,都有 $\Phi=0$;但是无限长载流直导线附近一点 $r$ 的磁感应强度的大小为 $B=\dfrac{\mu_0 I}{2\pi r}$,当曲面 $S$ 向长直导线靠近时,曲面上各点磁感应强度的大小均会增加.

可知选择(D).

**14—5**　如图 14—5 所示,两个载有相等电流 $I$ 的半径为 $R$ 的圆线圈,一个处于水平位置,一个处于竖直位置,两个线圈的圆心重合,则在圆心 $O$ 处的磁感应强度大小为　　　　　(　　)

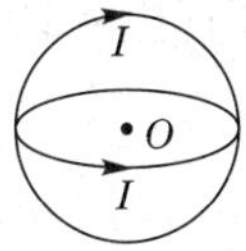

图 14—5　习题 14—5 图

(A)0　　　　　　(B)$\mu_0 I/2R$

(C)$\sqrt{2}\mu_0 I/2R$　　　　(D)$\mu_0 I/R$

**分析与解**　由圆电流圆心处磁感应强度大小为 $B=\dfrac{\mu_0 I}{2R}$ 知,线圈 1 和线圈 2 在 $O$ 点产生的磁感应强度大小均为 $B_1=B_2=B=\dfrac{\mu_0 I}{2R}$,方向互相垂直,故合磁感应强度大小为 $B=\sqrt{B_1^2+B_2^2}=\sqrt{2}\,\dfrac{\mu_0 I}{2R}$.

可知选择(C).

## 二、填空题

**14—6**　如图 14—6 所示,均匀磁场的磁感应强度为 $B=0.2\ \mathrm{T}$,方向沿 $x$ 轴正方向,则通过 $abOd$ 面的磁通量为______,通过 $befO$ 面的磁通量为______,通过 $aefd$ 面的磁通量为______.

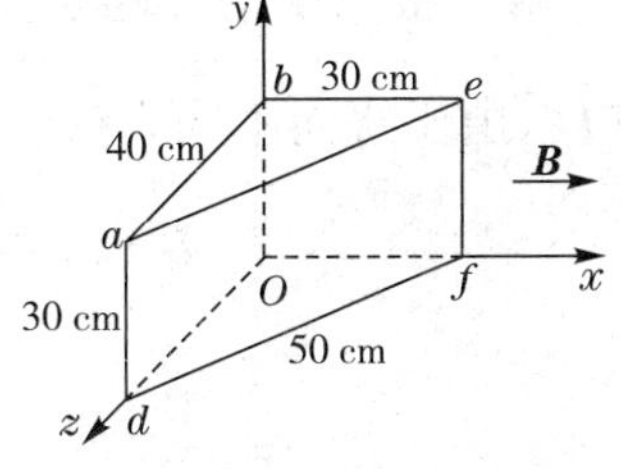


图 14—6　习题 14—6 图

**解** 根据磁通量计算公式,$\Phi=\oint_S \boldsymbol{B}\cdot \mathrm{d}\boldsymbol{S}=\oint_S B\mathrm{d}S\cos\theta$, $\theta$是$\boldsymbol{B}$和$\mathrm{d}\boldsymbol{S}$的夹角,故

$$\Phi_{abOd}=\oint_S \boldsymbol{B}\cdot \mathrm{d}\boldsymbol{S}=BS_{abOd}\cos 0^\circ=0.2\times 30\times 10^{-2}\times 40\times 10^{-2}$$
$$=0.024(\mathrm{Wb})$$
$$\Phi_{befO}=\oint_S \boldsymbol{B}\cdot \mathrm{d}\boldsymbol{S}=BS_{befO}\cos 90^\circ=0(\mathrm{Wb})$$
$$\Phi_{aefd}=\oint_S \boldsymbol{B}\cdot \mathrm{d}\boldsymbol{S}=BS_{aefd}\cos\theta$$
$$=0.2\times 50\times 10^{-2}\times 30\times 10^{-2}\times \frac{40\times 10^{-2}}{50\times 10^{-2}}$$
$$=0.024(\mathrm{Wb})$$

**14－7** 真空中一载有电流$I$的长直螺线管,单位长度的线圈匝数为$n$,管内中段部分的磁感应强度为________,端点部分的磁感应强度为________.

**解** 根据安培环路定理,可以求得长直螺线管中段部分磁感应强度大小为$B=\mu_0 nI$,详见教材中例14－3－3,两端的磁感应强度根据对称性可知$B=\frac{1}{2}\mu_0 nI$.

**14－8** 如图14－7所示,两根无限长载流直导线相互平行,通过的电流分别为$I_1$和$I_2$.则$\oint_{L_1}\boldsymbol{B}\cdot \mathrm{d}\boldsymbol{l}=$______,$\oint_{L_2}\boldsymbol{B}\cdot \mathrm{d}\boldsymbol{l}=$________.

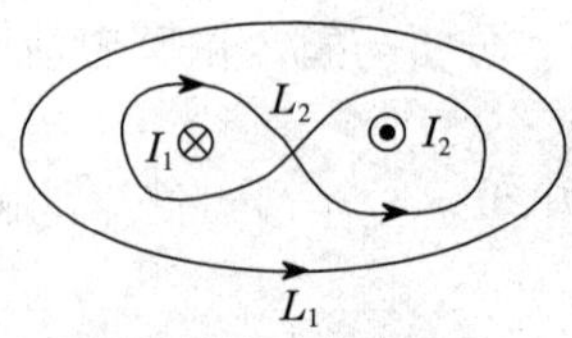

图14－7 习题14－8图

**解** 根据安培环路定理$\oint_L \boldsymbol{B}\cdot \mathrm{d}\boldsymbol{l}=\mu_0\sum I_i$,对于闭合回路$L_1$和$L_2$,由于绕向不同,有

$$\oint_{L_1}\boldsymbol{B}\cdot \mathrm{d}\boldsymbol{l}=\mu_0\sum I_i=\mu_0(I_2-I_1)$$
$$\oint_{L_2}\boldsymbol{B}\cdot \mathrm{d}\boldsymbol{l}=\mu_0\sum I_i=\mu_0(I_2+I_1)$$

**14－9** 如图14－8所示,正电荷$q$在磁场中运动,速度沿$x$轴正方向.若电荷$q$不受力,则外磁场$\boldsymbol{B}$的方向是________;若电荷$q$

受到沿 $y$ 轴正方向的力，且受到的力为最大值，则外磁场的方向为________.

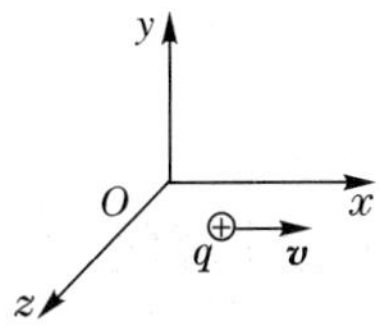

图 14—8　习题 14—9 图

**分析与解**　当点电荷沿磁场方向运动时，它不受磁场力作用，$\boldsymbol{F}=0$；当点电荷沿垂直磁场方向运动，$\boldsymbol{F}=\boldsymbol{F}_{\max}$. 由题意知，电荷沿着 $x$ 轴正方向运动时，电荷 $q$ 不受力，则外磁场 $\boldsymbol{B}$ 的方向为平行于 $x$ 轴；若电荷 $q$ 受力最大，且力的方向是沿 $y$ 轴正方向，则外磁场 $\boldsymbol{B}$ 的方向为 $\boldsymbol{F}\times\boldsymbol{v}$，即 $z$ 轴负方向.

**14—10**　如图 14—9 所示，$ABCD$ 是无限长导线，通以电流 $I$，$BC$ 段被弯成半径为 $R$ 的半圆环，$CD$ 段垂直于半圆环所在的平面，$AB$ 的延长线通过圆心 $O$ 和 $C$ 点. 则圆心 $O$ 处的磁感应强度大小为__________，方向________.

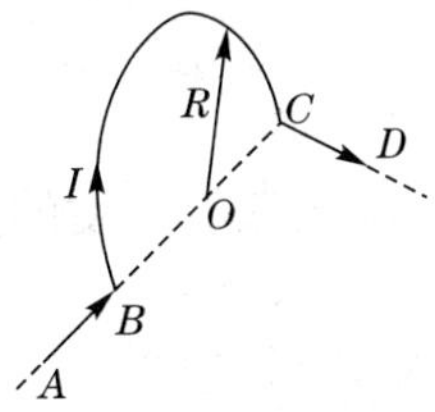

图 14—9　习题 14—10 图

**解**　建立如图 14—10 所示坐标系，根据圆电流和无限长载流直导线产生的磁感应强度表达式，可知半圆环在圆心 $O$ 点产生的磁感应强度大小为

$$B_1=\frac{1}{2}\frac{\mu_0 I}{2R}$$

方向为 $y$ 轴负方向.

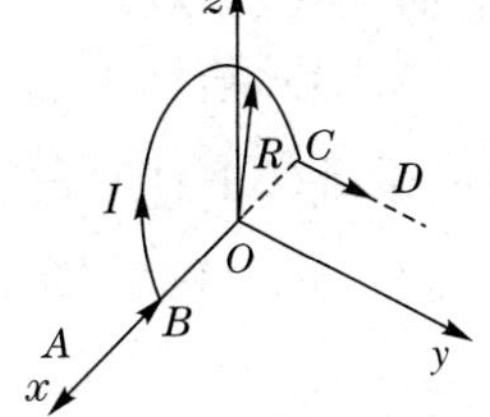

图 14—10　习题 14—10 解图

载流导线 $AB$ 在 $O$ 点产生的磁感应强度大小为

$$B_2=0$$

载流导线 $CD$ 在 $O$ 点产生的磁感应强度大小为

$$B_3=\frac{1}{2}\frac{\mu_0 I}{2\pi R}$$

方向为 $z$ 轴负方向.

故

$$\boldsymbol{B}=\boldsymbol{B}_1+\boldsymbol{B}_2+\boldsymbol{B}_3$$

大小为

$$B=\frac{\mu_0 I}{4R}\sqrt{1+\left(\frac{1}{\pi}\right)^2}$$

方向为 $yz$ 平面内，与 $-y$ 轴成角

$$\theta = \arctan \frac{1}{\pi}$$

## 三、计算题

**14－11** 设氢原子基态的电子轨道半径为 $a_0$，如图14－11所示，求由于电子的轨道运动，在原子核处(圆心处)产生的磁感强度的大小和方向.

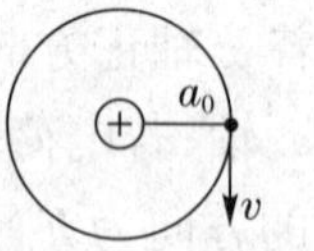

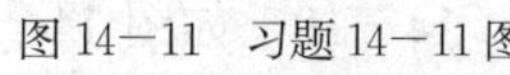

图14－11 习题14－11图

**解** 由运动电荷的磁场，可知

$$\boldsymbol{B} = \frac{\mu_0}{4\pi} \frac{(-e)\boldsymbol{v} \times \boldsymbol{e}_r}{r^2}$$

所以，磁感应强度的大小为

$$B = \frac{\mu_0}{4\pi} \frac{ev}{a_0^2}$$

方向垂直于纸面向外.

**14－12** 如图14－12所示，半径为 $R$，线电荷密度为 $\lambda(\lambda>0)$ 的均匀带电的圆线圈，绕过圆心与圆平面垂直的轴以角速度 $\omega$ 转动，求轴线上任一点 $\boldsymbol{B}$ 的大小及其方向.

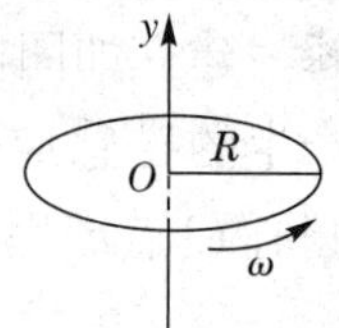


图14－12 习题14－12图

**解** 带电圆线圈由于转动产生的电流大小为

$$I = \frac{2\pi R\lambda}{\frac{2\pi}{\omega}} = R\lambda\omega$$

因此轴线上 $B$ 大小为

$$B = \frac{\mu_0}{2} \frac{R^2 I}{(R^2 + y^2)^{3/2}} = \frac{\mu_0 R^3 \lambda\omega}{2(R^2 + y^2)^{3/2}}$$

方向沿 $y$ 轴正方向.

**14－13** 有一长直导体圆管，内外半径分别为 $R_1$ 和 $R_2$，如图14－13所示，它所载的电流 $I_1$ 均匀分布在其横截面上. 导体旁边有一绝缘"无限长"直导线，载有电流 $I_2$，且在中部绕了一个半

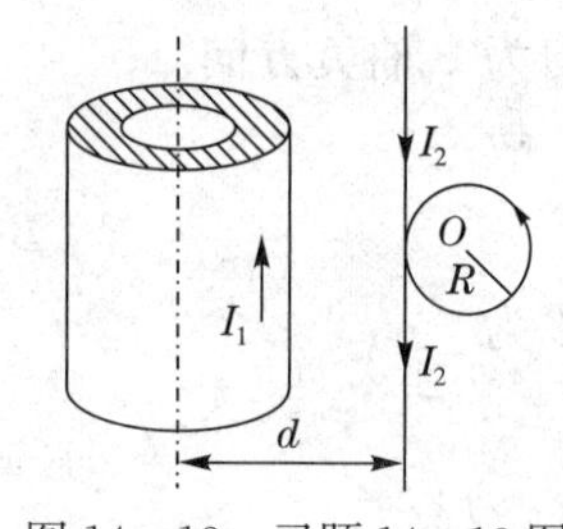


图14－13 习题14－13图

径为 $R$ 的圆圈.设导体管的轴线与长直导线平行,相距为 $d$,且与导体圆圈共面,求圆心 $O$ 点处的磁感应强度 $\boldsymbol{B}$.

**分析** 可以利用已知结论,如无限长直导线、无限长柱体、圆电流在其圆心处的磁感应强度,及磁感应强度叠加原理,求合磁感应强度.

**解** 利用安培环路定理(过程略),可以求得无限长导体圆管在 $O$ 点产生的磁感应强度,即

$$B_1=\frac{\mu_0 I_1}{2\pi(d+R)}$$

方向垂直于纸面向里.

无限长直导线在 $O$ 点产生的磁感应强度

$$B_2=\frac{\mu_0 I_2}{2\pi R}$$

方向垂直于纸面向外.

圆圈导线在 $O$ 点产生的磁感应强度

$$B_3=\frac{\mu_0 I_2}{2R}$$

方向垂直于纸面向外.

因此,总磁感应强度 $B$ 大小为

$$B=-B_1+B_2+B_3=\frac{\mu_0 I_2}{2R}\left(1+\frac{1}{\pi}\right)-\frac{\mu_0 I_1}{2\pi(R+d)}$$

方向垂直于纸面(正值向外).

**14—14** 已知真空中电流分布如图 14—14 所示,两个半圆共面,且具有公共圆心,试求 $O$ 点处的磁感应强度.

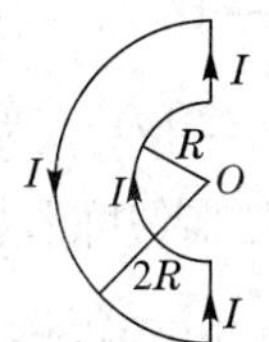

图 14—14 习题 14—14 图

**解** 利用载流圆线圈(半径 $R$)中心处的磁感应强度大小为 $B=\frac{\mu_0 I}{2R}$(详见教材中例 14—3—1),可得内半圆在 $O$ 点产生的磁感应强度为

$$B_1=\frac{\mu_0 I}{4R}$$

方向垂直于纸面向里.

外半圆在 $O$ 点产生的磁感应强度为

$$B_2 = \frac{\mu_0 I}{8R}$$

方向垂直于纸面向外.

故 $O$ 点处的磁感应强度为

$$B = \frac{\mu_0 I}{8R}$$

方向垂直于纸面向里.

**14－15** 如图 14－15 所示,在 $B=0.1\ \text{T}$ 的均匀磁场中,有一个速度大小为 $v=10^4\ \text{m}\cdot\text{s}^{-1}$ 的电子沿垂直于 $\boldsymbol{B}$ 的方向通过 $A$ 点,求电子的轨道半径和旋转频率.

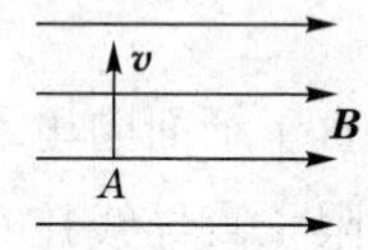


图 14－15 习题 14－15 图

**解** 由带电粒子在匀强磁场中的回转半径得,电子的轨道半径为

$$R = \frac{mv}{eB} = \frac{9.11\times10^{-31}\times10^4}{1.6\times10^{-19}\times0.1} = 5.69\times10^{-7}\ \text{m}$$

带电粒子做圆周运动的周期为 $T=\frac{2\pi m}{eB}$,故旋转频率为

$$f = \frac{eB}{2\pi m} = \frac{1.6\times10^{-19}\times0.1}{2\pi\times9.11\times10^{-31}} = 2.8\times10^9\ \text{Hz}$$

**14－16** 一根无限长直导线载有电流 $I_1=20\ \text{A}$,一矩形回路载有电流 $I_2=10\ \text{A}$,二者共面,如图 14－16 所示.已知 $a=0.01\ \text{m}$,$b=0.08\ \text{m}$,$l=0.12\ \text{m}$.求

(1)作用在矩形回路上的合力;

(2)$I_2=0$ 时,通过矩形面积的磁通量.

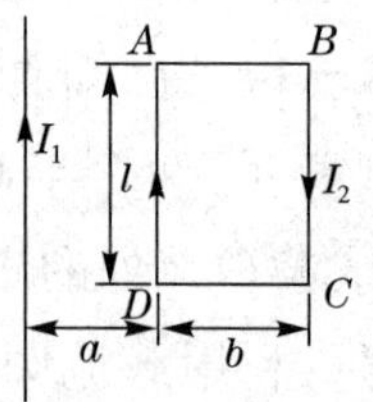


图 14－16 习题 14－16 图

**解** (1)由安培定律可知,矩形回路上 $AB$、$CD$ 两段导线所受安培力合力为零,故矩形回路上只有 $BC$、$DA$ 段受力,设 $AD$ 段受力为 $F_1$,$BC$ 段受力为 $F_2$,则所受合力为

$$
\begin{aligned}
F &= F_1 - F_2 \\
&= (B_1 - B_2) I_2 l \\
&= \left[\frac{\mu_0 I_1}{2\pi a} - \frac{\mu_0 I_1}{2\pi(a+b)}\right] I_2 l \\
&= \frac{\mu_0 I_1 I_2 l}{2\pi} \frac{b}{a(a+b)} \\
&= \frac{4\pi \times 10^{-7} \times 20 \times 10 \times 0.12}{2\pi} \times \frac{0.08}{0.01 \times (0.01 + 0.08)} \\
&= 4.27 \times 10^{-4}\,(\text{N})
\end{aligned}
$$

(2)将矩形面积分成无穷多个小矩形，宽度为 $\mathrm{d}x$，高为 $l$，如图 14－17 阴影部分所示，则通过此小矩形的磁通量为

$$
\mathrm{d}\Phi_{\mathrm{m}} = B\mathrm{d}s = \frac{\mu_0 I_1}{2\pi x} l\,\mathrm{d}x
$$

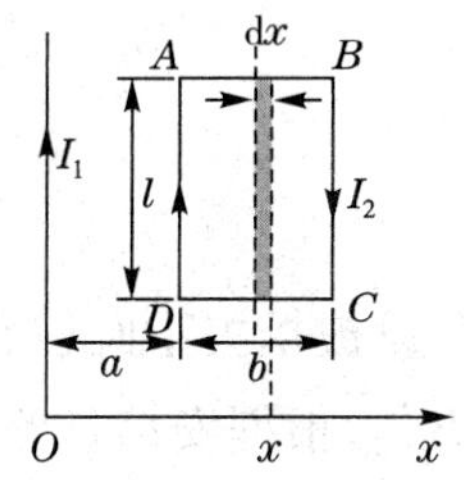

图 14－17　习题 14－16 解图

通过矩形的总通量为

$$
\begin{aligned}
\Phi_{\mathrm{m}} &= \int_a^{a+b} \frac{\mu_0 I_1 l}{2\pi} \frac{\mathrm{d}x}{x} \\
&= \frac{\mu_0 I_1 l}{2\pi} \ln \frac{a+b}{a} \\
&= \frac{4\pi \times 10^{-7} \times 20 \times 0.12}{2\pi} \ln \frac{0.01 + 0.08}{0.01} \\
&= 1.05 \times 10^{-6}\,(\text{T} \cdot \text{m}^2)
\end{aligned}
$$

**14－17**　在半径为 $R$ 的无限长金属圆柱体内部挖去一半径为 $r$ 的无限长圆柱体，两柱体的轴线平行，相距为 $d$，如图 14－18 所示. 今有电流沿空心柱体的轴线方向流动，电流 $I$ 均匀分布在空心柱体的截面上. 分别求圆柱轴线上和空心部分轴线上 $O$、$O'$ 点的磁感应强度大小.

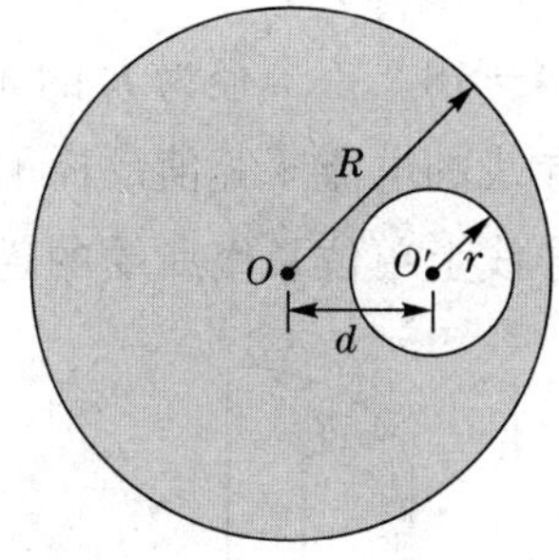

图 14－18　习题 14－17 图

**分析** 可采取"补偿法",在空心部分补偿一个小柱体,通过求电流流向相反的完整大柱体与小柱体产生的磁感应强度的叠加,求合磁感应强度. 注意,无论是完整大柱体还是小柱体,它们的电流密度均为 $\dfrac{I}{\pi R^2-\pi r^2}$.

**解** 设金属圆柱体在挖去小圆柱前在 $O$、$O'$ 处激发的磁感应强度由安培环路定理(过程略)得

$$B_{O1}=0$$

$$B_{O'1}=\frac{\mu_0 I'_1}{2\pi d}=\frac{\mu_0}{2\pi d}\frac{I}{\pi R^2-\pi r^2}\pi d^2=\frac{\mu_0}{2\pi d}\frac{I}{R^2-r^2}d^2$$

设被挖去小圆柱在 $O$、$O'$ 处激发的磁感应强度大小分别为 $B_{O2}$ 和 $B_{O'2}$,根据安培环路定理,得

$$B_{O'2}=0$$

$$B_{O2}=\frac{\mu_0 I'_2}{2\pi d}=\frac{\mu_0}{2\pi d}\frac{I}{\pi R^2-\pi r^2}\pi r^2=\frac{\mu_0}{2\pi d}\frac{I}{R^2-r^2}r^2$$

挖去小圆柱后在 $O$、$O'$ 处的磁感应强度大小分别为

$$B_O=B_{O1}-B_{O2}=-\frac{\mu_0}{2\pi d}\frac{I}{R^2-r^2}r^2$$

$$B_{O'}=B_{O'1}-B_{O'2}=\frac{\mu_0}{2\pi d}\frac{I}{R^2-r^2}d^2$$

**14-18** 一半径为 $R$ 的无限长半圆柱面导体,载有与轴线上的长直导线的电流 $I$ 等值反向的电流,如图 14-19 所示. 试求轴线上长直导线上单位长度所受的磁力.

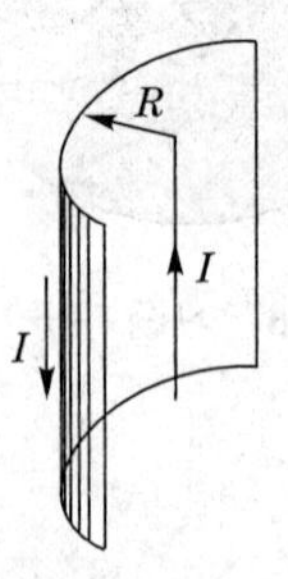


图 14-19 习题 14-18 图

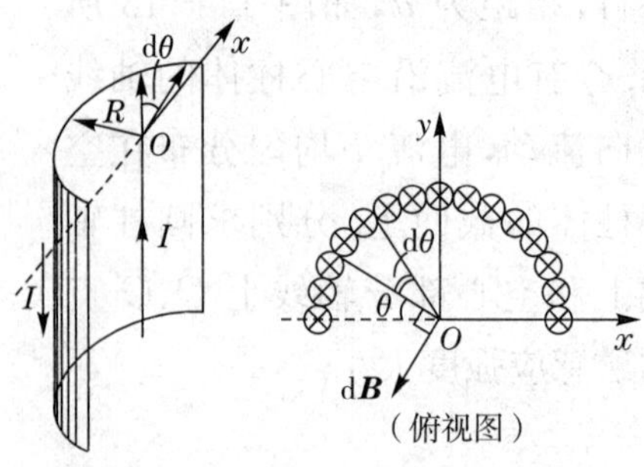


图 14-20 习题 14-18 解图

**解** 在 $\theta$ 处取平行于电流的宽度为 $\mathrm{d}\theta$ 的窄条作为电流元，如图 14－20 所示，其电流大小为

$$\mathrm{d}I=\frac{I}{\pi}\mathrm{d}\theta$$

电流元 $\mathrm{d}I$ 在长直导线处激发的磁感应强度大小为

$$\mathrm{d}B=\frac{\mu_0\mathrm{d}I}{2\pi R}=\frac{\mu_0 I}{2\pi R}\frac{\mathrm{d}\theta}{\pi}$$

根据对称性分析，半圆柱面导体在轴线上产生的磁感应强度在 $y$ 方向上的叠加为零，故只有 $x$ 方向的分量，即 $B=B_x$，故长直导线处的磁感应强度为

$$B=\int\mathrm{d}B_x=\int\sin\theta\mathrm{d}B=\int_0^{\pi}\frac{\mu_0 I}{2\pi R}\sin\theta\frac{\mathrm{d}\theta}{\pi}=\frac{\mu_0 I}{\pi^2 R}$$

方向沿 $x$ 轴负方向.

故轴线上长直导线单位长度所受的磁力为

$$f=BI=\frac{\mu_0 I^2}{\pi^2 R}$$

**14－19** 截面积为 $S$、密度为 $\rho$ 的铜导线被弯成正方形的三边，可以绕水平轴 $OO'$ 转动，如图 14－21 所示. 导线放在方向竖直向上的匀强磁场中，当导线中的电流为 $I$ 时，导线离开原来的竖直位置偏转一个角度 $\theta$ 而平衡. 求磁感应强度. 若 $S=2\ \mathrm{mm}^2$，$\rho=8.9\ \mathrm{g\cdot cm^{-3}}$，$\theta=15^\circ$，$I=10\ \mathrm{A}$，磁感应强度大小为多少？

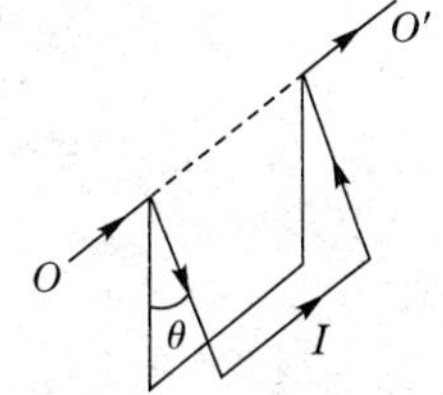

图 14－21　习题 14－19 图

**分析** 利用力矩平衡来解题.

**解** 将正方形三边长设为 $l$，磁场力的力矩为

$$M_F=Fl\cos\theta=BIll\cos\theta=BIl^2\cos\theta$$

方向为垂直于纸面向外.

重力的力矩为

$$M_{mg}=\rho gSl\cdot l\sin\theta+2\rho gSl\cdot\frac{1}{2}l\sin\theta=2\rho gSl^2\sin\theta$$

方向为垂直于纸面向里.

由平衡条件 $M_F=M_{mg}$，得

$$BIl^2\cos\theta = 2\rho gSl^2\sin\theta$$

因此,$B$ 的大小为

$$B = \frac{2\rho gS}{I}\tan\theta = \frac{2\times 8.9\times 10^3\times 9.8\times 2\times 10^{-6}}{10}\times \tan 15^\circ$$
$$= 9.35\times 10^{-3}\,(\mathrm{T})$$

# 第十五章

# 磁场中的磁介质

## 基本要求

1. 了解顺磁质、抗磁质和铁磁质的特点及磁化机制.

2. 理解有磁介质时的高斯定理和安培环路定理,并能利用安培环路定理求解有磁介质时具有一定对称性的磁场分布.

## 基本内容

### 一、磁介质

1. 磁介质的分类

根据相对磁导率 $\mu_r$ 的大小,可以将磁介质分为顺磁质、抗磁质和铁磁质三类.

2. 磁化强度矢量

$$\boldsymbol{M}=\frac{\sum \boldsymbol{P}_m+\sum \Delta \boldsymbol{P}_m}{\Delta V}$$

式中,$\Delta V$ 为磁介质某点处所取体积元的体积,$\sum \boldsymbol{P}_m$ 为体积元内磁介质磁化后分子磁矩的矢量和,$\sum \Delta \boldsymbol{P}_m$ 为体积元内磁介质磁化后分子附加磁矩的矢量和.

3. 磁化电流

磁化电流是磁矩的宏观效果.

$$\oint_L \boldsymbol{M}\cdot \mathrm{d}\boldsymbol{l}=\sum_{L_内} I_s$$

式中,$I_s$ 称为磁化面电流(束缚电流),是磁介质被磁化后分子附加磁矩的宏观效果.

## 二、磁介质中的安培环路定理

1. 磁场强度 $\boldsymbol{H}$

$$\boldsymbol{H}=\frac{\boldsymbol{B}}{\mu_0}-\boldsymbol{M}$$

2. 磁介质中的安培环路定理

$$\oint_L \boldsymbol{H}\cdot \mathrm{d}\boldsymbol{l}=\sum I$$

式中,$I$ 为闭合回路 $L$ 所包围并穿过的传导电流.

3. $\boldsymbol{B}$ 与 $\boldsymbol{H}$ 的关系

$$\boldsymbol{B}=\mu_0\mu_r\boldsymbol{H}=\mu\boldsymbol{H}$$

式中,$\mu_r$、$\mu$ 分别为相对磁导率、磁导率.

## 三、铁磁质

1. 铁磁质的主要特点

$\boldsymbol{B}$ 与 $\boldsymbol{H}$ 不是线性关系,而是复杂的函数关系.

2. 磁化曲线与磁滞回线

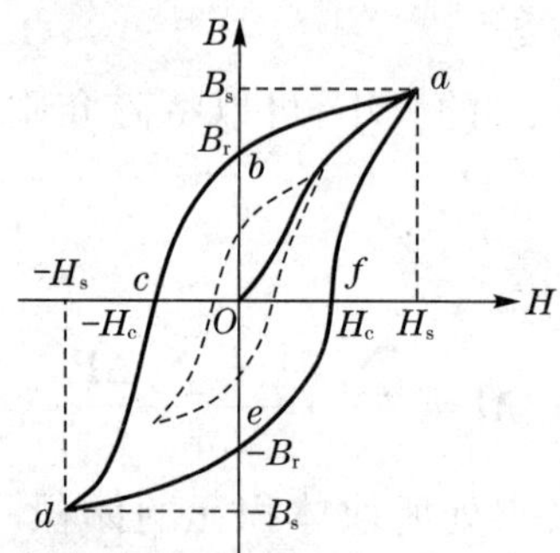


图 15-1 起始磁化曲线和磁滞回线

3. 铁磁材料的分类

软磁材料、硬磁材料、矩磁材料.

## 典型例题

**例 15—1** 如图 15—2 所示，一铁制的螺绕环平均周长为 30 cm，截面积为 1 cm²，在环上均匀绕以 300 匝导线. 当绕线内的电流为 0.032 A 时，环内的磁通量为 $2\times10^{-6}$ Wb，试计算：

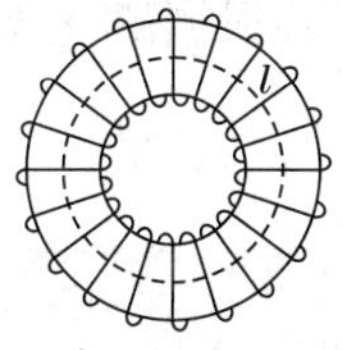

图 15—2 例题 15—1 图

(1)环内的磁感应强度；

(2)磁场强度；

(3)磁化面电流；

(4)环内材料的磁导率、相对磁导率及磁化率；

(5)环芯内的磁化强度的值.

**解** (1)由于环内磁通量

$$\Phi=\boldsymbol{B}\cdot\boldsymbol{S}=BS$$

其中 $S$ 为截面积，故

$$B=\frac{\Phi}{S}=0.02(\mathrm{T})$$

(2)取平均周长 $l=30$ cm 为安培环路，根据介质中的安培环路定理，设磁场强度为 $\boldsymbol{H}$，则

$$\oint_l \boldsymbol{H}\cdot\mathrm{d}\boldsymbol{l}=\sum I$$

即

$$H=\frac{NI}{l}=32(\mathrm{A\cdot m^{-1}})$$

方向与线圈内电流满足右手螺旋关系.

(3)根据定义，磁化面电流密度为

$$j_s=M=\frac{B}{\mu_0}-H$$

$$I_s=j_S\cdot l=\left(\frac{B}{\mu_0}-H\right)\cdot l=4.78\times10^3(\mathrm{A})$$

(4)根据磁导率定义，有

$$\mu=\frac{B}{H}=6.25\times10^{-4}(\mathrm{T\cdot m\cdot A^{-1}})$$

$$\mu_r = \frac{\mu}{\mu_0} = 498, \mu_m = \mu_r - 1 = 497$$

(5)根据磁化强度定义,有

$$M = j_s = \frac{B}{\mu_0} - H = 1.59 \times 10^4 (\text{A} \cdot \text{m}^{-1})$$

# 习题分析与解答

## 一、选择题

**15-1** 如图15-3所示的三条线分别表示三种不同磁介质的$B-H$关系.下列说法中正确的是 ( )

(A)Ⅲ表示抗磁质,Ⅱ表示顺磁质,Ⅰ表示铁磁质

(B)Ⅱ表示抗磁质,Ⅰ表示顺磁质,Ⅲ表示铁磁质

(C)Ⅰ表示抗磁质,Ⅱ表示顺磁质,Ⅲ表示铁磁质

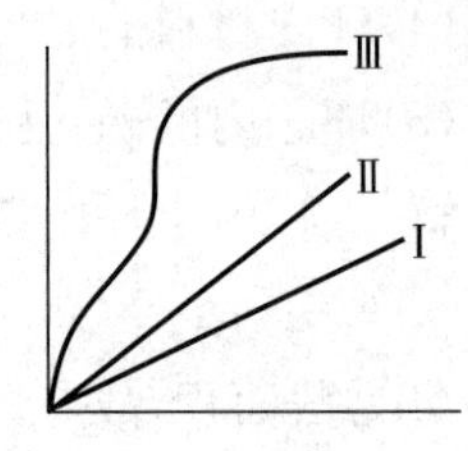

图15-3 习题15-1图

(D)Ⅰ表示抗磁质,Ⅲ表示顺磁质,Ⅱ表示铁磁质

**分析与解** 根据$\boldsymbol{B}$与$\boldsymbol{H}$的关系$B=\mu H$知,曲线上每一点的斜率即磁导率$\mu=\mu_0\mu_r$,故根据抗磁质$\mu_r<1$,顺磁质$\mu_r>1$及铁磁质的特点,结合曲线Ⅰ与Ⅱ的相对关系,容易判定:Ⅰ为抗磁质,Ⅱ为顺磁质,Ⅲ为铁磁质.

可知选择(C).

**15-2** 下列说法中,正确的是 ( )

(A)磁场强度$\boldsymbol{H}$的安培环路定理$\oint_L \boldsymbol{H} \cdot \mathrm{d}\boldsymbol{l} = \sum I_{内}$表明,若闭合回路$L$内没有包围传导电流,则回路$L$上各点$\boldsymbol{H}$必为零

(B)$\boldsymbol{H}$仅与传导电流有关

(C)对各向同性的非铁磁质,不论抗磁质,还是顺磁质,$\boldsymbol{B}$总与$\boldsymbol{H}$同向

(D)对于所有的磁介质$\boldsymbol{H}=\frac{\boldsymbol{B}}{\mu}$都成立,其中$\mu$均为常数

**分析与解**　磁介质中的安培环路定理$\oint_L \boldsymbol{H}\cdot \mathrm{d}\boldsymbol{l}=\sum I_{内}$表明，$\boldsymbol{H}$的环流仅与环路所围传导电流有关，并非反映$\boldsymbol{H}$与环路所围自由电流的直接关系，故$\oint_L \boldsymbol{H}\cdot \mathrm{d}\boldsymbol{l}$等于零并不代表$\boldsymbol{H}$必为零，如一根无限长直导线在其旁作一个不包围这根导线的安培环路，显然此时$\oint_L \boldsymbol{H}\cdot \mathrm{d}\boldsymbol{l}$为零，但安培环路上的各点$\boldsymbol{H}$不为零，故(A)错. $\boldsymbol{H}$与传导电流、磁化面电流有关，故(B)错. (D)选项反例：铁磁质.

可知选择(C).

**15－3**　用细导线均匀密绕成长为$l$、半径为$a(l\gg a)$、总匝数为$N$的螺线管，通以稳恒电流$I$，当管内充满相对磁导率为$\mu_r$的均匀介质后，管中任意一点的　(　　)

(A)磁感应强度大小为$\mu_0\mu_r NI$　(B)磁感应强度大小为$\mu_r NI/l$

(C)磁场强度大小为$\mu_r NI/l$　(D)磁场强度大小为$NI/l$

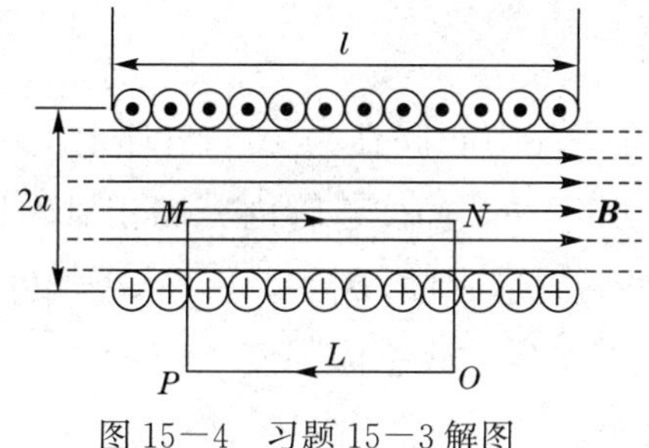


图 15－4　习题 15－3 解图

**分析与解**　如图 15－4 所示，由磁介质中的安培环路定理$\oint_L \boldsymbol{H}\cdot \mathrm{d}\boldsymbol{l}=\sum I$得：在回路$MNOP$中，有

$$\oint_L \boldsymbol{H}\cdot \mathrm{d}\boldsymbol{l}=H\overline{MN}=\overline{MN}\frac{N}{l}I$$

因此，磁场强度大小为

$$H=\frac{N}{l}I$$

而磁感应强度大小为

$$B=\mu H=\mu\frac{N}{l}I=\mu_0\mu_r\frac{N}{l}I$$

可知选择(D).

**15－4** 一均匀磁化的磁棒长 30 cm,直径为 10 mm,磁化强度为 $1200\ \mathrm{A\cdot m^{-1}}$. 它的磁矩为 ( )

(A) $1.13\ \mathrm{A\cdot m^2}$ (B) $2.26\ \mathrm{A\cdot m^2}$

(C) $1.12\times10^{-2}\ \mathrm{A\cdot m^2}$ (D) $2.83\times10^{-2}\ \mathrm{A\cdot m^2}$

**分析与解** 如图 15－5 所示,由 $\oint_L \boldsymbol{M}\cdot \mathrm{d}\boldsymbol{l} = ML = I_s$, $I_s$ 为磁化面电流,$p_m = I_s\pi r^2$ 知,均匀磁化磁棒的磁矩大小为

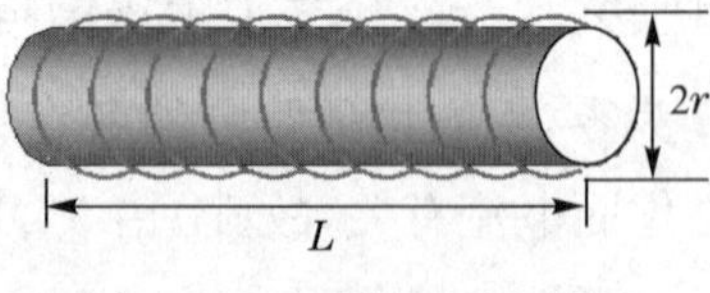

图 15－5 习题 15－4 解图

$$p_m = ML\pi r^2 = 1200\times0.3\times\pi\left(\frac{10\times10^{-3}}{2}\right)^2$$

$$= 2.83\times10^{-2}(\mathrm{A\cdot m^2})$$

可知选择(D).

## 二、填空题

**15－5** 细螺绕环中心周长为 10 cm,环上均匀密绕线圈为 200 匝,线圈中通有 0.1 A 的电流. 若管内充满相对磁导率 $\mu_r = 4\,200$ 的磁介质,则管内的磁感应强度 $|\boldsymbol{B}|=$______,磁场强度 $|\boldsymbol{H}|=$______;其中由导线中电流产生的磁感应强度 $|\boldsymbol{B}_0|=$______,由磁化电流产生的 $|\boldsymbol{B}'|=$______.

**解** 由介质中的安培环路定理 $\oint_L \boldsymbol{H}\cdot\mathrm{d}\boldsymbol{l} = \sum I$, 知

$$H\oint_L \mathrm{d}l = \sum I$$

将 $\sum I = 0.1\times200\ \mathrm{A}$, $\oint_L \mathrm{d}l = 0.1\ \mathrm{m}$ 代入,得 $|H| = 200\ \mathrm{A\cdot m^{-1}}$,故 $|\boldsymbol{B}| = \mu_0\mu_r H = 1.06\ \mathrm{T}$.

由导线中电流产生的磁感应强度大小 $B_0 = \mu_0 nI$,将 $n=\frac{200}{0.1}$, $I=0.1\ \mathrm{A}$ 代入得 $|\boldsymbol{B}_0| = 2.5\times10^{-4}\ \mathrm{T}$.

故由磁化电流产生的 $|\boldsymbol{B}'| = |\boldsymbol{B}| - |\boldsymbol{B}_0| = 1.06\ \mathrm{T}$.

**15－6** 把两种不同的磁介质分别放在磁铁的两个磁极之间,

磁化后也成为磁体,但两极的位置不同,如图 15－6 所示. 其中图(a)所示的是________,图(b)所示的是________.

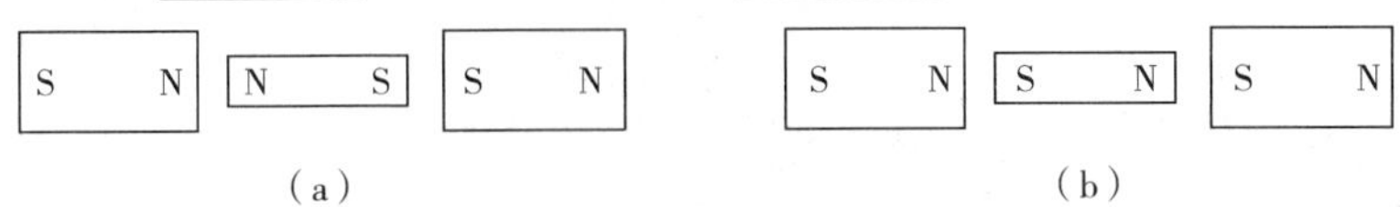


图 15－6 习题 15－6 图

**解** 因为顺磁质磁化后产生的附加磁场与外磁场同方向,而抗磁质反之,由图 15－6 易知,(a)图所示为抗磁质,(b)为顺磁质.

**15－7** 一介质圆环各点的磁化强度 $\boldsymbol{M}$ 沿切向,大小相同,如图 15－7 所示. 磁化电流面密度 $\boldsymbol{j}_s=$______,磁化电流产生的磁场 $\boldsymbol{B}'$可根据________定律计算,介质环内中心线上的 $\boldsymbol{B}'=$________.

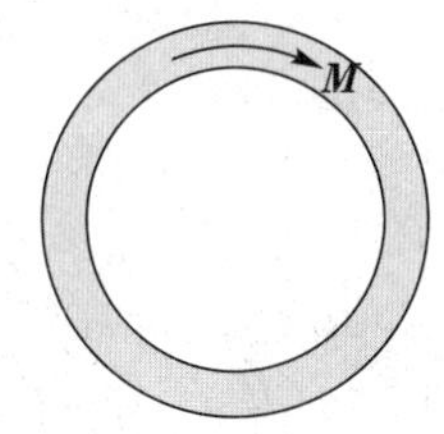


图 15－7 习题 15－7 图

**分析与解** 若环上的单位法向矢量为 $\boldsymbol{n}$,则 $\boldsymbol{j}_s$ 与 $\boldsymbol{M}$ 成右手螺旋定则,即 $\boldsymbol{j}=\boldsymbol{M}\times\boldsymbol{n}$. 磁化电流产生的磁场可根据毕奥－萨伐尔定律计算,介质环内中心线上的$\boldsymbol{B}'=\mu_0\boldsymbol{M}$,因为 $\oint_L \boldsymbol{B}'\cdot \mathrm{d}\boldsymbol{l}=\mu_0\left(\sum I+\oint_L \boldsymbol{M}\cdot\mathrm{d}\boldsymbol{l}\right)=\mu_0\oint_L \boldsymbol{M}\cdot\mathrm{d}\boldsymbol{l}$,故 $\boldsymbol{B}'=\mu_0\boldsymbol{M}$.

## 三、计算题

**15－8** 在生产当中,为了测试某种材料的相对磁导率,常将这种材料做成截面为圆形的圆环形螺线管的芯子. 设环上绕有线圈 200 匝,平均围长为 0.10 m,横截面积为 $5\times10^{-5}\ \mathrm{m}^2$,当线圈内通有电流 0.1 A 时,用磁通计测得穿过环形螺线管横截面积的磁通量为 $6\times10^{-5}$ Wb,试计算该材料的相对磁导率.

**分析** 在圆环形螺线管中,由 $\Phi=\int_S \boldsymbol{B}\cdot\mathrm{d}\boldsymbol{S}=BS$($\Phi$,$S$ 已知)可求得 $\boldsymbol{B}$ 的值,且由磁介质中的安培环路定理$\oint_L \boldsymbol{H}\cdot\mathrm{d}\boldsymbol{l}=\sum I_{(传导)}$ 得 $H$,利用 $H$ 与 $B$ 的关系 $B=\mu_0\mu_r H$,可得 $\mu_r$ 的值.

**解** 由已知,$N=200$ 匝,平均围长为 $L=0.1$ m,$S=5\times10^{-5}\ \mathrm{m}^2$,$I=0.1$ A,$\Phi=6\times10^{-5}$ Wb. 故

$$\Phi=\int_S \boldsymbol{B}\cdot\mathrm{d}\boldsymbol{S}=BS=6\times10^{-5}\ \mathrm{Wb}$$

所以

$$B = \frac{6}{5}\ \mathrm{T}$$

由$\oint_L \boldsymbol{H} \cdot \mathrm{d}\boldsymbol{l} = \sum I_{(传导)}$，得

$$H \cdot L = NI$$

即

$$H \times 0.1 = 200 \times 0.1$$

得

$$H = 200\ \mathrm{T}$$

故

$$\mu_r = \frac{B}{\mu_0 H} = \frac{6}{5 \times 4\pi \times 10^{-7} \times 200} = 4.78 \times 10^3$$

**15－9** 一无限长圆柱形铜线，半径为$R_1$，铜线外包有一层圆筒形顺磁质，外半径为$R_2$，相对磁导率为$\mu_r$，导线中通以电流$I$，均匀分布在导线横截面上，如图15－8所示. 试求：

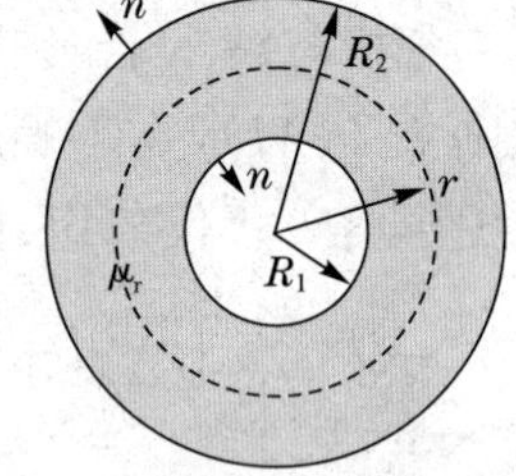

图15－8 习题15－9图

(1)离导线轴线为$r$处的$\boldsymbol{H}$和$\boldsymbol{B}$的大小；

(2)磁介质内、外表面上的磁化电流密度.

**分析** 由磁介质中的安培环路定理及$\boldsymbol{H}$与$\boldsymbol{B}$的关系$\boldsymbol{B}=\mu_0\mu_r\boldsymbol{H}$可求得各处的$\boldsymbol{H}$与$\boldsymbol{B}$，又因为磁化强度$\boldsymbol{M}=\frac{\boldsymbol{B}}{\mu_0}-\boldsymbol{H}$，且$M=j_s$，可得各处的磁化电流密度$j_s$.

**解** (1)在$r<R_1$处，取半径为$r$的环路，则由$\oint_L \boldsymbol{H} \cdot \mathrm{d}\boldsymbol{l} = \sum I_{(传导)}$，得

$$H_1 \cdot 2\pi r = \frac{I}{\pi R_1^2} \cdot \pi r^2$$

由此可得

$$H_1 = \frac{Ir}{2\pi R_1^2}, B_1 = \mu_0 H_1 = \frac{\mu_0 Ir}{2\pi R_1^2}$$

在 $R_1 \leqslant r \leqslant R_2$ 处取半径为 $r$ 的环路,同上,可得

$$H_2 \cdot 2\pi r = I$$

求得

$$H_2 = \frac{I}{2\pi r}, B_2 = \mu_0 \mu_r H_2 = \frac{\mu_0 \mu_r I}{2\pi r}$$

在 $r > R_2$ 处取半径为 $r$ 的环路,同上,得

$$H_3 \cdot 2\pi r = I$$

求得

$$H_3 = \frac{I}{2\pi r},\ B_3 = \mu_0 H_3 = \frac{\mu_0 I}{2\pi r}$$

(2)当 $r = R_1$ 时,有

$$H_{R_1} = \frac{I}{2\pi R_1}, B_{R_1} = \frac{\mu_0 \mu_r I}{2\pi R_1}$$

故

$$j_{S_1} = M_{R_1} = \frac{B_{R_1}}{\mu_0} - H_{R_1} = \frac{\mu_r - 1}{2\pi R_1} I$$

当 $r = R_2$ 时,有

$$H_{R_2} = \frac{I}{2\pi R_2}, B_{R_2} = \frac{\mu_0 \mu_r I}{2\pi R_2}$$

故

$$j_{S_2} = M_{R_2} = \frac{B_{R_2}}{\mu_0} - H_{R_2} = \frac{\mu_r - 1}{2\pi R_2} I$$

**15—10** 利用有磁介质时的安培环路定理,计算充满磁介质的螺绕环内的磁感应强度 $\boldsymbol{B}$. 已知磁化场的磁感应强度为 $\boldsymbol{B}_0$,介质的磁化强度为 $\boldsymbol{M}$.

**解** 设螺绕环平均半径为 $R$,总匝数为 $N$,取与环同心的回路 $L$,传导电流 $I_0$ 共穿过此回路 $N$ 次,则有

$$\oint_L \boldsymbol{H} \cdot \mathrm{d}\boldsymbol{l} = 2\pi R H = \sum I_0 = N I_0$$

即

$$H = \frac{N}{2\pi R} I_0 = n I_0$$

式中,$n = \dfrac{N}{2\pi R}$表示单位长度上的匝数.

而磁化场的磁感应强度 $B_0$，即空心螺绕环的磁感应强度为

$$B_0 = \mu_0 n I_0$$

所以

$$B_0 = \mu_0 H$$

由习题 15－7 知，磁化电流产生的磁感应强度为

$$\boldsymbol{B}' = \mu_0 \boldsymbol{M}$$

故充满磁介质时螺绕环的磁感应强度大小为

$$B = \mu_0 (H + M) = B_0 + \mu_0 M$$

**15－11** 一个带有很窄缝隙的永磁环，已知其磁化强度为 $\boldsymbol{M}$，方向如图15－9所示. 试求图中所标各点的 $\boldsymbol{B}$ 和 $\boldsymbol{H}$.

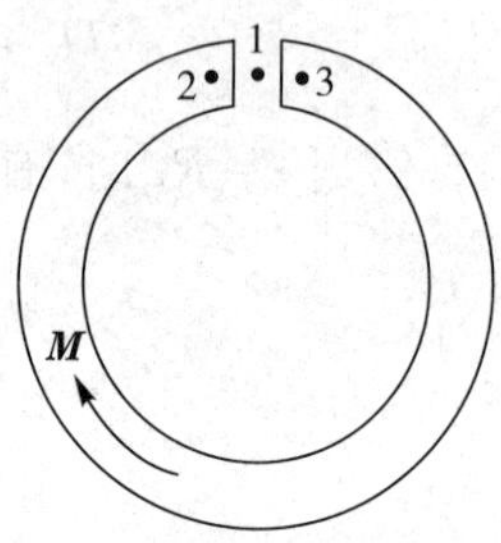

图 15－9 习题 15－11 图

**解** 由习题 15－7 知，附加磁场为

$$\boldsymbol{B}' = \mu_0 \boldsymbol{M}$$

方向与 $\boldsymbol{M}$ 相同.

因传导电流 $I_0$ 为零，得

$$\boldsymbol{B}_2 = \boldsymbol{B}_1 = \boldsymbol{B}_3 = \mu_0 \boldsymbol{M}$$

因为

$$\boldsymbol{H} = \frac{\boldsymbol{B}}{\mu_0} - \boldsymbol{M}$$

且点 1 在空隙中，点 2，3 在介质中，故

$$\boldsymbol{M}_1 = 0, \boldsymbol{M}_2 = \boldsymbol{M}_3 = \boldsymbol{M}$$

所以

$$\boldsymbol{H}_1 = \boldsymbol{M}, \boldsymbol{H}_2 = \boldsymbol{H}_3 = \frac{\boldsymbol{B}_2}{\mu_0} - \boldsymbol{M}_2 = 0$$

**15－12** 如图 15－10 所示，相对磁导率为 $\mu_{r_1}$ 的无限长磁介质圆柱，半径为 $R_1$，通以电流 $I$，且电流沿横截面均匀分布. 在磁介质圆柱的外面有半径为 $R_2$ 的无限长同轴圆柱面，该圆柱面上通有大小也为 $I$ 但方向相反的电流，在圆柱面和圆柱体之间充满相对磁导率为 $\mu_{r2}(>\mu_{r1})$ 的

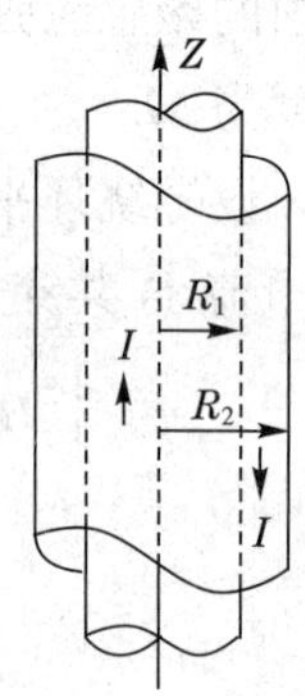

图 15－10 习题 15－12 图

均匀磁介质,圆柱面外为真空. 试求 $\boldsymbol{B}$ 和 $\boldsymbol{H}$ 的分布,以及在半径为 $\boldsymbol{R}_1$ 的界面上磁化电流 $I_s$ 的大小.

**分析** 由介质中的安培环路定理$\oint_L \boldsymbol{H}\cdot \mathrm{d}\boldsymbol{l}=\sum I_{(传导)}$,选取合适的回路可求 $\boldsymbol{H}$,再利用 $\boldsymbol{B}=\mu_0\mu_r\boldsymbol{H}$ 可得 $\boldsymbol{B}$. 另一方面,磁化强度 $\boldsymbol{M}=\dfrac{\boldsymbol{B}}{\mu_0}-\boldsymbol{H}=(\mu_r-1)\boldsymbol{H}$,$\oint_L \boldsymbol{M}\cdot \mathrm{d}\boldsymbol{l}=I_s$,故 $I_s$ 可求.

**解** 在 $r<R_1$ 处,取闭合回路 $L_1$ 与 $I$ 成右手螺旋关系,则

$$\oint_{L_1} \boldsymbol{H}_1\cdot \mathrm{d}\boldsymbol{l}=\sum I_{(传导)}$$

即

$$H_1\cdot 2\pi r=\frac{I}{\pi R_1^2}\cdot \pi r^2$$

由此,求得

$$H_1=\frac{Ir}{2\pi R_1^2},B_1=\mu_0\mu_{r1}H_1=\frac{\mu_0\mu_{r1}Ir}{2\pi R_1^2}$$

在 $R_1<r<R_2$ 处,取闭合回路 $L_2$,则

$$\oint_{L_2} \boldsymbol{H}_2\cdot \mathrm{d}\boldsymbol{l}=\sum I_{(传导)}$$

即

$$H_2\cdot 2\pi r=I$$

由此,求得

$$H_2=\frac{I}{2\pi r},B_2=\mu_0\mu_{r2}H_2=\frac{\mu_0\mu_{r2}I}{2\pi r}$$

在 $r>R_2$ 处,取闭合回路 $L_3$,同上,可得

$$H_3=0,B_3=0$$

在 $r=R_1$ 处,有

$$H_{R_1}=\frac{I}{2\pi R_1}$$

由于两种磁介质的存在,等效的磁化面电流 $I_{s1}$、$I_{s2}$反向,故

$$\begin{aligned}I_s=I_{s2}-I_{s1}&=2\pi R_1\cdot\left[\frac{I}{2\pi R_1}(\mu_{r2}-1)-\frac{I}{2\pi R_1}(\mu_{r1}-1)\right]\\&=I(\mu_{r2}-\mu_{r1})\end{aligned}$$

# 第十六章

## 电磁感应 电磁场

### 基本要求

1. 掌握法拉第电磁感应定律和楞次定律,并能熟练地应用它们分析一些较为简单的电磁感应问题.

2. 理解感生电场的概念,掌握动生电动势和感生电动势的计算方法.

3. 理解自感和互感现象及其规律,理解自感系数和互感系数的计算方法.

4. 理解磁场具有能量,并能计算典型磁场的磁能.

5. 理解位移电流的物理意义,并能计算简单情况下的位移电流.

6. 了解麦克斯韦方程组(积分形式)的物理意义以及电磁场的物质性.

7. 了解电感和电容电路的暂态过程;了解电磁场的统一性与相对性.

### 基本内容

#### 一、法拉第电磁感应定律

$$\varepsilon_{\mathrm{i}} = -\frac{\mathrm{d}\Phi_{\mathrm{m}}}{\mathrm{d}t}$$

1. 动生电动势

$$\varepsilon_{\mathrm{i}} = \int \boldsymbol{E}_{\mathrm{k}} \cdot \mathrm{d}\boldsymbol{l} = \int_a^b (\boldsymbol{v} \times \boldsymbol{B}) \cdot \mathrm{d}\boldsymbol{l}$$

非静电力场来源——洛伦兹力.

2. 感生电动势

$$\varepsilon_i = \oint_L \boldsymbol{E}_{感} \cdot d\boldsymbol{l} = -\int_S \frac{\partial \boldsymbol{B}}{\partial t} \cdot d\boldsymbol{S}$$

非静电力场来源——感生电场.

## 二、自感和互感

1. 自感系数

$$L = \frac{\Phi_m}{I}$$

当线圈中的电流发生变化时，它所激发的磁场穿过该线圈自身的磁通量也随之变化，从而在该线圈自身产生感应电动势. 产生的感应电动势称为自感电动势.

$$\varepsilon_L = -L\frac{dI}{dt}$$

2. 互感系数

$$M = \frac{\Psi_{21}}{I_1} = \frac{\Psi_{12}}{I_2}$$

两个载流回路相互激起感应电动势的现象，称为互感现象. 产生的感应电动势称为互感电动势.

$$\varepsilon_{21} = -M\frac{dI_1}{dt}, \varepsilon_{12} = -M\frac{dI_2}{dt}$$

## 三、磁场的能量

1. 磁场能量密度

$$\omega_m = \frac{W_m}{V} = \frac{B^2}{2\mu} = \frac{1}{2}BH = \frac{1}{2}\mu H^2$$

2. 磁场能量

$$W_m = \int_V dW_m = \int_V \omega_m dV = \int_V \frac{B^2}{2\mu} dV = \int_V \frac{1}{2}BH dV = \int_V \frac{\mu H^2}{2} dV$$

## 四、位移电流

1. 位移电流

通过电场中某一截面的位移电流等于通过该截面的电位移通

量对时间的变化率,即

$$I_{\mathrm{d}} = \frac{\mathrm{d}\Phi_D}{\mathrm{d}t}$$

2. 位移电流密度

$$\boldsymbol{J}_{\mathrm{d}} = \frac{\mathrm{d}\boldsymbol{D}}{\mathrm{d}t}$$

3. 全电流定律

$$\oint_L \boldsymbol{H} \cdot \mathrm{d}\boldsymbol{l} = I + I_{\mathrm{d}} = \int_S \boldsymbol{J} \cdot \mathrm{d}\boldsymbol{S} + \int_S \frac{\partial \boldsymbol{D}}{\partial t} \cdot \mathrm{d}\boldsymbol{S}$$

式中,$I$ 为传导电流,$I_{\mathrm{d}}$ 为位移电流.

## 五、麦克斯韦方程

1. 积分形式

$$\oint_S \boldsymbol{D} \cdot \mathrm{d}\boldsymbol{S} = \int_V \rho \mathrm{d}V = \sum q$$

$$\oint_L \boldsymbol{E} \cdot \mathrm{d}\boldsymbol{l} = -\int_S \frac{\partial \boldsymbol{B}}{\partial t} \cdot \mathrm{d}\boldsymbol{S}$$

$$\oint_S \boldsymbol{B} \cdot \mathrm{d}\boldsymbol{S} = 0$$

$$\oint_L \boldsymbol{H} \cdot \mathrm{d}\boldsymbol{l} = \int_S (\boldsymbol{J}_C + \frac{\partial \boldsymbol{D}}{\partial t}) \cdot \mathrm{d}\boldsymbol{S}$$

2. 微分形式

$$\nabla \cdot \boldsymbol{D} = \rho$$

$$\nabla \times \boldsymbol{E} = -\frac{\partial \boldsymbol{B}}{\partial t}$$

$$\nabla \cdot \boldsymbol{B} = 0$$

$$\nabla \times \boldsymbol{H} = \boldsymbol{J}_C + \frac{\partial \boldsymbol{D}}{\partial t}$$

# 典型例题

**例 16—1** 在空间均匀的磁场 $\boldsymbol{B} = B\boldsymbol{z}$ 中,导线 $ab$ 绕 $z$ 轴以 $\omega$ 匀速旋转,导线 $ab$ 与 $z$ 轴夹角为 $\alpha$,设 $\overline{ab} = L$,求导线 $ab$ 中的电动势.

**解** 建立如图16－1所示坐标系，在坐标系中 $l$ 处取 $\mathrm{d}\boldsymbol{l}$，该段导线运动速度垂直于纸面向内，运动半径为 $r$. 则

$$|\boldsymbol{v}\times\boldsymbol{B}| = vB = \omega Br = \omega Bl\sin\alpha$$

方向如图16－1所示. 因为

$$\theta = \frac{\pi}{2} - \alpha$$

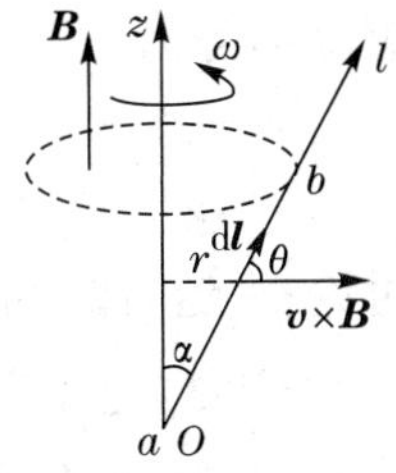

图16－1 例题16－1解图

故 $\mathrm{d}\boldsymbol{l}$ 导线上产生的电动势为

$$\mathrm{d}\varepsilon_{\mathrm{i}} = (\boldsymbol{v}\times\boldsymbol{B})\cdot\mathrm{d}\boldsymbol{l} = \omega Bl\sin\alpha\mathrm{d}l\cos\theta = \omega Bl\sin^2\alpha\mathrm{d}l$$

所以导线 $ab$ 产生的电动势为

$$\varepsilon_{\mathrm{i}} = \int\mathrm{d}\varepsilon_{\mathrm{i}} = B\omega\sin^2\alpha\int_0^L l\mathrm{d}l = \frac{B\omega L^2}{2}\sin^2\alpha$$

可见 $\varepsilon_{\mathrm{i}}>0$，说明电动势方向与积分方向相同，从 $a$ 指向 $b$.

请读者思考：能否利用法拉第电磁感应定律 $\varepsilon_{\mathrm{i}} = -\frac{\mathrm{d}\Phi_{\mathrm{m}}}{\mathrm{d}t}$ 求解？

**例16－2** 无限长直导线通交流电，置于磁导率为 $\mu$ 的介质中，求与其共面的 $N$ 匝矩形回路中的感应电动势. 已知 $I = I_0\sin\omega t$ .

**解** 建立如图16－2所示坐标系，取回路方向为顺时针，在任意坐标 $x$ 处取一面元 $\mathrm{d}\boldsymbol{S}$，其大小为 $\mathrm{d}S=l\mathrm{d}x$，方向垂直于纸面向里，此处由无限长直导线产生的磁感应强度大小为 $B=\frac{\mu I}{2\pi x}$（过程略），方向亦垂直于纸面向里，故对于单匝线圈，$\mathrm{d}\boldsymbol{S}$ 上的磁通量为

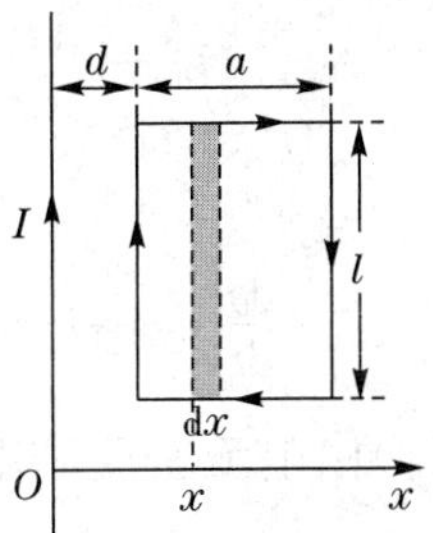

图16－2 例题16－2解图

$$\mathrm{d}\Phi = \boldsymbol{B}\cdot\mathrm{d}\boldsymbol{S} = \frac{\mu I}{2\pi x}l\,\mathrm{d}x$$

$N$ 匝矩形回路上的磁通链数为

$$\Psi = N\Phi = N\int_S\mathrm{d}\Phi = N\int_d^{d+a}\frac{\mu I}{2\pi x}l\,\mathrm{d}x = \frac{N\mu Il}{2\pi}\ln\frac{d+a}{d}$$

$$= \frac{\mu NI_0l}{2\pi}\sin\omega t\ln\frac{d+a}{d}$$

故感应电动势为

$$\varepsilon_{\mathrm{i}}=-\frac{\mathrm{d}\Psi}{\mathrm{d}t}=-\frac{\mu N I_0 l\omega}{2\pi}\cos\omega t\ln\frac{d+a}{d}$$

**讨论:**$\varepsilon_{\mathrm{i}}$ 随着时间呈周期性变化——交变的电动势,其值有正有负. 当 $\varepsilon_{\mathrm{i}}>0$ 时,电动势方向与原来所取回路方向一致;当 $\varepsilon_{\mathrm{i}}<0$ 时,电动势方向与所取回路方向相反.

**例 16-3** 平行板电容器的正方形极板边长为 0.3 m(如图 16-3 所示,俯视图),当放电电流为 1.0 A 时,忽略边缘效应,求:

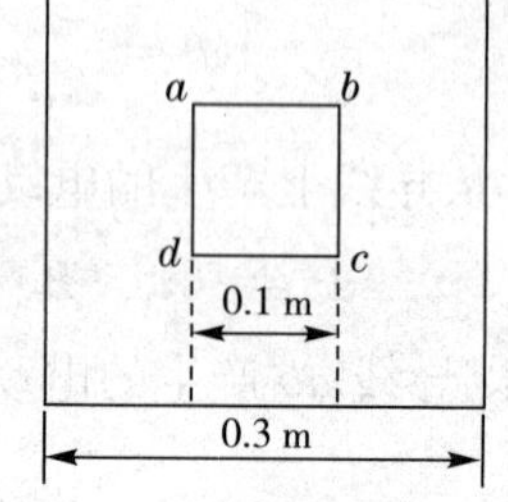

图 16-3 例题 16-3 图

(1)两极板上面电荷密度随时间的变化率;

(2)通过极板中如图所示的正方形回路 $abcda$ 区间的位移电流大小;

(3)环绕此正方形回路的 $\oint_l \boldsymbol{B}\cdot\mathrm{d}\boldsymbol{l}$ 的大小.

**解** (1)根据位移电流和电位移通量的关系,有

$$I_{\mathrm{d}}=\frac{\mathrm{d}\Phi_D}{\mathrm{d}t}=\frac{\mathrm{d}}{\mathrm{d}t}(DS)=\frac{\mathrm{d}}{\mathrm{d}t}(\sigma S)=S\frac{\mathrm{d}\sigma}{\mathrm{d}t}$$

所以

$$\frac{\mathrm{d}\sigma}{\mathrm{d}t}=\frac{1}{S}I_{\mathrm{d}}=\frac{1.0}{(0.3)^2}=11.1\ (\mathrm{C\cdot s^{-1}\cdot m^{-2}})$$

(2)由电流密度和电流强度的关系,有

$$I'_{\mathrm{d}}=\int_{S_{abcd}}\boldsymbol{J}_{\mathrm{d}}\cdot\mathrm{d}\boldsymbol{S}=J_{\mathrm{d}}S_{abcd}=\frac{\mathrm{d}\sigma}{\mathrm{d}t}\cdot S_{abcd}=11.1\times0.1^2=0.111\ (\mathrm{A})$$

(3)根据磁介质中的安培环路定理,有

$$\oint_{abcda}\boldsymbol{H}\cdot\mathrm{d}\boldsymbol{l}=I'_{\mathrm{d}}=0.111\ (\mathrm{A})$$

所以

$$\oint_{abcda}\boldsymbol{B}\cdot\mathrm{d}\boldsymbol{l}=\mu_0\oint_{abcda}\boldsymbol{H}\cdot\mathrm{d}\boldsymbol{l}=4\pi\times10^{-7}\times0.111$$

$$=1.39\times10^{-7}\ (\mathrm{Wb\cdot m^{-1}})$$

# 习题分析与解答

## 一、选择题

**16－1** 如图 16－4 所示，有一边长为 1 m 的立方体，处于沿 $y$ 轴指向的强度为 0.2 T 的均匀磁场中，导线 $a,b,c$ 都以 $50\ \mathrm{cm\cdot s^{-1}}$ 的速度沿图中所示方向运动，则 （　　）

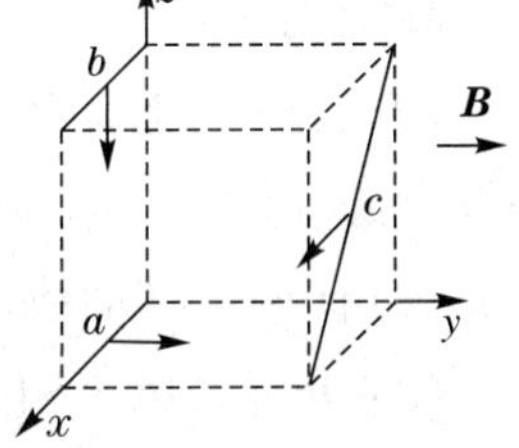

图 16－4　习题 16－1 图

(A)导线 $a$ 内等效非静电性场强的大小为 $0.1\ \mathrm{V\cdot m^{-1}}$

(B)导线 $b$ 内等效非静电性场强的大小为零

(C)导线 $c$ 内等效非静电性场强的大小为 $0.2\ \mathrm{V\cdot m^{-1}}$

(D)导线 $c$ 内等效非静电性场强的大小为 $0.1\ \mathrm{V\cdot m^{-1}}$

**分析与解**　由 $\boldsymbol{E}_{\mathrm{k}}=\boldsymbol{v}\times\boldsymbol{B}$ 知，导线 $a$ 内等效非静电性场强大小为 $E_{\mathrm{k}a}=0$，导线 $b$ 内为 $E_{\mathrm{k}b}=0.1\ \mathrm{V\cdot m^{-1}}$，导线 $c$ 内为 $E_{\mathrm{k}c}=0.1\ \mathrm{V\cdot m^{-1}}$.

可知选择(D).

**16－2**　如图 16－5 所示，导线 $AB$ 在均匀磁场中做下列四种运动：

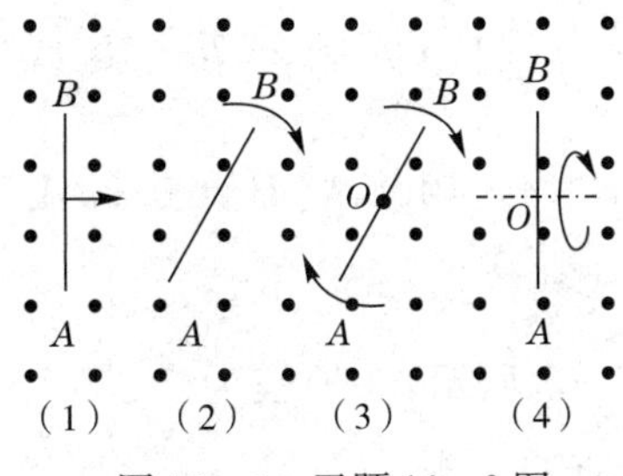

图 16－5　习题 16－2 图

(1)垂直于磁场平动；

(2)绕固定端 $A$ 做垂直于磁场转动；

(3)绕其中心点 $O$ 做垂直于磁场转动；

(4)绕通过中心点 $O$ 的水平轴平行于磁场转动.

关于导线 $AB$ 的感应电动势，下列结论中错误的是 （　　）

(A)(1)有感应电动势,$A$ 端为高电势

(B)(2)有感应电动势,$B$ 端为高电势

(C)(3)无感应电动势

(D)(4)无感应电动势

**分析与解**　由 $\mathrm{d}\varepsilon_i=(\boldsymbol{v}\times\boldsymbol{B})\cdot\mathrm{d}\boldsymbol{l}$ 和右手螺旋定则知:

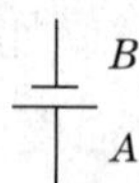

图 16－6　习题 16－2 解图

(1)有感应电动势,方向由 $B$ 指向 $A$,等效电源如图 16－6 所示,故 $A$ 点电势高;

(2)有感应电动势,同(1),方向由 $B$ 指向 $A$,故 $A$ 点电势高;

(3)$OB$ 和 $OA$ 产生的感应电动势大小相等,方向相反,故没有感应电动势;

(4)由于导线 $AB$ 没有切割磁感应线,故不会产生感应电动势.

可知选择(B).

**16－3**　一"探测线圈"由 50 匝导线组成,截面积 $S=4\ \mathrm{cm}^2$,电阻 $R=25\ \Omega$.若把探测线圈在磁场中迅速翻转 $90^\circ$,测得通过线圈的电荷量为 $\Delta q=4\times10^{-5}$ C,则磁感应强度 $B$ 的大小为　(　　)

(A)0.01 T　(B)0.05 T　(C)0.1 T　(D)0.5 T

**分析与解**　由感应电流 $I_i=\dfrac{\mathrm{d}q}{\mathrm{d}t}=-\dfrac{1}{R}\dfrac{\mathrm{d}\Phi}{\mathrm{d}t}$ 知, $q=\int_{t_1}^{t_2}I\mathrm{d}t=-\dfrac{1}{R}\int_{\Phi_1}^{\Phi_2}\mathrm{d}\Phi$. 由题意, $q=-\dfrac{1}{R}\int_{\Phi_1}^{\Phi_2}\mathrm{d}\Phi=\dfrac{1}{R}(\Phi_1-\Phi_2)$, $\Phi_1-\Phi_2=NBS$. 即 $4\times10^{-5}=\dfrac{1}{25}\times50\times B\times4\times10^{-4}$,故 $B=0.05\ \mathrm{T}$.

可知选择(B).

**16－4**　如图 16－7 所示,一根长为 1 m 的细直棒 $ab$,绕垂直于棒且过其一端 $a$ 的轴以每秒 2 转的角速度旋转,棒的旋转平面垂直于 0.5 T 的均匀磁场,则在棒的中点,等效非静电性场强的大小和方向为　(　　)

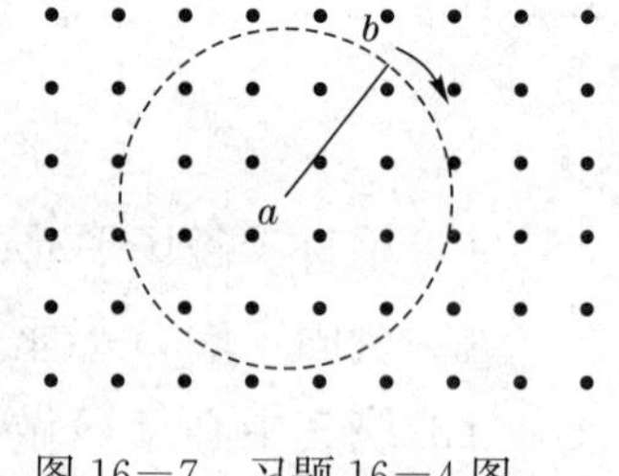

图 16－7　习题 16－4 图

(A)314 $\mathrm{V\cdot m^{-1}}$,方向由 $a$ 指向 $b$　(B)6.28 $\mathrm{V\cdot m^{-1}}$,方向由 $a$ 指向 $b$

(C)3.14 $\mathrm{V\cdot m^{-1}}$,方向由 $b$ 指向 $a$　(D)628 $\mathrm{V\cdot m^{-1}}$,方向由 $b$ 指向 $a$

**分析与解** 由 $\boldsymbol{E}_k=\boldsymbol{v}\times\boldsymbol{B}$ 知，棒中点的非静电场强大小为

$$E_k = r\omega B = \frac{1}{2}\times(2\pi n)\times B$$

$$= \frac{1}{2}\times(2\pi\times 2)\times 0.5 = 3.14\ \text{V}\cdot\text{m}^{-1}$$

由右手螺旋定则可知，方向由 $b$ 指向 $a$.

可知选择(C).

## 二、填空题

**16－5** 电阻 $R=2\ \Omega$ 的闭合导体回路置于变化磁场中，通过回路包围面积的磁通量与时间的关系为 $\Phi_m=(5t^2+8t-2)\times10^{-3}$ (Wb)，则在 $t=2$ s 至 $t=3$ s 的时间内，流过回路导体横截面的感应电荷 $q_t=$___________C.

**解** 由 $q=-\frac{1}{R}\int_{\Phi_1}^{\Phi_2}\mathrm{d}\Phi_m$，$\Phi_m=(5t^2+8t-2)\times10^{-3}$(Wb) 知，流过回路导体横截面的感应电荷为

$$q_t=\int_{t_1}^{t_2}I\mathrm{d}t=-\frac{1}{R}\int_{\Phi_1}^{\Phi_2}\mathrm{d}\Phi_m$$

$$=-\frac{1}{R}\int_2^3(10t+8)\times10^{-3}\mathrm{d}t=-1.65\times10^{-2}\ \text{C}$$

其中负号代表电荷运动的方向. 这里不考虑方向，所以 $q_t=1.65\times10^{-2}$ C.

**16－6** 半径为 $a$ 的无限长密绕螺线管，单位长度上的匝数为 $n$，螺线管导线中通过交变电流 $i=I_0\sin\omega t$，则围在管外的同轴圆形回路(半径为 $r$)上的感生电动势为________V.

**解** 由已知得，围在管外同轴圆形回路上的磁通量

$$\Phi_m=BS=\mu_0 ni\pi a^2=\mu_0 nI_0\sin\omega t\pi a^2$$

故回路上的感生电动势为

$$\varepsilon_i=-\frac{\mathrm{d}\Phi_m}{\mathrm{d}t}=-\mu_0 n\pi a^2 I_0\omega\cos\omega t$$

**16－7** 半径 $r=0.1$ cm 的圆线圈，其电阻为 $R=10\ \Omega$，匀强磁场垂直于线圈，若使线圈中有稳定电流 $i=0.01$ A，则磁场随时间的

变化率为$\frac{dB}{dt}$=______.

**解** 由已知 $\Phi_m = BS$(匀强磁场),$i = \frac{\varepsilon_i}{R} = -\frac{1}{R}\frac{d\Phi_m}{dt}$,得

$$i = -\frac{1}{R}\frac{d\Phi_m}{dt} = -\frac{S}{R}\frac{dB}{dt}$$

不考虑感应电流的方向,则有

$$\pm 0.01 = -\frac{\pi(0.1\times 10^{-2})^2}{10}\frac{dB}{dt}$$

解得

$$\frac{dB}{dt} = \pm 3.18\times 10^4\ \mathrm{T\cdot s^{-1}}$$

**16—8** 为了提高变压器的效率,一般变压器选用叠片铁芯,这样可以减少______损耗.

**解** 涡流

**16—9** 感生电场是由________产生的,它的电场线是________.

**解** 变化的磁场 闭合曲线

**16—10** 引起动生电动势的非静电力是____________力,引起感生电动势的非静电力是____________力.

**解** 洛伦兹 感生电场

## 三、计算题

**16—11** 如图16—8所示,长直导线 $AB$ 中的电流 $I$ 沿导线向上,并以 $dI/dt = 2\ \mathrm{A\cdot s^{-1}}$ 的变化率均匀增长.导线附近放一个与之同面的直角三角形线框,其一边与导线平行,位置及线框尺寸如图所示.求此线框中产生的感应电动势的大小和方向.($\mu_0 = 4\pi\times 10^{-7}\ \mathrm{T\cdot m\cdot A^{-1}}$)

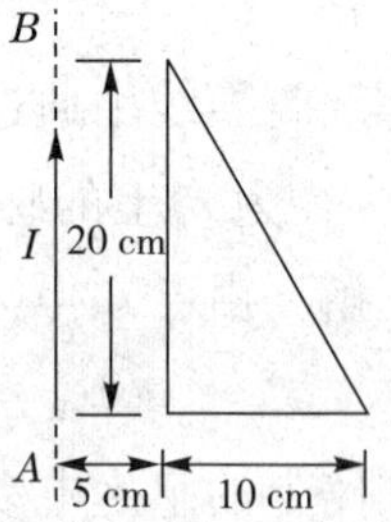

图16—8 习题16—11图

**分析** 由于磁感应强度的分布不是均匀的,故选择合适的坐标系,取面积元,先计算磁通量 $d\Phi_m$,积分得到 $\Phi_m$,再利用法拉第电磁

感应定律 $\varepsilon_i=-\frac{d\Phi_m}{dt}$ 来求解感应电动势.

**解** 建立如图 16－9 所示坐标系，当长直导线 $AB$ 中电流为 $I$ 时，通过三角形线框的磁通量为

$$\Phi_m=\int \boldsymbol{B}\cdot d\boldsymbol{S}=\int_0^{0.10}\frac{\mu_0 I}{2\pi(0.15-x)}2x\,dx$$

$$=\frac{\mu_0 I}{\pi}[-x+0.15-0.15\ln(0.15-x)]\Big|_0^{0.10}$$

$$=\frac{\mu_0 I}{\pi}(0.15\ln3-0.10)$$

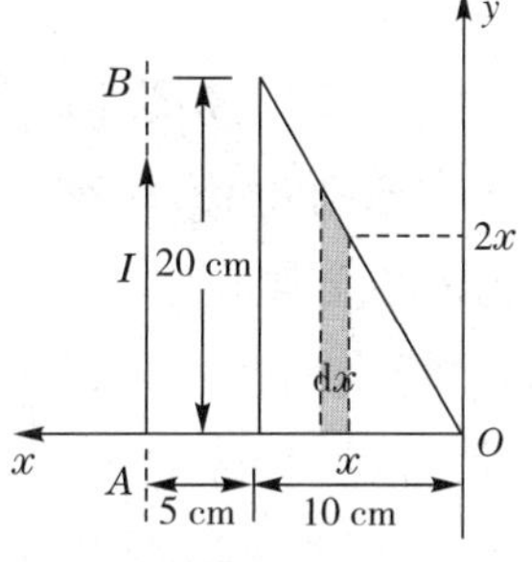

图 16－9　习题 16－11 解图

故此线框中产生的感应电动势为

$$\varepsilon_i=-\frac{d\Phi_m}{dt}=-\frac{4\times10^{-7}\times2}{\pi}(0.15\ln3-0.10)$$

$$=-5.19\times10^{-8}\ \text{V}$$

负号说明 $\varepsilon_i$ 的方向为逆时针方向.

**16－12** 如图 16－10 所示，有一半径为 $r=10$ cm 的多匝圆形线圈，匝数 $N=100$，置于均匀磁场 $\boldsymbol{B}$ 中（$B=0.5$ T）. 圆形线圈可绕通过圆心的轴 $O_1O_2$ 转动，转速 $n=600\ \text{r}\cdot\text{min}^{-1}$. 圆线圈自图示的初始位置转过 $\frac{1}{2}\pi$ 时，求：

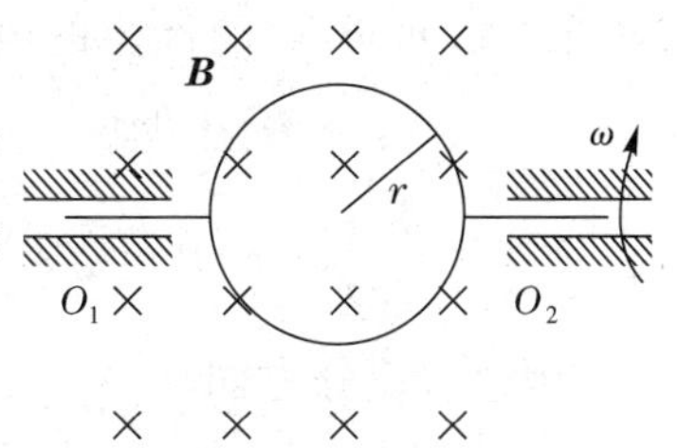

图 16－10　习题 16－12 图

（1）线圈中的瞬时电流值（线圈的电阻 $R$ 为 100 Ω，不计自感）；

（2）圆心处的磁感应强度.（$\mu_0=4\pi\times10^{-7}\ \text{H}\cdot\text{m}^{-1}$，线圈中电流产生的磁场不含外场）

**解** （1）设初始位置为 $\varphi=0$，其后某一时刻圆线圈与初始位置的夹角为 $\varphi=\omega t$，则电流值为

$$I=\frac{\varepsilon_i}{R}=-\frac{1}{R}\frac{d\Phi}{dt}=-\frac{1}{R}\frac{d}{dt}(NB\pi r^2\cos\omega t)=\frac{1}{R}NB\pi r^2\omega\sin\omega t$$

$$=\frac{100\times0.5\times\pi\times0.10^2\times600\times2\pi\times\sin\frac{\pi}{2}}{100\times30}=0.99(\text{A})$$

(2)圆线圈在圆心处产生的磁感应强度为

$$B=\frac{N\mu_0 I}{2r}=\frac{100\times 4\pi\times 10^{-7}\times 0.99}{2\times 0.10}=6.2\times 10^{-4}(\text{T})$$

**16－13**　如图 16－11 所示，一长直导线中通有电流 $I$，有一垂直于导线、长度为 $l$ 的金属棒 $AB$ 在包含导线的平面内，以恒定的速度 $\boldsymbol{v}$ 沿与棒成 $\theta$ 角的方向移动. 开始时，棒的 $A$ 端到导线的距离为 $a$，求任意时刻金属棒中的动生电动势，并指出棒哪端的电势高.

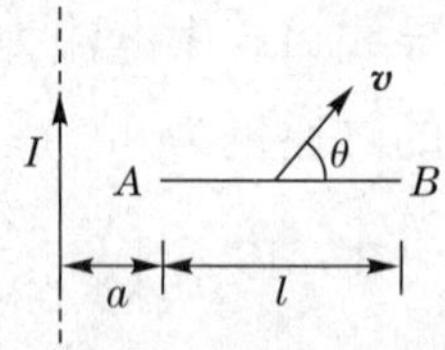

图 16－11　习题 16－13 图

**分析**　利用无限长直导线周围一点磁感应强度和动生电动势的定义式求解.

**解**　建立坐标系如图 16－12 所示，水平向右为正方向，在棒上取一微元 $\mathrm{d}x$，由图可知无限长直导线在 $\mathrm{d}x$ 处产生的磁感应强度大小为 $B=\dfrac{\mu_0 I}{2\pi x}$，方向垂直于纸面向内，故产生的电动势为

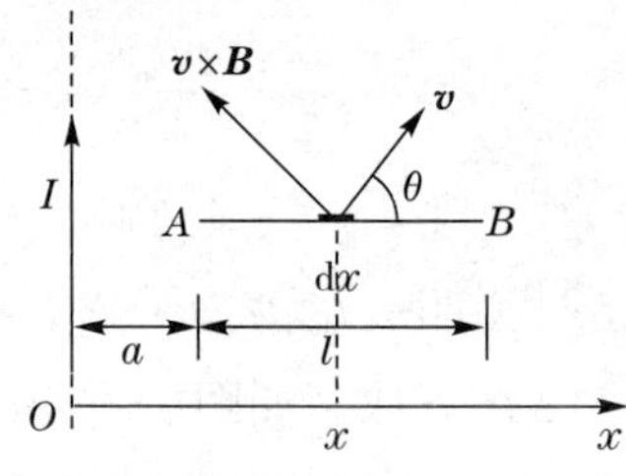

图 16－12　习题 16－13 解图

$$\mathrm{d}\varepsilon=(\boldsymbol{v}\times\boldsymbol{B})\cdot\mathrm{d}x\boldsymbol{i}$$

$$=\frac{\mu_0 I}{2\pi x}v\cos\left(\theta+\frac{\pi}{2}\right)\mathrm{d}x=-\frac{\mu_0 I}{2\pi x}v\sin\theta\mathrm{d}x$$

因此，积分方向从 $A$ 到 $B$，总电动势为

$$\varepsilon=\int_{a+vt\cos\theta}^{a+l+vt\cos\theta}-\frac{\mu_0 I}{2\pi x}v\sin\theta\mathrm{d}x$$

$$=-\frac{\mu_0 Iv\sin\theta}{2\pi}\ln\frac{a+l+vt\cos\theta}{a+vt\cos\theta}$$

因为 $\varepsilon<0$，故 $A$ 端电势高.

**16－14**　一圆形线圈 $A$ 由 50 匝细线绕成，其面积为 4 cm$^2$，放在另一个匝数等于 100 匝、半径为 20 cm 的圆形线圈 $B$ 的中心，两线圈同轴，设线圈 $B$ 中的电流在线圈 $A$ 所在处激发的磁场是均匀的. 求：

(1)两线圈的互感；

(2)当线圈 $B$ 中的电流以 50 A·s$^{-1}$ 的变化率减小时，线圈 $A$ 内的磁通量的变化率；

(3)线圈 $A$ 中的感生电动势.

**解** (1)当 $B$ 线圈中通有电流 $I_2$ 时,其在 $A$ 线圈所在处产生的磁感应强度为

$$B=\frac{\mu_0 N_2 I_2}{2R}$$

穿过 $A$ 线圈的磁通匝链数为

$$\Psi_{21}=N_1 BS$$

因此,互感为

$$M=\frac{\Psi_{21}}{I_2}=\frac{N_1 BS}{I_2}=\frac{\mu_0 N_1 N_2 S}{2R}$$
$$=\frac{4\pi\times 10^{-7}\times 100\times 50\times 4\times 10^{-4}}{2\times 20\times 10^{-2}}=6.28\times 10^{-6}(\text{H})$$

(2)线圈 $A$ 内的磁通量的变化率为

$$\frac{\mathrm{d}\Psi_{21}}{\mathrm{d}t}=\frac{\mathrm{d}}{\mathrm{d}t}(N_1 BS)=\frac{\mu_0 N_1 N_2 S}{2R}\frac{\mathrm{d}I_2}{\mathrm{d}t}$$
$$=\frac{4\pi\times 10^{-7}\times 100\times 50\times 4\times 10^{-4}}{2\times 20\times 10^{-2}}\times(-50)$$
$$=-3.14\times 10^{-4}(\text{Wb}\cdot\text{s}^{-1})$$

(3)线圈 $A$ 中的感生电动势为

$$\varepsilon_{\mathrm{i}}=-\frac{\mathrm{d}\Psi_{21}}{\mathrm{d}t}=3.14\times 10^{-4}(\text{V})$$

**16—15** 如图 16—13 所示,在半径为 $R$ 的无限长直圆柱形空间内,存在磁感应强度为 $\boldsymbol{B}$ 的均匀磁场,$\boldsymbol{B}$ 的方向平行于圆柱轴线,在垂直于圆柱轴线的平面内有一根无限长直导线,直导线与圆柱轴线相距为 $d$,且 $d>R$,已知$\frac{\mathrm{d}B}{\mathrm{d}t}=k$,$k$ 为大于零的常量,求长直导线中的感应电动势的大小和方向.

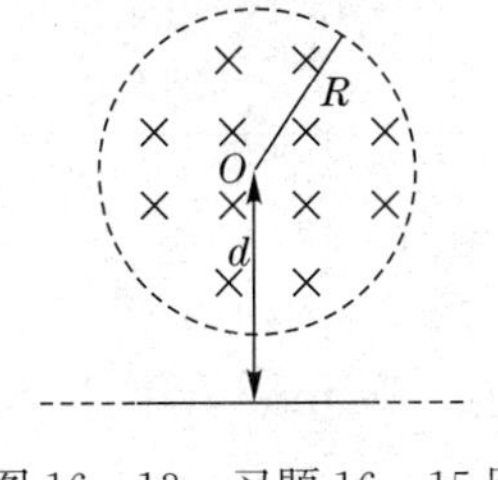

图 16—13 习题 16—15 图

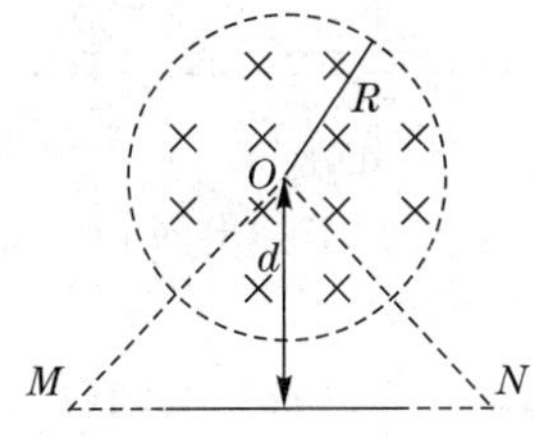

图 16—14 习题 16—15 解图

**解** 如图 16－14 所示,连接 $OM$ 和 $ON$,因为导线无限长,故 $M$、$N$ 点在无限远处,回路 $ONMO$ 在柱形磁场截取的形状趋向于半圆形,其电动势为

$$\varepsilon_i = -\frac{d\Phi_m}{dt} = -\frac{dB}{dt}S = -k \cdot \frac{1}{2}\pi R^2$$

因为 $k>0$,$\varepsilon_i$ 的值为负,故它的方向为逆时针方向.

因为 $OM$ 和 $ON$ 导线上没有感应电动势,所以此时 $MN$ 中的电动势等于回路 $OMNO$ 的电动势,即

$$\varepsilon_i = -k \cdot \frac{1}{2}\pi R^2$$

负号表示电动势的方向为 $M \to N$.

**16－16** 如图 16－15 所示,一根长为 $L$ 的金属细杆 $ab$ 绕竖直轴 $O_1O_2$ 以角速度 $\omega$ 在水平面内旋转,$O_1O_2$ 在离细杆 $a$ 端 $L/5$ 处.若已知地磁场在竖直方向的分量为 $\boldsymbol{B}$,求 $ab$ 两端间的电势差 $U_a - U_b$.

**解** 取如图 16－16 所示坐标系,在金属杆上取一小段线元 $d\boldsymbol{l}$,其速度为 $\boldsymbol{v}$.由于 $\boldsymbol{v}$、$\boldsymbol{B}$、$d\boldsymbol{l}$ 互相垂直,于是 $d\boldsymbol{l}$ 两端的电动势为

$$d\varepsilon_i = (\boldsymbol{v} \times \boldsymbol{B}) \cdot d\boldsymbol{l} = Bv\,dl$$

所以 $ab$ 两端电动势为

$$\varepsilon_i = \int_{-\frac{L}{5}}^{\frac{4L}{5}} B\omega l\,dl = \frac{1}{2}B\omega\left[\left(\frac{4}{5}\right)^2 - \left(\frac{1}{5}\right)^2\right]L^2 = \frac{3}{10}B\omega L^2$$

方向由 $a$ 指向 $b$.故 $ab$ 两端电势差

$$U_a - U_b = -\varepsilon_i = -\frac{3}{10}B\omega L^2$$

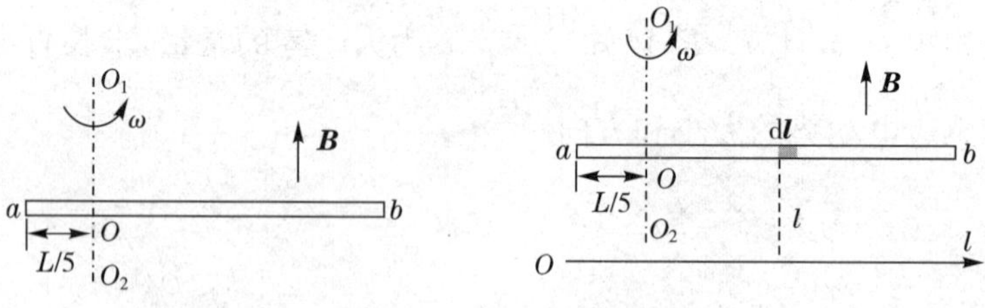


图 16－15 习题 16－16 图　　图 16－16 习题 16－16 解图

**16－17** 有一段 10 号铜线,直径为 2.54 mm,单位长度的电阻为 $3.28\times10^{-3}\ \Omega\cdot m^{-1}$,在这铜线上载有 10 A 的电流,试计算:

(1)铜线表面处的磁能密度;

(2)该处的电能密度.

**解** (1)由全电流定律,选半径为 $r=\frac{2.54}{2}$ mm 的安培环路,可得

$$H=\frac{I}{2\pi r}$$

由电磁能密度的定义,可得

$$w_{\mathrm{m}}=\frac{1}{2}\mu H^2=\frac{1}{2}\frac{\mu_0 I^2}{(2\pi r)^2}=\frac{1}{2}\frac{4\pi\times10^{-7}\times10^2}{(2\pi\times1.27\times10^{-3})^2}$$

$$=0.987(\mathrm{J\cdot m^{-3}})$$

(2)由题意可得,单位长度的电场强度为

$$E=\frac{U}{l}=\frac{IR}{l}=10\times3.28\times10^{-3}=3.28\times10^{-2}(\mathrm{V\cdot m^{-1}})$$

电能密度为

$$W_{\mathrm{e}}=\frac{1}{2}\varepsilon_0E^2=\frac{1}{2}\times8.85\times10^{-12}\times(3.28\times10^{-2})^2$$

$$=4.76\times10^{-15}(\mathrm{J\cdot m^{-3}})$$

**16—18** 有两根半径均为 $a$(很小)的平行长直导线,它们中心距离为 $d$,如图 16—17 所示. 试求长为 $l$ 的一对导线的自感. 导线内部的磁通量可略去不计.

**分析** 根据自感的定义式 $L=\frac{\Phi_{\mathrm{m}}}{I}$ 可知,只需求出宽为 $d$、长为 $l$ 的矩形面积的磁通量 $\Phi_{\mathrm{m}}$,即可求得自感 $L$.

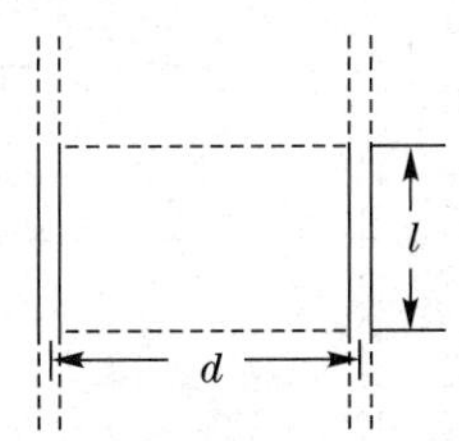


图 16—17 习题 16—18 图

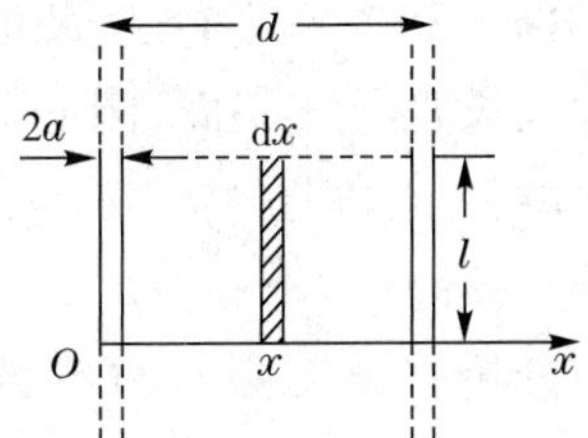


图 16—18 习题 16—18 解图

**解** 设两导线的电流均为 $I$,方向相反,为了积分的需求,建立如图 16—18 所示的坐标系,则两导线间某一点 $x$ 处的磁感应强度为

$$B=\frac{\mu_0 I}{2\pi x}+\frac{\mu_0 I}{2\pi(d-x)}$$

故穿过宽为 $d$、长为 $l$ 的矩形的磁通量为

$$\Phi_{\mathrm{m}}=\int_S \boldsymbol{B}\cdot\mathrm{d}\boldsymbol{S}=\int_a^{d-a}Bl\,\mathrm{d}x=\frac{\mu_0 Il}{\pi}\ln\frac{d-a}{a}$$

则长为 $l$ 的一对导线的自感为

$$L=\frac{\Phi_{\mathrm{m}}}{I}=\frac{\mu_0 l}{\pi}\ln\frac{d-a}{a}$$

**16－19** 如图 16－19 所示，在一柱形纸筒上绕有两组相同线圈 $AB$ 和 $A'B'$，每个线圈的自感均为 $L$. 求：

(1)$A$ 和 $A'$ 相接时，$B$ 和 $B'$ 间的自感 $L_1$；

(2)$A'$ 和 $B$ 相接时，$A$ 和 $B'$ 间的自感 $L_2$.

**分析** 因为磁通量 $\Phi_{\mathrm{m}}$ 为标量，故一个由两部分或由多部分所组成回路的总磁通量满足代数法则，可据此求出不同连接状态时回路的总磁通量 $\Phi_{\mathrm{m}}$，再依据 $L=\dfrac{\Phi_{\mathrm{m}}}{I}$ 求自感.

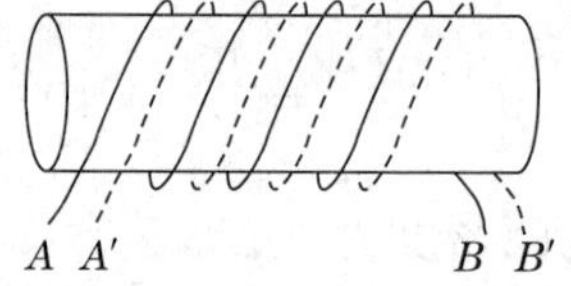

图 16－19 习题 16－19 图

**解** 设每组线圈单独存在时穿过自身回路的磁通量为 $\Phi_{\mathrm{m}}$，则 $\Phi_{\mathrm{m}}=LI$，$I$ 为导线上的电流.

(1)当 $A$ 和 $A'$ 相接时，$AB$ 与 $A'B'$ 线圈中电流相反，故穿过大回路的总通量 $\Phi_{\mathrm{m1}}=\Phi_{\mathrm{m}}-\Phi_{\mathrm{m}}=0$，故 $L_1=0$.

(2)当 $A'$ 与 $B$ 相接时，$AB$ 与 $A'B'$ 线圈中电流流向相同，故穿过大回路的总通量 $\Phi_{\mathrm{m2}}=\Phi_{\mathrm{m}}+\Phi_{\mathrm{m}}=2\Phi_{\mathrm{m}}$，故 $L_2=\dfrac{\Phi_{\mathrm{m2}}}{I}=2L$.

**16－20** 一半径为 $R$ 的圆形回路与一无限长直导线共面，圆心到长直导线间的距离为 $d$，如图 16－20 所示. 求它们之间的互感.

**分析** 设无限长直导线上通有电流 $I$，求圆形回路上的磁通量 $\Phi_{\mathrm{m}}$，根据互感的定义 $M=\dfrac{\Phi_{\mathrm{m}}}{I}$ 求解.

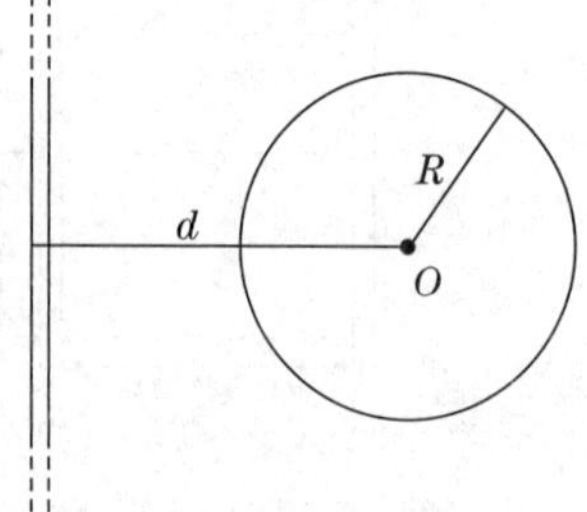

图 16－20 习题 16－20 图

**解** 如图 16—21 所示，以圆环中心为坐标原点，水平向右为正方向建立坐标系，设无限长直导线上通有电流 $I$，则 $x$ 处的磁感应强度为

$$B=\frac{\mu_0 I}{2\pi(d+x)} \quad ①$$

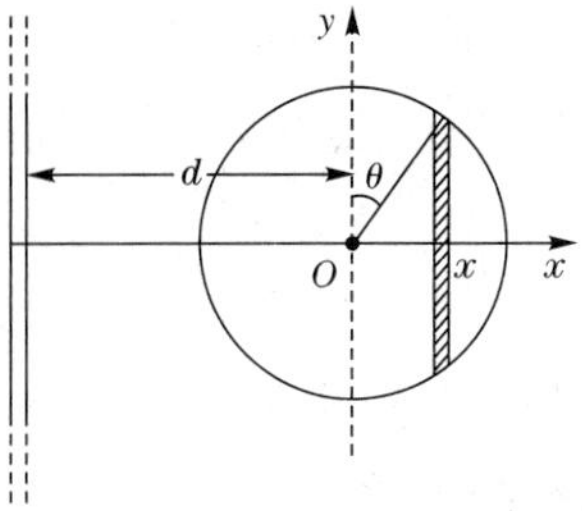

图 16—21 习题 16—20 解图

穿过图中阴影部分 d$\boldsymbol{S}$ 的磁通量为

$$\mathrm{d}\Phi_{\mathrm{m}}=\boldsymbol{B}\cdot\mathrm{d}\boldsymbol{S}=\frac{\mu_0 I}{2\pi(d+x)}2R\cos\theta\mathrm{d}x \quad ②$$

$$\because x=R\sin\theta,\therefore \mathrm{d}x=R\cos\theta\mathrm{d}\theta$$

代入②式，积分得，穿过圆形回路的磁通量为

$$\Phi_{\mathrm{m}}=\int\mathrm{d}\Phi_{\mathrm{m}}=\int_{-\frac{\pi}{2}}^{\frac{\pi}{2}}\frac{\mu_0 I}{\pi}\left(\frac{R^2-d^2}{d+R\sin\theta}+d-R\sin\theta\right)\mathrm{d}\theta$$

$$=\mu_0 I\left(d-\sqrt{d^2-R^2}\right)$$

故互感

$$M=\frac{\Phi_{\mathrm{m}}}{I}=\mu_0\left(d-\sqrt{d^2-R^2}\right)$$

**16－21** 将一段导线弯成一边长为 $l$ 的正六边形线圈，在正六边形中心处放一个半径为 $r$ 的小圆形线圈，且 $r\ll l$. 这两个线圈在同一平面内，如图 16—22 所示. 求：

(1)它们的互感；

(2)当小圆线圈通以电流 $I$ 时，通过正六边形线圈的磁通量.

**分析** 根据互感的定义 $M=\dfrac{\Phi_{\mathrm{m}}}{I}$ 求解.

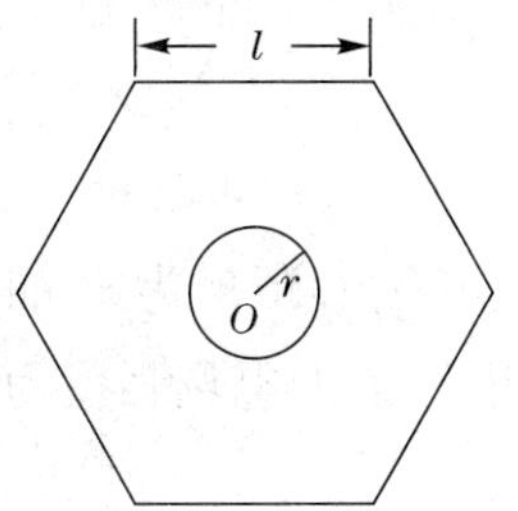


图 16—22 习题 16—21 图

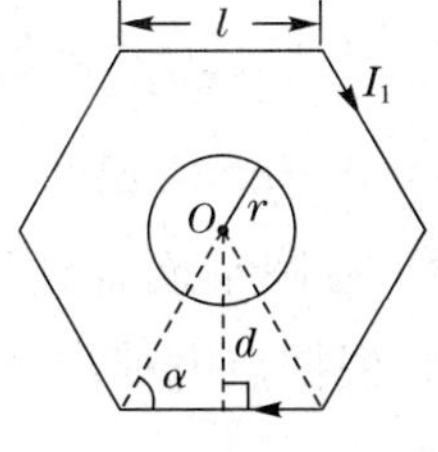


图 16—23 习题 16—21 解图

**解** (1)如图16—23所示,设正六边形线圈中通有电流$I_1$,则在中心处激发的磁感应强度为每条边单独存在情况下的6倍.在图16—23中,有

$$B_0=6B_1=6\times\frac{\mu_0 I_1}{4\pi d}[\cos60°-\cos120°]=\frac{3\mu_0 I_1}{2\pi d}=\frac{\sqrt{3}\mu_0 I_1}{\pi l}$$

∵$r\ll l$,故小圆线圈内磁感应强度可看作常量.故穿过小圆线圈的磁通量为

$$\Phi_{\mathrm{m}}=B_0S=B_0\cdot\pi r^2=\frac{\sqrt{3}\mu_0 I_1 r^2}{l}$$

故互感为

$$M=\frac{\Phi_{\mathrm{m}}}{I_1}=\frac{\sqrt{3}\mu_0 r^2}{l}$$

(2)由于互感系数$M_{12}=M_{21}=M$,则当小圆线圈通有电流$I$时,六边形线圈中磁通量为

$$\Phi'_{\mathrm{m}}=MI=\frac{\sqrt{3}\mu_0 r^2}{l}I$$

**16—22** 如图16—24所示,正点电荷$q$自$P$点以速度$\boldsymbol{v}$向$O$点运动,已知$\overline{OP}=x$,若以$O$点为圆心、$R$为半径作一个与$\boldsymbol{v}$垂直的圆平面,试求:

(1)通过圆平面的位移电流;

(2)由全电流安培环路定理求圆周上各点的磁感应强度.

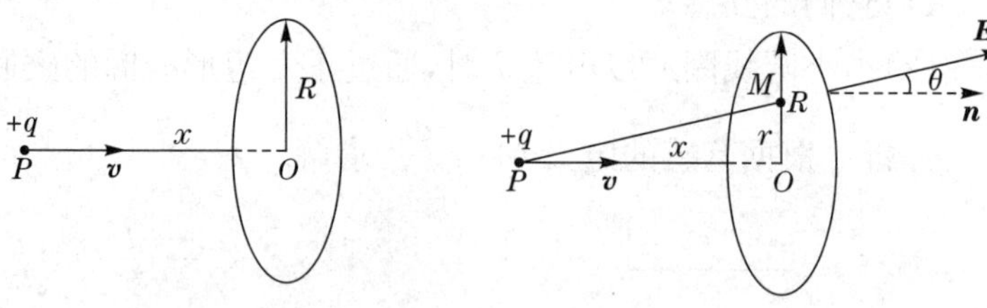


图16—24 习题16—22图　　图16—25 习题16—22解图

**解** 在圆平面上任取一点$M$,$M$离开圆心距离为$r$,如图16—25所示.根据点电荷电场强度表达式,得$M$点的电场强度为

$$E_M=\frac{1}{4\pi\varepsilon_0}\frac{q}{x^2+r^2}$$

在以$r$为半径的圆周上,电场强度的值相等,均为$\frac{q}{4\pi\varepsilon_0(x^2+r^2)}$.取

面积元为 $2\pi r\mathrm{d}r$，则通过圆平面的电通量为

$$\Phi_\mathrm{e}=\int_S \boldsymbol{E}\cdot\mathrm{d}\boldsymbol{S}=\int_0^R E_M\cos\theta 2\pi r\mathrm{d}r$$

$$=\int_0^R \frac{1}{4\pi\varepsilon_0}\frac{q}{x^2+r^2}\frac{x}{\sqrt{x^2+r^2}}2\pi r\mathrm{d}r$$

$$=-\frac{qx}{2\varepsilon_0(x^2+r^2)^{\frac{1}{2}}}\Bigg|_0^R=\frac{q}{2\varepsilon_0}\left[1-\frac{x}{(x^2+R^2)^{\frac{1}{2}}}\right]$$

故通过圆平面的位移电流为

$$I_\mathrm{d}=\frac{\mathrm{d}\Phi_D}{\mathrm{d}t}=\varepsilon_0\frac{\mathrm{d}\Phi_\mathrm{e}}{\mathrm{d}t}=\frac{qvR^2}{2(x^2+R^2)^{\frac{3}{2}}}$$

(2)由全电流安培定理$\oint_L \boldsymbol{H}\cdot\mathrm{d}\boldsymbol{l}=\sum I$，得

$$H\cdot 2\pi R=\frac{qvR^2}{2(x^2+R^2)^{\frac{3}{2}}}$$

则圆周上各点的磁场强度为

$$H=\frac{qvR}{4\pi(x^2+R^2)^{\frac{3}{2}}}$$

故磁感应强度为

$$B=\mu_0 H=\frac{\mu_0}{4\pi}\frac{qvR}{(x^2+R^2)^{\frac{3}{2}}}$$

**16－23** 如图 16－26 所示，将开关 K 揿下后，电容器即由电池充电，放手后，电容器即经由线圈 $L$ 放电.

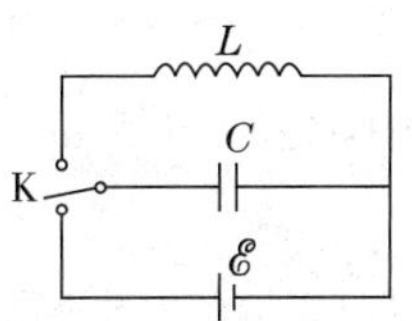

图 16－26 习题 16－23 图

(1)若 $L=0.010$ H，$C=1.0\ \mu$F，$\mathscr{E}=1.4$ V，求 $L$ 中的最大电流(电阻极小，可忽略)；

(2)当分布在电容和电感间的能量相等时，电容器上的电荷为多少?

(3)从放电开始到电荷第一次为上述数值时，经过了多少时间?

**分析** 充电后的电容器和线圈构成 $LC$ 电磁振荡电路. 不计电路的阻尼时，电容器极板上的电荷量随时间按简谐运动的规律变化. 振荡电路的固有振动频率由 $L$ 和 $C$ 的乘积决定，振幅和初相位由系统的初始状态决定. 任意时刻电路的状态都可由振荡的相位决定.

**解** (1)电容器中的最大能量

$$W_e = \frac{1}{2}C\mathscr{E}^2$$

线圈中的最大能量

$$W_m = \frac{1}{2}LI_m^2$$

在无阻尼自由振荡电路中没有能量损耗,则有 $W_e = W_m$. 因此

$$\frac{1}{2}C\mathscr{E}^2 = \frac{1}{2}LI_m^2$$

$$I_m = \sqrt{\frac{C}{L}}\mathscr{E} = \sqrt{\frac{1.0\times10^{-6}}{0.010}}\times1.4\ \text{A} = 1.4\times10^{-2}\ \text{A}$$

(2)当电容器的能量和电感的能量相等时,电容器能量是它最大能量的一半,即

$$\frac{q^2}{2C} = \frac{1}{4}C\mathscr{E}^2$$

因此

$$q = \pm\frac{C\mathscr{E}}{\sqrt{2}} = \pm\frac{1.0\times10^{-6}\times1.4}{1.41}\ \text{C} = \pm1.0\times10^{-6}\ \text{C}$$

(3)在 $LC$ 振荡电路中,电容器上电荷量的变化规律为

$$q = Q_0\cos(\omega t+\varphi_0)$$

式中, $Q_0 = C\mathscr{E}$, $\omega = \frac{1}{\sqrt{LC}}$. 因为 $t=0$ 时, $q = Q_0$, 故有 $\varphi_0 = 0$. 于是

$$q = C\mathscr{E}\cos\frac{1}{\sqrt{LC}}t$$

当首次 $q = \frac{C\mathscr{E}}{\sqrt{2}}$ 时,有

$$\frac{C\mathscr{E}}{\sqrt{2}} = C\mathscr{E}\cos\sqrt{\frac{1}{LC}}t$$

$$\cos\sqrt{\frac{1}{LC}}t = \frac{1}{\sqrt{2}},\sqrt{\frac{1}{LC}}t = \frac{\pi}{4}$$

所以

$$t = \frac{\pi}{4}\sqrt{LC} = \frac{3.14}{4}\times\sqrt{0.010\times1.0\times10^{-6}}\ \text{s} = 7.85\times10^{-5}\ \text{s}$$

**16－24** 电磁波在某介质中传播的波动方程为

$$A\frac{\partial^2 E_y}{\partial t^2}=B\frac{\partial^2 E_y}{\partial x^2} \text{ 和 } A\frac{\partial^2 H_z}{\partial t^2}=B\frac{\partial^2 H_z}{\partial x^2}$$

式中，$A=1.26\times10^{-6}\ \mathrm{H\cdot m^{-1}}$，$B=5.04\times10^{10}\ \mathrm{m\cdot F^{-1}}$，试求该介质的折射率.

**解** 平面电磁波波动方程的标准形式为

$$\frac{\partial^2 E_y}{\partial x^2}=\frac{1}{u^2}\frac{\partial^2 E_y}{\partial t^2},\quad \frac{\partial^2 H_z}{\partial x^2}=\frac{1}{u^2}\frac{\partial^2 H_z}{\partial t^2}$$

与平面电磁波的标准方程相比较，可知波速为

$$u=\sqrt{\frac{B}{A}}=2.00\times10^8\ \mathrm{m\cdot s^{-1}}$$

所以，介质的折射率为

$$n=\frac{c}{u}=1.50$$

**16－25** 一个沿 $z$ 轴正方向传播的平面电磁波，传播速度为 $c$. 其电场强度沿 $x$ 方向，在某点 $P$ 的电场强度为 $E_x=300\cos\left(2\pi\nu t+\frac{\pi}{3}\right)$（SI制），试求 $P$ 点的磁场强度表示式.

**解** 由电磁波的性质可得

$$\frac{E_0}{H_0}=\sqrt{\frac{\mu_0}{\varepsilon_0}}$$

而

$$B_0=\mu_0 H_0\text{，真空中的光速 } c=\sqrt{\frac{1}{\varepsilon_0\mu_0}}$$

所以

$$B_0=\frac{E_0}{\sqrt{\frac{1}{\varepsilon_0\mu_0}}}=\frac{E_0}{c}$$

从而，可得

$$H_0=\frac{B_0}{\mu_0}=\frac{E_0}{c\mu_0}=\frac{300}{3\times10^8\times4\pi\times10^{-7}}\ \mathrm{A\cdot m^{-1}}=0.8\ \mathrm{A\cdot m^{-1}}$$

磁场强度沿 $y$ 轴正方向，且磁场强度和电场强度同相位，所以

$$H_y=0.8\cos\left(2\pi\nu t+\frac{\pi}{3}\right)\qquad [\mathrm{SI}]$$

# 第十七章

# 交流电

## 基本要求

1. 理解交流电的概念,认识交流电路中基本元件,并理解各元件的主要性质参数.

2. 会用矢量图法及复数法求解简单交流电路.

3. 理解交流电的有功功率、无功功率、视在功率(表观功率)及功率因数的关系.

4. 了解谐振电路的特性及三相交流电.

## 基本内容

### 一、交流电

1. 交流电的描述

交变电动势 $\varepsilon(t)=\varepsilon_0\cos(\omega t+\varphi_e)$ $\varepsilon_0$ 为峰值

交变电压 $u(t)=U_0\cos(\omega t+\varphi_u)$ $U_0$ 为峰值

交变电流 $i(t)=I_0\cos(\omega t+\varphi_i)$ $I_0$ 为峰值

2. 交流电的有效值

$$U=\frac{U_0}{\sqrt{2}},I=\frac{I_0}{\sqrt{2}}$$

3. 交流电路中的基本原件

电阻 $R$:$Z_R=R$ $\varphi=\varphi_u-\varphi_i=0$

电感 $L$:$Z_L=\omega L$ $\varphi=\varphi_u-\varphi_i=\frac{\pi}{2}$

电容 $C$：$Z_C=\frac{1}{\omega C}$ $\varphi=\varphi_u-\varphi_i=-\frac{\pi}{2}$

$Z_R$、$Z_L$、$Z_C$ 为电阻、电感、电容的阻抗，是电压与电流峰值或有效值之比. $\varphi=\varphi_u-\varphi_i$ 为电压与电流的相位关系.

## 二、简单交流电路的解法

1. 矢量图解法

2. 复数解法

| | 简谐量 | 矢量 | 复数 |
|---|---|---|---|
| 对应关系 | $a(t)=A\cos(\omega t+\varphi)$ | $\boldsymbol{A}$，$A$，$\varphi$ | $\widetilde{A}=Ae^{j(\omega t+\varphi)}$ |
| 相等的量 | 峰值 | 长度 | 模 |
| | 初相位 | 辐角 | $t=0$ 时的辐角 |
| | 瞬时值 | 旋转矢量在 $x$ 轴上的投影 | 实部 |
| 运算规律 | $a(t)=a_1(t)+a_2(t)$ | $\boldsymbol{A}=\boldsymbol{A}_1+\boldsymbol{A}_2$ | $\widetilde{A}=\widetilde{A}_1+\widetilde{A}_2$ |
| | $\frac{\mathrm{d}a}{\mathrm{d}t}$ | — | $j\omega\widetilde{A}$ |
| | $\int a(t)\mathrm{d}t$ | — | $\frac{1}{j\omega}\widetilde{A}$ |

## 三、交流电的功率

1. 平均功率

$\overline{P}=I^2Z\cos\varphi$

电阻：$\overline{P}_R=I^2R$

电感：$\overline{P}_L=0$

电容：$\overline{P}_C=0$

2. 功率因数、视在功率、有功功率和无功功率

$\lambda=\cos\varphi$ 功率因数

$S=UI$ 视在功率(表观功率)

$P_{有功}=S\cos\varphi$ $P_{无功}=S\sin\varphi$

## 四、谐振电路

1. 串联共振电路

共振频率 $f_0=\dfrac{1}{2\pi\sqrt{LC}}$

品质因数 $Q=\dfrac{\omega_0 L}{R}$

2. 并联共振电路

共振频率 $f_0=\dfrac{1}{2\pi}\sqrt{\dfrac{1}{LC}-\left(\dfrac{R^2}{L}\right)}$

品质因数 $Q=\dfrac{\omega_0 L}{R}$

## 五、三相交流电

1. 线电压 $U_l$ 与相电压 $U_\varphi$ 的关系

$$U_l=\sqrt{3}U_\varphi$$

2. 负载的连接

(1)负载的星形连接.

每相电流

$$I_a=\frac{U_a}{Z_a},I_b=\frac{U_b}{Z_b},I_c=\frac{U_c}{Z_c}$$

每相电流与同相电压间的相位差

$$\varphi_a=\tan^{-1}\frac{x_a}{R_a},\varphi_b=\tan^{-1}\frac{x_b}{R_b},\varphi_c=\tan^{-1}\frac{x_c}{R_c}$$

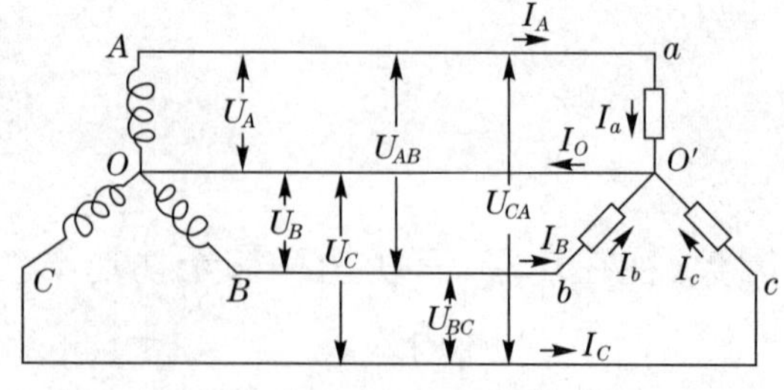


图 17-1　负载的星形连接

(2)负载的三角形连接.

每相电流

$$I_{ab}=\frac{U_{ab}}{Z_{ab}},I_{bc}=\frac{U_{bc}}{Z_{bc}},I_{ca}=\frac{U_{ca}}{Z_{ca}}$$

每相电流与对应相电压间的相位差同(1).

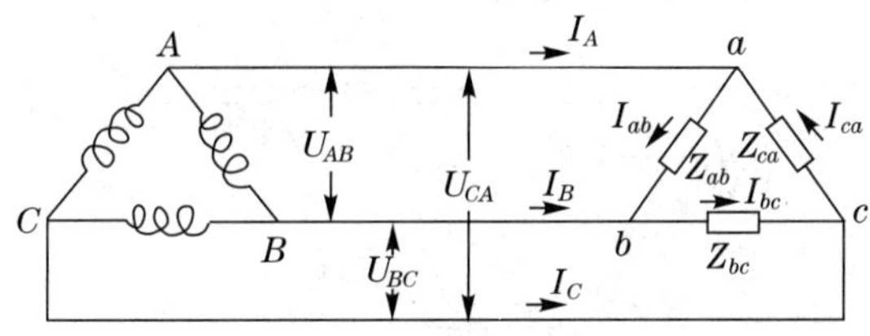


图 17—2 负载的三角形连接

## 典型例题

**例 17—1** 有一交流电路如图 17—3 所示,$u=311\cos\left(314t+\frac{\pi}{6}\right)$(V),$R=10\ \Omega$,$Z_C=10\ \Omega$,求各安培表示数及总电流瞬时表达式.

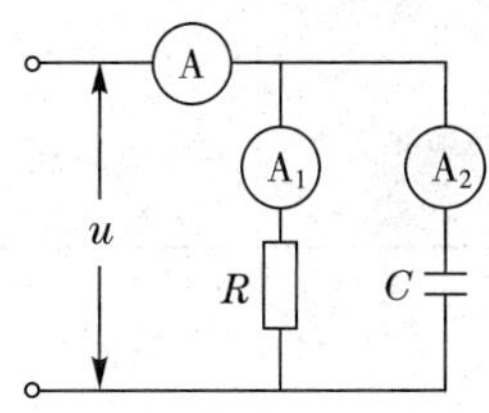


图 17—3 例题 17—1 图

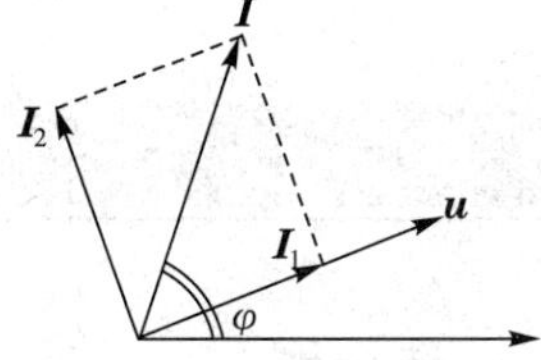


图 17—4 例 17—1 解图

**解** 两条支路的电流分别为

$$I_1=\frac{220}{10}=22(\text{A}),I_2=\frac{220}{10}=22(\text{A})$$

即各安培表示数.

如图 17—4 所示,利用矢量图解法,得 $I$ 的初相

$$\varphi=45^\circ+30^\circ=75^\circ$$

$$I=\sqrt{I_1^2+I_2^2}=\sqrt{22^2+22^2}=31(\text{A})$$

$$\therefore i=\sqrt{2}I\cos(\omega t+\varphi)=44\cos(314t+75^\circ)$$

**例 17—2** 阻抗为 $z$ 的元件与 10 μF 的电容串联后接在频率为 50 Hz、有效值为 100 V 的电源上. 已知阻抗 $z$ 上与电容器上的电压均等于电源电压. 求阻抗 $z$ 消耗的功率.

**解** 设 $z=r+jx$,因串联电路电流相等,且阻抗 $z$ 上与电容器上的电压等于电源电压,故可得

$$\frac{U}{\sqrt{r^2+\left(x-\frac{1}{\omega C}\right)^2}}=\frac{U}{\sqrt{x^2+r^2}} \quad ①$$

$$\frac{U}{\sqrt{x^2+r^2}}=\frac{U}{\frac{1}{\omega C}} \quad ②$$

由①、②式联立,解得

$$x=\frac{1}{\omega C},r=\frac{\sqrt{3}}{2}\frac{1}{\omega C}$$

故 $z$ 消耗的功率为

$$P=I^2r=\left(\frac{U}{\frac{1}{\omega C}}\right)\cdot\frac{\sqrt{3}}{2}\cdot\frac{1}{\omega C}=\frac{\sqrt{3}}{2}U^2\omega C=27.2\ \mathrm{W}$$

# 习题分析与解答

## 一、选择题

**17—1** 下列说法中,正确的是 ( )

(A)阻抗为简谐量,与频率无关

(B)阻抗为简谐量,与频率有关

(C)阻抗不是简谐量,与频率无关

(D)阻抗不是简谐量,与频率有关

**分析与解** 根据电容、电感阻抗的定义(见第一节中交流电路中的基本元件)知,阻抗与频率有关,且电阻、电容、电感等各基本原件不是简谐量.

可知选(D).

**17－2** 因为可用矢量图解法解交流电路，所以下列说法正确的是 （ ）

(A)电压、电流是简谐量，也是矢量

(B)电压、电流是简谐量，但不是矢量

(C)电压、电流不是简谐量，但是矢量

(D)电压、电流不是简谐量，也不是矢量

**分析与解** 旋转矢量的投影可描述电压、电流值，而据电压、电流的定义知，它们是标量，交变电压、交变电流是简谐量.

可知选(B).

## 二、填空题

**17－3** 两简谐交流电压 $u_1(t)=311\cos\left(100\pi t-\frac{2\pi}{3}\right)$ V 和 $u_2(t)=311\sin\left(100\pi t-\frac{5\pi}{6}\right)$ V，它们的峰值 $U_0=$____，有效值 $U=$____，频率 $f=$______，周期 $T=$______，初相位 $\varphi_1=$______，$\varphi_2=$______，相位差 $\varphi=$______.

**解** 由题意知，$U_1(t)$和 $U_2(t)$为同频率、同峰值简谐交流电压，故峰值$U_0=311$ V，有效值 $U=\frac{U_0}{\sqrt{2}}=220$ V，频率 $f=\frac{\omega}{2\pi}=50$ Hz，周期 $T=\frac{1}{f}=0.02$ s.

根据两交流电的初相位，通过表达式

$$u_1(t)=311\cos(100\pi t-\frac{2}{3}\pi)$$

及

$$u_2(t)=311\sin\left(100\pi t-\frac{5}{6}\pi\right)=311\cos\left(100\pi t-\frac{4}{3}\pi\right)$$

可知，$\varphi_1=-\frac{2}{3}\pi$，$\varphi_2=-\frac{4}{3}\pi$，相位差 $\varphi=\varphi_2-\varphi_1=-\frac{2}{3}\pi$.

**17－4** 两阻抗 $Z_1$ 和 $Z_2$ 串联时，总阻抗 $Z=Z_1+Z_2$ 的条件是__________.

**解** 由阻抗定义知，两阻抗 $Z_1$ 与 $Z_2$ 串联时，总阻抗 $Z=Z_1+Z_2$

的条件是 $Z_1$ 的相位与 $Z_2$ 的相位相同.

**17－5** 一电阻和电感串联的电路接到电压为110 V的交流电源上,若交流伏特计不论接于电阻还是电感的两端,其读数都相同,其读数为________.

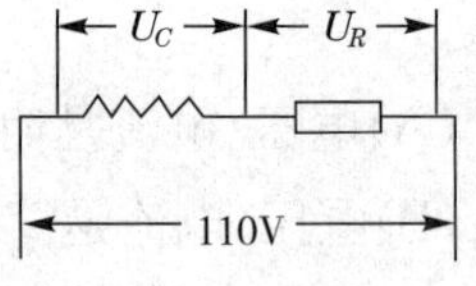


如图 17－5 习题 17－5 解图

**解** 如图 17－5 所示,由电感与电阻上的 $U_L(t)$ 和 $i(t)$、$U_R(t)$ 与 $i(t)$ 相位差分别为 $\frac{\pi}{2}$、0 知,$R$ 与 $L$ 串联时,$i(t)$ 相等.若 $U_L=U_R$,且 $R$ 与 $L$ 的端电压为110 V,则可得

$$110\ \mathrm{V}=\sqrt{U_R^2+U_L^2}=\sqrt{2}U_R=\sqrt{2}U_L,\text{故}\ U_L=U_R=78\ \mathrm{V}$$

**17－6** 电路—R—L—的复阻抗 $\tilde{Z}=$______,相位差 $\varphi=$____,其功率因数 $\cos\varphi=$______.

**解** $R$ 与 $L$ 串联,故 $\tilde{Z}=\tilde{Z}_R+\tilde{Z}_L=R+j\omega L$,相位差 $\varphi=\tan^{-1}\frac{\omega L}{R}$,功率因数 $\cos\varphi=\frac{R}{\sqrt{R^2+\omega^2L^2}}$.

## 三、计算题

**17－7** 在某频率下,电容 $C$ 和电阻 $R$ 的阻抗之比为 $Z_C:Z_R=3:4$,现将它们串联后接到该频率的110 V交流电源上.试求:

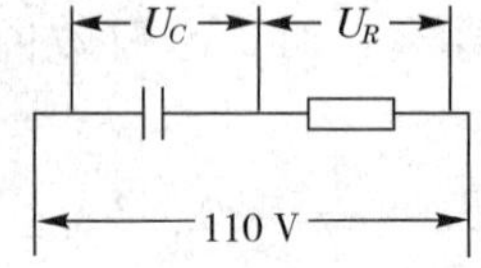


图 17－6 习题 17－7 解图

(1)$C$ 和 $R$ 两端的电压 $U_C$ 和 $U_R$;

(2)总电压和电流之间的相位差.

**解** (1)由于是串联,故 $i(t)$ 相同,如图 17－6 所示.由电矢量图解法分析,得

$$U=110\ \mathrm{V}=\sqrt{U_C^2+U_R^2}=I\sqrt{Z_C^2+Z_R^2}$$

$$\because \frac{Z_C}{Z_R}=\frac{3}{4}$$

$$\therefore U_C=IZ_C=110\ \mathrm{V}\times\frac{3}{5}=66\ \mathrm{V}$$

$$U_R = IZ_R = 110\ \mathrm{V} \times \frac{4}{5}$$

$$= 88\ \mathrm{V}$$

(2)$U(t)$与$i(t)$的相位差

$$\varphi = -\tan^{-1}\frac{U_C}{U_R} = -\tan^{-1}\frac{3}{4} = -36°52'$$

**17－8** 在某频率下,电感$L$和电容$C$的阻抗之比为$Z_L:Z_C=2:1$,现将它们并联后接到该频率的交流电源上,若总电流为$I=10\ \mathrm{mA}$,试求通过$L$和$C$的电流$I_L$和$I_C$.

**解** 由于是并联,故电感与电容两端电压$u(t)$相同.又因为电感$L$上电压超前电流$\frac{\pi}{2}$,电容$C$上的电压落后电流$\frac{\pi}{2}$,故有

$$U = I_L Z_L = I_C Z_C$$

即

$$\frac{Z_L}{Z_C} = \frac{I_C}{I_L} = 2 \qquad ①$$

$$I_C - I_L = 10\ \mathrm{mA} \qquad ②$$

由①、②式联立,解得

$$I_L = 10\ \mathrm{mA}, I_C = 20\ \mathrm{mA}$$

**17－9** 在如图17－7所示的电路中,已知$R_1=10\ \Omega$,$R_2=2.5\ \Omega$,$Z_C=0.20\ \Omega$,$Z_L=5.0\ \Omega$.

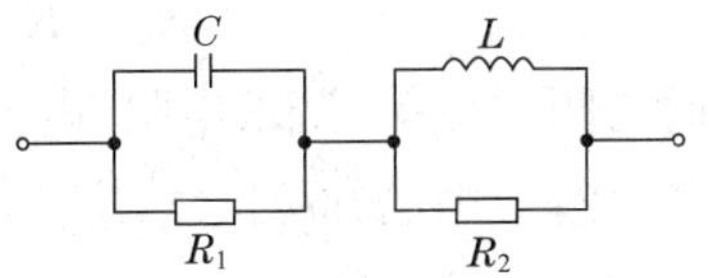

图17－7 习题17－9图

(1)求总电路的复阻抗,总电路是电感性的还是电容性的?

(2)如果在总电路上加上有效值为6.0 V、初相位为零的交流电压,求总电流的有效值和初相位.

(3)此时电容上的电压为多少?

**解** (1)由并联、串联复阻抗公式知,总阻抗

$$Z = \frac{\tilde{Z}_{R_1}\tilde{Z}_C}{\tilde{Z}_{R_1} + \tilde{Z}_C} + \frac{\tilde{Z}_{R_2}\tilde{Z}_L}{\tilde{Z}_{R_2} + \tilde{Z}_{R_L}}$$

代入$\tilde{Z}_{R_1}$、$\tilde{Z}_C$、$\tilde{Z}_{R_2}$、$\tilde{Z}_L$,得$Z = 4 - 3j$,显然为电容性.

(2)因为 $\varphi_u=0$,令电源的频率为 $\omega$,则

$$\tilde{U}=6\mathrm{e}^{j\omega t}\ \mathrm{V}$$

由

$$\tilde{I}=\frac{\tilde{U}}{\tilde{Z}}=\frac{6\mathrm{e}^{j\omega t}}{5\mathrm{e}^{j(-36.87^\circ)}}=1.2\mathrm{e}^{j(\omega t+36.87^\circ)}=1.2\mathrm{e}^{j(\omega t+36^\circ 52')}$$

故有效值为 1.2 A,初相位为 $36^\circ 52'$.

(3)用 $E$ 表示总电压,则电容上的电压为

$$U_C=E\cdot\frac{\dfrac{10(-0.2j)}{10-0.2j}}{\dfrac{10(-0.2j)}{10-0.2j}+\dfrac{2.5\cdot 5j}{2.5+5j}}$$

经计算,得

$$U_l=5.4\ \mathrm{V}$$

**17－10** 如图 17－8 所示是为消除分布电容的影响而设计的一种脉冲分压器.当 $C_1$、$C_2$、$R_1$、$R_2$ 满足一定条件时,此分压器就能和直流电路一样,使输入电压 $U$ 与输出电压 $U_2$ 之比等于电阻之比,即

$$\frac{U_2}{U}=\frac{R_2}{R_1+R_2}$$

而与频率无关.试求电阻、电容应满足的条件.

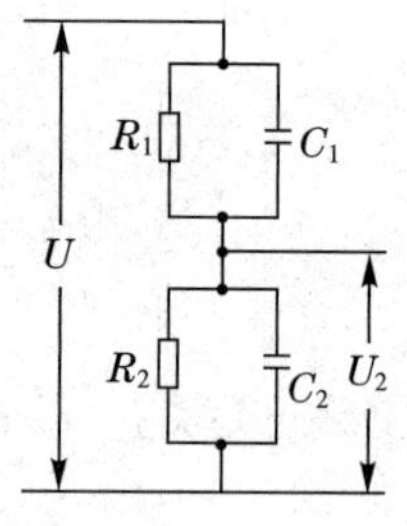

图 17－8 习题 17－10 图

**解** 由已知 $R_1$、$C_1$ 并联,$R_2$、$C_2$ 并联,若有

$$\frac{U_2}{U}=\frac{R_2}{R_1+R_2}$$

则应有

$$\frac{Z_1}{Z_2}=\frac{\dfrac{R_1}{\sqrt{1+(\omega R_1C_1)^2}}}{\dfrac{R_1}{\sqrt{1+(\omega R_2C_2)^2}}}=\frac{R_1}{R_2}$$

即

$$1+(\omega R_1C_1)^2=1+(\omega R_2C_2)^2$$

得

$$R_1C_1=R_2C_2$$

**17—11** 如图17—9所示的电路可以用来测量一个有磁心损耗的电感元件的自感 $L$ 和有功电阻 $R$. 如果在待测电感元件上串联一个电阻 $R_1=40\ \Omega$,测量得到该电阻上的电压为 $U_1=50\ \text{V}$,待测电感元件上的电压为 $U_2=50\ \text{V}$,总电压为 $50\sqrt{3}\ \text{V}$. 已知频率为 $f=50\ \text{Hz}$,试求该电感元件的 $L$ 和 $R$.

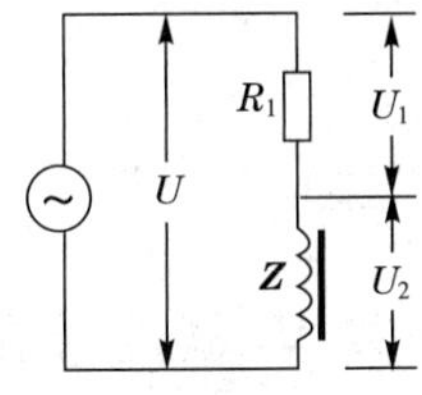

图17—9 习题17—11图

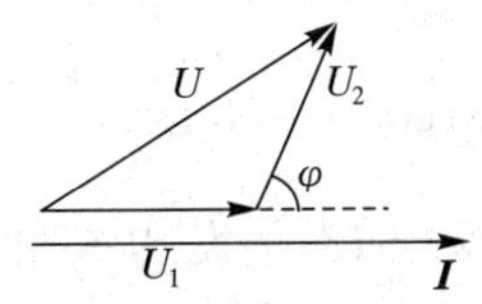

图17—10 习题17—11解图

**解** 以 $I$ 为基准,作 $\boldsymbol{U}_1$、$\boldsymbol{U}_2$ 如图17—10所示. $\varphi$ 是待测电感元件中电压、电流间的相位差,则由余弦定理,得

$$\cos\varphi=\frac{U^2-U_1^2-U_2^2}{2U_1U_2}=\frac{1}{2}$$

故

$$\varphi=\frac{\pi}{3}$$

设待测元件阻抗为 $Z$,则

$$U_1=IR, U_2=IZ$$

$$Z=\frac{U_2}{U_1}R=40\ \Omega$$

设待测元件复阻抗 $\tilde{Z}=R+jx$,则

$$R=Z\cos\varphi=20\ \Omega$$

$$x=Z\sin\varphi=20\sqrt{3}\ \Omega$$

因为

$$x=\omega L$$

则

$$L=\frac{x}{\omega}=\frac{x}{2\pi f}=0.019\ \text{H}$$

**17－12** 在如图 17－11 所示的电路中，已知$R=40\ \Omega$，三个电流计 $A_1$、$A_2$、$A$ 的读数分别为 $I_1=4.0\ \text{A}$，$I_2=3.0\ \text{A}$，$I=6.0\ \text{A}$. 求元件 $Z$ 消耗的功率.

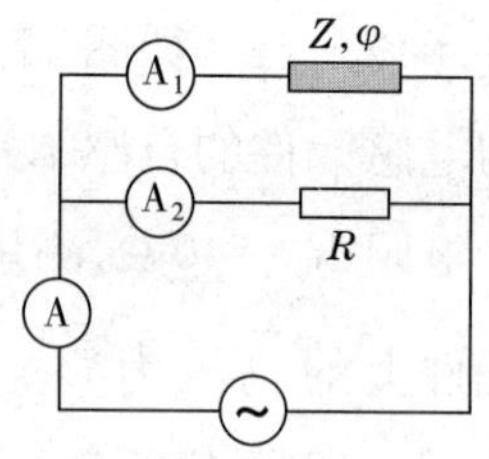

图 17－11　习题 17－12 图

**解**　由已知，得

$$I^2=I_1^2+I_2^2-2I_1I_2\cos\alpha$$

且 $\cos\alpha=\cos(\pi-\varphi)$.

$$PI_1\cos\varphi=I_2RI_1\frac{I^2-I_1^2-I_2^2}{2I_1I_2}=\frac{R(I^2-I_1^2-I_2^2)}{2}=220\ \text{W}$$

**17－13** 发电机的额定电压为 220 V，额定视在功率为 22 kVA.

(1)它能供多少盏功率因数 0.5、平均功率为 40 W 的日光灯正常发光？

(2)如果将日光灯的功率因数提高到 0.8 时，能供多少盏灯正常发光？

(3)如果保持日光灯数目不变而将功率因数继续提高到 1，则输电线中的总电流降低多少？

**解**　(1)由$\overline{P}=S\cos\varphi$得，当 $S=22\ \text{kVA}$，$\cos\varphi=0.5$ 时，则有

$$\overline{P}=22\times10^3\times0.5=1.1\times10^4\ \text{W}$$

故若灯泡平均功率为 40 W，则可提供 $n=\dfrac{1.1\times10^4}{40}=275$ 盏灯正常发光.

(2)若 $\cos\varphi=0.8$，则

$$n=\frac{S\cos\varphi}{40}=\frac{22\times10^3\times0.8}{40}=440\ \text{盏}$$

(3)由$\overline{P}=S\cos\varphi=UI\cos\varphi$ 知，当 $\cos\varphi$ 从 0.8 增加到 1 时，若维持$\overline{P}$不变，则此时 $I'=0.8I$，故总电流降低了 20%.

**17－14** 有一台发电机，标明的额定电压是 10 kV，额定电流是 1 500 A.

(1)求其视在功率；

(2)若包括发电机在内的电力系统的功率因数是 0.6，发电机能提供多大有功功率？无功功率是多少？

(3)若电力系统的功率因数提高到 0.9,则有功功率和无功功率各为多少?

(4)若设供电系统的电阻为 $r$,试导出供电系统的功率损耗 $\Delta P$ 与功率因数的关系.

**解** (1)由已知得,视在功率 $S=UI=1.5\times10^4\ \text{kV}\cdot\text{A}$.

(2)有功功率 $P_{有功}=S\cos\varphi=9\times10^3\ \text{kW}$,

无功功率 $P_{无功}=S\sin\varphi=1.2\times10^4\ \text{kW}$.

(3)同(2),知 $P_{有功}=S\cos\varphi=1.35\times10^4\ \text{kW}$,

$P_{无功}=S\sin\varphi=6.5\times10^3\ \text{kW}$.

(4)供电系统功率损耗 $\Delta P=I^2r$,且由 $S=UI$,$P_{有功}=S\cos\varphi$,得

$$\Delta P=\left(\frac{S}{U}\right)^2r=\left(\frac{P_{有功}/\cos\varphi}{U}\right)^2r=\frac{P_{有功}^2r}{U^2}\cdot\frac{1}{\cos^2\varphi}$$

# 第十八章

# 几何光学

## 基本要求

1. 理解几何光学的基本定律.

2. 理解傍轴光线成像的规律和分析方法.

3. 掌握薄透镜的成像规律;了解薄透镜成像的作图法.

## 基本内容

### 一、几何光学的基本定律

1. 光的直线传播定律

光在真空或均匀媒质中沿直线传播.

2. 光的独立传播定律

来自不同方向或不同物体发出的光线相交,对每一条光线的独立传播不发生影响.

3. 光的反射和折射定律

(1)反射线与折射线均在入射面内.

(2)反射角等于入射角,即 $i_1'=i_1$.

(3)折射角和入射角的关系

$$n_1 \sin i_1 = n_2 \sin i_2$$

4. 全反射

由折射定律可知,临界角 $i_c$ 为

$$i_c = \arcsin \frac{n_2}{n_1}$$

## 二、光在球面上的反射和折射

1. 折射成像

在傍轴近似下,单个折射球面的物像公式为

$$\frac{n'}{s'}+\frac{n}{s}=\frac{n'-n}{r}$$

当 $r\rightarrow\infty$ 时,则有

$$\frac{n'}{s'}+\frac{n}{s}=0$$

2. 反射成像

在傍轴近似下,反射球面成像的物像公式为

$$\frac{1}{s'}+\frac{1}{s}=-\frac{2}{r}$$

当 $r\rightarrow\infty$ 时,则有

$$\frac{1}{s'}+\frac{1}{s}=0$$

此式为平面镜成像公式.

3. 放大率

横向放大率

$$V=\frac{y'}{y}$$

折射球面横向放大率

$$V=-\frac{ns'}{n's}$$

反射球面横向放大率

$$V=-\frac{s'}{s}$$

## 三、薄透镜

1. 磨镜者公式

$$f=f'=\frac{1}{(n_L-1)\left(\frac{1}{r_1}-\frac{1}{r_2}\right)}$$

2. 薄透镜物像公式的高斯形式

$$\frac{1}{s'}+\frac{1}{s}=\frac{1}{f}$$

薄透镜的横向放大率

$$V=-\frac{s'}{s}$$

## 典型例题

**例 18－1** 一个直径为 200 mm 的玻璃球，折射率为 1.53，球内有两个小气泡，从球外看其中一个恰好在球心. 从最近的方位去看另一个气泡，它位于球表面和球心的中间. 求两气泡的实际位置.

**分析** 玻璃球内部的气泡作为实物经单球面折射成像. 由于人眼的瞳孔直径很小，为 2～3 mm，且是从离气泡最近的方位观察，所以本题是单球面折射的近轴成像问题. 题中给出的是像距 $s'$，需要求的是物距 $s$，如图 18－1 所示.

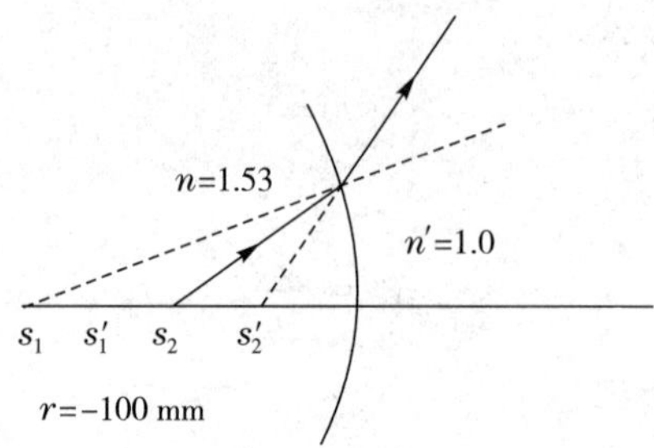


图 18－1 例题 18－1 解图

**解** (1)$n=1.53, n'=1.00, r=-100$ mm, $s'=-100$ mm，代入成像公式

$$\frac{n'}{s'}+\frac{n}{s}=\frac{n'-n}{r}$$

可得，$s=100$ mm. 物为实物，与像的位置重合，且位于球心.

(2)对于另外一个气泡，已知 $n=1.53$, $n'=1.00$, $r=-100$ mm, $s'=-50$ mm，代入成像公式

$$\frac{1.00}{-50}+\frac{1.53}{s}=\frac{1.00-1.53}{-100}$$

由此，求得 $s=60.47$ mm. 气泡为实物，它的实际位置在离球心 $(100-60.47)$ mm $=39.53$ mm 的地方.

**讨论** 对于第一个气泡，也可以根据光的可逆性来确定. 因为第一个气泡与像是重合的，由可逆性将像视为物，经球面折射后仍在相同的位置，所以像和物只能位于球心.

**例 18－2** 一光源与屏间的距离为 1.6 m，用焦距为 30 cm 的凸透镜插在两者之间，透镜应放在什么位置才能使光源成像于屏上?

**分析** 置于空气中的薄凸透镜，其物方焦距和像方焦距相对透镜对称分布于两侧，有 $f=f'$. 解题中，需注意正确运用薄透镜成像规律中有关量的符号规则.

**解** 设光源与屏的间距为 $L$，对透镜的物距为 $s$，像距为 $s'$，由薄透镜的成像公式，有

$$\frac{1}{s}+\frac{1}{s'}=\frac{1}{f}$$

据题意，有

$$s'=L-s$$

整理，可得

$$s^2-sL+Lf=0$$

或

$$s^2-1.6s+0.48=0$$

解得

$$s_1=40\ \text{cm},\ s_1'=120\ \text{cm}$$
$$s_2=120\ \text{cm},\ s_2'=40\ \text{cm}$$

## 习题分析与解答

### 一、选择题

**18—1** 站在游泳池旁的人俯视池底的一块石块，看到石块离水面视深度为 $h'$，水池真实深度为 $h$(水的折射率为$\frac{4}{3}$). 则 $h':h=$ (　　)

(A)3∶4　　(B)4∶3　　(C)1∶1

**解** 由 $h':h=n_{空气}:n_{水}$ 可得 $h':h=3:4$，本题选(A).

**18－2** 一块折射率为 1.5 的全反射直角棱镜浸没在折射率为$\frac{4}{3}$的水中,该棱镜对如图 18－2 所示的光线能否起全反射棱镜的作用? ( )

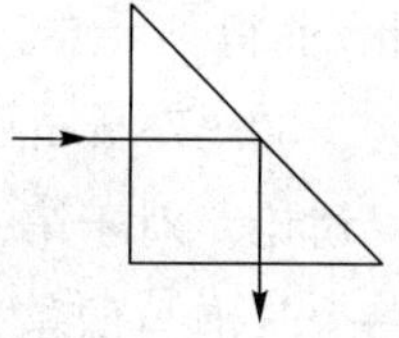

图 18－2 习题 18－2 图

(A)能 (B)不能

**解** $i_c=\arcsin\frac{n_{水}}{n_{棱}}=\arcsin\frac{4/3}{1.5}=\arcsin\frac{8}{9}>\frac{\pi}{4}$,所以不能发生全反射现象,本题选(B).

**18－3** 如图 18－3 所示的折射球面起会聚作用的条件是 ( )

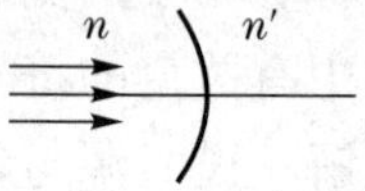

(A)$n'>n$ (B)$n'<n$ (C)$n'=n$

图 18－3 习题 18－3 图

**解** 由$\frac{n'}{s'}+\frac{n}{s}=\frac{n'-n}{r}$得,当$s\to\infty$时可求得$s'=\frac{n'r}{n'-n}$,若要求会聚,则要求$s'>0$. 又因为$r<0$,所以要求$n'-n<0$,即$n'<n$,故本题选(B).

## 二、填空题

**18－4** 一凹面镜的曲率半径为 24 cm. 如果物点的物距 $S=-12$ cm,那么像距 $S'=$____ cm;横向放大率 $V=$________.

**解** 因为 $r=-24$ cm,$S=-12$ cm,由凹面镜成像公式$\frac{1}{S'}+\frac{1}{S}=-\frac{2}{r}$,可得 $S'=6$ cm,所以横向放大率 $V=-\frac{S'}{S}=-\frac{6}{-12}=\frac{1}{2}$.

**18－5** 薄透镜的折射率 $n=\frac{3}{2}$,在空气中使用,当两球面曲率半径分别为 $r_1=-40$ cm,$r_2=-20$ cm 时,其焦距 $f'=$________ cm.

**解** 由薄透镜的磨镜者公式 $f=f'=\frac{1}{(n_L-1)\left(\frac{1}{r_1}-\frac{1}{r_2}\right)}$,代入已知数据可得 $f'=80$ cm.

**18－6** 焦距为 4 cm 的薄凸透镜 $L$ 和平面镜 $M$,相距 5 cm,物 $AB$ 在 $L$ 左侧 8 cm 处,那么最后像的位置 $s_3'=$______,放大率 $V=$______.

**解** 如图 18—4 所示,共有三次成像.

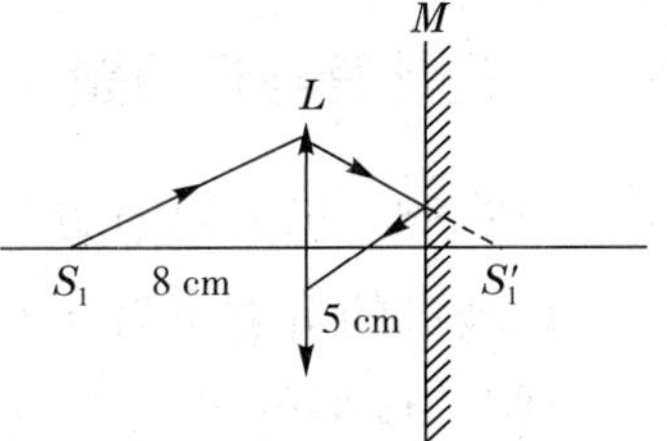

图 18—4 习题 18—6 解图

第一次,薄透镜成像:

$$\frac{1}{s_1'}+\frac{1}{s_1}=\frac{1}{f}(s_1=8\ \text{cm},f=4\ \text{cm})$$

$$\Rightarrow s_1'=8\ \text{cm}$$

第二次,平面镜成像:

$$\frac{1}{s_2'}+\frac{1}{s_2}=-\frac{2}{r}$$

$$s_2=-(8-5)\ \text{cm}=-3\ \text{cm},r\rightarrow\infty\Rightarrow s_2'=3\ \text{cm}$$

第三次,薄透镜成像:

$$\frac{1}{s_3'}+\frac{1}{s_3}=\frac{1}{f}$$

$$s_3=(5-3)\ \text{cm}=2\ \text{cm}\Rightarrow s_3'=-4\ \text{cm}$$

故放大率为

$$V=V_1\times V_2\times V_3$$

$$=\left(-\frac{s_1'}{s_1}\right)\left(-\frac{s_2'}{s_2}\right)\left(-\frac{s_3'}{s_3}\right)=-2$$

**18—7** 如图 18—5 所示,一玻璃半球曲率半径为 $R$,折射率为 1.5,其平面的一边镀银.一物高 $h$,放在曲面顶点前 $2R$ 处,那么这一光具组所成的最后的像在球面顶点________方________处.

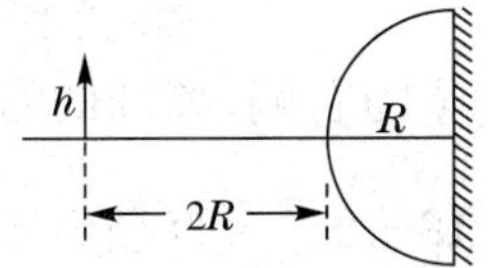

图 18—5 习题 18—7 图

**解** 此过程共有三次成像.

第一次成像:

$$\frac{n_1'}{s_1'}+\frac{n_1}{s_1}=\frac{n_1'-n_1}{r_1}\Rightarrow\frac{1.5}{s_1'}+\frac{1}{2R}=\frac{1.5-1}{R}\Rightarrow s_1'=\infty$$

第二次成像:

$$\frac{1}{s_2'}+\frac{1}{s_2}=-\frac{2}{r_2}(s_2=s_1'=\infty,r_2=\infty)\Rightarrow s_2'=\infty$$

第三次成像:

$$\frac{n_3'}{s_3'}+\frac{n_3}{s_3}=\frac{n_3'-n_3}{r_3}(s_3=s_2'=\infty,n_3=1.5,n_3'=1,r_3=-R)$$

$\Rightarrow s_3'=2R>0$,故最后的像为实像,在左方.

## 三、计算与证明题

**18−8** 远处物点发出的平行光束，投射到一个实心的玻璃球上. 设玻璃的折射率为 $n$，球的半径为 $r$. 求像的位置.

**解** 设平行光束由玻璃球的左边入射，经球的前表面折射成像，$s_1=\infty$，所以有

$$\frac{n}{s_1'}=\frac{n-1}{r},\ s_1'=\frac{nr}{n-1}$$

前表面折射所成的像，将作为球的后表面的物. 由于球的前后面相隔 $2r$ 远，可得

$$s_2=2r-s_1'$$

所以

$$\frac{n}{s_2}+\frac{1}{s_2'}=\frac{1-n}{-r}$$

从而可得

$$\frac{1}{s_2'}=\frac{-2(n-1)}{(n-2)r},\ s_2'=-\frac{(n-2)r}{2(n-1)}$$

像在球的右侧，离球的右边 $-\dfrac{(n-2)r}{2(n-1)}$ 处.

**18−9** 一直径为 4 cm 的长玻璃棒，折射率为 1.5，其一端磨成曲率半径为 2 cm 的半球形，长为 0.1 cm 的物垂直置于棒轴上离棒的凸面顶点 8 cm 处，求像的位置及大小.

**解** 设空气的折射率为 $n$，玻璃的折射率为 $n'$，则 $n=1$，$n'=1.5$.

因为 $r=2$ cm，所以物方焦距

$$f=\frac{nr}{n'-n}=4\ \text{cm}$$

而像方焦距

$$f'=\frac{n'r}{n'-n}=6\ \text{cm}$$

又因为

$$\frac{f'}{s'}+\frac{f}{s}=1$$

而

$$s = 8\ \text{cm}$$

所以

$$s' = 12\ \text{cm}(\text{实像})$$

所以,放大率为

$$V = \frac{y'}{y} = -\frac{ns'}{n's} = -1$$

其中

$$y = 0.1\ \text{cm}$$

所以

$$y' = Vy = -0.1\ \text{cm}$$

**18—10** 如图 18—6 所示,一物体在曲率半径为 12 cm 的凹面镜的顶点左方 4 cm 处,求像的位置及横向放大率,并作出光路图.

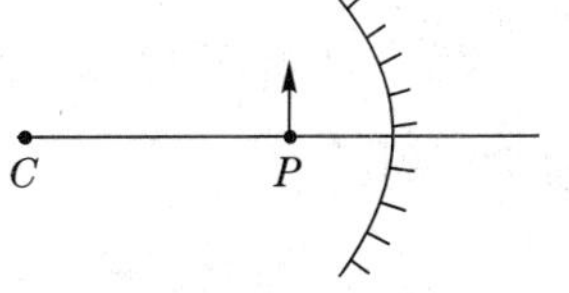


图 18—6 习题 18—10 图

**分析** 将球面反射看作 $n = -n'$ 时球面折射的特例,可由折射球面的成像规律求解.

**解** 在傍轴近似条件下,反射球面成像的物像公式为

$$\frac{1}{s'} + \frac{1}{s} = -\frac{2}{r}$$

根据题意及符号规定,有

$$s = 4\ \text{cm}, \quad r = -12\ \text{cm}$$

代入上式,可得

$$s' = -12\ \text{cm}(\text{虚像})$$

横向放大率为

$$V = -\frac{s'}{s} = -\frac{-12}{4} = 3(\text{正立})$$

其光路图如图 18－7 所示.

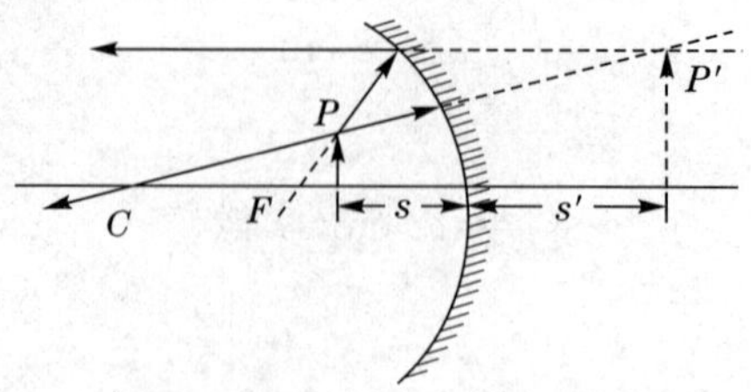


图 18－7　习题 18－10 解图

**18－11**　如图 18－8 所示，曲率半径为 $R$、折射率为 1.5 的玻璃球有半个球面镀上银，若平行光从透明表面入射，最终成像在哪里？

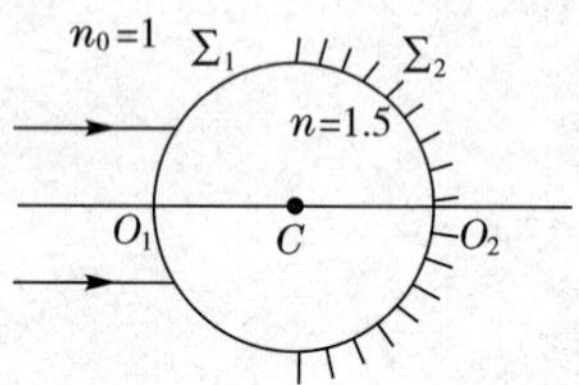


图 18－8　习题 18－11 图

**解**　$P$ 对于 $O_1$ 单个折射球面成像为 $P_1$，则

$$s_1 \to \infty, r = R > 0, n_0 = 1, n = 1.5$$

由单个折射球面的物像公式

$$\frac{n_0}{s_1} + \frac{n}{s_1'} = \frac{n - n_0}{r}$$

可得

$$s_1' = 3R(\text{实像})$$

$P_1$ 对于凹面镜 $O_2$ 成像为 $P_2$，$P_1$ 对于凹面镜来说是虚物，所以 $s_2 < 0$，又

$$s_2 = -R, \text{且 } r < 0$$

所以

$$r = -R$$

由物像关系

$$\frac{1}{s_2} + \frac{1}{s_2'} = -\frac{2}{r}$$

可得

$$s_2' = \frac{R}{3}(\text{实像})$$

$P_2$ 再对 $O_1$ 单折射球面成像为 $P_3$,则

$$s_3>0,s_3=2R-\frac{R}{3}=\frac{5}{3}R,r<0,r=-R$$

由单个折射球面的物像公式

$$\frac{n}{s_3}+\frac{n_0}{s_3'}=\frac{n_0-n}{r}$$

可得

$$s_3'=-\frac{5}{2}R(\text{虚像})$$

所以,若平行光从透明表面入射时,最终成像在 $O_1$ 右侧 $\frac{5}{2}R$ 处.

**18—12** 已知水的折射率为$\frac{4}{3}$,玻璃折射率为$\frac{3}{2}$,试证:玻璃透镜在水中的焦距 $f'_{水}$是它在空气中的焦距 $f'_{气}$的 4 倍.

**证明** 薄透镜的焦距公式为

$$f'=\frac{n'}{\frac{n_L-n'}{r_1}+\frac{n'-n_L}{r_2}}$$

当透镜放在空气中时,$n'=1$,则空气中的焦距为

$$f'_{空气}=\frac{1}{\frac{3/2-1}{r_1}+\frac{1-3/2}{r_2}}=\frac{2}{\frac{1}{r_1}-\frac{1}{r_2}}$$

当透镜放在水中时,$n'=\frac{4}{3}$,则水中的焦距为

$$f'_{水}=\frac{4/3}{\frac{3/2-4/3}{r_1}+\frac{4/3-3/2}{r_2}}=\frac{8}{\frac{1}{r_1}-\frac{1}{r_2}}$$

由此可见,透镜在水中的焦距 $f'_{水}$ 是其在空气中焦距 $f'_{空气}$ 的 4 倍,即得证.

**18—13** 某凸透镜焦距为 10 cm,凹透镜焦距为 4 cm,两个透镜相距 12 cm,已知物在凸透镜左方 20 cm 处,计算像的位置和横向放大率.

**分析** 先经凸透镜成像,再经凹透镜成像,分别计算可得.

**解** 物第一次经凸透镜成像,则有

$$\frac{1}{s'_1}+\frac{1}{s_1}=\frac{1}{f_1}$$

其中,$s_1=20\ \text{cm}$,$f_1=10\ \text{cm}$,代入,解得

$$s'_1=20\ \text{cm}(\text{实像})$$

因此,横向放大率为

$$V_1=-\frac{s'_1}{s_1}=-1(\text{倒立})$$

该像再经凹透镜成像,则有

$$\frac{1}{s'_2}+\frac{1}{s_2}=\frac{1}{f_2}$$

其中,$d=12\ \text{cm}$,$s_2=d-s'_1=-8\ \text{cm}$,$f_2=-4\ \text{cm}$,从而可得

$$s'_2=-8\ \text{cm}(\text{虚像})$$

横向放大率为

$$V_2=-\frac{s'_2}{s_2}=-1(\text{倒立})$$

所以,两次成像的横向放大率为

$$V=V_1\cdot V_2=1$$

**18-14** 如图18-9所示,一块凹平薄透镜,凹面的曲率半径为0.5 m,玻璃的折射率为1.5,且在平表面上涂有一反射层.在此系统左侧主轴上放一点物$P$,$P$离凹透镜1.5 m,求最后成像的位置,并说明像的虚实.

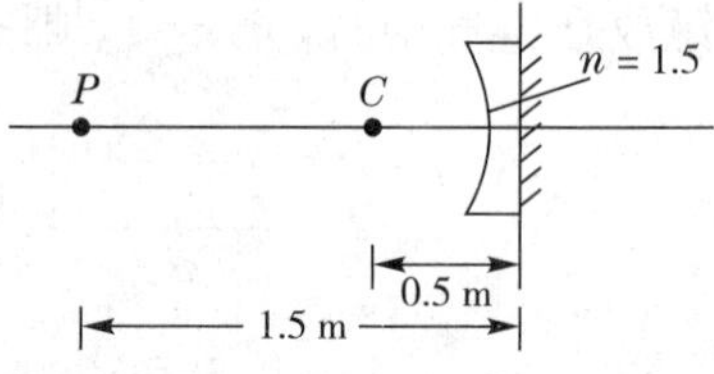

图18-9 例题8-14图

**解** 设凹平薄透镜的焦距为$f$,则

$$f=\frac{1}{(n-1)\left(\frac{1}{r_1}-\frac{1}{r_2}\right)}=-1\ \text{m}$$

已知物距$s_1=1.5\ \text{m}$,设经凹平薄透镜第一次成像后的像距为$s'_1$,则有

$$\frac{1}{s_1}+\frac{1}{s'_1}=\frac{1}{f},\ \frac{1}{s'_1}=\frac{1}{f}-\frac{1}{s_1}$$

$$s_1' = -0.6\ \text{m}$$

在透镜左方，是虚像.

此虚像经平面反射层反射后，又成虚像于反射层右方 0.6 m 处.

再经凹平薄透镜第二次成像，设像距为 $s_2'$（这时透镜右方为物方，左方为像方）

$$\frac{1}{s_2} + \frac{1}{s_2'} = \frac{1}{f},\ \frac{1}{s_2'} = \frac{1}{f} - \frac{1}{s_2}$$

$$s_2' = -0.375\ \text{m}$$

最后成像的位置在透镜和反射层右方 0.375 m 处，是虚像.

**18－15** 一个双凸薄透镜，两表面的曲率半径均为 20 cm，透镜材料的折射率为 $n_2 = 1.50$. 此透镜嵌在水箱的侧壁上，一面的媒质是水，其折射率为 $n_1 = 1.33$，另一面是空气，折射率为 $n_3 = 1.00$. 试问：平行光束从水中沿光轴方向入射到透镜上，光束会聚的焦点离透镜多远？平行光束从空气入射，会聚点又离透镜多远？

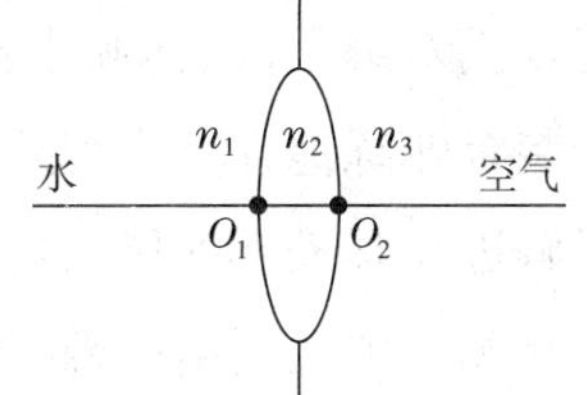

图 18－10 习题 18－15 解图

**解** 已知水、玻璃、空气的折射率分别为 $n_1$、$n_2$、$n_3$，如图 18－10 所示.

从水中入射时，两折射球面的光焦度分别是

$$\Phi_1 = \frac{n_2 - n_1}{r_1} = 0.85\ \text{m}^{-1}$$

$$\Phi_2 = \frac{n_2 - n_3}{r_2} = 2.5\ \text{m}^{-1}$$

因为是薄透镜，所以总光焦度为

$$\Phi = \Phi_1 + \Phi_2 = 3.35\ \text{m}^{-1}$$

所以像方焦距为

$$f' = \frac{n_3}{\Phi} = 30\ \text{cm}$$

从空气中入射时，$\Phi$ 仍不变（$\Phi$ 是系统的性质，与入射方向无关），但是这时像方焦距为

$$f' = \frac{n_1}{\Phi} = 40\ \text{cm}$$

# 第十九章

## 波动光学

### 基本要求

1. 理解相干光的条件及获得相干光的方法；掌握光程的概念及光程差和相位差的关系；理解在什么条件下反射光有半波损失；掌握杨氏双缝干涉、薄膜干涉、劈尖干涉和牛顿环的特征，并能根据干涉装置熟练地计算光程差及光程差的变化与干涉条纹之间的关系；了解迈克耳逊干涉仪的构造、工作原理及主要应用.

2. 了解惠更斯－菲涅耳原理中包含的基本概念及菲涅耳衍射与夫琅禾费衍射的区别；掌握用半波带法分析单缝夫琅禾费衍射条纹的产生及其亮暗条纹位置的计算方法；会分析缝宽及波长对衍射条纹分布的影响.

3. 理解光栅衍射条纹的特点及产生这些特点的原因；掌握用光栅方程计算谱线位置的方法；会分析光栅常数及波长对光栅衍射谱线的影响.

4. 了解衍射对光学仪器分辨率的影响.

5. 理解自然光、线偏振光与部分偏振光的概念与表示；理解起偏器与检偏器的原理与作用，掌握马吕斯定律及其应用；理解反射光完全偏振的条件及此时能量在反射光和折射光中传递的特点，掌握布儒斯特定律及其应用；理解双折射现象中寻常光与非常光的区别，了解用双折射获取线偏振光的原理，了解偏振光的干涉、波片原理及应用.

# 基本内容

## 一、光　程

1. 定义

光波在介质中经历的几何路程 $x$ 与该介质折射率 $n$ 之积 $nx$.

2. 光程差 $\Delta$ 与相位差的关系

$$\Delta\varphi = 2\pi\frac{\Delta}{\lambda_0}\quad (\lambda_0\text{:光在真空中的波长})$$

3. 两相干光干涉产生明暗纹条件

$$\Delta = \begin{cases} \pm k\lambda & \text{明纹} \\ \pm(2k+1)\lambda/2 & \text{暗纹} \end{cases}\quad k = 0,1,2,\cdots$$

4. 半波损失相当于 $\lambda/2$ 的附加光程差.

5. 透镜不引起附加的光程差.

## 二、杨氏双缝干涉

双缝干涉是典型的分波面干涉,双缝可看作从同一波面分割出的两个同相位的相干光源.

光程差

$$\Delta = r_2 - r_1 \approx d\sin\theta \approx d\frac{x}{d'}$$

明暗条纹的位置

$$x = \begin{cases} \pm k\dfrac{d'\lambda}{d} & \text{明纹} \\ \pm(2k+1)\dfrac{d'\lambda}{2d} & \text{暗纹} \end{cases}\quad k = 0,1,2,\cdots$$

条纹等间距,相邻明(暗)条纹的间距为

$$\Delta x = x_{k+1} - x_k = \frac{d'\lambda}{d}$$

## 三、薄膜干涉

1. 等倾干涉

薄膜厚度均匀,以相同倾角入射的光经薄膜两个表面反射后发

生的干涉情况相同,干涉条纹是同心圆环. 明纹和暗纹的光程差条件是

$$\Delta = 2d\sqrt{n_2^2 - n_1^2\sin^2 i} + \frac{\lambda}{2}$$

$$= \begin{cases} k\lambda, & k = 1,2,3,\cdots \quad \text{明纹} \\ (2k+1)\dfrac{\lambda}{2}, & k = 0,1,2,\cdots \quad \text{暗纹} \end{cases}$$

2. 等厚干涉

薄膜厚度不均匀,光线垂直入射,薄膜等厚处干涉情况相同.

(1)劈尖干涉.

干涉条纹是一组与棱边平行的等间距的明暗相间的直条纹. 明纹和暗纹的光程差条件是

$$\Delta = 2n_2 d + \frac{\lambda}{2}$$

$$= \begin{cases} k\lambda, & k = 1,2,3,\cdots \quad \text{明纹} \\ (2k+1)\dfrac{\lambda}{2}, & k = 0,1,2,\cdots \quad \text{暗纹} \end{cases}$$

条纹特点:

①相邻明(暗)条纹处劈尖的厚度差

$$\Delta d = d_{k+1} - d_k = \frac{\lambda}{2n_2}$$

②相邻明(暗)条纹的间距

$$b = \frac{\lambda}{2n_2\sin\theta} \approx \frac{\lambda}{2n_2\theta}$$

劈尖的棱边是明纹还是暗纹取决于有无半波损失.

(2)牛顿环干涉.

干涉条纹是一组明暗相间、疏密不均匀的同心圆环.

明环和暗环的半径是

$$r = \begin{cases} \sqrt{\dfrac{(2k-1)R\lambda}{2}}, & k = 1,2,3,\cdots \quad \text{明环半径} \\ \sqrt{kR\lambda}, & k = 0,1,2,\cdots \quad \text{暗环半径} \end{cases}$$

## 四、单缝的夫琅禾费衍射

衍射图样:明暗相间的平行条纹.

明纹和暗纹的条件是

$$a\sin\theta=\begin{cases}k\lambda & k=\pm1,\pm2,\cdots \quad 暗纹\\ (2k+1)\dfrac{\lambda}{2} & \quad 明纹\end{cases}$$

$$-\lambda<a\sin\theta<\lambda \quad 中央明纹$$

中央明纹的半角宽度为

$$\Delta\theta_0=\arcsin\frac{\lambda}{a}$$

当 $\Delta\theta_0$ 很小时, $\Delta\theta_0\approx\lambda/a$.

## 五、圆孔的夫琅禾费衍射

第一级暗环的衍射角满足

$$\sin\theta_1=1.22\frac{\lambda}{D}$$

当 $\theta_1$ 很小时, $\theta_1\approx1.22\lambda/D$.

爱里斑的线半径

$$R=1.22\frac{\lambda}{D}f$$

最小分辨角

$$\theta_{\min}=1.22\frac{\lambda}{D}$$

最小分辨角的倒数称为光学仪器的分辨率.

## 六、光栅衍射

单色光垂直入射时,明纹条件是

$$(a+b)\sin\theta=k\lambda,k=0,\pm1,\pm2,\cdots(光栅方程)$$

缺级条件是

$$k=\frac{a+b}{a}k',\quad k'=\pm1,\pm2,\pm3,\cdots$$

## 七、马吕斯定律

$$I_2 = I_1 \cos^2\alpha$$

光强为 $I_0$ 的自然光通过起偏器后,强度减为 $I_0/2$.

## 八、布儒斯特角

$$\tan i_B = \frac{n_2}{n_1}$$

当 $i = i_B$ 时,反射光与折射光相互垂直.

# 典型例题

**例 19－1** 在双缝干涉实验中,单色光源 $S_0$ 到两缝 $S_1$ 和 $S_2$ 的距离分别为 $l_1$ 和 $l_2$,并且 $l_1 - l_2 = 3\lambda$,$\lambda$ 为入射光的波长,双缝之间的距离为 $d$,双缝到屏幕的距离为 $D(D \gg d)$,如图 19－1 所示.求:

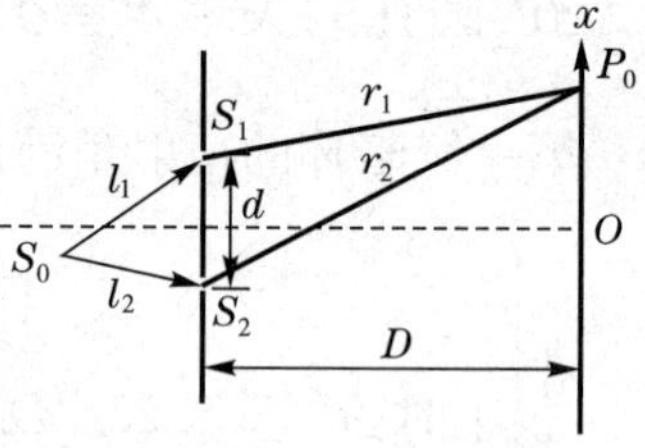


图 19－1 例 19－1 图

(1)零级明纹到屏幕中央 $O$ 点的距离;

(2)相邻明条纹间的距离.

**解** (1)设 $P_0$ 为零级明纹中心,则

$$r_2 - r_1 \approx d\,\overline{P_0O}/D$$

$$(l_2 + r_2) - (l_1 + r_1) = 0$$

所以

$$r_2 - r_1 = l_1 - l_2 = 3\lambda$$

可得

$$\overline{P_0O} = D(r_2 - r_1)/d = 3D\lambda/d$$

(2)在屏上距 $O$ 点为 $x$ 处,光程差为

$$\delta \approx (dx/D) - 3\lambda$$

明纹条件是

$$\delta = \pm k\lambda \quad (k = 0,1,2,\cdots)$$

$$x_k = (\pm k\lambda + 3\lambda)D/d$$

在此处,令 $k=0$,即为(1)的结果. 相邻明条纹间距为

$$\Delta x = x_{k+1} - x_k = D\lambda/d$$

**例 19－2** 波长 $\lambda = 600$ nm 的单色光垂直入射到一光栅上,测得第二级主极大的衍射角为 30°, 且第三级是缺级. 求:

(1)光栅常数;

(2)透光缝可能的最小宽度 $a$;

(3)选定了上述 $d$ 和 $a$ 后,求在屏幕上可能呈现的主极大的级次.

**解** (1)由光栅衍射主极大公式 $d\sin\theta=k\lambda$,得

$$d = \frac{k\lambda}{\sin\theta} = 2.4 \times 10^{-6}\ \text{m}$$

(2)由光栅方程知,第三级主极大的衍射角 $\theta'$ 满足

$$d\sin\theta' = 3\lambda \qquad ①$$

由于第三级缺级,对应于最小可能的 $a$ 值, $\theta'$ 的方向应是单缝衍射第一级暗纹的方向,即

$$a\sin\theta' = \lambda \qquad ②$$

由①、②式,可得

$$a = \frac{d}{3} = 0.8 \times 10^{-6}\ \text{m}$$

(3)由 $d\sin\theta = k\lambda$, 得

$$k_{\max} = \frac{d\sin 90^\circ}{\lambda} = 4$$

因为第三级缺级,所以实际呈现 $k = 0, \pm 1, \pm 2$ 等各级主极大,但第四级看不见.

**例 19－3** 两个偏振片 $P_1$、$P_2$ 叠在一起,由强度相同的自然光和线偏振光混合而成的光束垂直入射在偏振片上,进行了两次测量. 第一次和第二次 $P_1$ 和 $P_2$ 偏振化方向的夹角分别为 30°和未知的 $\theta$,且入射光中线偏振光的光矢量振动方向与 $P_1$ 的偏振化方向夹角分别为 45°和 30°. 不考虑偏振片对可透射分量的反射和吸收. 已知第一次透射光强为第二次的 3/4,求:

(1)$\theta$ 角的数值;

(2)每次穿过 $P_1$ 的透射光强与入射光强之比;

(3)每次连续穿过 $P_1$、$P_2$ 的透射光强与入射光强之比.

**解** 设入射光中自然光的强度为 $I_0$,则总的入射光强为 $2I_0$.

(1)第一次出射光强为

$$I_2 = (0.5I_0 + I_0\cos^2 45°)\cos^2 30°$$

第二次出射光强为

$$I_2' = (0.5I_0 + I_0\cos^2 30°)\cos^2\theta$$

由 $I_2 = 3I_2'/4$,得

$$\cos^2\theta = 4/5, \theta = 26.6°$$

(2)第一次穿过 $P_1$ 的光强

$$I_1 = 0.5I_0 + I_0\cos^2 45° = I_0$$

故第一次穿过 $P_1$ 的透射光强与入射光强之比为

$$I_1/(2I_0) = 1/2$$

第二次相应有

$$I_1' = (0.5I_0) + I_0\cos^2 30° = 5I_0/4$$

故第二次穿过 $P_2$ 的透射光强与入射光强之比为

$$I_1'/(2I_0) = 5/8$$

(3)第一次连续穿过 $P_1$、$P_2$ 的透射光强与入射光强之比为

$$I_2/2I_0 = I_1\cos^2 30°/(2I_0) = 3/8$$

第二次连续穿过 $P_1$、$P_2$ 的透射光强与入射光强之比为

$$I_2'/2I_0 = I'_1\cos^2\theta/(2I_0) = 1/2$$

## 习题分析与解答

### 一、选择题

**19-1** 在双缝干涉实验中,若单色光源 $S$ 到 $S_1$,$S_2$ 距离相等,则观察屏上中央明纹中心位于图 19-2 中 $O$ 处,现将光源 $S$ 向下移动到示意图中

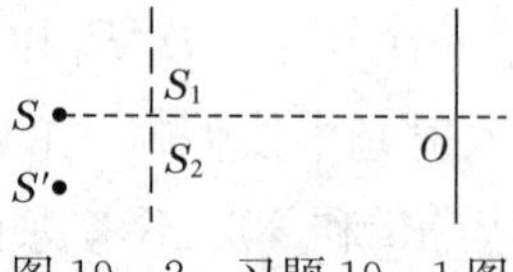

图 19-2 习题 19-1 图

的 $S'$ 位置，则 （ ）

(A)中央明条纹向下移动，且条纹间距不变

(B)中央明条纹向上移动，且条纹间距增大

(C)中央明条纹向下移动，且条纹间距增大

(D)中央明条纹向上移动，且条纹间距不变

**解** 中央明纹出现在光程差为零的位置，当光源 $S$ 向下移动时，中央明纹上移，由条纹间距公式 $\Delta x=\dfrac{d'\lambda}{d}$ 可知，条纹间距不变，故本题选(D).

**19－2** 用单色光垂直照射牛顿环装置，设其平凸透镜可以在垂直的方向上移动，在透镜离开平玻璃的过程中，可以观察到这些环状干涉条纹 （ ）

(A)向右平移 (B)向中心收缩 (C)向外扩张 (D)向左平移

**解** 在凸透镜上移后，牛顿环中空气膜的厚度整体增厚，由等厚干涉原理可知，所有条纹向中心收缩，故本题选(B).

**19－3** 如图 19－3 所示，波长为 $\lambda$ 的平行单色光垂直入射在折射率为 $n_2$ 的薄膜上，经上下两个表面反射的两束光发生干涉. 若薄膜厚度为 $e$，而且 $n_1>n_2>n_3$，则两束反射光在相遇点的相位差为 （ ）

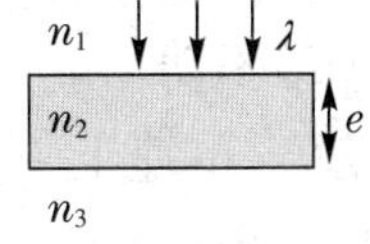


图 19－3 习题 19－3 图

(A)$4\pi n_2e/\lambda$ (B)$2\pi n_2e/\lambda$

(C)$\pi+4\pi n_2e/\lambda$ (D)$-\pi+4\pi n_2e/\lambda$

**解** 由题意可知，光波在薄膜上、下两个表面反射时均没有半波损失，因而其光程差 $\Delta=2n_2e$，相位差 $\Delta\varphi=2\pi\Delta/\lambda=4\pi n_2e/\lambda$，答案为(A).

**19－4** 两个直径相差甚微的圆柱体夹在两块平板玻璃之间构成空气劈尖，如图 19－4 所示. 单色光垂直照射，可看到等厚干涉条纹，如果将两圆柱之间的距离 $L$ 拉大，则 $L$ 范围内的干涉条纹 （ ）

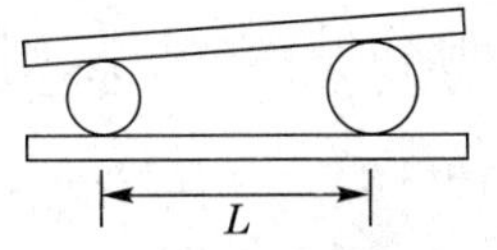


图 19－4 习题 19－4 图

(A)数目增加，间距不变 (B)数目增加，间距变小

(C)数目不变，间距变大 (D)数目减小，间距变大

**解** 劈尖干涉的干涉条纹为光程差相同的点的轨迹，即厚度相等的点的轨迹. 每一条纹对应劈尖内的一个厚度，当此厚度位置改变时，对应的条纹随之移动. 当两圆柱的间距 $L$ 增大时，干涉条纹的间距变大，但数目不变，答案为(C).

**19－5** 在迈克耳逊干涉仪的一条光路中，放入一厚度为 $d$、折射率为 $n$ 的透明薄片，放入后，这条光路的光程改变了 ( )

(A) $2(n-1)d$ (B) $2nd$ (C) $(n-1)d$ (D) $nd$

**解** 对于迈克耳逊干涉仪，放入介质前的光程差为 $\Delta = 2e$，放入介质后的光程差为 $\Delta' = 2e + 2(n-1)d$，光程差的变化量为 $\Delta' - \Delta = 2(n-1)d$，故答案为(A).

**19－6** 在如图 19－5 所示的夫琅禾费单缝衍射实验装置中，$S$ 为单缝，$L$ 为凸透镜，$C$ 为放在焦平面处的屏. 当把单缝垂直于凸透镜光轴稍微向上平移时，屏幕上的衍射图样 ( )

(A)向上平移 (B)向下平移

(C)不动 (D)条纹间距变大

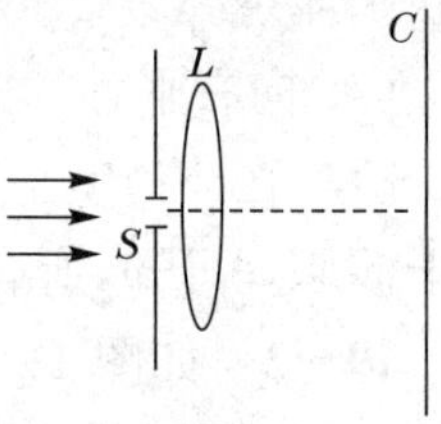

图 19－5 习题 19－6 图

**解** 单缝上下移动时，根据透镜成像原理，衍射图样不变，答案为(C).

**19－7** 某元素的特征光谱中含有波长分别为 $\lambda_1 = 450$ nm 和 $\lambda_2 = 750$ nm的光谱线，在光栅光谱中，这两种波长的谱线有重叠现象，重叠处的谱线 $\lambda_2$ 主极大的级数是 ( )

(A)2,3,4,5… (B)2,5,8,11…

(C)2,4,6,8… (D)3,6,9,12…

**解** 当谱线重叠时，由光栅方程可得，$d\sin\theta = k_1\lambda_1$，$d\sin\theta = k_2\lambda_2$，所以$\frac{k_1}{k_2} = \frac{\lambda_2}{\lambda_1} = \frac{5}{3}$，则重叠处的谱线 $\lambda_2$ 主极大的级数为(D).

**19－8** 一衍射光栅对某波长的垂直入射光在屏幕上只能出现零级和一级主极大，欲使屏幕上出现更高级次的主极大，应该 ( )

(A)换一个光栅常数较大的光栅

(B)换一个光栅常数较小的光栅

(C)将光栅向靠近屏幕的方向移动

(D)将光栅向远离屏幕的方向移动

**解** 由光栅方程 $d\sin\theta = k\lambda$ 可得 $k = d\sin\theta/\lambda$，欲使屏幕上出现更高级次的主极大，即要增大 $k$，则可以通过增大光栅常数 $d$ 来实现，故答案为(A).

**19－9** 一束光强为 $I_0$ 的自然光垂直穿过两个偏振片，且两偏振片的振偏化方向成 $45°$ 角，若不考虑偏振片的反射和吸收，则穿过两个偏振片后的光强 $I$ 为 （　　）

(A) $\sqrt{2}I_0/4$ (B) $I_0/4$ (C) $I_0/2$ (D) $\sqrt{2}I_0/2$

**解** 强度为 $I_0$ 的自然光通过偏振片后强度变为 $I_0/2$，通过第二个偏振片后的光强可由马吕斯定律求得，$I = \frac{I_0}{2}\cos^2 45° = \frac{I_0}{4}$，答案为(B).

**19－10** 自然光以 $60°$ 的入射角照射到某一透明介质表面时，反射光为线偏振光，则 （　　）

(A)折射光为线偏振光，折射角为 $30°$

(B)折射光为部分偏振光，折射角为 $30°$

(C)折射光为线偏振光，折射角不能确定

(D)折射光为部分偏振光，折射角不能确定

**解** 由题意可知，$i = 60°$ 是这种介质的布儒斯特角，则折射光与入射光垂直，折射角为 $30°$，折射光线为部分偏振光，答案为(B).

## 二、填空题

**19－11** 双缝干涉实验中，若双缝间距由 $d$ 变为 $d'$，使屏上原第十级明纹中心变为第五级明纹中心，则 $d':d=$________；若在其中一缝后加一透明媒质薄片，使原光线光程增加 $2.5\lambda$，则此时屏中心处为第________级________纹.

**解** 由双缝干涉明纹公式 $x = k\frac{D}{d}\lambda$，可得 $d':d = 1:2$；加入介质后光程增加 $2.5\lambda$，则中心处总光程差为 $2.5\lambda = (2\times 2+1)\frac{\lambda}{2}$，所以屏中心处为第 2 级暗纹.

**19－12** 在牛顿环实验中，平凸透镜的曲率半径为 3.00 m，当用某种单色光照射时，测得第 $k$ 个暗纹半径为 4.24 mm，第 $k+10$ 个

暗纹半径为 6.00 mm,则所用单色光的波长为________ nm.

**解** 根据牛顿环暗环半径公式 $r_k=\sqrt{kR\lambda}$,可得 $r_k^2=kR\lambda$,$r_{k+10}^2=(k+10)R\lambda$,所以所用单色光的波长 $\lambda=\dfrac{r_{k+10}^2-r_k^2}{10R}=601\ \text{nm}$.

**19-13** 在空气中有一劈尖形透明物,其劈尖角 $\theta=1.0\times10^{-4}$ rad,在波长 $\lambda=700$ nm 的单色光垂直照射下,测得干涉相邻明条纹间距 $l=0.25$ cm,此透明材料的折射率 $n=$________.

**解** 由劈尖干涉的条纹宽度和劈尖角的关系 $l=\lambda/(2n\theta)$,可得 $n=1.4$.

**19-14** 在迈克耳逊干涉实验中,在移动反射镜 M 移动 0.620 mm 的过程中,观察到干涉条纹移动 2300 条,则所用光的波长为________ nm.

**解** 由反射镜 M 移动距离和干涉条纹数目间的关系式 $\Delta d=\Delta k\dfrac{\lambda}{2}$,可得所用光的波长为 539.1 nm.

**19-15** 在单缝夫琅禾费衍射实验中,设第一级暗纹的衍射角很小.若以钠黄光($\lambda_1=589$ nm)为入射光,中央明纹宽度为 4.0 mm;若以蓝紫光($\lambda_2=442$ nm)为入射光,则中央明纹宽度为________ mm.

**解** 根据中央明纹的宽度公式 $l_0=2\lambda f/a$,并结合题意,可得若以 $\lambda_2=442$ nm 的蓝紫光为入射光,中央明纹的宽度为 3 mm.

**19-16** 一束单色光垂直入射在光栅上,衍射光谱中共出现 5 条明纹.若已知此光栅缝宽度与不透明部分宽度相等,那么在中央明纹一侧的两条明纹分别是第________级和第________级谱线.

**解** 设光栅中透光部分的宽度为 $a$,不透光部分的宽度为 $b$.光栅方程为 $(a+b)\sin\theta=k\lambda$,单缝衍射暗纹公式为 $a\sin\theta=k'\lambda$,由题意知,$\dfrac{k}{k'}=\dfrac{a+b}{a}=\dfrac{2}{1}$,故第 2,4,6,… 级缺级,所以在中央明纹一侧的两条明纹分别是第 1 级和第 3 级谱线.

**19-17** 为测定一个光栅的光栅常数,用波长为 632.8 nm 的光垂直照射光栅,测得第一级主极大的衍射角为 18°,则光栅常数 $d=$________,第二级主极大的衍射角 $\theta=$________.

**解** 根据光栅方程 $d\sin\theta=k\lambda$,$k=0,\pm1,\pm2,\cdots$,光栅常数为

$d=2\ 047.9\ \text{nm}$,第二级主极大的衍射角 $\theta = 38.2^\circ$.

**19－18** 检验自然光、线偏振光和部分偏振光时,使被检验光入射到偏振片上,然后旋转偏振片. 若从偏振片射出的光线__________,则入射光为自然光;若射出的光线__________,则入射光为部分偏振光;若射出的光线________,则入射光为完全偏振光.

**解** 光强不变;光强变化但不为零;出现光强为零.

**19－19** 在图 19－6 中,左边四个图表示线偏振光入射于两种介质分界面上,最右边的一个图表示入射光是自然光. $n_1$, $n_2$ 为两种介质的折射率,图中入射角 $i_B=\arctan(n_2/n_1)$, $i\neq i_B$. 试在图 19－6 中画出实际存在的折射光线和反射光线,并用点或短线把振动方向表示出来.

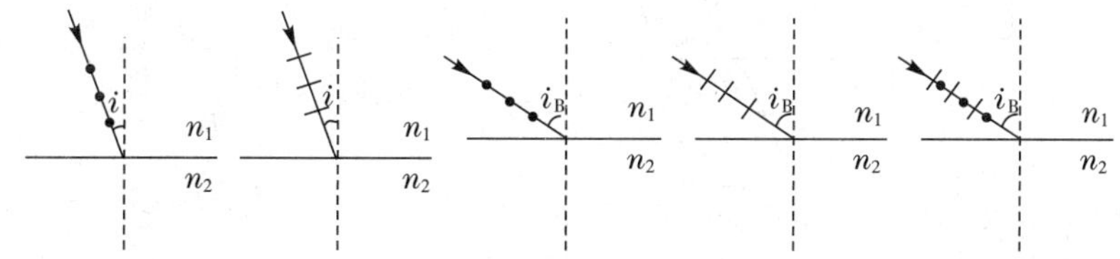


图 19－6　习题 19－19 图

**解** 如图 19－7 所示.

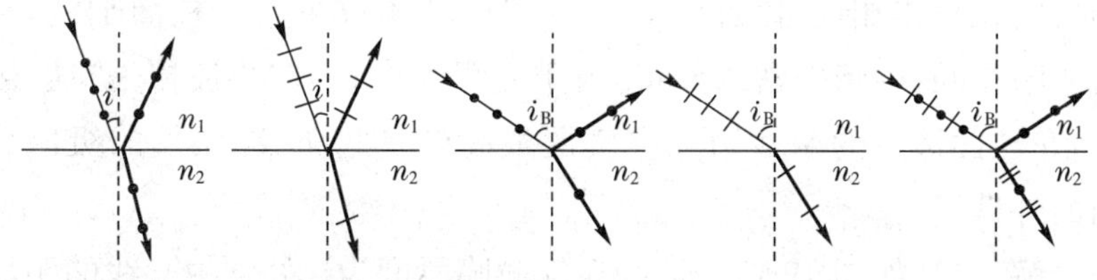


图 19－7　习题 19－19 解图

**19－20** 当光线沿光轴方向入射到双折射晶体上时,不发生________现象;沿光轴方向寻常光和非寻常光的折射率________,传播速度________.

**解** 双折射;相等;相等.

## 三、计算题

**19－21** 柱面平凹透镜 $A$,曲率半径为 $R$,放在平玻璃片 $B$ 上,如图 19－8 所示.现用波长为 $\lambda$ 的平行单色光自上方垂直往下照射,观察 $A$ 和 $B$ 间空气薄膜的反射光的干涉条纹.设空气膜的最大厚度 $d=2\lambda$.求:

(1)明条纹极大位置与凹透镜中心线的距离 $r$;

(2)共能看到多少条明条纹?

(3)若将玻璃片 $B$ 向下平移,条纹如何移动?

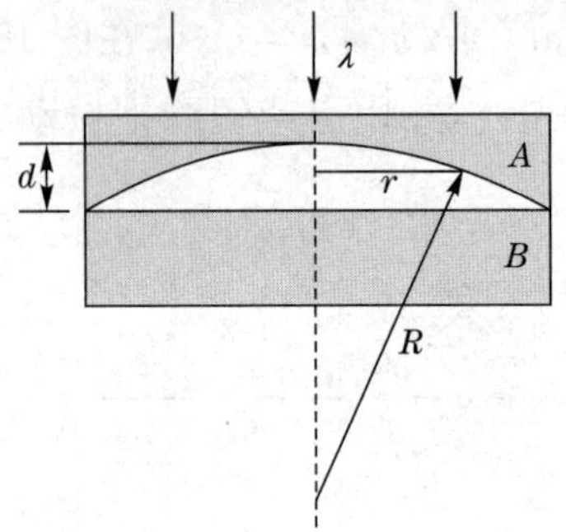


图 19－8　习题 19－21 图

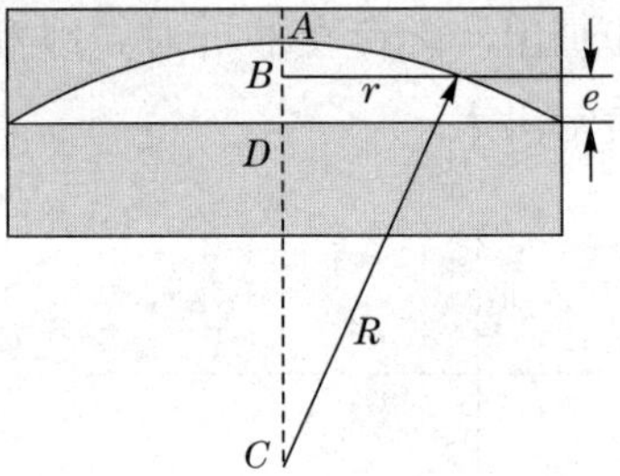

图 19－9　习题 19－21 解图

**分析**　在空气层上、下表面反射的相干光波,在空气层厚度相同处的光程差相同,因此形成的等厚干涉条纹平行于柱面轴线,呈现明暗相间、内疏外密的分布.由于光程差中含有"半波损失"项,因此,在柱面透镜的两棱边和空气层最高处是暗条纹.条纹的级次为内高外低.

**解**　(1)如图 19－9 所示,空气薄膜厚度为 $e$ 处到中心线的距离为 $r$,$AD=d$,则

$$r^2=R^2-CB^2=R^2-(R-AB)^2=R^2-[R-(AD-BD)]^2$$
$$=R^2-[R-(d-e)]^2$$

由于 $d\ll R$,$e\ll R$,忽略 $(d-e)^2$,有

$$r^2=2R(d-e)$$

由此,解得

$$e=d-\frac{r^2}{2R}$$

在空气膜厚度为 $e$ 处，两束反射光的光程差为

$$\Delta = 2e + \frac{\lambda}{2} = 2d - \frac{r^2}{R} + \frac{\lambda}{2}$$

当

$$2d - \frac{r^2}{R} + \frac{\lambda}{2} = k\lambda$$

时出现明条纹，因此明条纹到中心线的距离为

$$r = \sqrt{2Rd - (k - \frac{1}{2})R\lambda}$$

(2)由于存在半波损失，在柱面透镜与平玻璃片接触处( $e = 0$ )出现第零级暗条纹. 在最大厚度处，$e = d = 2\lambda$，光程差为

$$\Delta = 2e + \frac{\lambda}{2} = 2 \times 2\lambda + \frac{\lambda}{2} = (4 + \frac{1}{2})\lambda$$

因此出现第四级暗条纹. 相邻暗条纹之间存在一条明条纹，在中心暗条纹两侧各有 4 条明条纹，共 8 条明条纹.

(3)若将玻璃片 $B$ 下移，空气膜的厚度增加，原条纹所在位置对应的厚度外移. 所以，干涉条纹将向两侧移动.

**19－22** 有一单缝，宽 $a$=0. 10 mm，在缝后放一焦距为 50 cm 的会聚透镜，用平行绿光(λ=546. 0 nm)垂直照射单缝，试求位于透镜焦面处屏幕上中央明纹及第二级明纹的宽度.

**分析** 单缝夫琅禾费衍射的各级明条纹的宽度为相邻两个暗纹中心的间距，中央明条纹的宽度为其他各级明条纹宽度的 2 倍. 由单缝衍射公式，容易确定暗纹中心的位置.

**解** 设屏幕上第 $k$ 级暗条纹的位置为 $x$. 单缝夫琅禾费衍射暗条纹条件为

$$a\sin\theta = \pm k\lambda$$

因为 $\theta$ 很小，有

$$\sin\theta \approx \tan\theta = \frac{x}{f}$$

即

$$x_k = \pm k \frac{f}{a}\lambda$$

当 $k=1$ 时,可得中央明条纹的宽度为

$$\Delta x_0 = x_1 - x_{-1} = 2\frac{f}{a}\lambda = \frac{2\times 50\times 10^{-2}\times 546.0\times 10^{-9}}{0.10\times 10^{-3}}\ \mathrm{m}$$

$$= 5.46\times 10^{-3}\ \mathrm{m} = 5.46\ \mathrm{mm}$$

第 $k$ 级明条纹的宽度为

$$\Delta x_k = x_{k+1} - x_k = (k+1)\frac{f}{a}\lambda - k\frac{f}{a}\lambda = \frac{f}{a}\lambda$$

与 $k$ 无关,即其他各级明条纹的宽度均相等,为

$$\Delta x_2 = \Delta x_k = \frac{f}{a}\lambda == \frac{50\times 10^{-2}\times 546.0\times 10^{-9}}{0.10\times 10^{-3}}\ \mathrm{m} = 2.73\ \mathrm{mm}$$

**19－23** 用波长 $\lambda_1 = 400\ \mathrm{nm}$ 和 $\lambda_2 = 700\ \mathrm{nm}$ 的混合光垂直照射单缝,在衍射图样中 $\lambda_1$ 的第 $k_1$ 级明纹中心位置恰与 $\lambda_2$ 的第 $k_2$ 级暗纹中心位置重合. 求 $k_1$ 和 $k_2$.

**分析** 设 $\lambda_1$ 的第 $k_1$ 级明纹中心与 $\lambda_2$ 的第 $k_2$ 级暗纹中心在 $\theta$ 方向重合,说明它们在该方向的光程差相等.

**解** 对 $\lambda_1$ 的第 $k_1$ 级明条纹,有

$$a\sin\theta = (2k_1 + 1)\frac{\lambda_1}{2}$$

对 $\lambda_2$ 的第 $k_2$ 级暗条纹,有

$$a\sin\theta = k_2\lambda_2$$

因此

$$(2k_1 + 1)\frac{\lambda_1}{2} = k_2\lambda_2$$

所以

$$\frac{2k_1 + 1}{2k_2} = \frac{\lambda_2}{\lambda_1} = \frac{700}{400} = \frac{7}{4}$$

由此,解得

$$k_1 = 3, k_2 = 2$$

虽然还有更高的 $k_1$ 和 $k_2$ 的值满足此方程,但高级次明纹的亮度极弱,因而是没有意义的.

**19－24** 波长为 500 nm 的单色光,垂直入射到光栅,如果要求第一级谱线的衍射角为 30°,光栅每毫米应刻几条线? 如果单色光不纯,波长在 0.5%范围内变化,则相应的衍射角变化范围 $\Delta\theta$ 如何?

如果光栅上下移动而保持光源不动,衍射角 $\theta$ 有何变化?

**分析** 根据第一级谱线的衍射角可求得光栅常数. 根据光栅方程可知,在同一级光谱中,衍射角 $\theta$ 正比于波长 $\lambda$. 对光栅方程求微分,可得到第 $k$ 级谱线中 $\Delta\lambda$ 和 $\Delta\theta$ 的关系.

**解** 第一级谱线满足方程

$$(a+b)\sin\theta_1 = \lambda$$

光栅每毫米的刻线数 $N$ 为

$$N = \frac{1}{a+b} = \frac{\sin\theta_1}{\lambda} = \frac{0.5}{500\times 10^{-6}} = 1\,000$$

对光栅方程,有

$$(a+b)\sin\theta_k = k\lambda$$

两边微分,有

$$(a+b)\cos\theta_k\Delta\theta_k = k\Delta\lambda$$

解得

$$\Delta\theta_k = \frac{k\Delta\lambda}{(a+b)\cos\theta_k} = \frac{k\Delta\lambda}{\dfrac{k\lambda}{\sin\theta_k}\cos\theta_k} = \frac{\Delta\lambda}{\lambda}\tan\theta_k$$

将 $k=1$, $\theta_1 = 30°$ 和 $\dfrac{\Delta\lambda}{\lambda} = 0.5\%$ 代入上式,可得

$$\Delta\theta_1 = 0.5\times 10^{-2}\times\tan 30° = 2.89\times 10^{-3}\ \text{rad}$$

平行光入射时,如果光栅沿上下方向平移,入射光仍垂直入射到光栅上,衍射角 $\theta$ 不会发生变化.

**19-25** 自然光通过两个偏振化方向成 60°角的偏振片后,透射光的强度为 $I_1$. 若在这两个偏振片之间插入另一偏振片,其偏振化方向与前两个偏振片均成 30°角,则透射光强为多少?

**分析** 利用马吕斯定律求解.

**解** 设入射自然光的强度为 $I_0$. 根据马吕斯定律,自然光通过两个偏振片后,透射光的强度与入射光的强度的关系为

$$I_1 = \frac{1}{2}I_0\cos^2\alpha = \frac{1}{2}I_0\cos^2 60° = \frac{1}{8}I_0$$

所以

$$I_0 = 8I_1$$

在两偏振片之间插入第三个偏振片后，根据马吕斯定律，通过第三个偏振片的强度为

$$I' = \frac{1}{2}I_0 \cos^2\alpha' = \frac{1}{2}I_0 \cos^2 30^\circ = \frac{3}{8}I_0$$

再通过第二个偏振片后光的强度为

$$I_2 = I' \cos^2\alpha' = I' \cos^2 30^\circ = \frac{9}{32}I_0$$

因此

$$I_2 = \frac{9}{32}I_0 = \frac{9}{4}I_1 = 2.25I_1$$

# 第二十章

## 量子物理基础

### 基本要求

1. 理解光的波粒二象性.

(1)了解黑体辐射规律及普朗克"能量子"假说.

(2)理解光电效应和康普顿效应以及爱因斯坦光子论对这两个效应的解释,并会进行相关的计算.

2. 了解氢原子光谱的实验规律和玻尔的氢原子理论,理解定态能级和能级跃迁决定谱线频率这两个重要的量子思想.

3. 理解实物粒子的波粒二象性.

(1)理解德布罗意波的假定及其实验验证,掌握电子波长的计算,了解波恩对粒子波的统计解释.

(2)了解测不准关系,并会简单应用.

(3)了解波函数的意义及其性质.

4. 了解量子力学的初步知识.

(1)了解定态薛定谔方程,了解一维无限深势阱问题和隧道效应.

(2)了解氢原子的量子力学处理方法,理解能量量子化、角动量量子化、角动量的空间量子化.

5. 了解电子自旋的概念及施特恩—盖拉赫实验.

6. 了解描述原子中电子运动状态的四个量子数的意义,了解泡利不相容原理和原子的壳层结构.

## 基本内容

### 一、黑体辐射

斯特藩-玻耳兹曼定律

$$M_0(T) = \sigma T^4$$

维恩位移定律

$$\lambda_m = \frac{b}{T}$$

普朗克黑体辐射公式

$$M_{0\lambda}(T) = \frac{2\pi hc^2}{\lambda^5} \frac{1}{e^{hc/\lambda kT} - 1}$$

### 二、爱因斯坦光电效应方程

$$h\nu = \frac{1}{2}mv_m^2 + A$$

爱因斯坦光电效应方程可以解释光电效应的全部实验规律：

$$h\nu_0 = A(\text{红限频率 } \nu_0 = \frac{A}{h})$$

$$eU_a = \frac{1}{2}mv_m^2(U_a\text{ 为遏止电压})$$

$$U_a = \frac{h\nu}{e} - \frac{A}{e}(\text{与入射光的频率成线性关系})$$

### 三、光子的能量和动量

$$\varepsilon = h\nu$$

$$p = \frac{h}{\lambda}$$

### 四、康普顿效应

$$\Delta\lambda = \frac{2h}{m_0 c}\sin^2\frac{\theta}{2} = \lambda_c(1 - \cos\theta)$$

$$\lambda_c = \frac{h}{m_0 c} = 2.43 \times 10^{-12}\ \text{m}$$

## 五、玻尔氢原子理论

氢原子的实验光谱为线状光谱，谱线的波数公式为

$$\tilde{\nu} = R(\frac{1}{k^2} - \frac{1}{n^2})$$

式中，$R = 1.096\,776 \times 10^7\ \mathrm{m}^{-1}$，$k = 1,2,3,\cdots$，$n = k+1, k+2, k+3, \cdots$.

玻尔氢原子理论由以下假设组成.

1. 定态假设

原子系统只能处在一系列不连续的能量状态，这些状态称为定态.

2. 频率条件

$$\nu_{kn} = \frac{|E_n - E_k|}{h}$$

3. 量子化条件

$$L = n\frac{h}{2\pi} = n\hbar,\ n = 1,2,3,\cdots$$

氢原子轨道半径和能量

$$r_n = n^2\left(\frac{\varepsilon_0 h^2}{\pi m e^2}\right),\ E_n = -\frac{1}{n^2}\left(\frac{m e^4}{8\varepsilon_0^2 h^2}\right),\ n = 1,2,3,\cdots$$

## 六、实物粒子的波粒二象性

$$E = mc^2 = h\nu$$

$$p = mv = \frac{h}{\lambda}$$

## 七、不确定关系

由于微观粒子具有统计意义上的波动性，它不可能以确定的速度在确定的轨道上运动. 不确定关系指出，粒子的坐标和动量、能量和时间不能同时确定，即

$$\Delta x \Delta p_x \geqslant \frac{\hbar}{2},\ \Delta y \Delta p_y \geqslant \frac{\hbar}{2},\ \Delta z \Delta p_z \geqslant \frac{\hbar}{2}$$

$$\Delta E \Delta t \geqslant \frac{\hbar}{2}$$

## 八、定态薛定谔方程

定态薛定谔方程

$$\nabla^2\psi+\frac{2m}{\hbar^2}(E-U)\psi=0$$

一维无限深势阱中质量为 $m$ 的运动粒子势场

$$U(x)=\begin{cases}0 & (0<x<a)\\ \infty & (x\leqslant 0, x\geqslant a)\end{cases}$$

能量本征值

$$E_n=n^2\frac{\pi^2\hbar^2}{2ma^2},\ n=1,2,3,\cdots$$

本征函数

$$\psi_n(x)=\sqrt{\frac{2}{a}}\sin\frac{n\pi}{a}x,\ n=1,2,3,\cdots$$

## 九、四个量子数:描述原子中电子运动状态的四个参数

主量子数 $n$ : $n=1,2,\cdots$,确定电子能量的主要部分.

角量子数 $l$ : $l=0,1,\cdots,(n-1)$,确定电子角动量大小 $L=\sqrt{l(l+1)}\hbar$,决定电子能量的次要部分.

磁量子数 $m_l$ : $m_l=0,\pm1,\pm2,\cdots,\pm l$,确定角动量对任一参考轴 $z$ 的分量 $L_z$,只能取下列值: $L_z=m_l\hbar$.

自旋量子数 $m_s$ : $m_s=\pm\frac{1}{2}$,确定自旋角动量在空间任一方向上的分量, $S_z=m_s\hbar$.

## 典型例题

**例 20—1** 以波长 $\lambda=410$ nm 的单色光照射某一金属,产生光电子的最大动能 $E_k=1.0$ eV,求能使该金属产生光电效应的单色光的最大波长是多少.

**解** 设能使该金属产生光电效应的单色光最大波长为 $\lambda_0$. 由

$$h\nu_0 - A = 0$$

可得

$$(hc/\lambda_0) - A = 0$$

解得

$$\lambda_0 = hc/A$$

又按题意

$$(hc/\lambda) - A = E_k$$

所以

$$A = (hc/\lambda) - E_k$$

将上式代入 $\lambda_0 = hc/A$,得

$$\lambda_0 = \frac{hc}{(hc/\lambda) - E_k} = \frac{hc\lambda}{hc - E_k\lambda} = 612\ \text{nm}$$

**例 20−2** 已知氢光谱的某一线系的极限波长为 364.6 nm,其中有一谱线波长为 656.5 nm. 试由玻尔氢原子理论,求与该波长相应的始态与终态能级的能量.

**解** 由极限波数 $\tilde{\nu} = 1/\lambda_\infty = R/k^2$ 可求出该线系的共同终态.

$$k = \sqrt{R\lambda_\infty} = 2$$

$$\tilde{\nu} = \frac{1}{\lambda} = R\left(\frac{1}{k^2} - \frac{1}{n^2}\right)$$

由 $\lambda = 656.5$ nm,可得始态

$$n = \sqrt{\frac{R\lambda\lambda_\infty}{\lambda - \lambda_\infty}} = 3$$

由

$$E_n = \frac{E_1}{n^2} = -\frac{13.6}{n^2}\ \text{eV}$$

可知终态

$$n = 2, E_2 = -3.4\ \text{eV}$$

而始态

$$n = 3, E_3 = -1.51\ \text{eV}$$

## 习题分析与解答

### 一、选择题

**20－1** 下列哪一能量的光子，能被处在 $n=2$ 的能级的氢原子吸收？ ( )

(A)1.50 eV (B)1.89 eV (C)2.16 eV (D)2.41 eV

(E)2.50 eV

**解** 由氢原子能级公式 $E_n=E_1/n^2$，$E_1=-13.6\ \text{eV}$，可得氢原子 $n=2$ 能级上的能量为 $E_2=-3.40\ \text{eV}$，$n=3$ 能级上的能量为 $E_3=-1.51\ \text{eV}$，可见 $E_3-E_2=-1.51\ \text{eV}+3.40\ \text{eV}=1.89\ \text{eV}$，故本题选(B).

**20－2** 光谱系中谱线的频率(如氢原子的巴尔末系) ( )

(A)可无限制地延伸到高频部分 (B)有某一个低频限制

(C)可无限地延伸到低频部分 (D)有某一个高频限制

(E)高频和低频都有一个限制

**解** 以巴耳末线系为例，$\lambda=364.6\dfrac{n^2}{n^2-2^2}\ \text{nm}$，$n=3,4,5,\cdots$，可见当$n=3$时，$\lambda=656.3\ \text{nm}$，当 $n=\infty$ 时，$\lambda=364.6\ \text{nm}$，故线系中的频率在高频和低频都有限制，答案为(E).

**20－3** 关于辐射，下列表述中正确的是 ( )

(A)只有高温物体才有辐射

(B)低温物体只吸收辐射

(C)物体只有吸收辐射时才向外辐射

(D)任何物体都有辐射

**解** 本题选(D).

**20－4** 光电效应中光电子的初动能与入射光的关系是 ( )

(A)与入射光的频率成正比

(B)与入射光的强度成正比

(C)与射光的频率成线性关系

(D)与入射光的强度成线性关系

**解** 由爱因斯坦光电效应方程 $h\nu=\frac{1}{2}mv_m^2+A$，可知本题选(C).

**20－5** 在康普顿散射中，若散射光子与原来入射光子方向成 $\theta$ 角，当 $\theta$ 等于多少时，散射光子的频率减少最多？（　　）

(A)180°　　(B)90°　　(C)45°　　(D)30°

**解** 频率减少最多，即波长改变量 $\Delta\lambda$ 最大，由公式 $\Delta\lambda=2\lambda_c\sin^2\frac{\theta}{2}=\lambda_c(1-\cos\theta)$ 可知答案为(A).

## 二、填空题

**20－6** 测量星球表面温度的方法之一是把星球看成绝对黑体，利用维恩位移定律，测量 $\lambda_m$ 便可求得星球表面温度 $T$，现测得太阳的 $\lambda_m=550\ \text{nm}$，天狼星的 $\lambda_m=290\ \text{nm}$，北极星的 $\lambda_m=350\ \text{nm}$，则 $T_{太阳}=$________，$T_{天狼星}=$________，$T_{北极星}=$________.

**解** 由维恩位移定律 $\lambda_m T=b=2.898\times10^{-3}\ \text{m}\cdot\text{K}$，可得 $T_{太阳}=5\,269\ \text{K}$，$T_{天狼星}=9\,993\ \text{K}$，$T_{北极星}=8\,280\ \text{K}$.

**20－7** 把白炽灯的灯丝看成黑体，那么一个 100 W 的灯泡，如果它的灯丝直径为 0.40 mm，长度为 30 cm，则点亮时灯丝的温度 $T=$________.

**解** 由斯特藩－玻耳兹曼定律 $M(T)=\sigma T^4=P/S$，可得温度 $T=1\,471\ \text{K}$.

**20－8** 已知某金属的逸出功为 $A_0$，用频率为 $\gamma_1$ 的光照射使金属产生光电效应，则

(1)该金属的红限频率 $\gamma_0=$________.

(2)光电子的最大速度 $v=$________.

**解** $\frac{A_0}{h}$；$\sqrt{\frac{2h(\gamma_1-\gamma_0)}{m}}$.

**20－9** 康普顿实验中，当能量为 0.5 MeV 的 X 射线射中一个电子时，该电子获得 0.10 MeV 的动能. 假设原电子是静止的，则散射光的波长 $\lambda_1=$________，散射光与入射方向的夹角 $\varphi=$____________ ($1\ \text{MeV}=10^6\ \text{eV}$).

**解** 由公式 $h\dfrac{c}{\lambda_1}=(0.5-0.1)\ \mathrm{MeV}$，可得 $\lambda_1=3.1\times10^{-12}\ \mathrm{m}$，根据题意，可知入射 X 射线的波长 $\lambda=\dfrac{hc}{0.5}=2.49\times10^{-12}\ \mathrm{m}$，由康普顿散射公式 $\Delta\lambda=\lambda_1-\lambda=2\lambda_c\sin^2\dfrac{\varphi}{2}$，可得 $\varphi=41.50°$.

**20－10** 处于 $n=4$ 激发态的氢原子，它回到基态的过程中，所发出的光波波长最短为________ nm，最长为________ nm.

**解** 97.5；1 884.

## 三、计算题

**20－11** 假定太阳和地球都可以看成黑体，如太阳表面温度 $T_s=6\ 000\ \mathrm{K}$，地球表面各处温度相同，试求地球的表面温度.（已知太阳的半径 $R_s=6.96\times10^5\ \mathrm{km}$，太阳到地球的距离 $r=1.496\times10^8\ \mathrm{km}$）

**分析** 根据题目简化模型，太阳在单位时间内辐射的能量均匀分布在以 $r$ 为半径的球面上，单位时间内地球所接收到的辐射能量（功率）可以等效为均匀分布在过地心的地球截面上. 根据斯特藩－玻耳兹曼定律，由太阳表面的辐出度（单位面积辐射的功率），可得到太阳的辐射总功率. 根据地球接收到的辐射功率，再由斯特藩－玻耳兹曼定律，可求得地球的表面温度.

**解** 根据斯特藩－玻耳兹曼定律，太阳的总辐出度为

$$M_s(T_s)=\sigma T_s^4$$

太阳的辐射总功率为

$$P_s=M_s(T_s)\cdot4\pi R_s^2=4\pi\sigma R_s^2T_s^4$$

它在单位立体角内的辐射功率为

$$P_{s0}=\frac{P_s}{4\pi}=\sigma R_s^2T_s^4$$

地球对太阳所张的立体角

$$\Omega=\frac{\pi R_e^2}{r^2}$$

式中，$R_e$ 为地球的半径. 因此地球接收到的功率为

$$P_e = P_{s0}\Omega = \sigma R_s^2 T_s^4 \frac{\pi R_e^2}{r^2}$$

设地球表面的温度为 $T_e$，它的总辐出度为

$$M_e(T_e) = \sigma T_e^4$$

它的辐射功率为

$$P_e' = M_e(T_e) \cdot 4\pi R_e^2 = 4\pi\sigma R_e^2 T_e^4$$

在达到热平衡时，有 $P_e = P_e'$，即

$$\sigma R_s^2 T_s^4 \frac{\pi R_e^2}{r^2} = 4\pi\sigma R_e^2 T_e^4$$

由此，可得

$$T_e = \left(\frac{R_S^2}{4r^2}\right)^{\frac{1}{4}} T_s = \left[\frac{(6.96\times 10^5)^2}{4\times(1.496\times 10^8)^2}\right]^{\frac{1}{4}} \times 6\,000\ \text{K} = 290\ \text{K}$$

**20－12** 铝的逸出功为 4.2 eV，今用波长为 200 nm 的紫外光照射到铝表面上，发射的光电子的最大初动能为多少？遏止电势差为多少？铝的红限波长是多少？

**分析** 求解有关光电效应的习题，关键在于深刻理解爱因斯因坦光电效应方程以及方程中第一项物理量的含义.

**解** 根据爱因斯坦光电效应方程 $h\nu = \frac{1}{2}mv_m^2 + A$，可得发射的光电子的最大初动能为

$$\begin{aligned} E_{kmax} &= \frac{1}{2}mv_m^2 = h\nu - A = h\frac{c}{\lambda} - A \\ &= 6.63\times 10^{-34}\times\frac{3\times 10^8}{200\times 10^{-9}} - 4.2\times 1.6\times 10^{-19}\ \text{J} \\ &= 3.23\times 10^{-19}\ \text{J} \\ &= 2.0\ \text{eV} \end{aligned}$$

而最大初动能与遏止电势差的关系为

$$eU_a = E_{kmax}$$

所以，遏止电势差

$$U_a = \frac{E_{kmax}}{e} = \frac{2e\ \text{V}}{e} = 2\ \text{V}$$

由逸出功与红限频率的关系

$$A = h\nu_0 = \frac{hc}{\lambda_0}$$

可得铝的红限波长

$$\lambda_0 = h\frac{c}{A} = 6.63 \times 10^{-34} \times \frac{3 \times 10^8}{4.2 \times 1.6 \times 10^{-19}} \text{ m} = 296 \text{ nm}$$

**20－13** 在康普顿散射中，入射 X 射线的波长为 $3\times10^{-3}$ nm，反冲电子的速率为 $0.6c$，求散射光子的波长和散射方向.

**分析** 在康普顿散射中，入射光子和自由电子在相互作用过程中能量守恒，动量也守恒. 根据能量守恒定律可知，反冲电子的动能等于入射光子与散射光子的能量之差. 由散射光子的能量可得到散射光子的波长. 利用散射光子的波长改变量与散射角的关系，可求得散射方向.

**解** 设电子的静止质量为 $m_0$，运动质量为 $m$. 根据相对论，可知电子在相互作用过程中所获得的动能为

$$\Delta E = mc^2 - m_0c^2 = \left(\frac{1}{\sqrt{1-\left(\frac{v}{c}\right)^2}} - 1\right)m_0c^2$$

$$= \left(\frac{1}{\sqrt{1-\left(\frac{0.6c}{c}\right)^2}} - 1\right)m_0c^2 = 0.25m_0c^2$$

设入射光子的能量为 $E_0$，波长为 $\lambda_0$，散射光子的能量为 $E_\theta$，波长为 $\lambda$，根据能量守恒定律，可得散射光子的能量为

$$E_\theta = E_0 - \Delta E$$

即

$$\frac{hc}{\lambda} = \frac{hc}{\lambda_0} - \Delta E$$

由此，可得散射光子的波长为

$$\lambda = \frac{hc\lambda_0}{hc - \Delta E\lambda_0} = \frac{h\lambda_0}{h - 0.25m_0c\lambda_0}$$

$$= \frac{6.63 \times 10^{-34} \times 3 \times 10^{-12}}{6.63 \times 10^{-34} - 0.25 \times 9.11 \times 10^{-31} \times 3 \times 10^8 \times 3 \times 10^{-12}} \text{ m}$$

$$= 4.34 \times 10^{-12} \text{ m} = 4.34 \times 10^{-3} \text{ nm}$$

因为

$$\Delta\lambda = \lambda - \lambda_0 = \frac{2h}{m_0 c}\sin^2\frac{\theta}{2} = 2\lambda_c \sin^2\frac{\theta}{2}$$

而 $\lambda_C = \frac{h}{m_0 c} = 2.43 \times 10^{-12}$ m 是电子的康普顿波长，所以散射角为

$$\theta = 2\arcsin\sqrt{\frac{\lambda - \lambda_0}{2\lambda_C}} = 2\arcsin\sqrt{\frac{(4.34-3)\times 10^{-12}}{2\times 2.43\times 10^{-12}}}\ \text{rad}$$
$$= 1.1\ \text{rad} = 63.3^\circ$$

**20—14** 试计算氢原子巴耳末系的长波极限波长 $\lambda_{lm}$ 和短波极限波长 $\lambda_{sm}$.

**分析** 氢原子由激发态 $E_n$ 向低能级 $E_2$ 跃迁所激发光子的谱线为巴耳末线系. 能级差越大，对应谱线的波长越短. 当 $n \to \infty$ 时，$E_n \to 0$，与 $E_2$ 的能级差最大，与最短的波长 $\lambda_{sm}$ 相对应，当 $n-2=1$ 时，能级差最小，与最长的波长 $\lambda_{lm}$ 相对应.

**解** 氢原子光谱各线系的谱线波数都可表示为

$$\tilde{\nu} = \frac{1}{\lambda} = R\left(\frac{1}{k^2} - \frac{1}{n^2}\right)$$

波长则可表示为

$$\lambda = \frac{1}{R}\frac{k^2 n^2}{n^2 - k^2}$$

对于巴耳末系，$k=2$，$n=3,4,5,\cdots$

当 $n=3$ 时，有

$$\lambda_{lm} = \frac{1}{R}\frac{2^2\times 3^2}{3^2 - 2^2} = \frac{4\times 9}{1.097\times 10^7 \times (9-4)}\ \text{m} = 656.3\ \text{nm}$$

当 $n \to \infty$ 时，有

$$\lambda_{sm} = \frac{2^2}{R} = \frac{4}{1.097\times 10^7}\ \text{m} = 364.6\ \text{nm}$$

**20—15** 常温下的中子称为热中子，试计算 $T=300$ K 时热中子的平均动能，由此估算其德布罗意波长.（中子的质量 $m_n = 1.67\times 10^{-27}$ kg）

**解** 热中子的平均动能为

$$\bar{\varepsilon}_k = \frac{3}{2}kT = \frac{3}{2}\times 1.38\times 10^{-23}\times 300\ \text{J} = 6.21\times 10^{-21}\ \text{J}$$

热中子动量大小的平均值为

$$\bar{p}=\sqrt{2m_{\mathrm{n}}\bar{\varepsilon}_{\mathrm{k}}}=\sqrt{2\times1.67\times10^{-27}\times6.21\times10^{-21}}\ \mathrm{kg\cdot m\cdot s^{-1}}$$
$$=4.55\times10^{-24}\ \mathrm{kg\cdot m\cdot s^{-1}}$$

德布罗意波长为

$$\lambda=\frac{h}{\bar{p}}=\frac{6.63\times10^{-34}}{4.55\times10^{-24}}\ \mathrm{m}=1.46\times10^{-10}\ \mathrm{m}=0.146\ \mathrm{nm}$$

**20-16** 设电子与光子的波长均为 0.50 nm. 试求两者的动量之比以及动能之比.

**分析** 根据德布罗意关系 $\lambda=h/p$ 可知,具有相同波长 $\lambda$ 的粒子有相同的动量 $p$. 光子的动能即光子的总能量 $E=h\nu$, 电子的动能 $E_e$ 是否应考虑相对论动能的表达式,可先考察其静能 $m_0c^2$ 与 $p_ec$ 的大小,若 $p_ec\ll m_0c^2$, 可不考虑相对论效应,即电子的动能为 $E_e=\frac{1}{2}m_0v^2=\frac{p^2}{2m_0}$, 否则需用相对论的动能表达式.

**解** 电子动量

$$p_e=\frac{h}{\lambda_e}$$

光子动量

$$p=\frac{h}{\lambda}$$

因为 $\lambda_e=\lambda$, 所以

$$p_e:p=1$$

光子动能即光子能量,即

$$E=h\nu=\frac{hc}{\lambda}=pc=\frac{6.63\times10^{-34}\times3\times10^{8}}{0.50\times10^{-9}}\ \mathrm{J}$$
$$=3.978\times10^{-16}\ \mathrm{J}=2486\ \mathrm{eV}$$

电子的静能为

$$m_0c^2=9.11\times10^{-31}\times(3\times10^{8})^2\ \mathrm{J}=8.20\times10^{-14}\ \mathrm{J}$$
$$=0.512\ \mathrm{MeV}$$

对比上述两式,有

$$pc=p_ec\ll m_0c^2$$

所以,电子的动能为

$$E_e=\frac{1}{2}m_0v^2=\frac{p^2}{2m_0}$$

故两者的动能之比为

$$\frac{E_e}{E}=\frac{p}{2m_0 c}=\frac{h}{2m_0 c\lambda}$$

$$=\frac{6.63\times10^{-34}}{2\times9.11\times10^{-31}\times3\times10^{8}\times0.50\times10^{-9}}$$

$$=2.43\times10^{-3}$$

可见,当电子和光子的动量相同时,电子的动能远小于光子的动能.

**20－17** 设粒子在沿 $x$ 轴运动时,速率的不确定量为 $\Delta v=1\ \text{cm}\cdot\text{s}^{-1}$,试估算下列情况下坐标的不确定量 $\Delta x$:(1)电子;(2)质量为 $10^{-13}$ kg 的布朗粒子;(3)质量为 $10^{-4}$ kg 的小弹丸.

**解** 在 $x$ 轴方向上,粒子坐标和动量的不确定度关系为

$$\Delta x\Delta p_x\geqslant\frac{\hbar}{2}$$

粒子沿 $x$ 轴方向运动,其动量 $p=mv$,动量的不确定度 $\Delta p=m\Delta v$.代入上式,可得坐标的不确定度为

$$\Delta x\geqslant\frac{\hbar}{2\Delta p}=\frac{\hbar}{2m\Delta v}$$

(1)对于电子,$m=9.11\times10^{-31}$ kg,代入可得

$$\Delta x\geqslant\frac{1.05\times10^{-34}}{2\times9.11\times10^{-31}\times1\times10^{-2}}\ \text{m}=5.8\times10^{-3}\ \text{m}=5.8\ \text{mm}$$

(2)对于 $m=10^{-13}$ kg 的布朗粒子,有

$$\Delta x\geqslant\frac{1.05\times10^{-34}}{2\times10^{-13}\times1\times10^{-2}}\ \text{m}=5.3\times10^{-20}\ \text{m}$$

(3)对于 $m=10^{-4}$ kg 的小弹丸,有

$$\Delta x\geqslant\frac{1.05\times10^{-34}}{2\times10^{-4}\times1\times10^{-2}}\ \text{m}=5.3\times10^{-29}\ \text{m}$$

**20－18** 做一维运动的电子,其动量不确定量是 $\Delta p_x=10^{-25}\ \text{kg}\cdot\text{m}\cdot\text{s}^{-1}$,能将这个电子约束在内的最小容器的大概尺寸是多少?

**分析** 根据电子动量的不确定度范围,由不确定度关系,估算出电子坐标的范围.

**解** 根据坐标和动量的不确定度

$$\Delta x\Delta p_x\geqslant\frac{\hbar}{2}$$

可得

$$\Delta x \geqslant \frac{\hbar}{2\Delta p_x} = \frac{1.05\times10^{-34}}{2\times10^{-25}}\ \mathrm{m} = 5.25\times10^{-10}\ \mathrm{m} = 0.525\ \mathrm{nm}$$

因此,能将这个电子约束在内的容器的最小尺寸大约是 $5.25\times10^{-10}$ m.

**20－19** 如果钠原子所发出的黄色谱线($\lambda=589$ nm)的自然宽度为$\frac{\Delta\nu}{\nu}=1.6\times10^{-8}$,计算钠原子相应的波长态的平均寿命.

**解** 原子辐射光子的能量为 $E=h\nu$, 光子谱线的波长为 $\lambda=\frac{c}{\nu}$. 当激发态能级有一不确定量 $\Delta E$ 时,其辐射光子的谱线有相应的不确定量 $\Delta\nu$, 即

$$\Delta E = h\Delta\nu$$

根据能量－时间的不确定关系

$$\Delta E\Delta t \geqslant \frac{\hbar}{2}$$

可得

$$\Delta E\Delta t = h\Delta\nu\Delta t \geqslant \frac{\hbar}{2}$$

所以原子在与波长 $\lambda$ 相对应的激发态的时间不确定量,即平均寿命为

$$\Delta t \geqslant \frac{\hbar}{2h\Delta\nu} = \frac{1}{4\pi\Delta\nu} = \frac{1}{4\pi\nu}\frac{\nu}{\Delta\nu} = \frac{\lambda}{4\pi c}\frac{\nu}{\Delta\nu}$$

代入数据,可得

$$\Delta t \geqslant \frac{\lambda}{4\pi c}\frac{\nu}{\Delta\nu} = \frac{589\times10^{-9}}{4\times3.14\times3\times10^{8}\times1.6\times10^{-8}}\ \mathrm{s} = 9.77\times10^{-9}\ \mathrm{s}$$

**20－20** 试计算在宽度为 0.1 nm 的无限深势阱中,$n=1,2,10,100,101$ 各能态电子的能量. 如果势阱宽为 1.0 cm,又如何?

**解** 处于无限深势阱中的电子的能级公式是

$$E_n = n^2\frac{h^2}{8ma^2} = n^2E_1 \qquad n=1,2,3,\cdots$$

已知 $a=0.1$ nm, 当 $n=1$ 时,有

$$E_1 = \frac{h^2}{8ma^2} = \frac{(6.63\times10^{-34})^2}{8\times9.11\times10^{-31}\times(1.0\times10^{-10})^2}\ \mathrm{J} = 6.03\times10^{-18}\ \mathrm{J} = 37.7\ \mathrm{eV}$$

$n=2 \quad E_2=2^2E_1=4\times 37.7\ \text{eV}=150.8\ \text{eV}$

$n=10 \quad E_{10}=10^2E_1=100\times 37.7\ \text{eV}=3.77\times 10^3\ \text{eV}$

$n=100 \quad E_{100}=100^2E_1=100^2\times 37.7\ \text{eV}=3.77\times 10^5\ \text{eV}$

$n=101 \quad E_{101}=101^2E_1=101^2\times 37.7\ \text{eV}=3.85\times 10^5\ \text{eV}$

如果当 $a=1.0\ \text{cm}$ 时，当 $n=1$ 时，有

$$E_1'=\frac{h^2}{8ma^2}=\frac{(6.63\times 10^{-34})^2}{8\times 9.11\times 10^{-31}\times(1.0\times 10^{-2})^2}\ \text{J}$$

$$=6.03\times 10^{-34}\ \text{J}=3.77\times 10^{-15}\ \text{eV}=10^{-16}E_1$$

因此，有 $E_n'=n^2E_1'=10^{-16}n^2E_1$．故

$n=2 \quad E_2'=10^{-16}E_2=10^{-16}\times 150.8\ \text{eV}=1.508\times 10^{-14}\ \text{eV}$

$n=10 \quad E_{10}'=10^{-16}E_{10}=10^{-16}\times 3.77\times 10^3\ \text{eV}=3.77\times 10^{-13}\ \text{eV}$

$n=100 \quad E_{100}'=10^{-16}E_{100}=10^{-16}\times 3.77\times 10^5\ \text{eV}=3.77\times 10^{-11}\ \text{eV}$

$n=101 \quad E_{101}'=10^{-16}E_{101}=10^{-16}\times 3.85\times 10^5\ \text{eV}=3.85\times 10^{-11}\ \text{eV}$

**20－21**　一维无限深势阱中粒子的定态波函数为 $\psi_n=\sqrt{\frac{2}{a}}\sin\frac{n\pi x}{a}$．试求：

(1)粒子处于基态时；(2)粒子处于 $n=2$ 的状态时．

在 $x=0$ 到 $x=\frac{a}{3}$之间找到粒子的概率．

**解**　(1)粒子处于基态时，$n=1$．粒子在给定区域内出现的概率为

$$\int_0^{a/3}|\psi_1(x)|^2\mathrm{d}x=\int_0^{a/3}\frac{2}{a}\sin^2\frac{\pi x}{a}\mathrm{d}x=\frac{1}{3}-\frac{\sqrt{3}}{4\pi}=0.19$$

(2)粒子处于 $n=2$ 的状态时，粒子在给定区域内出现的概率为

$$\int_0^{a/3}|\psi_2(x)|^2\mathrm{d}x=\int_0^{a/3}\frac{2}{a}\sin^2\frac{2\pi x}{a}\mathrm{d}x=\frac{1}{3}+\frac{\sqrt{3}}{8\pi}=0.40$$

**20－22**　一维运动的粒子处于如下波函数所描述的状态：

$$\psi(x)=\begin{cases}Ax\mathrm{e}^{-\lambda x} & (x\geqslant 0)\\ 0 & (x<0)\end{cases}$$

式中,$\lambda>0$.

(1)求波函数 $\psi(x)$的归一化常数 $A$;

(2)求粒子的概率分布函数;

(3)在何处发现粒子的概率最大?

**解** (1)在整个一维空间,粒子出现的概率为1.据此归一化条件,可求出波函数的归一化常数.令

$$\int_{-\infty}^{\infty} |\psi(x)|^2 \mathrm{d}x = \int_0^{\infty} A^2 x^2 \mathrm{e}^{-2\lambda x} \mathrm{d}x = 1$$

有

$$\begin{aligned}\int_0^{\infty} A^2 x^2 \mathrm{e}^{-2\lambda x} \mathrm{d}x &= A^2 \left(-\frac{1}{2\lambda} x^2 \mathrm{e}^{-2\lambda x} \Big|_0^{\infty} + \frac{1}{2\lambda}\int_0^{\infty} 2x\mathrm{e}^{-2\lambda x} \mathrm{d}x\right) \\ &= \frac{A^2}{\lambda}\int_0^{\infty} x\mathrm{e}^{-2\lambda x} \mathrm{d}x = \frac{A^2}{\lambda}\left(-\frac{1}{2\lambda}x\mathrm{e}^{-2\lambda x}\Big|_0^{\infty} + \frac{1}{2\lambda}\int_0^{\infty} \mathrm{e}^{-2\lambda x} \mathrm{d}x\right) \\ &= \frac{A^2}{2\lambda^2}\left(-\frac{1}{2\lambda}\mathrm{e}^{-2\lambda x}\Big|_0^{\infty}\right) = \frac{A^2}{4\lambda^3} = 1\end{aligned}$$

由此,解得归一化常数为

$$A = 2\lambda^{\frac{3}{2}}$$

所以,归一化波函数为

$$\psi(x) = \begin{cases} 2\lambda^{\frac{3}{2}} x\mathrm{e}^{-\lambda x} & (x \geqslant 0) \\ 0 & (x < 0) \end{cases}$$

(2)设粒子的概率分布函数为 $\omega(x)$,有

$$\omega(x) = |\psi(x)|^2 = \begin{cases} 4\lambda^3 x^2 \mathrm{e}^{-2\lambda x} & (x \geqslant 0) \\ 0 & (x < 0) \end{cases}$$

(3)由概率分布函数对位置求极值,即

$$\frac{\mathrm{d}\omega(x)}{\mathrm{d}x} = 0$$

可得方程

$$8\lambda^3 x\mathrm{e}^{-2\lambda x}(1 - \lambda x) = 0$$

解方程,得

$$x_1 = 0, x_2 = \infty, x_3 = \frac{1}{\lambda}$$

分别代入 $\omega(x)$ 中，得

$$\omega(x_1) = 0, \omega(x_2) = 0, \omega(x_3) = \frac{4\lambda}{e^2}$$

可见在 $x = \frac{1}{\lambda}$ 处发现粒子的概率最大，最大概率为 $\frac{4\lambda}{e^2}$.

**20－23** 一维无限深势阱中的粒子的波函数在边界处为零，这种定态物质波相当于两端固定的弦中的驻波，因而势阱宽度 $a$ 必须等于德布罗意半波长的整数倍. 试利用这一条件导出能量量子化公式

$$E_n = \frac{h^2}{8ma^2}n^2$$

**解** 粒子的能量

$$E = \frac{p^2}{2m}$$

粒子的德布罗意波长为

$$\lambda = \frac{h}{p} = \frac{h}{\sqrt{2mE}}$$

该定态物质波相当于两端固定的弦中的驻波，则势阱宽度（相当于弦长）必须等于德布罗意波半波长的整数倍，即

$$a = n\frac{\lambda}{2} = \frac{nh}{2\sqrt{2mE}}$$

由此，解得

$$E = n^2 \frac{h^2}{8ma^2}$$

**20－24** 假设氢原子处于 $n=3, l=1$ 的激发态，则原子的轨道角动量在空间有哪些可能取向？计算各可能取向的角动量与 $z$ 轴之间的夹角.

**解** 氢原子处于 $n=3, l=1$ 的激发态时，轨道角动量的大小为

$$L = \sqrt{l(l+1)}\hbar = \sqrt{1\times(1+1)}\hbar = \sqrt{2}\hbar$$

轨道角动量的空间取向由 $L$ 在 $Z$ 轴（磁场方向）上的投影 $L_Z$ 决定，大小为 $m_l\hbar$，即

$$L_Z = m_l\hbar \quad m_l = 0, \pm 1, \pm 2, \cdots, \pm l$$

式中，$m_l$ 为磁量子数. 当 $l=1$ 时，$m_l$ 只能取 0 和 ±1 三个值，即

$$L_{Z1}=\hbar, L_{Z2}=0, L_{Z3}=-\hbar$$

相应的取向与 $Z$ 轴之间的夹角为

$$\theta_1=\arccos(\frac{L_{Z1}}{L})=\arccos\frac{\hbar}{\sqrt{2}\hbar}=\arccos\frac{1}{\sqrt{2}}=\frac{\pi}{4}$$

$$\theta_2=\arccos\frac{L_{Z2}}{L}=\arccos 0=\frac{\pi}{2}$$

$$\theta_3=\arccos\frac{L_{Z3}}{L}=\arccos(-\frac{\hbar}{\sqrt{2}\hbar})=\arccos(-\frac{1}{\sqrt{2}})=\frac{3\pi}{4}$$

由以上计算，可得电子轨道角动量的空间取向如图 20－1 所示.

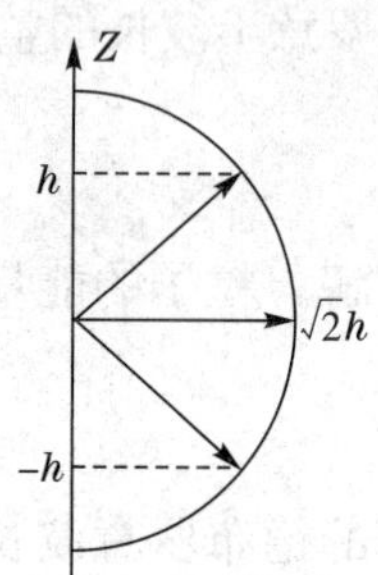


图 20－1　习题 20－24 解图

**20－25**　试说明钾原子中电子的排列方式，并和钠元素的化学性质进行比较.

**解**　电子在原子中的分布遵从泡利不相容原理和能量最小原理.

钾原子共有 19 个电子，排列方式如下：

K 壳层（$n=1$）：

s 分层有 2 个电子.

L 壳层（$n=2$）：

s 分层（$l=0$）有 2 个电子，

p 分层（$l=1$）有 6 个电子.

M 壳层（$n=3$）：

s 分层有 2 个电子，

p 分层有 6 个电子.

N 壳层（$n=4$）：

s 分层有 1 个电子.

综上所述，钾原子中电子排列方式是 $1s^2 2s^2 2p^6 3s^2 3p^6 4s^1$. 因为 3d 电子比 4s 电子能量高，根据能量最小原理，第 19 个电子不是 3d 电子而是 4s 电子. 钠原子共有 11 个电子，其排列方式是 $1s^2 2s^2 2p^6 3s^1$，由于钾原子和钠原子最外层都只有一个电子（价电子），所以它们有相似的化学性质，都属于一价的活泼金属.

## 四、证明题

**20－26** 试根据相对论力学，应用能量守恒定律和动量守恒定律，讨论光子和自由电子之间的碰撞.

(1)证明处于静止的自由电子是不能吸收光子的；

(2)证明处于运动状态的自由电子也是不能吸收光子的；

(3)说明处于什么状态的电子才能吸收光子而产生光电效应.

**证明**：(1)假设处于静止的自由电子能够吸收光子，吸收光子后的速度为 $v$，则根据能量守恒定律，应有

$$h\nu + m_0c^2 = \frac{m_0c^2}{\sqrt{1-\frac{v^2}{c^2}}}$$

由此，解得

$$\sqrt{1-\frac{v^2}{c^2}} = \frac{m_0c^2}{h\nu + m_0c^2} \quad ①$$

又根据动量守恒定律，应有

$$\frac{h\nu}{c} = \frac{m_0v}{\sqrt{1-\frac{v^2}{c^2}}} \quad ②$$

由此，解得

$$\sqrt{1-\frac{v^2}{c^2}} = \frac{m_0vc}{h\nu}$$

因此，有

$$\frac{m_0vc}{h\nu} = \frac{m_0c^2}{h\nu + m_0c^2}$$

$$v = \frac{h\nu c}{h\nu + m_0c^2}$$

由此可得

$$\sqrt{1-\frac{v^2}{c^2}} = \frac{\sqrt{2h\nu m_0c^2 + m_0^2c^4}}{h\nu + m_0c^2} \quad ③$$

将③式和①式比较可知，只有当 $\nu = 0$，两式才同时成立，而这时 $v = 0$. 这说明假设是错误的，①式和②式并不成立，因此，由它们得出的③式才与它们矛盾. 这就是说，静止的自由电子不能吸收光子.

(2)假设运动中的自由电子能吸收光子,在吸收光子前,电子的能量为 $E_1$, 动量为 $\boldsymbol{p}_0$. 吸收光子后,电子的动量为 $\boldsymbol{p}$, 速率为 $v$. 根据能量守恒定律,有

$$h\nu + E_1 = \frac{m_0 c^2}{\sqrt{1-\frac{v^2}{c^2}}}$$

由此可得

$$\sqrt{1-\frac{v^2}{c^2}} = \frac{m_0 c^2}{h\nu + E_1} \qquad ④$$

建立平面直角坐标系,其中 $X$ 轴沿光子运动方向,如图 20—2 所示. 由图可知,动量守恒定律的二分量式为

$$\frac{h\nu}{c} + p_0\cos\theta_0 = p\cos\theta$$

$$p_0\sin\theta_0 = p\sin\theta$$

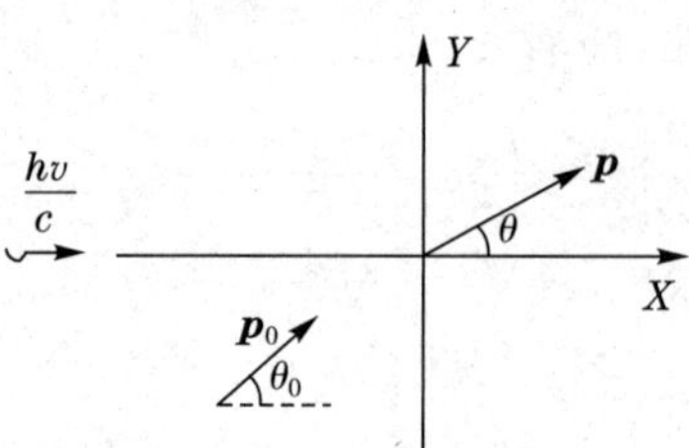


图 20—2 习题 20—26 解图

两式平方相加后,得到

$$(\frac{h\nu}{c})^2 + \frac{2h\nu}{c}p_0\cos\theta_0 + p_0^2 = p^2 = \frac{m_0^2 v^2}{1-\frac{v^2}{c^2}}$$

由此,可得

$$\sqrt{1-\frac{v^2}{c^2}} = \frac{m_0 vc}{\sqrt{(h\nu)^2 + 2h\nu c p_0\cos\theta_0 + p_0^2 c^2}} \qquad ⑤$$

由④式和⑤式,可解得

$$v = \frac{\sqrt{(h\nu)^2 + 2h\nu c p_0\cos\theta_0 + p_0^2 c^2}}{h\nu + E_1}c$$

由此结果，得到

$$\sqrt{1-\frac{v^2}{c^2}}=\frac{\sqrt{2h\nu E_1+E_1^2-p_0^2c^2-2h\nu cp_0\cos\theta_0}}{h\nu+E_1}$$

$$=\frac{\sqrt{2h\nu(E_1-cp_0\cos\theta_0)+m_0^2c^4}}{h\nu+E_1}$$

将此式与④式相比较，得

$$2h\nu(E_1-cp_0\cos\theta_0)=0$$

对于电子，$E_1>cp_0$，则 $E_1-cp_0\cos\theta_0\neq 0$，所以 $\nu=0$. 这说明运动的自由电子也不能吸收光子.

(3)综上所述，自由电子是不能吸收光子的，只有电子被束缚时才有可能吸收光子. 假定束缚电子成为自由电子需要能量 $A$，则它处于束缚状态时具有束缚能 $(-A)$. 束缚电子吸收光子并成为具有速度 $v$ 的自由电子这一过程中，根据能量守恒定律，有

$$h\nu+m_0c^2-A=\frac{m_0c^2}{\sqrt{1-\frac{v^2}{c^2}}}$$

移项，整理，得

$$h\nu=\left[\frac{m_0c^2}{\sqrt{1-\frac{v^2}{c^2}}}-m_0c^2\right]+A$$

括号内的两项之差即为电子的动能. 当 $v\ll c$ 时，有

$$h\nu=\frac{1}{2}m_0v^2+A$$

这就是爱因斯坦光的电效应方程.

**20－27** 试证明带电粒子在均匀磁场中做圆轨道运动时，其德布罗意波长与圆半径成反比.

**证明** 质量为 $m$、电荷为 $q$ 的带电粒子在磁感应强度为 $B$ 的均匀磁场中以速率 $v$ 做圆周运动时，轨道半径为

$$r=\frac{mv}{qB}$$

动量为

$$p=mv=qBr$$

其德布罗意波长为

$$\lambda = \frac{h}{p} = \frac{h}{qBr}$$

由此,可证德布罗意波长与圆半径成反比.

**20－28** 氢原子在 $n=2, l=1$ 能态的径向概率分布可写成 $p(r)=Ar^2 e^{-r/a_0}$,其中 $A$ 是 $\theta$ 的函数,而与 $r$ 无关,试证明 $r=2a_0$ 处概率有极大值.

**证明** 氢原子在 $n=2, l=1$ 能态的径向概率分布为

$$p(r) = Ar^2 e^{-r/a_0}$$

在概率极大处,有

$$\frac{dp(r)}{dr} = Ar(2-\frac{r}{a_0})e^{-r/a_0} = 0$$

由此,可解得

$$r = 2a_0$$

即在 $r=2a_0$ 处概率有极大值.

# 第二十一章

# 核物理与粒子物理

## 基本要求

1. 了解原子核的基本性质.
2. 理解放射性衰变规律,了解 $\alpha,\beta,\gamma$ 衰变.
3. 了解原子核的裂变和聚变及核能的利用.
4. 了解基本粒子的性质以及它们的分类.
5. 了解基本量子数及守恒性,了解夸克模型.

## 基本内容

### 一、原子核的半径

原子核的半径近似地与质量数的立方根成正比,即

$$R \approx r_0 A^{1/3}$$

对于核力作用半径,$r_0$ 为

$$r_0 = 1.4 \sim 1.5\ \mathrm{fm}$$

对于电荷分布半径,$r_0$ 为

$$r_0 = 1.1\ \mathrm{fm}$$

### 二、原子核的质量和结合能

原子核的质量

$$M_{核} = M - [Zm_e - B_e(Z)]$$

原子核的结合能

$$B(Z,N) = ZM_p + NM_n - M_{核}(Z,N)$$

## 三、原子核的衰变

衰变规律

$$N = N_0 e^{-\lambda t}$$

半衰期与衰变常量的关系

$$T_{1/2} = \frac{\ln 2}{\lambda} = \frac{0.693}{\lambda}$$

平均寿命

$$\bar{t} = \frac{1}{\lambda}$$

## 四、基本粒子的分类

基本粒子可分为四类,即光子、轻子、介子和重子.

# 典型例题

**例 21－1** $^3_1$H 原子的质量是 3.01605 u,$^3_2$He 原子的质量是 3.01603 u,求:

(1)这两个原子的核的质量(以 u 计);

(2)结合能(以 MeV 计).

**分析** 为了求出核质量,必须从原子质量中扣除电子的质量.(严格地说,还应当加上与电子结合能相当的质量,但与电子的静质量相比,通常可以忽略.)一个稳定核的静质量小于它的各组成核子的静质量之和,其差额即为原子核质量亏损,对应的能量为原子核的结合能.

**解** (1)用原子质量单位 u 表示时,电子的质量为

$$m_e = \frac{9.1 \times 10^{-31}}{1.660\,566 \times 10^{-27}}\ \text{u} = 5.48 \times 10^{-4}\ \text{u}$$

$^3_1$H 原子核的质量

$$m_{X_1}(^3_1\text{H}) = 3.016\,05\ \text{u} - 1 \times 5.48 \times 10^{-4}\ \text{u} = 3.015\,50\ \text{u}$$

$^3_2$He 原子核的质量

$$m_{X_2}(^3_2\text{He}) = 3.016\,03\ \text{u} - 2 \times 5.48 \times 10^{-4}\ \text{u} = 3.014\,93\ \text{u}$$

(2)用原子质量单位 u 表示质子质量为

$$m_p = 1.007\,277\ \text{u}$$

中子质量为

$$m_n = 1.008\,665\ \text{u}$$

质量亏损为

$$\Delta m = Zm_p + (A - Z)m_n - m_X$$

结合能为

$$\Delta E = \Delta mc^2$$

${}_1^3$H 原子核的结合能为

$$\Delta E_1 = (m_p + 2m_n - m_{X_1})c^2 = 8.495\,9\ \text{MeV}$$

${}_2^3$He 原子核的结合能为

$$\Delta E_2 = (2m_p + m_n - m_{X_2})c^2 = 7.732\,8\ \text{MeV}$$

**例 21—2** 一放射性样品含 ${}_6^{11}$C 3.5 μg，半衰期为 20.4 min. 求：

(1)最初的样品数；

(2)样品最初及 8 h 后的放射性强度；

(3)8 h 后放射性核还有多少？

**解** (1)设样品质量为 $m$，最初的核数量为 $N_0$，则应有

$$m = AN_0\text{u} = 1.66 \times 10^{-27} AN_0\ \text{kg}$$

式中，$A$ 为样品质量数. 根据上式，则有

$$N_0 = \frac{m}{1.66 \times 10^{-27} A} = \frac{3.5 \times 10^{-9}}{1.66 \times 10^{-27} \times 11} = 1.92 \times 10^{17}$$

(2)由样品的半衰期，可得衰变常数为

$$\lambda = \frac{0.693}{T_{1/2}} = \frac{0.693}{20.4 \times 60} = 5.66 \times 10^{-4}$$

样品在最初( $t_0 = 0$ )时刻的放射性强度为

$$A_0 = \lambda N_0 e^{-\lambda t_0} = \lambda N_0 = 1.085 \times 10^{14} Bq = 2.933 \times 10^3\ \text{Ci}$$

样品在 8 h 时后的放射性强度为

$$A = \lambda N_0 e^{-\lambda t} = 1.085 \times 10^{14} \times \exp(-5.66 \times 10^{-4} \times 8 \times 3\,600)$$
$$= 9.04 \times 10^6 Bq = 2.44 \times 10^{-4}\ \text{Ci}$$

(3)8 h 时后样品中的放射性核数为

$$N = N_0 e^{-\lambda t} = 1.92 \times 10^{17} \times \exp(-5.66 \times 10^{-4} \times 8 \times 3\,600)$$
$$= 1.60 \times 10^{10}$$

## 习题分析与解答

**21－1** $^{14}C$ 核包含多少质子和中子?

**解** $^{14}C$ 核中包含 6 个质子,8 个中子.

**21－2** 计算$^{239}Pu$ 中每个核子的结合能.需要用到的原子量为

239.052 16 u($^{239}Pu$),1.007 83 u($^{1}H$),1.008 66 u(n)

**解** $^{239}Pu$ 中有 94 个质子,145 个中子.那么 94 个质子,145 个中子结合成一个$^{239}Pu$ 时损失的质量为

$$\Delta m = (94\times 1.007\,83 + 145\times 1.008\,66 - 239.052\,16)\ \mathrm{u} = 1.939\,56\ \mathrm{u}$$

所以,结合能为

$$\frac{E}{239} = \frac{\Delta mc^2}{239} \approx 7.6\ \mathrm{MeV}$$

**21－3** 质量为 3 的氢的同位素氚的半衰期为 12.3 a.在 50.0 a 以后,样品中尚留下多少氚?

**解** 由放射性公式 $N = N_0 e^{-\lambda t}$ 和半衰期 $T$ 与 $\lambda$ 的关系式 $T = \frac{\ln 2}{\lambda}$,有

$$\frac{N}{N_0} = e^{-\lambda t} = e^{-\frac{\ln 2}{12.3}\times 50} \approx 5.98\%$$

**21－4** 放射性核$^{64}Cu$ 的半衰期为 12.7 h.在 14 h 后的 2 h 内原 5.5 g 纯$^{64}Cu$样品将有多少衰变?

**解** 由放射性公式 $N = N_0 e^{-\lambda t}$ 以及半衰期 $T$ 与 $\lambda$ 的关系式 $T = \frac{\ln 2}{\lambda}$, 可得

$$N = N_0 e^{-\frac{\ln 2}{T}t}$$

所以,14 h 后,有

$$N_{14} = 5.5\times e^{-\frac{\ln 2}{12.7}\times 14}$$

16 h 后,有

$$N_{16} = 5.5\times e^{-\frac{\ln 2}{12.7}\times 16}$$

故

$$\frac{\Delta N}{N} = \frac{N_{14} - N_{16}}{N} \approx 4.81\%$$

**21－5** 放射性核$^{33}P$衰变为$^{32}S$：

$$^{33}P \rightarrow {}^{32}S + e^- + \nu$$

在某一衰变事件中，发射了一个能量为 1.71 MeV 的电子，这是最大可能值.事件中反冲$^{32}S$原子的动能是多少？

**解** 电子与原子反方向射出，中微子在垂直方向.由于电子质量远小于原子质量，电子分得的衰变能比原子得到的大得多，差不多等于衰变能，即最大可能值，因此这种情况下，原子的动能约为 0.

**21－6** 普通水大致有 0.015 %质量的重水.如果我们在一天内通过反应

$$^2H + {}^2H \rightarrow {}^3He + n$$

将 1.0 L 中的$^2H$全部烧光，可得到多大的平均聚变功率？

**解** $^2H$的原子量：2.014 102 2 u，$^3He$的原子量：3.016 049 7 u，n 的原子量：1.008 66 u，O 的原子量：16.004 4 u.由题意，1.0 L 的水中有 $1.5\times10^{-4}$ kg 的$^2H_2O$，反应$^2H+{}^2H\rightarrow{}^3He+n$ 中所损耗的质量为

$$\Delta m = (2\times2.014\,102\,2 - 3.016\,049\,7 - 1.008\,66)\ \text{u}$$
$$= 5.803\times10^{-30}\ \text{kg}$$

所以，一对$^2H$通过这样的反应所放出的能量为

$$\Delta mc^2 = 5.223\times10^{-13}\ \text{J}$$

$1.5\times10^{-4}$ kg 的$^2H_2O$所包含的分子数为

$$\frac{1.5\times10^{-4}}{(2\times2.014\,102\,2+16.004\,4)\times1.66\times10^{-27}} = 4.5\times10^{21}$$

所以，$1.5\times10^{-4}$ kg 的$^2H_2O$中有 $4.5\times10^{21}$ 对$^2H$.

这些$^2H$反应所放出的能量为

$$4.5\times10^{21}\times5.223\times10^{-13}\ \text{J} = 2.35\times10^{9}\ \text{J}$$

所以，功率为

$$\frac{2.35\times10^{9}}{24\times60\times60}\ \text{W} = 2.7\times10^{4}\ \text{W}$$

# 第二十二章

# 分子与固体

## 基本要求

1. 了解化学键和分子间相互作用力.

2. 了解晶体结构的周期性和分类.

3. 了解固体能带结构的形成和能带中电子的填充情况;了解导体、半导体、绝缘体的能带结构特点;了解本征半导体、n 型半导体和 p 型半导体.

## 基本内容

### 一、化学键的定义及分类

化学键定义为在分子或晶体中两个或多个原子间的强烈相互作用,作用能为 120～950 $kJ \cdot mol^{-1}$. 化学键主要有三种类型:共价键、离子键和金属键.

### 二、晶格和晶体的分类

通常将晶体中原子的排列方式称为晶体结构;将构成晶体空间结构的原子、离子或原子团等用一个质点来表示,称为格点;用平行的直线将这些构成晶体的所有格点连接起来构成的网格称为晶格. 晶格中仅含有一种等同原子的晶格,称为简单格子,复式格子包含两种或更多种等同原子.

根据晶体的对称性,可将晶体分为几个晶系:三斜晶系、单斜晶系、正交晶系、三方晶系、四方晶系、六方晶系和立方晶系.

## 三、固体的能带结构

禁带、满带、导带、空带、价带.

## 四、导体、绝缘体和半导体

根据固体物质导电性能的差异可以将其分为导体、绝缘体和半导体.将电阻率在 $10^{-8} \sim 10^{-4}\,\Omega\cdot\text{m}$ 范围、温度系数为正的固体称为导体;电阻率在 $10^{-4} \sim 10^{8}\,\Omega\cdot\text{m}$ 范围、温度系数为负的固体称为半导体;电阻率在 $10^{8} \sim 10^{20}\,\Omega\cdot\text{m}$ 范围、温度系数为负的固体称为绝缘体.

## 五、p—n 结

p—n 结是在 p 型半导体和 n 型半导体接触面附近,由于电子从 n 型半导体向 p 型半导体扩散而形成的电偶层,它具有单向导电性.

# 典型例题

**例 22—1** 硅与金刚石的能带结构相似,只是禁带宽度不同.根据它们的禁带宽度,试求它们能吸收的辐射的最大波长各是多少?(已知金刚石的禁带宽度为 5.33 eV,硅的禁带宽度为 1.14 eV)

**解** 对金刚石而言,能吸收的最大波长为

$$\lambda = \frac{hc}{\Delta E_g} = \frac{6.63\times10^{-34}\times3\times10^{8}}{5.33\times1.6\times10^{-19}}\ \text{m} = 2.33\times10^{-7}\ \text{m}$$

而对硅而言,能吸收的最大波长为

$$\lambda = \frac{hc}{\Delta E_g} = \frac{6.63\times10^{-34}\times3\times10^{8}}{1.14\times1.6\times10^{-19}}\ \text{m} = 1.09\times10^{-6}\ \text{m}$$

**例 22—2** 从能带结构来看,导体、绝缘体和半导体有什么不同?

**答** 一般说来,绝缘体的禁带都比半导体宽,常温下从满带激发到空带的电子数微不足道,宏观上表现为导电性能差.半导体的禁带宽度较小,满带中的电子只需较小的能量就能激发到空带中,

宏观上表现为有较绝缘体大而较金属导体小的电导率. 对金属导体而言,有的价带未被电子填满,是未满带,如一价金属;有的价带中所有量子态被电子占满(称为满带),但禁带宽度为零,满带与较高的空带相交叠,电子可以自由地占据空带,如二价金属;还有的是未满带与空带相交叠. 在外电场作用下,未满带中的电子都能参与导电过程,因此未满带也称为导带.

## 习题分析与解答

### 一、选择题

**22-1** 由共价键形成的晶体有 ( )

(A)分子晶体 (B)离子晶体 (C)原子晶体 (D)金属晶体

**解** 本题应选(A)和(C).

**22-2** 分子间作用力是一种 ( )

(A)电磁相互作用 (B)范德华力 (C)静电引力 (D)斥力

**解** 本题应选(A)、(B)和(C).

**22-3** 下列晶体的晶格属于复式晶格的有 ( )

(A)NaCl (B)金刚石 (C)Cu (D)CsCl

**解** 复式晶格是由两种或两种以上的等同原子组成,只有 Cu 晶格是由一种等同原子组成的,故应选(A)、(B)和(D).

**22-4** 能够参与导电的能带有 ( )

(A)价带 (B)满带 (C)空带 (D)禁带

**解** 未填满的价带和空带称为导带,应选(A)和(C).

**22-5** 在 Si 中掺入哪些杂质元素可以使其成为 p 型半导体 ( )

(A)B (B)As (C)Al (D)P

**解** B 和 Al 的价电子数都是 3 个,比 Si 的少 1 个,替代 Si 后形成空穴,掺杂后导电机制主要以空穴导电为主,所以它们是 p 型半导体,As 和 P 均含有 5 个价电子,掺入后导电机制主要以电子为主,故应选(A)和(C).

## 二、填空题

**22－6** 化学键主要有三种：__________、__________和__________.

**解** 化学键包含三种强相互作用，即共价键、离子键和金属键.

**22－7** 分子间作用力分为__________、__________和__________.

**解** 从分子力是一种电性引力的角度可以把分子间作用力分为取向力、诱导力和色散力.

**22－8** 表征晶格周期性的最小重复单位是________；表征晶格周期性和对称性的重复单位是________；晶格可以分为________和________，它们的原胞中包含原子的数目分别是________和________.

**分析与解** （物理学）原胞和晶胞都是表征晶格周期性的重复单元，前者是最小单元，后者还可以表征晶格的对称性；根据原胞中包含原子的数目可以把晶格分成简单格子（含 1 个原子）和复式格子（含 2 个或 2 个以上原子）.

**22－9** 根据晶体对称性可以将其分为_______、_______、_______、_______、_______、_______和_______七个晶系. 根据晶体结合力的不同可以将其分为_______、_______、_______和_______.

**分析与解** 依据晶体所包含的特征对称不同，可以把晶体分为七大类，即七个晶系，分别为三斜晶系、单斜晶系、正交晶系、三方晶系、四方晶系、六方晶系、立方晶系. 根据晶体结合力不同可以把晶体分为四类，即分子晶体、原子晶体、离子晶体和金属晶体.

**22－10** 电子能量的禁区称为_______；根据电子填充能带的情形，可以将能带分为_______、_______和_______；对晶体导电有贡献的能带称为_______.

**分析与解** 禁带是指不被允许的电子能量区间；价带以下的能带的能级一般都被电子占据，称为满带，价带以上的能带一般不被电子占据，称为空带，所以能带一般分为价带、满带和空带；价带和空带对晶体导电都可能有贡献,比如价带没有被填满,半导体材料的空带易于激发电子,都可以参与导电,所以未填满的价带和空带统称为导带,故对晶体导电有贡献的能带称为导带.

**22－11** 半导体中的载流子有两种:________和________;半导体可分为________和________;根据导电类型的不同,杂质半导体可分为________和________.

**分析与解** 电子和空穴都是半导体导电的载流子;依据半导体是否掺杂可以把半导体分为本征半导体和杂质半导体;根据参与导电的主要载流子不同,可以把杂质半导体分为n型半导体和p型半导体.

**22－12** p－n结的基本特征是________________.

**分析与解** p－n结加正向电压表现为低电阻特性,加反向电压表现为高电阻特性,电流单方向导通,单向导电性是其基本特征.

## 三、计算与论述题

**22－13** 画出氢分子基态和第一激发态的电子在分子轨道上的排布.

**分析** 氢分子由两个原子组成,其中一个氢原子的1s轨道和另一个氢原子的一个1s轨道形成一个成键轨道$\sigma$(比原来的轨道能级低)和一个反键轨道$\sigma^*$(比原来的轨道能级高).基态时,两个电子都在低能级上,第一激发态将有一个电子被激发至高能级.由此,易得氢分子基态和激发态的电子在分子轨道上的排布图.

**解** 氢分子基态和激发态的电子在分子轨道上的排布如图22－1所示.

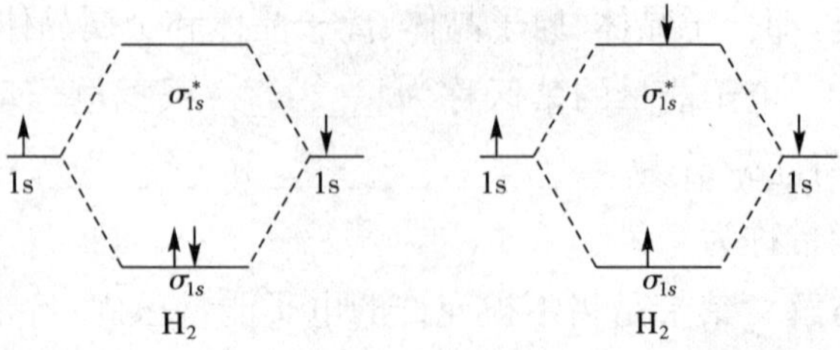


图22－1 习题22－13解图

**22－14** 简述简单格子和复式格子的特点.

**分析** 需要从以下几个方面进行阐述:简单格子和复式格子划分依据、二者之间的关系、二者原胞中包含的原子数目以及与等同原子的种类数关系.

**解** 简单格子:晶体由完全相同的原子组成,原子与晶格的格点相重合,而且每个格点周围的情况都一样,晶格中只有一类等同点,其物理学原胞中包含一个原子. 复式格子:晶体是由不同种类的原子或者所处周围环境不完全相同的同类原子组成,原子与晶格的格点重合,每个格点周围的情况并不一样,晶格中等同点的种类数不小于 2,其物理学原胞中包含的原子个数等于晶格中等同点的种类数. 复式格子可以看作是由晶格中各类等同点各自组成的简单格子套构而成的.

**22－15** 对于立方 ZnS 离子晶体而言,离子间距离 $r_0=\dfrac{\sqrt{3}}{4}a$,马德隆常数$\alpha=1.6381$,$n=5.4$,$z_1=z_2=2$,求 ZnS 晶体的结合能.

**分析** ZnS 属于 AB 型晶体,将各参数代入其结合能公式即可求得结果.

**解** 因为 AB 型晶体的结合能为

$$U=-\frac{1}{2}N\frac{\alpha Z_1Z_2e^2}{4\pi\varepsilon_0\,\mathrm{r}_0}\left(1-\frac{1}{n}\right)$$

对于立方 ZnS 而言,原子间距离 $r_0=\dfrac{\sqrt{3}}{4}\,\mathrm{a}$,马德隆常数 $\alpha=1.638\,1$,玻恩常数$n=5.4$,$z_1=z_2=2$,所以结合能为

$$U=-6.02\times10^{23}\times\frac{1.638\,1\times2\times2\times(1.6\times10^{-19})^2}{8\times3.141\,59\times8.85\times10^{-12}\times\frac{\sqrt{3}}{4}\times5.41\times10^{-10}}\left(1-\frac{1}{5.4}\right)$$

$$=1.58\times10^6\ \mathrm{J\cdot mol^{-1}}=379.2\ \mathrm{kcal\cdot mol^{-1}}$$

**22－16** 阐述半导体的导电机理.

**分析** 指明能带特点以及本征半导体和杂质半导体各自的导电载流子来源即可.

**解** 半导体的能带由满带和空带组成,满带和空带之间的禁带

较窄.对于本征半导体而言,在一定的温度下,满带(价带)中的电子受到热激发可以越过较窄的禁带跃迁到上面的空带(导带)中,同时在价带中留下相同数量的空穴,使价带和空带均成为导带,半导体中有电子和空穴两种载流子,半导体的总电流等于电子电流和空穴电流之和.对于杂质半导体而言,由于杂质在禁带中引入了靠近导带或价带的杂质能级,所以杂质易于电离.施主杂质电离提供导电电子,受主杂质电离提供空穴,杂质电离增加了可导电的电子和空穴,因此,增强了半导体的导电能力.

**22—17** 如图22—2所示,若平面周期性结构按下列重复单元排列而成,空心点和实心点表示两类原子,请画出这种结构的原胞,并指出原胞中包含的原子数目和晶格类型.

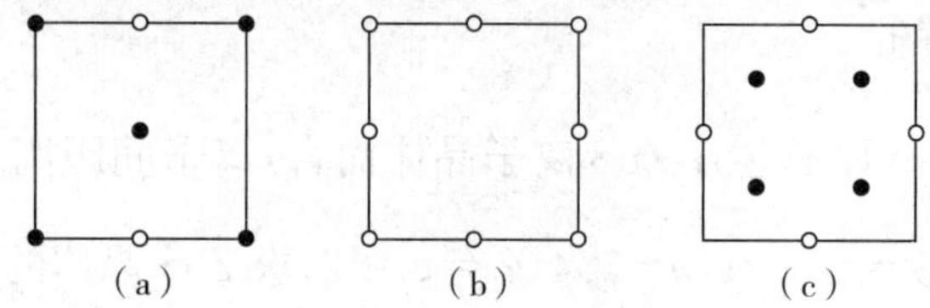


图22—2 习题22—17图

**分析** 首先确定重复单元中的等同原子的种类数,依据原胞中包含的原子个数等于等同原子的种类数进行作图即可.

**解** 原胞如图22—3虚线所示.

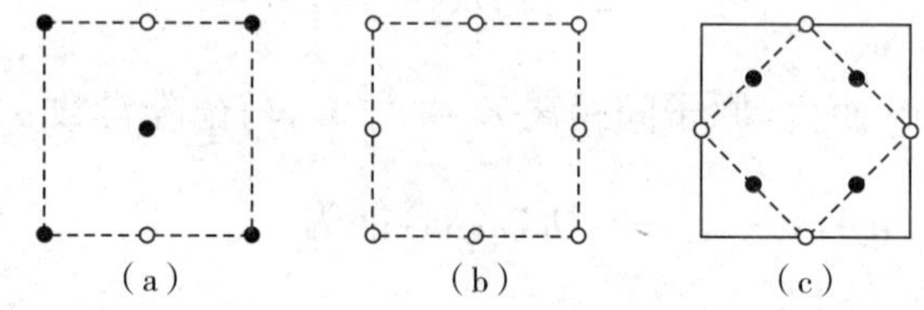


图22—3 习题22—17解图

(a)3,复式晶格

(b)3,复式晶格

(c)3,复式晶格

# 模拟试题

## 力 学(1)

### 一、选择题

1. 一质点沿 $x$ 轴做直线运动,其 $v—t$ 曲线如图 1 所示. 在 $t=0$ 时,质点位于坐标原点,则 $t=4.5$ s时,质点在 $x$ 轴上的位置为 ( )

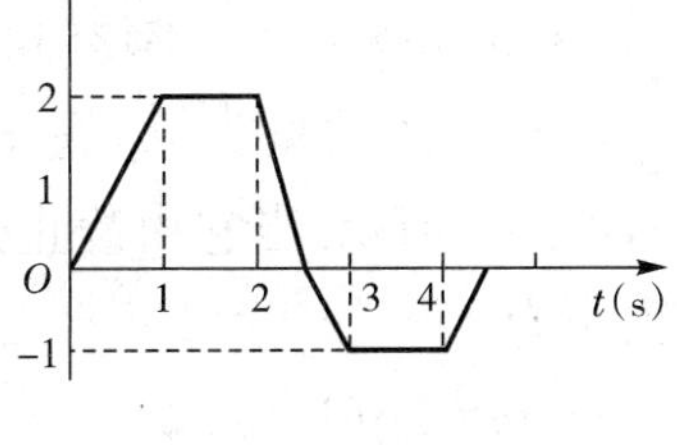

图 1

(A)5 m (B)2 m (C)0

(D)−2 m (E)−5 m

2. 一质点在平面上做曲线运动,其瞬时速度为 $\boldsymbol{v}$,瞬时速率为 $v$,某一时间内的平均速度为 $\overline{\boldsymbol{v}}$,平均速率为 $\overline{v}$,它们之间的关系必定有 ( )

(A) $|\boldsymbol{v}|=v, |\overline{\boldsymbol{v}}|=\overline{v}$ (B) $|\boldsymbol{v}|\neq v, |\overline{\boldsymbol{v}}|=\overline{v}$

(C) $|\boldsymbol{v}|\neq v, |\overline{\boldsymbol{v}}|\neq\overline{v}$ (D) $|\boldsymbol{v}|=v, |\overline{\boldsymbol{v}}|\neq\overline{v}$

3. 在相对地面静止的坐标系内,$A$、$B$ 两船都以 2 $\mathrm{m\cdot s^{-1}}$ 速率匀速行驶,$A$ 船沿 $x$ 轴正向,$B$ 船沿 $y$ 轴正向. 今在 $A$ 船上设置与静止坐标系方向相同的坐标系($x$、$y$ 方向位矢用 $\boldsymbol{i}$、$\boldsymbol{j}$ 表示),那么在 $A$ 船上的坐标系中,$B$ 船的速度(以 $\mathrm{m\cdot s^{-1}}$ 为单位)为 ( )

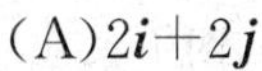
(A)$2\boldsymbol{i}+2\boldsymbol{j}$ (B)$-2\boldsymbol{i}+2\boldsymbol{j}$

(C)$-2\boldsymbol{i}-2\boldsymbol{j}$ (D)$2\boldsymbol{i}-2\boldsymbol{j}$

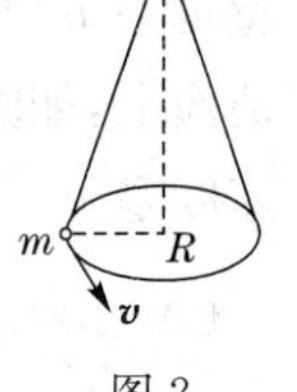

图 2

4. 如图 2 所示,圆锥摆的摆球质量为 $m$,速率为 $v$,圆半径为 $R$,当摆球在轨道上运动半周时,摆球所

受重力冲量的大小为 (　　)

(A)$2mv$　　(B)$\sqrt{(2mv)^2+(mg\pi R/v)^2}$

(C)$\pi Rmg/v$　　(D)0

5. 一质点做匀速率圆周运动时, (　　)

(A)它的动量不变,对圆心的角动量也不变

(B)它的动量不变,对圆心的角动量不断改变

(C)它的动量不断改变,对圆心的角动量不变

(D)它的动量不断改变,对圆心的角动量也不断改变

6. 一质点在力 $F=5m(5-2t)$(SI)的作用下,$t=0$ 时从静止开始做直线运动,式中 $m$ 为质点的质量,$t$ 为时间,则当 $t=5$ s 时,质点的速率为 (　　)

(A)$50\ \mathrm{m\cdot s^{-1}}$　(B)$25\ \mathrm{m\cdot s^{-1}}$　(C)0　(D)$-50\ \mathrm{m\cdot s^{-1}}$

7. 质点的质量为 $m$,置于光滑球面的顶点 $A$ 处(球面固定不动),如图 3 所示. 当它由静止开始下滑到球面上 $B$ 点时,它的加速度大小为 (　　)

(A)$a=2g(1-\cos\theta)$

(B)$a=g\sin\theta$

(C)$a=g$

(D)$a=\sqrt{4g^2(1-\cos\theta)^2+g^2\sin^2\theta}$

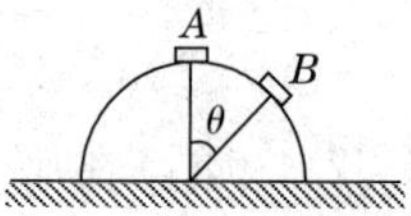

图 3

8. 一船浮于静水中,船长 $L$,质量为 $m$,一个质量也为 $m$ 的人从船尾走到船头. 不计水和空气的阻力,则在此过程中船将 (　　)

(A)不动　(B)后退 $L$　(C)后退$\frac{1}{2}L$　(D)后退$\frac{1}{3}L$

9. 一质量为 $m$ 的滑块,由静止开始沿着 1/4 圆弧形光滑的木槽滑下. 设木槽的质量也是 $m$. 槽的圆半径为 $R$,放在光滑水平地面上,如图 4 所示. 则滑块离开木槽时的速度是 (　　)

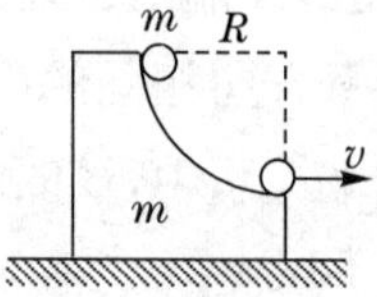

图 4

(A)$\sqrt{2Rg}$　(B)$2\sqrt{Rg}$　(C)$\sqrt{Rg}$

(D)$\frac{1}{2}\sqrt{Rg}$　(E)$\frac{1}{2}\sqrt{2Rg}$

10. 小球 $A$ 和 $B$ 的质量相同，$B$ 球原来静止，$A$ 以速度 $u$ 与 $B$ 作对心碰撞. 这两球碰撞后的速度 $v_1$ 和 $v_2$ 的各种可能值中有 ( )

(A) $-u, 2u$　　(B) $u/4, 3u/4$

(C) $-u/4, 5u/4$　　(D) $\frac{1}{2}u, -\sqrt{3}u/2$

## 二、填空题

11. 有两个弹簧，质量忽略不计，原长都是 10 cm，第一个弹簧上端固定，下端挂一个质量为 $m$ 的物体后，长 11 cm，而第二个弹簧上端固定，下端挂一质量为 $m$ 的物体后，长 13 cm，现将两弹簧串联，上端固定，下端仍挂一质量为 $m$ 的物体，则两弹簧的总长为________.

12. 如图 5 所示，一圆锥摆摆长为 $l$、质量为 $m$，在水平面上做匀速圆周运动，摆线与铅直线夹角为 $\theta$. 则

(1) 摆线的张力 $T=$________________;

(2) 摆锤的速率 $v=$________________.

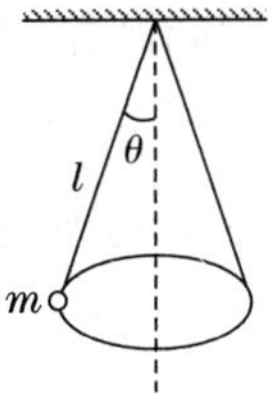

图 5

13. 一吊车底板上放一质量为 10 kg 的物体，若吊车底板加速上升，加速度大小为 $a=3+5t$(SI)，则 2 s 内吊车底板给物体的冲量大小 $I=$________________; 2 s 内物体动量的增量大小 $\Delta P=$________________.

14. 质量为 100 kg 的货物，平放在卡车底板上. 卡车以 $4\ \mathrm{m \cdot s^{-2}}$ 的加速度启动. 货物与卡车底板无相对滑动. 则在开始的 4 s 内摩擦力对该货物做的功 $W=$____________.

15. 一质量为 $m$ 的质点在指向圆心的平方反比力 $F=-k/r^2$ 的作用下，做半径为 $r$ 的圆周运动. 此质点的速度 $v=$____________. 若取距圆心无穷远处为势能零点，则它的机械能 $E=$____________.

16. 一根长为 $l$ 的细绳一端固定于光滑水平面上的 $O$ 点，另一端系一质量为 $m$ 的小球，开始时绳子是松弛的，小球与 $O$ 点的距离为 $h$. 使小球以某个初速率沿该光滑水平面上一直线运动，该直线垂直于小球初始位置与 $O$ 点的连线. 当小球与 $O$ 点的距离达到 $l$ 时，绳子绷紧，从而使小球沿一个以 $O$ 点为圆心的圆形轨迹运动，则小球

做圆周运动时的动能 $E_k$ 与初动能 $E_{k0}$ 的比值 $E_k/E_{k0}=$__________.

17. 可绕水平轴转动的飞轮,直径为 1.0 m,一条绳子绕在飞轮的外周边缘上.如果飞轮从静止开始做匀角加速运动且在 4 s 内绳被展开 10 m,则飞轮的角加速度为__________.

18. 一根均匀棒,长为 $l$,质量为 $m$,可绕通过其一端且与其垂直的固定轴在竖直面内自由转动.开始时棒静止在水平位置,当它自由下摆时,其初角速度等于__________,初角加速度等于__________.已知均匀棒对于通过其一端垂直于棒的轴的转动惯量为 $\frac{1}{3}ml^2$.

19. 如图 6 所示,$A$、$B$ 两飞轮的轴杆在一条直线上,并可用摩擦啮合器 $C$ 使它们联结.开始时 $B$ 轮静止,$A$ 轮以角速度 $\omega_A$ 转动,设在啮合过程中两飞轮不受其他力矩的作用.当两轮联结在一起后,共同的角速度为 $\omega$.若 $A$ 轮的转动惯量为 $J_A$,则 $B$ 轮的转动惯量 $J_B=$__________.

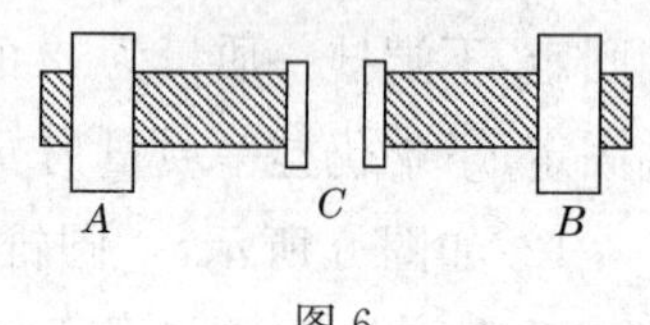

图 6

## 三、计算题

20. 由楼窗口以水平初速度 $\boldsymbol{v}_0$ 射出一发子弹,取枪口为原点,沿 $\boldsymbol{v}_0$ 方向为 $x$ 轴,竖直向下为 $y$ 轴,并取发射时刻 $t$ 为 0.试求:

(1)子弹在任一时刻 $t$ 的位置坐标及轨迹方程;

(2)子弹在 $t$ 时刻的速度、切向加速度和法向加速度.

21. 水平转台上放置一质量 $M=2\ \mathrm{kg}$ 的小物块，物块与转台间的静摩擦系数 $\mu_s=0.2$，一条光滑的绳子一端系在物块上，另一端则由转台中心处的小孔穿下并悬一质量 $m=0.8\ \mathrm{kg}$ 的物块. 转台以角速度 $\omega=4\pi\ \mathrm{rad\cdot s^{-1}}$绕竖直中心轴转动，求转台上面的物块与转台相对静止时，物块转动半径的最大值 $r_{max}$和最小值 $r_{min}$.

22. 质量为 $m=5.6\ \mathrm{g}$ 的子弹 $A$ 以 $v_0=501\ \mathrm{m\cdot s^{-1}}$的速率水平地射入一静止在水平面上的质量为 $M=2\ \mathrm{kg}$ 的木块 $B$ 内，$A$ 射入 $B$ 后，$B$ 向前移动了 $s=50\ \mathrm{cm}$ 后而停止. 求：

(1) $B$ 与水平面间的摩擦系数；

(2) 木块对子弹所做的功 $W_1$；

(3) 子弹对木块所做的功 $W_2$；

(4) $W_1$与 $W_2$的大小是否相等？为什么？

23. 如图 7 所示，半径为 $r_1=0.3\ \mathrm{m}$ 的 $A$ 轮通过皮带被半径为 $r_2=0.75\ \mathrm{m}$的 $B$ 轮带动，$B$ 轮以匀角加速度 $\pi\ \mathrm{rad\cdot s^{-2}}$由静止起动，轮与皮带间无滑动发生. 试求 $A$ 轮达到转速 3 000 $\mathrm{r\cdot min^{-1}}$ 所需要的时间.

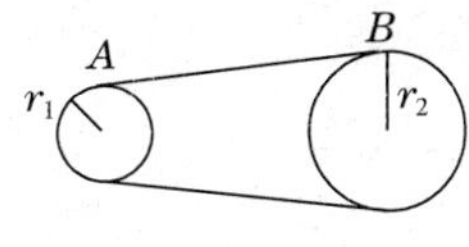


图 7

24. 如图 8 所示，转轮 $A$、$B$ 可分别独立地绕光滑的固定轴 $O$ 转动，它们的质量分别为 $m_A=10$ kg 和 $m_B=20$ kg，半径分别为 $r_A$ 和 $r_B$. 现用力 $f_A$ 和 $f_B$ 分别向下拉绕在轮上的细绳且使绳与轮之间无滑动. 为使 $A$、$B$ 轮边缘处的切向加速度相同，相应的拉力 $f_A$、$f_B$ 之比 $f_A/f_B$ 应为多少？(其中 $A$、$B$ 轮绕 $O$ 轴转动时的转动惯量分别为 $J_A=\dfrac{1}{2}m_Ar_A^2$ 和 $J_B=\dfrac{1}{2}m_Br_B^2$ )

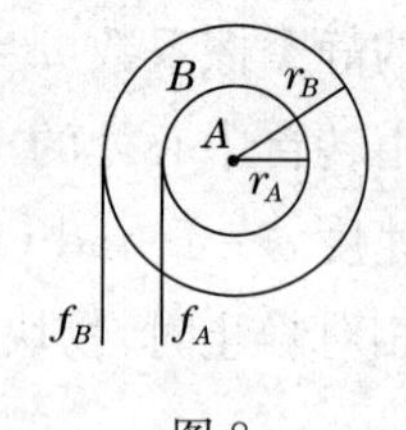

图 8

25. 质量为 75 kg 的人站在半径为 2 m 的水平转台边缘. 转台的固定转轴竖直通过台心且无摩擦. 转台绕竖直轴的转动惯量为 3 000 kg · m$^2$. 开始时整个系统静止. 现人以相对于地面为 1 m · s$^{-1}$ 的速率沿转台边缘行走，求人沿转台边缘行走一周回到他在转台上的初始位置所用的时间.

# 力　学(2)

## 一、选择题

1. 图 1 中，$p$ 是一圆的竖直直径 $pc$ 的上端点，一质点从 $p$ 开始分别沿不同的弦无摩擦下滑时，到达各弦的下端所用的时间相比较是 (　　)

(A)到 $a$ 用的时间最短

(B)到 $b$ 用的时间最短

(C)到 $c$ 用的时间最短

(D)所用时间都一样

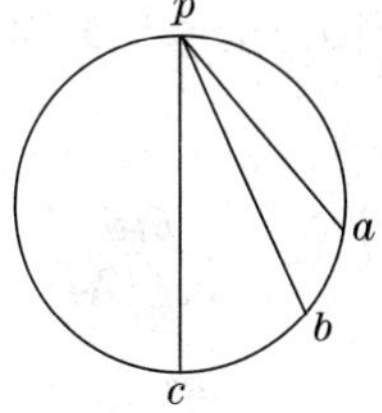

图 1

2. 一条河在某一段直线岸边同侧有 $A$、$B$ 两个码头，相距 1 km. 甲、乙两人需要从码头 $A$ 到码头 $B$，再立即由 $B$ 返回. 甲划船前去，船相对河水的速度为4 km·h$^{-1}$；而乙沿岸步行，步行速度也为 4 km·h$^{-1}$. 如河水流速为2 km·h$^{-1}$，方向从$A$ 到 $B$，则 (　　)

(A)甲比乙晚 10 min 回到 $A$　　(B)甲和乙同时回到 $A$

(C)甲比乙早 10 min 回到 $A$　　(D)甲比乙早 2 min 回到 $A$

3. 如图 2 所示，木块 $m$ 沿固定的光滑斜面下滑，当下降 $h$ 高度时，重力做功的瞬时功率是 (　　)

(A)$mg(2gh)^{1/2}$

(B)$mg\cos\theta\,(2gh)^{1/2}$

(C)$mg\sin\theta\left(\frac{1}{2}gh\right)^{1/2}$

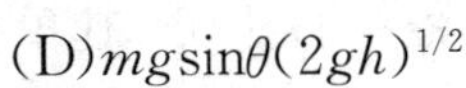
(D)$mg\sin\theta(2gh)^{1/2}$

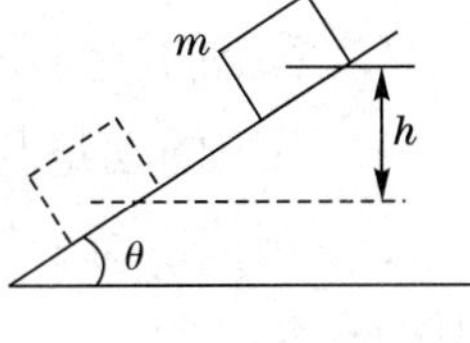

图 2

4. 站在电梯内的一个人看到用细线连接的质量不同的两个物体跨过电梯内的一个无摩擦的定滑轮而处于“平衡”状态. 由此，他断定电梯做加速运动，其加速度为 (　　)

(A)大小为 $g$，方向向上　　(B)大小为 $g$，方向向下

(C)大小为 $\frac{1}{2}g$，方向向上　　(D)大小为 $\frac{1}{2}g$，方向向下

5. 如图 3 所示,一质量为 $m$ 的小球由高 $H$ 处沿光滑轨道由静止开始滑入环形轨道. 若 $H$ 足够高,则小球在环最低点时环对它的作用力与小球在环最高点时环对它的作用力之差,恰为小球重量的 ( )

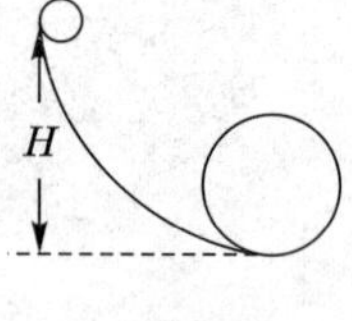

图 3

(A)2 倍 (B)4 倍 (C)6 倍 (D)8 倍

6. 如图 4 所示,空中有一气球,下连一绳梯,它们的质量共为 $M$. 在绳梯上站一质量为 $m$ 的人,起始时气球与人均相对于地面静止. 当人相对于绳梯以速度 $v$ 向上爬时,气球的速度为(以向上为正) ( )

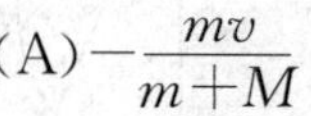

(A) $-\dfrac{mv}{m+M}$ (B) $-\dfrac{Mv}{m+M}$

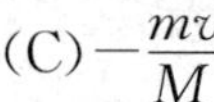

(C) $-\dfrac{mv}{M}$ (D) $-\dfrac{(m+M)v}{m}$

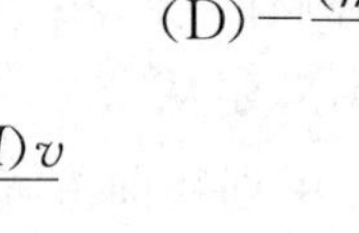

(E) $-\dfrac{(m+M)v}{M}$

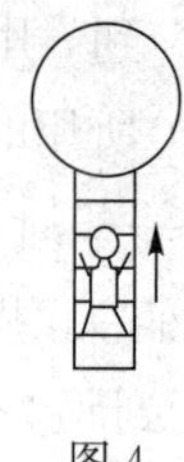
图 4

7. 如图 5 所示,置于水平光滑桌面上质量分别为 $m_1$ 和 $m_2$ 的物体 $A$ 和 $B$ 之间夹有一轻弹簧. 首先用双手挤压 $A$ 和 $B$ 使弹簧处于压缩状态,然后撤掉外力,则在 $A$ 和 $B$ 被弹开的过程中 ( )

(A)系统的动量守恒,机械能不守恒

(B)系统的动量守恒,机械能守恒

(C)系统的动量不守恒,机械能守恒

(D)系统的动量与机械能都不守恒

图 5

8. 一刚体以每分钟 60 转绕 $z$ 轴做匀速转动($\boldsymbol{\omega}$ 沿 $z$ 轴正方向). 设某时刻刚体上一点 $P$ 的位置矢量为 $\boldsymbol{r}=3\boldsymbol{i}+4\boldsymbol{j}+5\boldsymbol{k}$,其单位为"$10^{-2}$ m",若以"$10^{-2}$ m · s$^{-1}$"为速度单位,则该时刻 $P$ 点的速度为 ( )

(A) $\boldsymbol{v}=94.2\boldsymbol{i}+125.6\boldsymbol{j}+157.0\boldsymbol{k}$ (B) $\boldsymbol{v}=-25.1\boldsymbol{i}+18.8\boldsymbol{j}$

(C) $\boldsymbol{v}=-25.1\boldsymbol{i}-18.8\boldsymbol{j}$ (D) $\boldsymbol{v}=31.4\boldsymbol{k}$

9. 关于刚体对轴的转动惯量,下列说法中正确的是 ( )

(A)只取决于刚体的质量,与质量的空间分布和轴的位置无关

(B)取决于刚体的质量和质量的空间分布,与轴的位置无关

(C)取决于刚体的质量、质量的空间分布和轴的位置

(D)只取决于转轴的位置,与刚体的质量和质量的空间分布无关

10. 如图 6 所示,一匀质细杆可绕通过上端与杆垂直的水平光滑固定轴 $O$ 旋转,初始状态为静止悬挂. 现有一个小球自左方水平打击细杆. 设小球与细杆之间为非弹性碰撞,则在碰撞过程中对细杆与小球这一系统 (　　)

(A)只有机械能守恒

(B)只有动量守恒

(C)只有对转轴 $O$ 的角动量守恒

(D)机械能、动量和角动量均守恒

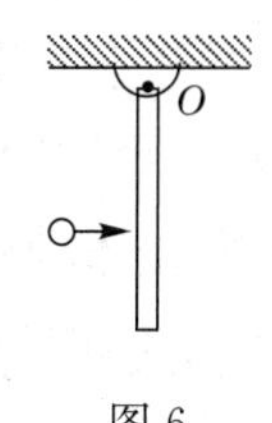


图 6

## 二、填空题

11. 一质点在 $Oxy$ 平面内运动,运动学方程为 $x=2t$ 和 $y=19-2t^2$(SI),则在第 2 s 内质点的平均速度大小 $\bar{v}=$____________,2 s 末的瞬时速度大小 $v_2=$____________.

12. 如果一个箱子与货车底板之间的静摩擦系数为 $\mu$,当这辆货车爬上与水平方向成 $\theta$ 角的平缓山坡时,要使箱子在车底板上不滑动,车的最大加速度 $a_{max}=$____________.

13. 质量为 $m$ 的小球,用轻绳 $AB$、$BC$ 连接,如图 7 所示,其中 $AB$ 水平. 剪断绳 $AB$ 前后的瞬间,绳 $BC$ 中的张力比 $T:T'$ $=$____________.

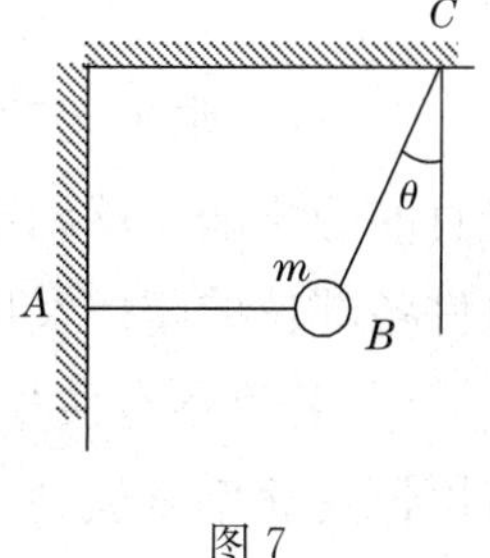


图 7

14. 质量为 $M$ 的平板车以速度 $\boldsymbol{v}$ 在光滑的水平面上滑行,一质量为 $m$ 的物体从 $h$ 高处竖直落到车子里. 两者一起运动时的速度大小为____________.

15. 质量为 $m$ 的质点以速度 $\boldsymbol{v}$ 沿一直线运动,则它对该直线上任一点的角动量为____________.

16. 下列物理量:质量、动量、冲量、动能、势能、功中,与参考系的选取有关的物理量是____________.(不考虑相对论效应)

17. 如图8所示,小球沿固定的光滑的1/4圆弧从$A$点由静止开始下滑,圆弧半径为$R$,则小球在$A$点处的切向加速度$a_t$=________,小球在$B$点处的法向加速度$a_n$=________.

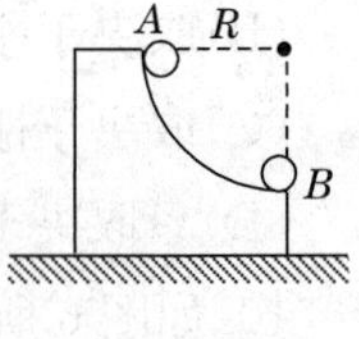

图8

18. 一颗速率为700 $\mathrm{m \cdot s^{-1}}$的子弹,打穿一块木板后,速率降到500 $\mathrm{m \cdot s^{-1}}$. 如果让它继续穿过厚度和阻力均与第一块完全相同的第二块木板,则子弹的速率将降到________.(空气阻力忽略不计)

19. 一个做定轴转动的轮子(对轴的转动惯量$J=2.0\ \mathrm{kg \cdot m^2}$)以角速度$\omega_0$做匀速转动. 现对轮子加一恒定的力矩$M=-12\ \mathrm{N \cdot m}$,经过$t=8.0$ s时轮子的角速度$\omega=-\omega_0$,则$\omega_0$=________.

## 三、计算题

20. 月球质量是地球质量的1/81,直径为地球直径的3/11,计算一个质量为65 kg的人在月球上所受的月球引力大小.

21. 有一水平运动的皮带将砂子从一处运到另一处,砂子经一竖直的静止漏斗落到皮带上,皮带以恒定的速率$v$水平地运动. 忽略机件各部位的摩擦及皮带另一端的其他影响,试问:

(1)若每秒有质量为$q_m=\mathrm{d}M/\mathrm{d}t$的砂子落到皮带上,要维持皮带以恒定速率$v$运动,需要多大的功率?

(2)若$q_m=20\ \mathrm{kg \cdot s^{-1}}$,$v=1.5\ \mathrm{m \cdot s^{-1}}$,则水平牵引力多大?所需功率多大?

22. 如图 9 所示，质量为 $m=0.1\ \mathrm{kg}$ 的木块，在一水平面上与一个劲度系数 $k$ 为 $20\ \mathrm{N \cdot m^{-1}}$ 的轻弹簧碰撞，木块将弹簧由原长压缩了 $x=0.4\ \mathrm{m}$. 假设木块与水平面间的滑动摩擦系数 $\mu_k$ 为 0.25，求在将要发生碰撞时木块的速率 $v$.

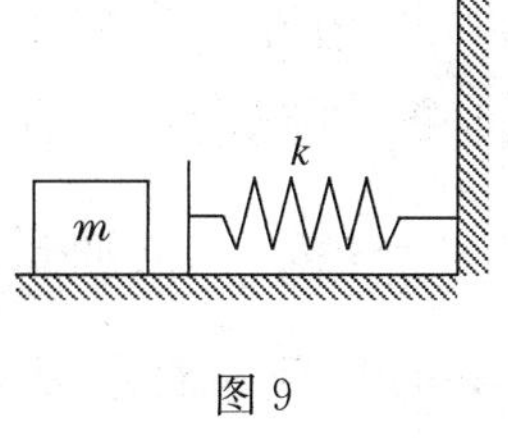

图 9

23. 两个质量为 $m_1$ 和 $m_2$ 的小球在一直线上做完全弹性碰撞，碰撞前两小球的速度分别为 $v_1$ 和 $v_2$（同向）. 碰撞过程中，两小球的最大形变势能是多少？

24. 一质量为 $m$ 的物体悬于一条轻绳的一端，绳另一端绕在一轮轴的轴上，如图 10 所示. 轴水平且垂直于轮轴面，半径为 $r$，整个装置架在光滑的固定轴承之上. 当物体从静止释放后，在时间 $t$ 内下降了一段距离 $S$. 试求整个轮轴的转动惯量（用 $m$、$r$、$t$ 和 $S$ 表示）.

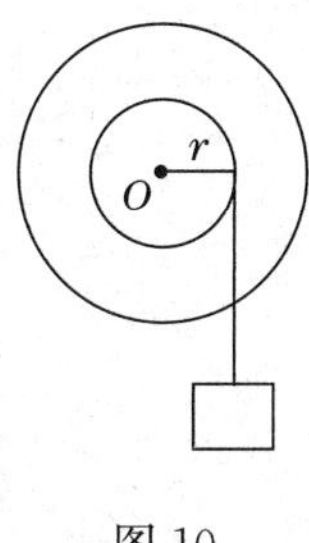

图 10

25. 在半径为 $R$ 的具有光滑竖直固定中心轴的水平圆盘上，有一人静止站立在距转轴为$\frac{1}{2}R$处，人的质量是圆盘质量的 1/10. 开始时盘载人对地以角速度 $\omega_0$ 匀速转动，现在此人垂直圆盘半径相对于盘以速率 $v$ 沿与盘转动相反方向做圆周运动，如图 11 所示. 已知圆盘对中心轴的转动惯量为$\frac{1}{2}MR^2$. 求：

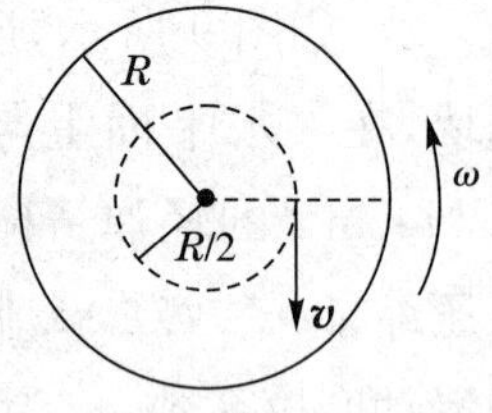

图 11

(1)圆盘对地的角速度；

(2)欲使圆盘对地静止，此人沿着$\frac{1}{2}R$圆周对圆盘的速度 $\boldsymbol{v}$ 应满足什么条件?

# 振动与波

## 一、选择题

1. 一质点沿 $x$ 轴做简谐运动，振动方程为 $x=4\times10^{-2}\cos(2\pi t+\frac{1}{3}\pi)$(SI). 从 $t=0$ 时刻起到质点位置在 $x=-2$ cm 处，且向 $x$ 轴正方向运动的最短时间间隔为 (　　)

(A) $\frac{1}{8}$ s　(B) $\frac{1}{6}$ s　(C) $\frac{1}{4}$ s　(D) $\frac{1}{3}$ s　(E) $\frac{1}{2}$ s

2. 将单摆摆球从平衡位置向位移正方向拉开，使摆线与竖直方向成一微小角度 $\theta$，然后由静止放手任其振动，从放手时开始计时. 若用余弦函数表示其运动方程，则该单摆振动的初相为 (　　)

(A) $\pi$　(B) $\pi/2$　(C) 0　(D) $\theta$

3. 已知一质点沿 $y$ 轴做简谐运动，其振动方程为 $y=A\cos(\omega t+\frac{3\pi}{4})$. 在图 1 中与之对应的振动曲线是 (　　)

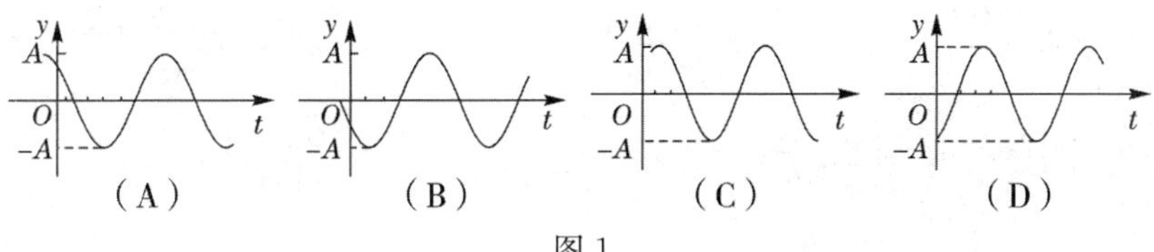


图 1

4. 一弹簧振子做简谐运动，当其偏离平衡位置的位移大小为振幅的 1/4 时，其动能为振动总能量的 (　　)

(A) 7/16　(B) 9/16　(C) 11/16　(D) 13/16　(E) 15/16

5. 图 2 中所画的是两个简谐运动的振动曲线. 若这两个简谐运动可叠加，则合成的余弦振动的初相为 (　　)

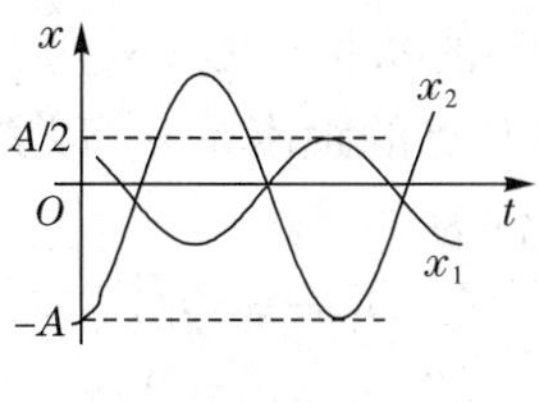


图 2

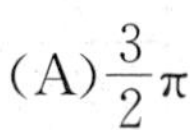
(A) $\frac{3}{2}\pi$　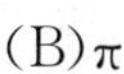
(B) $\pi$

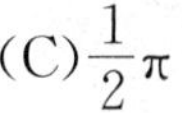
(C) $\frac{1}{2}\pi$　
(D) 0

6. 一简谐波沿 $Ox$ 轴正方向传播，$t=0$ 时刻波形曲线如图 3 所示. 已知周期为 2 s，则 $P$ 点处质点的振动速度 $v$ 与时间 $t$ 的关系曲线(如图 4 所示)为 (　　)

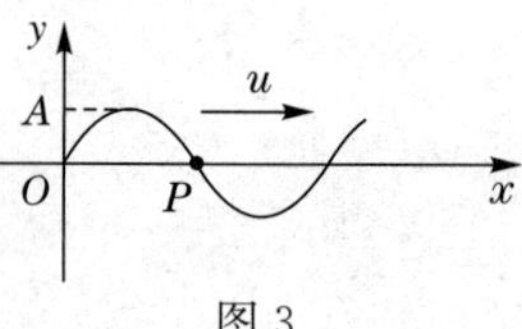

图 3

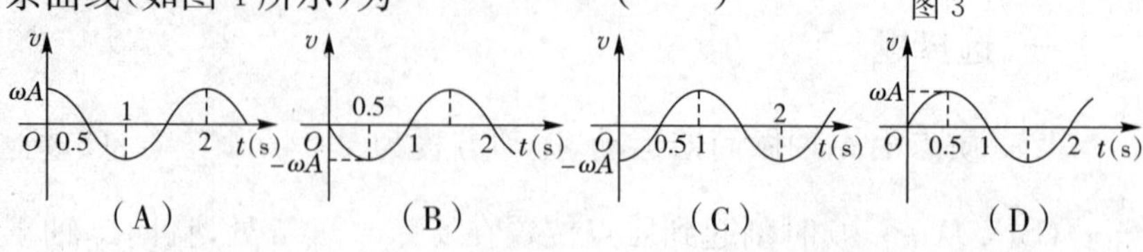

图 4

7. 一平面简谐波，其振幅为 A，频率为 $\nu$，波沿 $x$ 轴正方向传播. 设 $t=t_0$ 时刻波形如图 5 所示，则 $x=0$ 处质点的振动方程为 (　　)

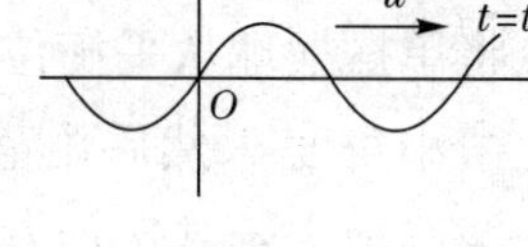

图 5

(A) $y=A\cos[2\pi\nu(t+t_0)+\frac{1}{2}\pi]$

(B) $y=A\cos[2\pi\nu(t-t_0)+\frac{1}{2}\pi]$

(C) $y=A\cos[2\pi\nu(t-t_0)-\frac{1}{2}\pi]$

(D) $y=A\cos[2\pi\nu(t-t_0)+\pi]$

8. 一平面简谐波以速度 $u$ 沿 $x$ 轴正方向传播，在 $t=t'$ 时波形曲线如图 6 所示. 则坐标原点 $O$ 的振动方程为 (　　)

(A) $y=a\cos[\frac{u}{b}(t-t')+\frac{\pi}{2}]$

(B) $y=a\cos[2\pi\frac{u}{b}(t-t')-\frac{\pi}{2}]$

(C) $y=a\cos[\pi\frac{u}{b}(t+t')+\frac{\pi}{2}]$

(D) $y=a\cos[\pi\frac{u}{b}(t-t')-\frac{\pi}{2}]$

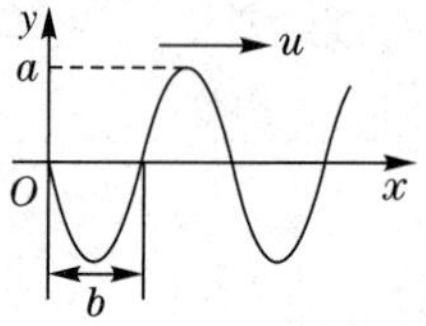

图 6

9. 如图 7 所示，两列波长为 $\lambda$ 的相干波在 $P$ 点相遇. 波在 $S_1$ 点振动的初相是 $\varphi_1$，$S_1$ 到 $P$ 点的距离是 $r_1$；波在 $S_2$ 点的初相是 $\varphi_2$，$S_2$ 到 $P$ 点的距离是 $r_2$，以 $k$ 代表零或正、负整数，则 $P$ 点是干涉极大的条件为 (　　)

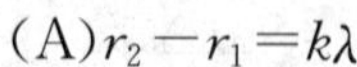

(A) $r_2-r_1=k\lambda$

(B) $\varphi_2-\varphi_1=2k\pi$

(C) $\varphi_2-\varphi_1+2\pi(r_2-r_1)/\lambda=2k\pi$

(D) $\varphi_2-\varphi_1+2\pi(r_1-r_2)/\lambda=2k\pi$

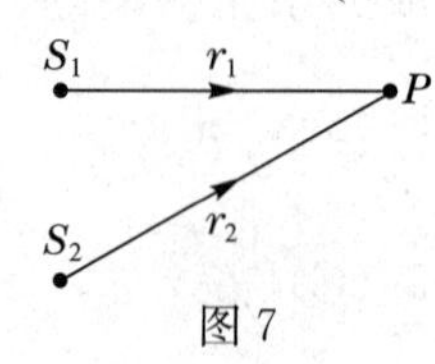

图 7

10. 在弦线上有一简谐波，其表达式为

$$y_1 = 2.0 \times 10^{-2} \cos\left[100\pi\left(t + \frac{x}{20}\right) - \frac{4\pi}{3}\right] \quad (SI)$$

为了在此弦线上形成驻波，并且在 $x=0$ 处为波腹，此弦线上还应有一简谐波，其表达式为（　　）

(A) $y_2 = 2.0 \times 10^{-2} \cos[100\pi(t - \frac{x}{20}) + \frac{\pi}{3}]$ (SI)

(B) $y_2 = 2.0 \times 10^{-2} \cos[100\pi(t - \frac{x}{20}) + \frac{4\pi}{3}]$ (SI)

(C) $y_2 = 2.0 \times 10^{-2} \cos[100\pi(t - \frac{x}{20}) - \frac{\pi}{3}]$ (SI)

(D) $y_2 = 2.0 \times 10^{-2} \cos[100\pi(t - \frac{x}{20}) - \frac{4\pi}{3}]$ (SI)

## 二、填空题

11. 两个弹簧振子的周期都是 0.4 s，设开始时第一个振子从平衡位置向负方向运动，经过 0.5 s 后，第二个振子才从正方向的端点开始运动，则这两振动的相位差为__________.

12. 一简谐运动的旋转矢量如图 8 所示，振幅矢量长2 cm，则该简谐运动的初相为__________，振动方程为____________________.

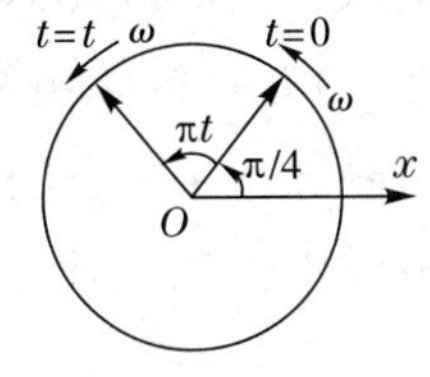


图 8

13. 一物块悬挂在弹簧下方做简谐运动，当这物块的位移等于振幅的一半时，其动能是总能量的__________.（设平衡位置处势能为零）当这物块在平衡位置时，弹簧的长度比原长长 $\Delta l$，这一振动系统的周期为__________.

14. 一平面简谐波(机械波)沿 $x$ 轴正方向传播，波动表达式为

$$y = 0.2\cos(\pi t - \frac{1}{2}\pi x) \text{(SI)}$$

则 $x=-3$ m 处媒质质点的振动加速度 $a$ 的表达式为__________.

15. 如图 9 所示，在平面波传播方向上有一障碍物 $AB$，根据惠更斯原理，定性地绘出波绕过障碍物传播的情况.

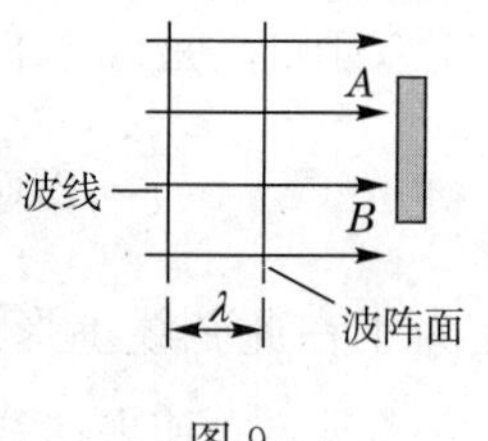

图 9

16. 设入射波的表达式为 $y_1 = A\cos 2\pi(\nu t + \frac{x}{\lambda})$. 波在 $x=0$ 处发生反射，反射点为固定端，则形成的驻波表达式为__________________.

17. 如图 10 所示，真空中沿着 $z$ 轴负方向传播的平面电磁波，$O$ 点处电场强度为 $E_x = 300\cos(2\pi\nu t + \frac{1}{3}\pi)$(SI)，则 $O$ 点处磁场强度为____________. 在图上表示出电场强度、磁场强度和传播速度之间的相互关系.

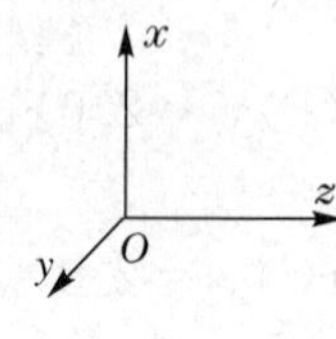

图 10

18. 沿弦线传播的一入射波在 $x=L$ 处($B$ 点)发生反射，反射点为自由端，如图 11 所示. 设波在传播和反射过程中振幅不变，且反射波的表达式为 $y_2 = A\cos 2\pi\left(\nu t + \frac{x}{\lambda}\right)$，则入射波的表达式为 $y_1 =$____________.

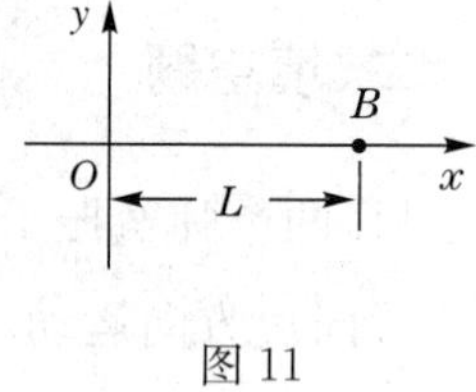

图 11

19. 一同轴电缆，内外导体间充满了相对介电常数 $\varepsilon_r = 2.25$、相对磁导率 $\mu_r = 1$ 的介质(聚乙烯)，电缆损耗可以忽略不计. 讯号在此电缆中传播的速度为____________.

## 三、计算题

20. 质量 $m = 10$ g 的小球与轻弹簧组成的振动系统按 $x = 0.5\cos(8\pi t + \frac{1}{3}\pi)$ 的规律做自由振动，式中 $t$ 以秒作单位，$x$ 以厘米为单位. 求：

(1)振动的角频率、周期、振幅和初相；

(2)振动的速度、加速度的数值表达式；

(3)振动的能量 $E$；

(4)平均动能和平均势能.

21. 一简谐运动的振动曲线如图12所示. 求其振动方程.

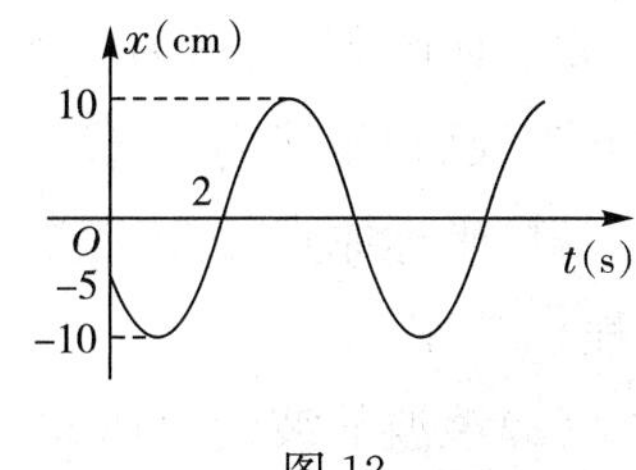


图 12

22. 一振幅为 10 cm、波长为 200 cm 的简谐横波沿着一条很长的水平的绷紧弦从左向右行进，波速为 100 cm · $s^{-1}$. 取弦上一点为坐标原点，$x$ 轴指向右方，在 $t=0$时原点处质点从平衡位置开始向位移负方向运动. 求以 SI 单位表示的波动表达式(用余弦函数)及弦上任一点的最大振动速度.

23. 如图 13 所示为一平面余弦波在 $t=0$ 时刻与 $t=2$ s 时刻的波形图. 已知波速为 $u$,求:

(1)坐标原点处介质质点的振动方程;

(2)该波的波动表达式.

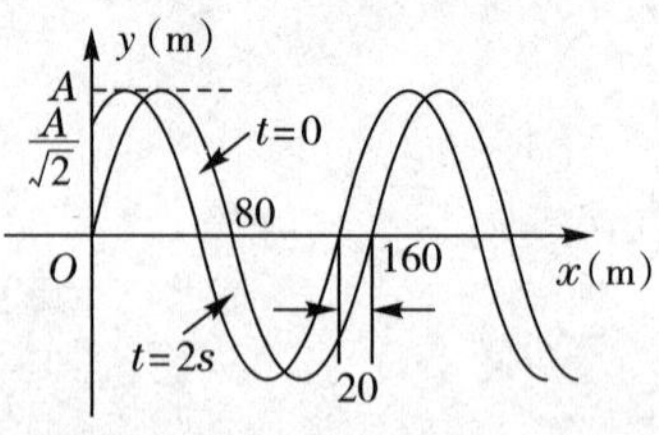


图 13

24. 一平面简谐波,频率为 300 Hz,波速为 340 $\mathrm{m\cdot s^{-1}}$,在截面面积为 $3.00\times10^{-2}$ $\mathrm{m^2}$ 的管内空气中传播,若在 10 s 内通过截面的能量为 $2.70\times10^{-2}$ J,求:

(1)通过截面的平均能流;

(2)波的平均能流密度;

(3)波的平均能量密度.

25. 如图 14 所示，$S_1$，$S_2$ 为两平面简谐波相干波源. $S_2$的相位比 $S_1$的相位超前 $\pi/4$，波长 $\lambda=8.00\ \mathrm{m}$，$r_1=12.0\ \mathrm{m}$，$r_2=14.0\ \mathrm{m}$，$S_1$在 $P$ 点引起的振动振幅为 0.30 m，$S_2$在 $P$ 点引起的振动振幅为 0.20 m，求 $P$ 点的合振幅.

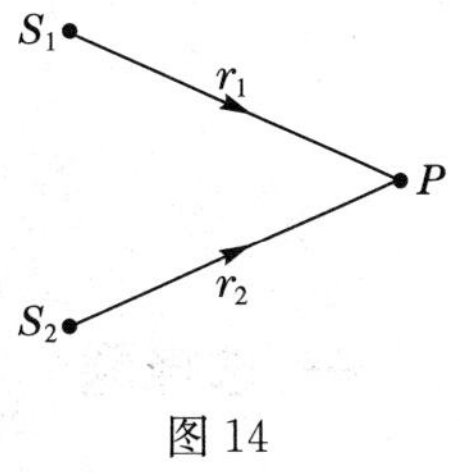

图 14

# 热 学

## 一、选择题

1. 一个容器内贮有1 mol 氢气和1 mol 氦气，若两种气体各自对器壁产生的压强分别为 $p_1$ 和 $p_2$，则两者的大小关系是 (　　)

(A) $p_1 > p_2$　　(B) $p_1 < p_2$　　(C) $p_1 = p_2$　　(D)不确定

2. 如图1所示的两条曲线分别表示在相同温度下氧气和氢气分子的速率分布曲线. 令 $(v_p)_{O_2}$ 和 $(v_p)_{H_2}$ 分别表示氧气和氢气的最概然速率，则 (　　)

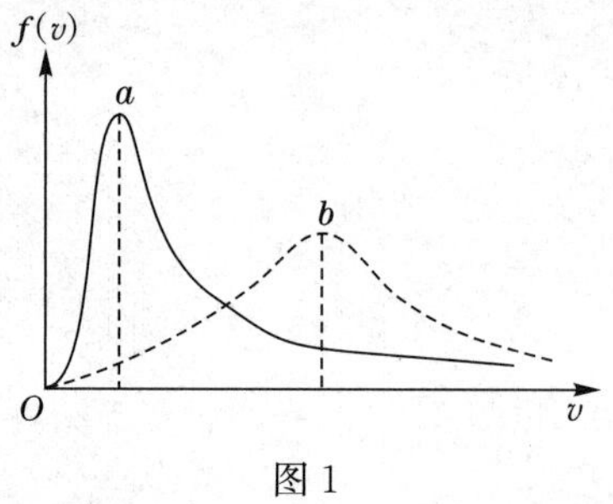


图1

(A)曲线 $a$ 表示氧气分子的速率分布曲线；$(v_p)_{O_2}/(v_p)_{H_2}=4$

(B)曲线 $a$ 表示氧气分子的速率分布曲线；$(v_p)_{O_2}/(v_p)_{H_2}=1/4$

(C)曲线 $b$ 表示氧气分子的速率分布曲线；$(v_p)_{O_2}/(v_p)_{H_2}=1/4$

(D)曲线 $b$ 表示氧气分子的速率分布曲线；$(v_p)_{O_2}/(v_p)_{H_2}=4$

3. 气体在状态变化过程中，可以保持体积不变或保持压强不变，这两种过程 (　　)

(A)一定都是平衡过程

(B)不一定是平衡过程

(C)前者是平衡过程，后者不是平衡过程

(D)后者是平衡过程，前者不是平衡过程

4. 如图2所示，一定量理想气体从体积 $V_1$ 膨胀到体积 $V_2$ 分别经历的过程是：$A\to B$ 等压过程，$A\to C$ 等温过程；$A\to D$ 绝热过程，其中吸收热量最多的过程是 (　　)

(A)$A\to B$

(B)$A\to C$

(C)$A\to D$

(D)既是 $A\to B$,也是 $A\to C$,两过程吸热一样多

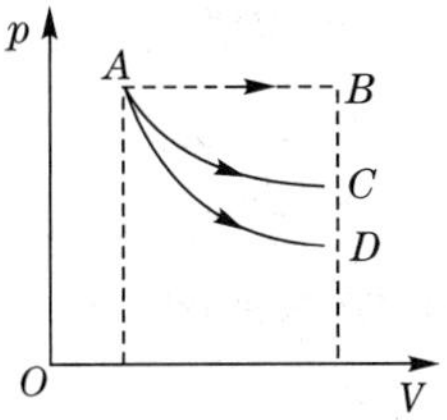

图 2

5. 如图 3 所示,$bca$ 为理想气体绝热过程,$b1a$ 和 $b2a$ 是任意过程,则上述两过程中气体做功与吸收热量的情况是 ( )

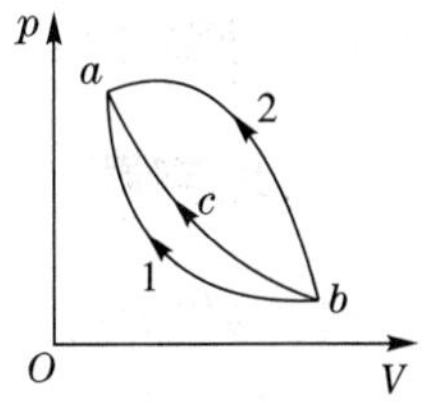

(A)$b1a$ 过程放热,做负功;$b2a$ 过程放热,做负功

(B)$b1a$ 过程吸热,做负功;$b2a$ 过程放热,做负功

图 3

(C)$b1a$ 过程吸热,做正功;$b2a$ 过程吸热,做负功

(D)$b1a$ 过程放热,做正功;$b2a$ 过程吸热,做正功

6. 有两个相同的容器,容积固定不变,一个盛有氨气,另一个盛有氢气(看成刚性分子的理想气体),它们的压强和温度都相等,现将 5 J 的热量传给氢气,使氢气温度升高. 如果使氨气也升高同样的温度,则应向氨气传递热量 ( )

(A)6 J　　(B)5 J　　(C)3 J　　(D)2 J

7. 在温度分别为 327 ℃和 27 ℃的高温热源和低温热源之间工作的热机,理论上的最大效率为 ( )

(A)25%　　(B)50%　　(C)75%　　(D)91.74%

8. 关于热功转换和热量传递过程,下列叙述中正确的是 ( )

(1)功可以完全变为热量,而热量不能完全变为功;

(2)一切热机的效率都只能够小于 1;

(3)热量不能从低温物体向高温物体传递;

(4)热量从高温物体向低温物体传递是不可逆的.

(A)只有(2)、(4)正确　　(B)只有(2)、(3)、(4)正确

(C)只有(1)、(3)、(4)正确　　(D)全部正确

9. 一定量的理想气体,在体积不变的条件下,当温度升高时,分子的平均碰撞频率$\overline{Z}$和平均自由程$\overline{\lambda}$的变化情况是 ( )

(A)$\bar{Z}$增大,$\bar{\lambda}$不变　　　　(B)$\bar{Z}$不变,$\bar{\lambda}$增大

(C)$\bar{Z}$和$\bar{\lambda}$都增大　　　　(D)$\bar{Z}$和$\bar{\lambda}$都不变

10. 某理想气体状态变化时,内能随体积的变化关系如图4中$AB$直线所示. $A\to B$表示的过程是　　(　　)

(A)等压过程　(B)等体过程

(C)等温过程　(D)绝热过程

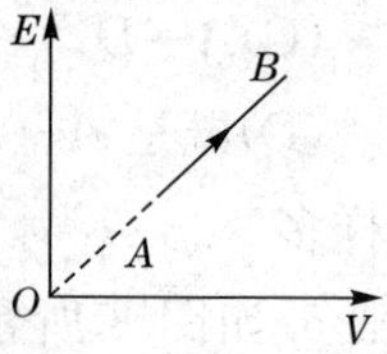

图4

## 二、填空题

11. 一气体分子的质量可以根据该气体的定体比热来计算. 氩气的定体比热 $c_V=0.314\ \text{kJ}\cdot\text{kg}^{-1}\cdot\text{K}^{-1}$,则氩原子的质量 $m=$________. (玻尔兹曼常量 $k=1.38\times10^{-23}\ \text{J}\cdot\text{K}^{-1}$)

12. 某气体在温度为 $T=273\ \text{K}$ 时,压强 $p=1.0\times10^{-2}\ \text{atm}$,密度 $\rho=1.24\times10^{-2}\ \text{kg}\cdot\text{m}^{-3}$,则该气体分子的方均根速率为________. ($1\ \text{atm}=1.013\times10^{5}\ \text{Pa}$)

13. 氮气在标准状态下的分子平均碰撞频率为 $5.42\times10^{8}\ \text{s}^{-1}$,分子平均自由程为 $6\times10^{-6}\ \text{cm}$,若温度不变,气压降为 $0.1\ \text{atm}$,则分子的平均碰撞频率变为________;平均自由程变为________.

14. 在大气中有一绝热气缸,其中装有一定量的理想气体,然后用电炉徐徐供热,使活塞(无摩擦地)缓慢上升,如图5所示. 在此过程中,以下物理量将如何变化?(选用“变大”、“变小”、“不变”填空)

(1)气体压强________;

(2)气体分子平均动能________;

(3)气体内能________.

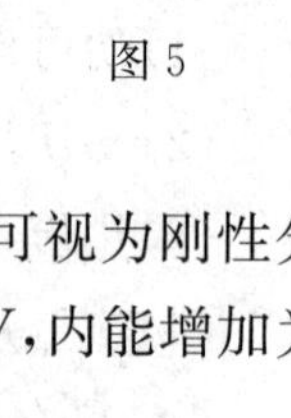

图5

15. 常温常压下,一定量的某种理想气体(其分子可视为刚性分子,自由度为 $i$)在等压过程中吸热为 $Q$,对外做功为 $W$,内能增加为 $\Delta E$,则 $W/Q=$________, $\Delta E/Q=$________.

16. 已知1 mol的某种理想气体(其分子可视为刚性分子)在等压过程中温度上升1 K,内能增加了20.78 J,则气体对外做功为________,气体吸收热量为________. (普适气体常量 $R=8.31\ \text{J}\cdot\text{mol}^{-1}\cdot\text{K}^{-1}$)

17. 气体经历如图 6 所示的一个循环过程，在这个循环中，外界传给气体的净热量是____________.

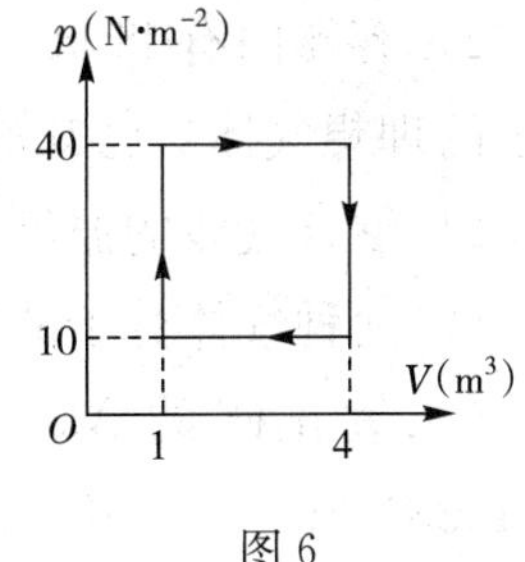

图 6

18. 有 $\nu$ 摩尔理想气体作如图 7 所示的循环过程 $acba$，其中 $acb$ 为半圆弧，$b\to a$ 为等压线，$p_c=2p_a$. 气体进行 $a\to b$ 的等压过程时吸热 $Q_{ab}$，则在此循环过程中气体净吸热量 $Q$ ______ $Q_{ab}$.（填入＞，＜或＝）

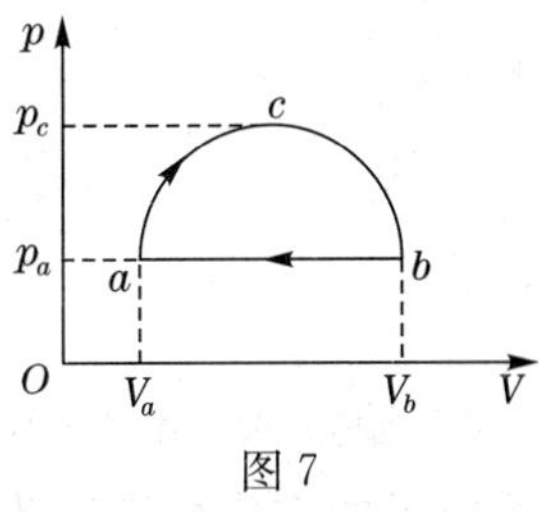

图 7

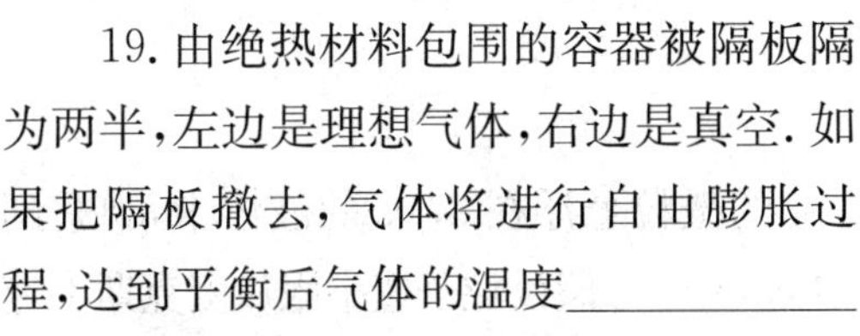

19. 由绝热材料包围的容器被隔板隔为两半，左边是理想气体，右边是真空. 如果把隔板撤去，气体将进行自由膨胀过程，达到平衡后气体的温度____________（升高、降低或不变），气体的熵____________（增加、减小或不变）.

## 三、计算题

20. 黄绿光的波长是 500 nm. 理想气体在标准状态下以黄绿光的波长为边长的立方体内有多少个分子？（玻尔兹曼常量 $k=1.38\times10^{-23}\ \mathrm{J\cdot K^{-1}}$）

21. 容器内有 11 kg 二氧化碳和 2 kg 氢气(两种气体均视为刚性分子的理想气体),已知混合气体的内能是 $8.1\times10^{6}$ J. 求:

(1)混合气体的温度;

(2)两种气体分子的平均动能.

(二氧化碳的 $M_{m}=44\times10^{-3}\ \mathrm{kg\cdot mol^{-1}}$,玻尔兹曼常量 $k=1.38\times10^{-23}\ \mathrm{J\cdot K^{-1}}$,摩尔气体常量 $R=8.31\ \mathrm{J\cdot mol^{-1}\cdot K^{-1}}$)

22. 质量 $m=6.2\times10^{-17}$ g 的微粒悬浮在 27 ℃的液体中,观察到悬浮粒子的方均根速率为 $1.4\ \mathrm{cm\cdot s^{-1}}$. 假设粒子速率服从麦克斯韦速率分布,求阿伏伽德罗常数.(普适气体常量 $R=8.31\ \mathrm{J\cdot mol^{-1}\cdot K^{-1}}$)

23. 汽缸内有 2 mol 氦气,初始温度为 27 ℃,体积为 20 L,先将氦气等压膨胀,直至体积加倍,然后绝热膨胀,直至恢复初温为止. 把氦气视为理想气体,试求:

(1)在 $p-V$ 图上大致画出气体的状态变化过程;

(2)在此过程中氦气吸热多少?

(3)氦气的内能变化多少?

(4)氦气所做的总功是多少?

(普适气体常量 $R=8.31\ \mathrm{J\cdot mol^{-1}\cdot K^{-1}}$)

24. 如图 8 所示，一定量的理想气体从初状态$a(p_1, V_1)$开始，经过一个等体过程达到压强为 $p_1/4$ 的 $b$ 态，再经过一个等压过程达到状态 $c$，最后经等温过程而完成一个循环. 求该循环过程中系统对外做的功 $W$ 和所吸的热量 $Q$.

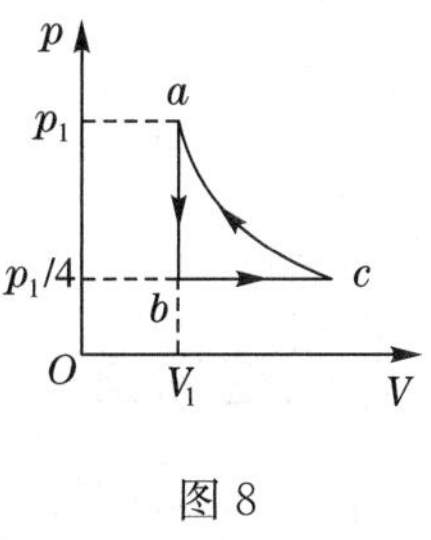

图 8

25. 一定量的氦气(理想气体)，原来的压强为 $p_1=1$ atm，温度为 $T_1=300$ K，若经过一绝热过程，使其压强增加到 $p_2=32$ atm. 求：

(1)末态时气体的温度 $T_2$；

(2)末态时气体分子数密度 $n$.

(玻尔兹曼常量 $k=1.38\times10^{-23}$ J·K$^{-1}$，1 atm$=1.013\times10^{5}$ Pa)

# 电　学

## 一、选择题

1. 一点电荷放在球形高斯面的中心处. 下列哪一种情况，通过高斯面的电场强度通量发生变化　　　　(　　)

(A)将另一点电荷放在高斯面外

(B)将另一点电荷放进高斯面内

(C)将球心处的点电荷移开，但仍在高斯面内

(D)将高斯面半径缩小

2. 静电场中某点电势的数值等于　　　　(　　)

(A)试验电荷 $q_0$ 置于该点时具有的电势能

(B)单位试验电荷置于该点时具有的电势能

(C)单位正电荷置于该点时具有的电势能

(D)把单位正电荷从该点移到电势零点外力所做的功

3. 如图 1 所示，实线为某电场中的电场线，虚线表示等势(位)面. 由图可以看出　　(　　)

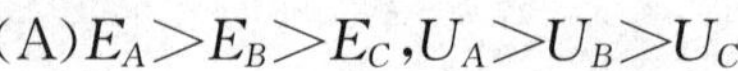

(A)$E_A>E_B>E_C$，$U_A>U_B>U_C$

(B)$E_A<E_B<E_C$，$U_A<U_B<U_C$

(C)$E_A>E_B>E_C$，$U_A<U_B<U_C$

(D)$E_A<E_B<E_C$，$U_A>U_B>U_C$

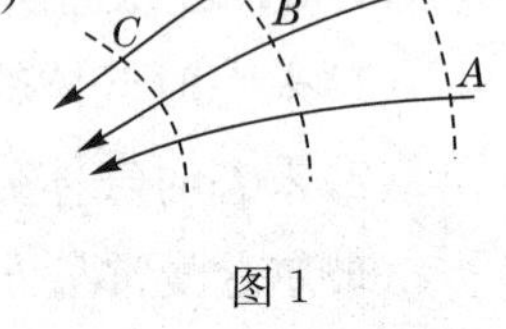


图 1

4. 一个带负电荷的质点，在电场力作用下从 $A$ 点出发经 $C$ 点运动到 $B$ 点，其运动轨迹如图 2 所示. 已知质点运动的速率是递增的，下面关于 $C$ 点场强方向的图示中，正确的是　　　　(　　)

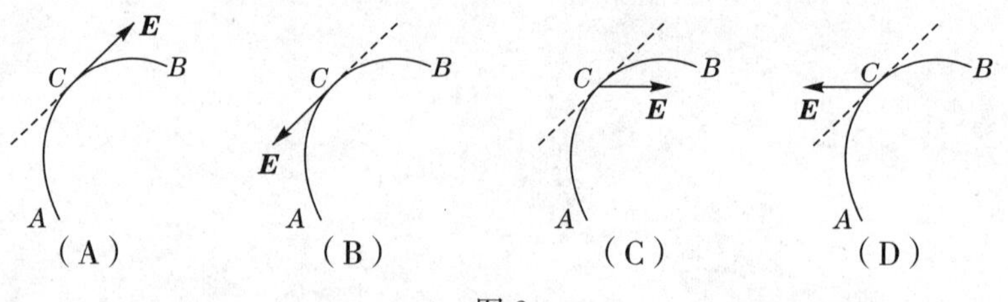


图 2

5. 一个静止的氢离子($H^+$)在电场中被加速而获得的速率为一静止的氧离子($O^{2-}$)在同一电场中且通过相同的路径被加速所获速率的 ( )

(A)2 倍 (B)$2\sqrt{2}$倍 (C)4 倍 (D)$4\sqrt{2}$倍

6. 在空气平行板电容器中,平行地插上一块各向同性均匀电介质板,如图 3 所示. 当电容器充电后,若忽略边缘效应,则电介质中的场强 $\boldsymbol{E}$ 与空气中的场强 $\boldsymbol{E}_0$ 相比较,应有 ( )

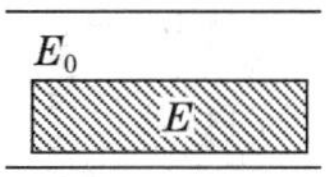

图 3

(A)$E>E_0$,两者方向相同 (B)$E=E_0$,两者方向相同

(C)$E<E_0$,两者方向相同 (D)$E<E_0$,两者方向相反

7. 在静电场中,作闭合曲面 $S$,若有 $\oint_S \boldsymbol{D}\cdot \mathrm{d}\boldsymbol{S}=0$(式中 $\boldsymbol{D}$ 为电位移矢量),则 $S$ 面内必定 ( )

(A)既无自由电荷,也无束缚电荷

(B)没有自由电荷

(C)自由电荷和束缚电荷的代数和为零

(D)自由电荷的代数和为零

8. 关于静电场中的电位移线,下列说法中正确的是 ( )

(A)起自正电荷,止于负电荷,不形成闭合线,不中断

(B)任何两条电位移线互相平行

(C)起自正自由电荷,止于负自由电荷,任何两条电位移线在无自由电荷的空间不相交

(D)电位移线只出现在有电介质的空间

9. 真空中有"孤立的"均匀带电球体和一均匀带电球面,如果它们的半径和所带的电荷都相等,则它们的静电能之间的关系是 ( )

(A)球体的静电能等于球面的静电能

(B)球体的静电能大于球面的静电能

(C)球体的静电能小于球面的静电能

(D)球体内的静电能大于球面内的静电能,球体外的静电能小于球面外的静电能

10. 如图 4 所示的电路中，电源的电动势分别为 $\varepsilon_1$、$\varepsilon_2$ 和 $\varepsilon_3$，内阻分别是 $r_1$、$r_2$ 和 $r_3$，外电阻分别为 $R_1$、$R_2$ 和 $R_3$，电流分别为 $I_1$、$I_2$ 和 $I_3$，方向如图所示. 下列各式中正确的是　　　（　　）

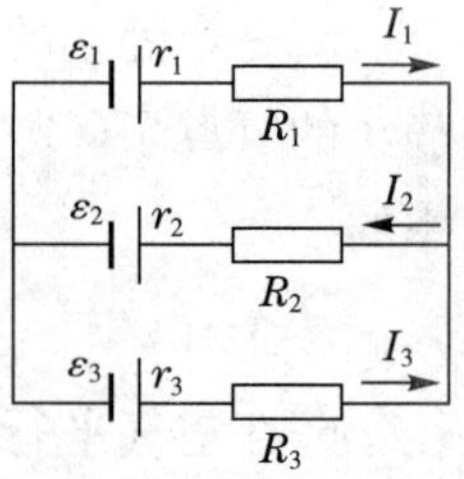

(A) $\varepsilon_3-\varepsilon_1+I_1(R_1+r_1)-I_3(R_3+r_3)=0$

(B) $I_1+I_2+I_3=0$

(C) $\varepsilon_2-\varepsilon_1+I_1(R_1+r_2)-I_2(R_2+r_2)=0$

(D) $\varepsilon_2-\varepsilon_3+I_2(R_2-r_2)+I_3(R_3-r_3)=0$

图 4

## 二、填空题

11. 两个平行的“无限大”均匀带电平面，其电荷面密度分别为 $+\sigma$ 和 $+2\sigma$，如图 5 所示. 则 $A$、$B$、$C$ 三个区域的电场强度分别为：$E_A=$________，$E_B=$________，$E_C=$________.（设方向向右为正）

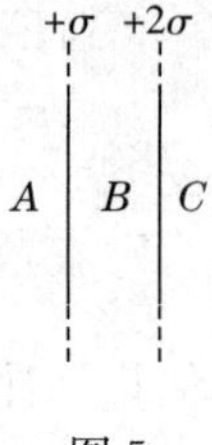


图 5

12. 静电场中某点的电场强度，其大小和方向与____________相同.

13. 在点电荷 $+q$ 和 $-q$ 的静电场中，作如图 6 所示的三个闭合面 $S_1$、$S_2$、$S_3$，则通过这些闭合面的电场强度通量分别是：$\Phi_1=$________，$\Phi_2=$________，$\Phi_3=$________.

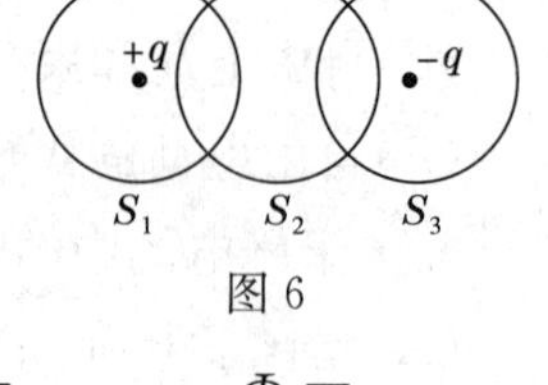


图 6

14. 如图 7 所示，在电荷量为 $q$ 的点电荷的静电场中，将一电荷为 $q_0$ 的试验电荷从 $a$ 点经任意路径移动到 $b$ 点，电场力所做的功 $A=$____________.

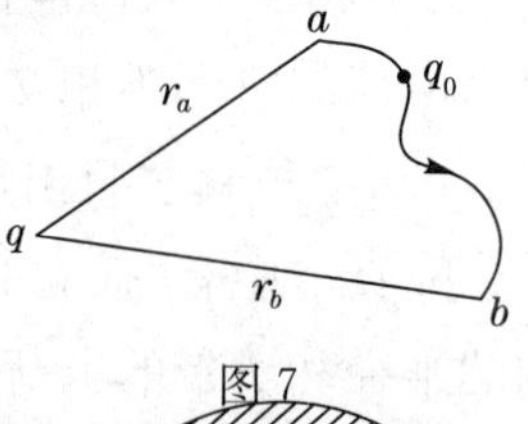


图 7

15. 带有电荷 $q$、半径为 $r_A$ 的金属球 $A$，与一原先不带电、内外半径分别为 $r_B$ 和 $r_C$ 的金属球壳 $B$ 同心放置，如图 8 所示. 则图中 $P$ 点的电场强度 $\boldsymbol{E}=$____________. 如果用导线将 $A$、$B$ 连接起来，则 $A$ 球的电势 $U=$____________.（设无穷远处电势为零）

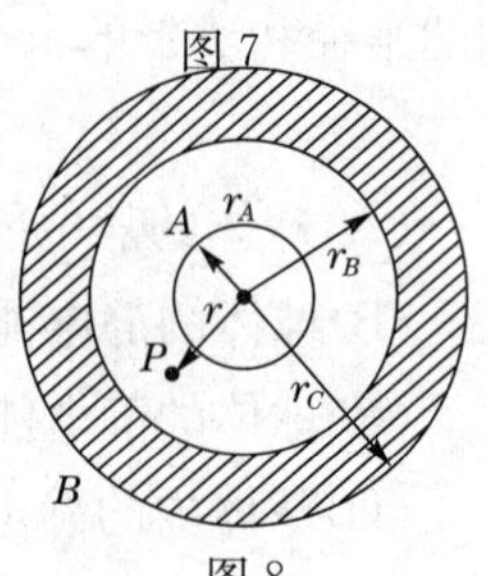


图 8

16. 如图 9 所示，在静电场中有一立方形均匀导体，边长为 $a$. 已知立方导体中心 $O$ 处的电势为 $U_0$，则立方体顶点 $A$ 的电势为__________.

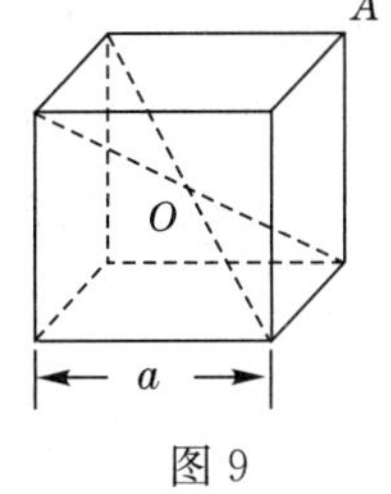

图 9

17. 一空气平行板电容器，电容为 $C$，两极板间距离为 $d$. 充电后，两极板间相互作用力为 $F$. 则两极板间的电势差为__________，极板上的电荷为__________.

18. 在相对介电常量 $\varepsilon_r=4$ 的各向同性均匀电介质中，与电能密度 $w_e=2\times10^6\ \mathrm{J\cdot cm^{-3}}$ 相应的电场强度大小 $E=$______.（真空介电常量 $\varepsilon_0=8.85\times10^{-12}\ \mathrm{C^2\cdot N^{-1}\cdot m^{-2}}$）

## 三、计算题

19. 一半径为 $R$ 的带电球体，其电荷体密度分布为

$$\begin{cases}\rho=\dfrac{qr}{\pi R^4}(r\leqslant R) & (q\text{ 为一正的常量})\\ \rho=0(r>R)\end{cases}$$

试求：

(1)带电球体的总电荷；

(2)球内、外各点的电场强度；

(3)球内、外各点的电势.

20. 若电荷以相同的面密度 $\sigma$ 均匀分布在半径分别为 $r_1=10$ cm 和 $r_2=20$ cm的两个同心球面上，设无穷远处电势为零，已知球心电势为 300 V. 试求两球面的电荷面密度 $\sigma$ 的值.（$\varepsilon_0=8.85\times10^{-12}\ \mathrm{C^2\cdot N^{-1}\cdot m^{-2}}$）

21. 一带有电荷 $q=3\times10^{-9}$ C 的粒子位于均匀电场中，电场方向如图 10 所示. 当该粒子沿水平方向向右方运动 5 cm 时，外力做功 $6\times10^{-5}$ J，粒子动能的增量为 $4.5\times10^{-5}$ J. 求：

(1)粒子运动过程中电场力所做的功；

(2)电场的场强.

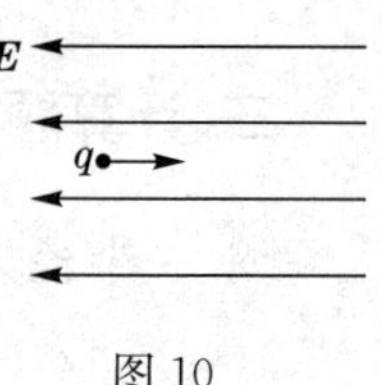


图 10

22. 真空中一“无限大”均匀带电平面，平面附近有一质量为 $m$、电量为 $q$ 的粒子，在电场力作用下由静止开始沿电场方向运动一段距离 $l$，获得速度大小为 $v$. 设重力影响可忽略不计，试求平面上的面电荷密度.

23. 一电容器由两个很长的同轴薄圆筒组成，内、外圆筒半径分别为 $R_1=2$ cm，$R_2=5$ cm，其间充满相对介电常量为 $\varepsilon_r$ 的各向同性、均匀电介质. 电容器接在电压 $U=32$ V 的电源上，如图 11 所示. 试求距离轴线 $R=3.5$ cm 处的 $A$ 点的电场强度和 $A$ 点与外筒间的电势差.

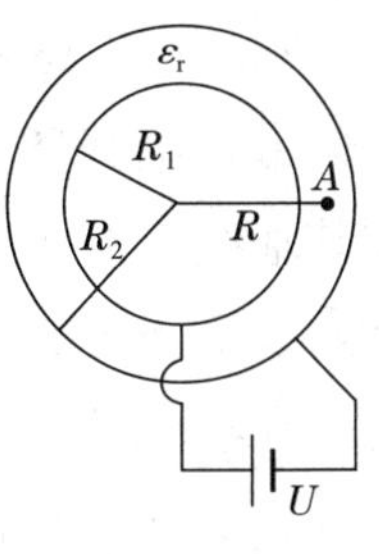

图 11

24. 一绝缘金属物体，在真空中充电达某一电势值，其电场总能量为 $W_0$. 若断开电源，使其所带电荷保持不变，并把它浸没在相对介电常量为 $\varepsilon_r$ 的无限大的各向同性均匀液态电介质中，这时电场总能量有多大？

25. 如图 12 所示，真空中一长为 $L$ 的均匀带电细直杆，总电荷为 $q$，试求在直杆延长线上距杆的一端距离为 $d$ 的 $P$ 点的电场强度.

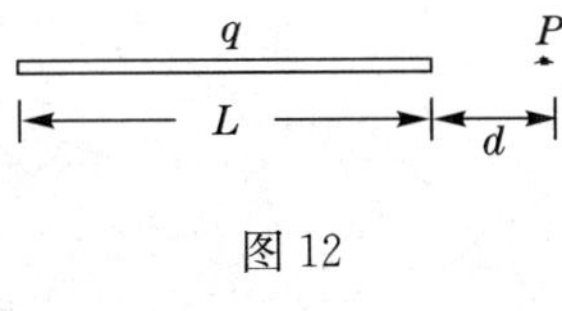

图 12

26. 如图 13 所示,一半径为 $R$ 的均匀带正电圆环,其电荷线密度为 $\lambda$. 在其轴线上有 $A$、$B$ 两点,它们与环心的距离分别为$\overline{OA}=\sqrt{3}R$,$\overline{OB}=\sqrt{8}R$. 一质量为 $m$、电荷为 $q$ 的粒子从 $A$ 点运动到 $B$ 点. 求在此过程中电场力所做的功.

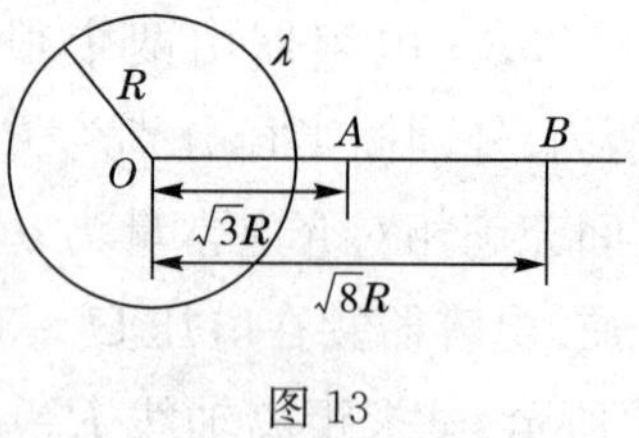

图 13

27. 如图 14 所示为一半径为 $a$、带有正电荷 $Q$ 的导体球. 球外有一内半径为 $b$、外半径为 $c$ 的不带电的同心导体球壳. 设无限远处为电势零点,试求内球和球壳的电势.

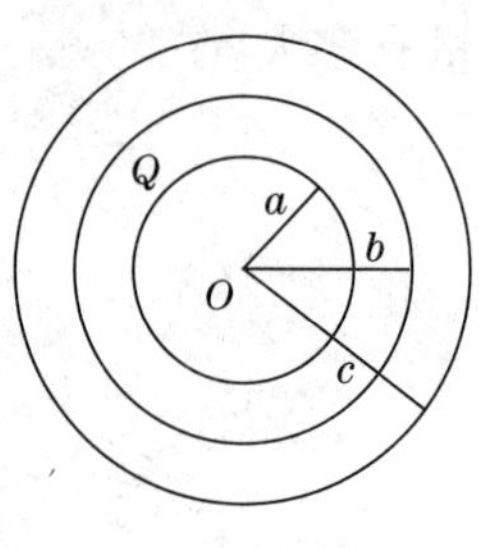

图 14

28. 假想从无限远处陆续移来微量电荷使一半径为 $R$ 的导体球带电.

(1)当球上已带有电荷 $q$ 时,再将一个电荷元 $dq$ 从无限远处移到球上的过程中,外力做多少功?

(2)使球上电荷从零开始增加到 $Q$ 的过程中,外力共做多少功?

29. 两金属球的半径之比为 1∶4,带等量的同号电荷. 当两者的距离远大于两球半径时,有一定的电势能. 若将两球接触一下再移回原处,则电势能变为原来的多少倍?

# 磁　学

## 一、选择题

1. 均匀磁场的磁感应强度 $\boldsymbol{B}$ 垂直于半径为 $r$ 的圆面. 今以该圆周为边线作一半球面 $S$,则通过 $S$ 面的磁通量大小为　　(　　)

(A) $2\pi r^2 B$　　(B) $\pi r^2 B$　　(C) 0　　(D) 无法确定

2. 如图1所示,电流 $I$ 由长直导线1经 $a$ 点流入由电阻均匀的导线构成的正方形线框,由 $b$ 点流出,经长直导线2返回电源(导线1、2的延长线均通过 $O$ 点). 设载流导线1、2和正方形线框中的电流在框中心 $O$ 点产生的磁感应强度分别用 $\boldsymbol{B}_1$、$\boldsymbol{B}_2$、$\boldsymbol{B}_3$ 表示,则 $O$ 点的磁感应强度大小　　(　　)

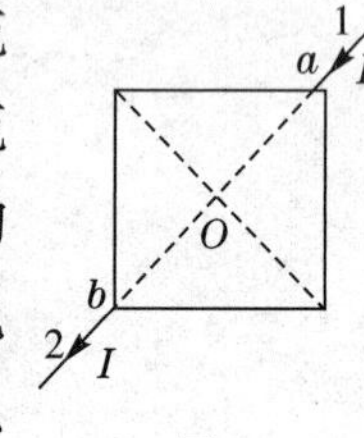

图1

(A) $B=0$,因为 $B_1=B_2=B_3=0$

(B) $B=0$,因为虽然 $B_1\neq0$、$B_2\neq0$、$B_3\neq0$,但 $\boldsymbol{B}_1+\boldsymbol{B}_2+\boldsymbol{B}_3=0$

(C) $B\neq0$,因为虽然 $\boldsymbol{B}_1+\boldsymbol{B}_2=0$,但 $B_3\neq0$

(D) $B\neq0$,因为虽然 $B_3=0$,但 $\boldsymbol{B}_1+\boldsymbol{B}_2\neq0$

3. 有一个圆形回路1及一个正方形回路2,且圆直径和正方形的边长相等,二者中通有大小相等的电流,它们在各自中心产生的磁感应强度大小之比 $B_1/B_2$ 为　　(　　)

(A) 0.90　　(B) 1.00　　(C) 1.11　　(D) 1.22

4. 一铜条置于均匀磁场中,铜条中电子流的方向如图2所示. 试问下述哪一种情况将会发生?　　(　　)

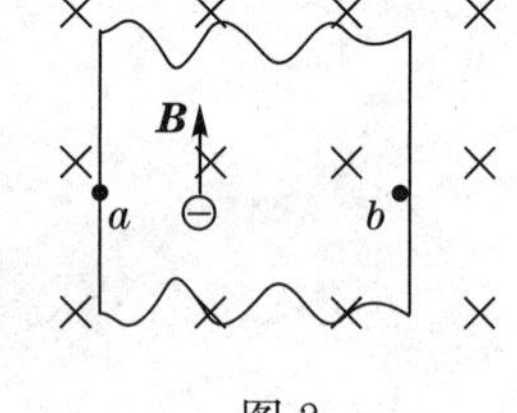

图2

(A) 在铜条上 $a$、$b$ 两点产生一小电势差,且 $U_a>U_b$

(B) 在铜条上 $a$、$b$ 两点产生一小电势差,且 $U_a<U_b$

(C) 在铜条上产生涡流

(D) 电子受到洛伦兹力而减速

5. 如图 3 所示，在一固定的载流大平板附近有一载流小线框能自由转动或平动. 线框平面与大平板垂直. 大平板的电流与线框中电流方向如图 3 所示，则通电线框的运动从对着大平板看是（　　）

(A)靠近大平板　　(B) 顺时针转动

(C)逆时针转动　　(D)离开大平板向外运动

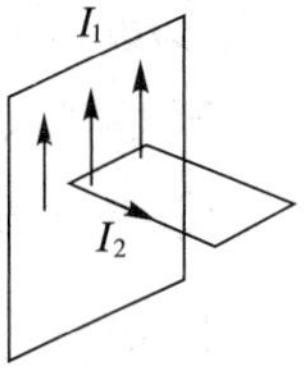

图 3

6. 如图 4 所示，无限长直导线在 $P$ 处弯成半径为 $R$ 的圆，当通以电流 $I$ 时，则在圆心 $O$ 点的磁感应强度大小等于（　　）

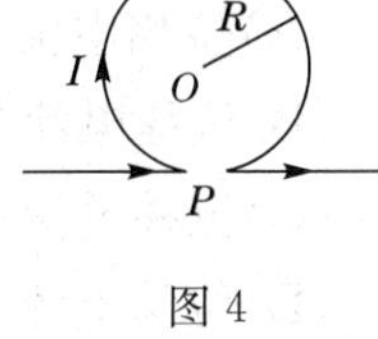


图 4

(A) $\frac{\mu_0 I}{2\pi R}$　　(B) $\frac{\mu_0 I}{4R}$　　(C) 0

(D) $\frac{\mu_0 I}{2R}(1-\frac{1}{\pi})$　　(E) $\frac{\mu_0 I}{4R}(1+\frac{1}{\pi})$

7. 用细导线均匀密绕成长为 $l$、半径为 $a$ ($l \gg a$)、总匝数为 $N$ 的螺线管，管内充满相对磁导率为 $\mu_r$ 的均匀磁介质. 若线圈中载有稳恒电流 $I$，则管中任意一点的（　　）

(A)磁感应强度大小为 $B=\mu_0\mu_r NI$

(B)磁感应强度大小为 $B=\mu_r NI/l$

(C)磁场强度大小为 $H=\mu_0 NI/l$

(D)磁场强度大小为 $H=NI/l$

8. 在无限长的载流直导线附近放置一矩形闭合线圈，开始时线圈与导线在同一平面内，且线圈中两条边与导线平行，当线圈以相同的速率做如图 5 所示的三种不同方向的平动时，线圈中的感应电流（　　）

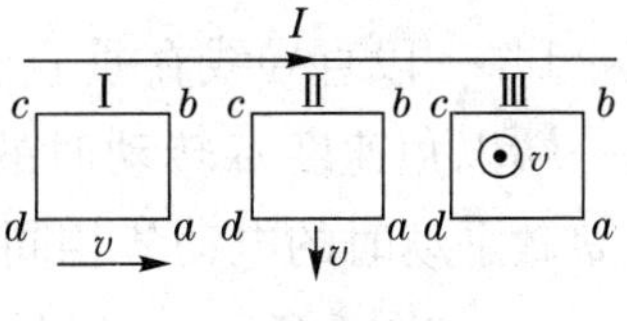

图 5

(A)以情况Ⅰ中为最大

(B)以情况Ⅱ中为最大

(C)以情况Ⅲ中为最大

(D)在情况Ⅰ和Ⅱ中相同

9. 面积为 $S$ 和 $2S$ 的两圆线圈 1、2 如图 6 所示放置，通有相同的电流 $I$. 线圈 1 的电流所产生的通过线圈 2 的磁通量用 $\Phi_{21}$ 表示，线圈2的电流所产生的通过线圈1的磁通量用$\Phi_{12}$表示,则$\Phi_{21}$和$\Phi_{12}$的大小关系为 ( )

(A)$\Phi_{21}=2\Phi_{12}$

(B)$\Phi_{21}>\Phi_{12}$

(C)$\Phi_{21}=\Phi_{12}$

(D)$\Phi_{21}=\frac{1}{2}\Phi_{12}$

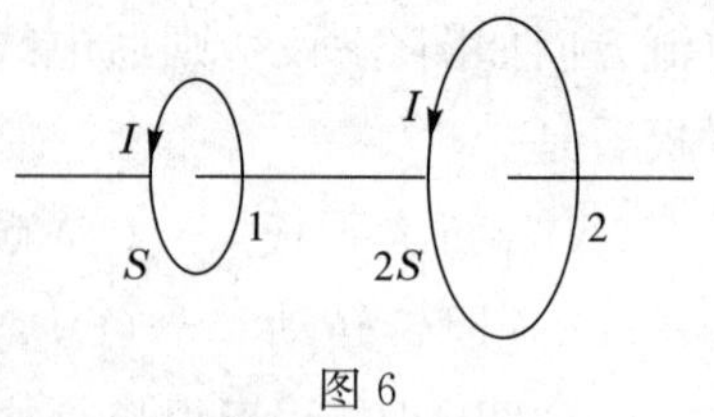

图6

10. 关于位移电流,下列说法中正确的是 ( )

(A)位移电流是指变化电场

(B)位移电流是由线性变化磁场产生的

(C)位移电流的热效应服从焦耳—楞次定律

(D)位移电流的磁效应不服从安培环路定理

## 二、填空题

11. 在安培环路定理$\oint_L \boldsymbol{B}\cdot \mathrm{d}\boldsymbol{l}=\mu_0\sum I_i$中,$\sum I_i$是指__________;$\boldsymbol{B}$是指__________,它是由__________决定的.

12. 一长直螺线管是由直径$d=0.2$ mm的漆包线密绕而成的.当它通以$I=0.5$ A的电流时,其内部的磁感应强度$B=$\_\_\_\_\_\_\_\_\_\_.(忽略绝缘层厚度,$\mu_0=4\pi\times10^{-7}$ N·A$^{-2}$)

13. 一条无限长直导线载有10 A的电流.在离它0.5 m远处的地方产生的磁感应强度$B$为________.一条长直载流导线,在离它1 cm处产生的磁感应强度是$10^{-4}$ T,它所载有的电流为________.

14. 一段直导线在垂直于均匀磁场的平面内运动.已知导线绕其一端以角速度$\omega$转动时的电动势与导线以垂直于导线方向的速度$\boldsymbol{v}$做平动时的电动势相同,那么,导线的长度为__________.

15. 如图7所示,一段长度为$l$的直导线$MN$水平放置在载有电流为$I$的竖直长导线旁与竖直导线共面,并从静止由图示位置自由下落,则$t$秒末导线两端的电势差$U_M-U_N=$__________.

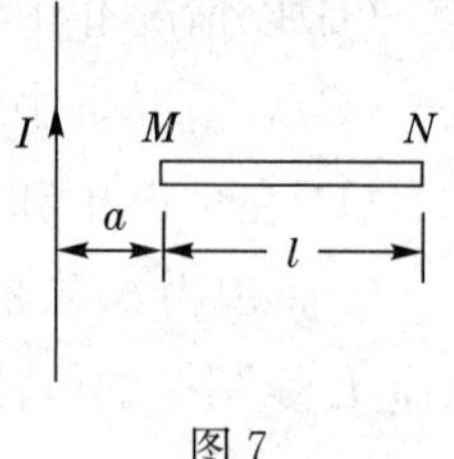

图7

16. 真空中两长直螺线管1和2,长度相等,单层密绕匝数相同,直径之比$d_1/d_2=1/4$.

当它们通以相同电流时，两螺线管贮存的磁能之比为 $W_1/W_2=$________.

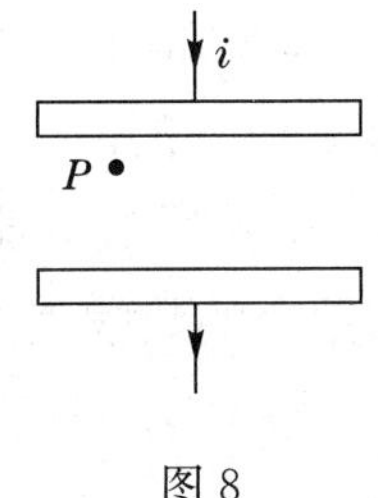

图 8

17. 坡印廷矢量 $\boldsymbol{S}$ 的物理意义是：________；其定义式为________.

18. 圆形平行板电容器从 $q=0$ 开始充电，试在图 8 中画出充电过程中极板间某点 $P$ 处电场强度的方向和磁场强度的方向.

## 三、计算题

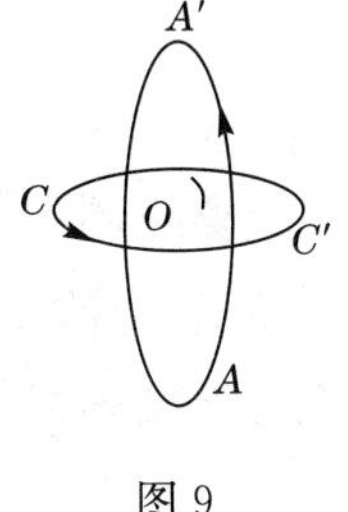

图 9

19. 如图 9 所示，$AA'$ 和 $CC'$ 为两个正交放置的圆形线圈，其圆心相重合. $AA'$ 线圈半径为 20.0 cm，共 10 匝，通有电流 10.0 A；而 $CC'$ 线圈的半径为 10.0 cm，共 20 匝，通有电流 5.0 A. 求两线圈公共中心 $O$ 点的磁感应强度的大小和方向.（$\mu_0=4\pi\times10^{-7}\ \mathrm{N\cdot A^{-2}}$）

20. 如图 10 所示，相距为 $a$、通有电流为 $I_1$ 和 $I_2$ 的两根无限长平行载流直导线.

(1) 写出电流元 $I_1 \mathrm{d}\boldsymbol{l}_1$ 对电流元 $I_2 \mathrm{d}\boldsymbol{l}_2$ 作用力的数学表达式；

(2) 推出载流导线单位长度上所受力的公式.

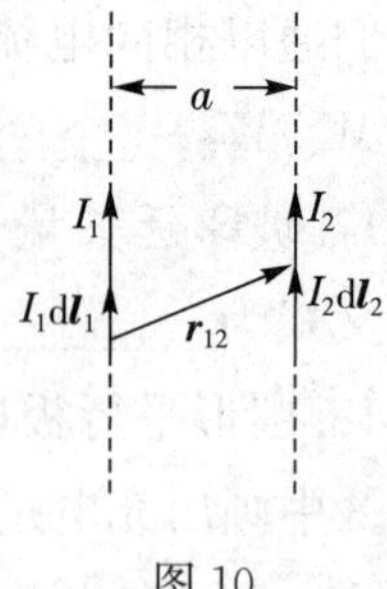


图 10

21. 螺绕环中心周长 $l=10$ cm，环上均匀密绕线圈 $N=200$ 匝，线圈中通有电流 $I=0.1$ A. 管内充满相对磁导率 $\mu_r=4200$ 的磁介质. 求管内磁场强度和磁感应强度的大小.

22. 如图 11 所示，一长圆柱状磁场，磁场方向沿轴线并垂直于图面向里，磁场大小既随到轴线的距离 $r$ 成正比而变化，又随时间 $t$ 作正弦变化，即 $B=B_0 r\sin\omega t$，$B_0$、$\omega$ 均为常数. 若在磁场内放一半径为 $a$ 的金属圆环，环心在圆柱状磁场的轴线上，求金属环中的感生电动势，并确定其方向.

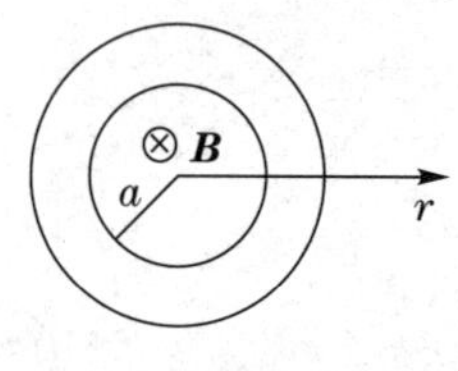


图 11

23. 两根平行放置、相距为 $2a$ 的无限长载流直导线，其中一根通以稳恒电流 $I_0$，另一根通以交变电流 $i=I_0\cos\omega t$. 两导线间有一与其共面的矩形线圈，线圈的边长分别为 $l$ 和 $2b$，$l$ 边与长直导线平行，且线圈以速度 $\boldsymbol{v}$ 垂直于直导线向右运动，如图 12 所示. 当线圈运动到两导线的中心位置(即线圈中心线与距两导线均为 $a$ 的中心线重合)时，两导线中的电流方向恰好相反，且 $i=I_0$，求此时线圈中的感应电动势.

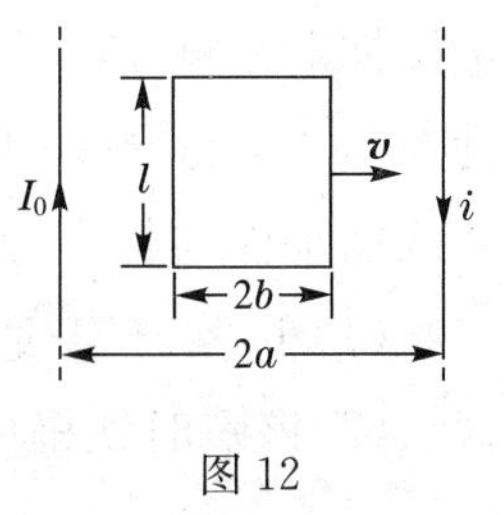

图 12

24. 一螺绕环单位长度上的线圈匝数为 $n=10$ 匝 • $\mathrm{cm}^{-1}$. 环心材料的磁导率 $\mu=\mu_0$. 求当电流强度 $I$ 为多大时，线圈中磁场的能量密度 $w=1\ \mathrm{J\cdot m^{-3}}$？($\mu_0=4\pi\times10^{-7}\ \mathrm{T\cdot m\cdot A^{-1}}$)

25. 一面积为 $S$ 的单匝平面线圈以恒定角速度 $\omega$ 在磁感应强度 $\boldsymbol{B}=B_0\sin\omega t\boldsymbol{k}$ 的均匀外磁场中转动，转轴与线圈共面且与 $\boldsymbol{B}$ 垂直($\boldsymbol{k}$ 为沿 $z$ 轴的单位矢量). 设 $t=0$ 时线圈的正法向与 $\boldsymbol{k}$ 同方向，求线圈中的感应电动势.

26. 如图 13 所示，一长直导线通有电流 $I$，其旁共面放置一匀质金属梯形线框 $abcda$，已知 $da=ab=bc=L$，两斜边与下底边夹角均为 $60^\circ$，$d$ 点与导线相距 $l$. 今线框从静止开始自由下落 $H$ 高度，且保持线框平面与长直导线始终共面，求：

(1)下落 $H$ 高度的瞬间，线框中的感应电流；

(2)该瞬时线框中电势最高处与电势最低处之间的电势差.

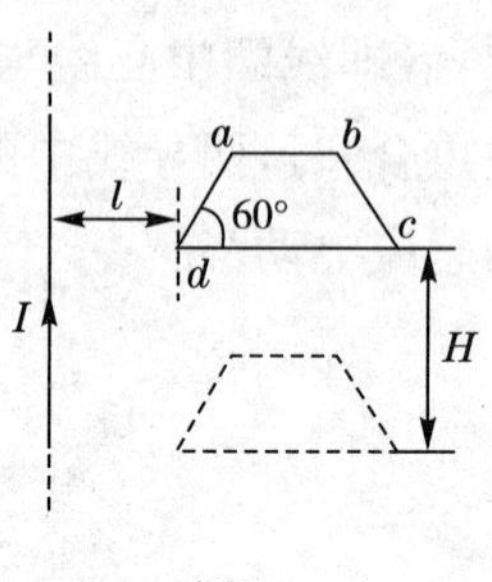


图 13

27. 给电容为 $C$ 的平行板电容器充电，电流为 $i=0.2\mathrm{e}^{-t}$(SI)，$t=0$时电容器极板上无电荷. 求：

(1)极板间电压 $U$ 随时间 $t$ 变化的关系；

(2)$t$ 时刻极板间总的位移电流 $I_{\mathrm{d}}$(忽略边缘效应).

# 光　学

## 一、选择题

1. 在双缝干涉实验中，屏幕 $E$ 上的 $P$ 点处是明条纹．若将缝 $S_2$ 盖住，并在 $S_1$，$S_2$ 连线的垂直平分面处放一高折射率介质反射面 $M$，如图 1 所示，则此时　　(　　)

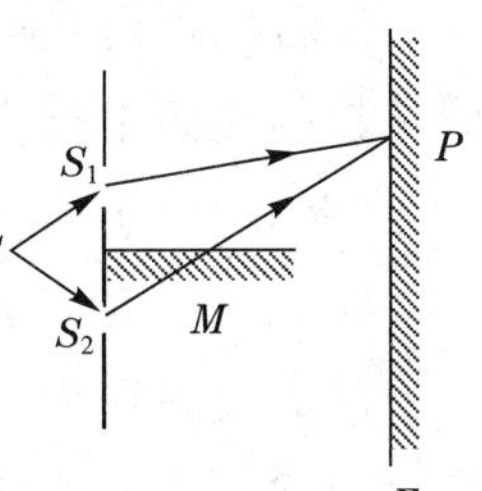

图 1

(A) $P$ 点处仍为明条纹

(B) $P$ 点处为暗条纹

(C) 不能确定 $P$ 点处是明条纹还是暗条纹

(D) 无干涉条纹

2. 一束波长为 $\lambda$ 的单色光由空气垂直入射到折射率为 $n$ 的透明薄膜上，透明薄膜放在空气中，要使反射光得到干涉加强，则薄膜最小的厚度为　　(　　)

(A) $\lambda/4$　　(B) $\lambda/(4n)$　　(C) $\lambda/2$　　(D) $\lambda/(2n)$

3. 在如图 2 所示的单缝夫琅禾费衍射装置中，设中央明纹的衍射角范围很小．若使单缝宽度 $a$ 变为原来的 $\frac{3}{2}$，同时使入射的单色光的波长 $\lambda$ 变为原来的 3/4，则屏幕 $C$ 上单缝衍射条纹中央明纹的宽度 $\Delta x$ 将变为原来的　　(　　)

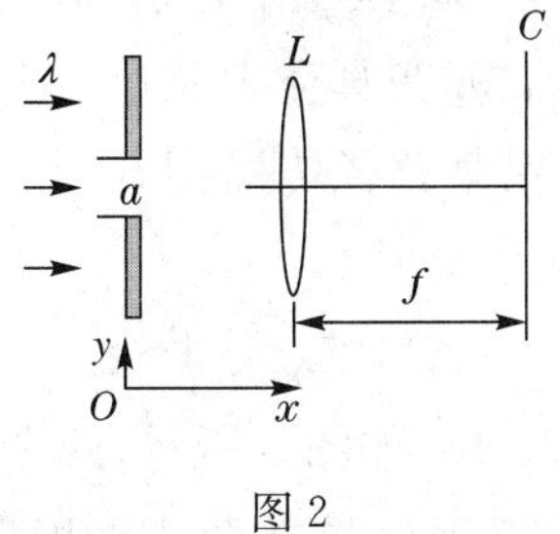

图 2

(A) 3/4　　(B) 2/3　　(C) 9/8

(D) 1/2　　(E) 2

4. 在夫琅禾费单缝衍射实验中，对于给定的入射单色光，当缝宽度变小时，除中央亮纹的中心位置不变外，各级衍射条纹　　(　　)

(A) 对应的衍射角变小　　(B) 对应的衍射角变大

(C) 对应的衍射角不变　　(D) 光强不变

5. 在光栅光谱中,假如所有偶数级次的主极大都恰好在单缝衍射的暗纹方向上,因而实际上不出现,那么此光栅每个透光缝宽度 $a$ 和相邻两缝间不透光部分宽度 $b$ 的关系为 ( )

(A)$a=\frac{1}{2}b$ (B)$a=b$ (C)$a=2b$ (D)$a=3b$

6. 若用衍射光栅准确测定一单色可见光的波长,在下列各种光栅常数的光栅中选用哪一种最好? ( )

(A)$5.0\times10^{-1}$ mm (B)$1.0\times10^{-1}$ mm

(C)$1.0\times10^{-2}$ mm (D)$1.0\times10^{-3}$ mm

7. 一束光强为 $I_0$ 的自然光垂直穿过两偏振片,且两偏振片的偏振方向成 45°角,则穿过两偏振片后的光强 $I$ 为 ( )

(A)$I_0/4\sqrt{2}$ (B)$I_0/4$ (C)$I_0/2$ (D)$\sqrt{2}I_0/2$

8. 自然光以布儒斯特角由空气入射到一玻璃表面上,反射光是 ( )

(A)在入射面内振动的完全线偏振光

(B)平行于入射面的振动占优势的部分偏振光

(C)垂直于入射面振动的完全线偏振光

(D)垂直于入射面的振动占优势的部分偏振光

9. 在真空中波长为 $\lambda$ 的单色光,在折射率为 $n$ 的透明介质中从 $A$ 沿某路径传播到 $B$,若 $A$、$B$ 两点相位差为 $3\pi$,则此路径 $AB$ 的光程为 ( )

(A)$1.5\lambda$ (B)$1.5\lambda/n$ (C)$1.5n\lambda$ (D)$3\lambda$

10. 如图3所示,两个直径有微小差别的彼此平行的滚柱之间的距离为 $L$,夹在两块平板中间,形成空气劈尖,当单色光垂直入射时,产生等厚干涉条纹. 如果两滚柱之间的距离 $L$ 变大,则在 $L$ 范围内干涉条纹的( )

(A)数目增加,间距不变

(B)数目减少,间距变大

(C)数目增加,间距变小

(D)数目不变,间距变大

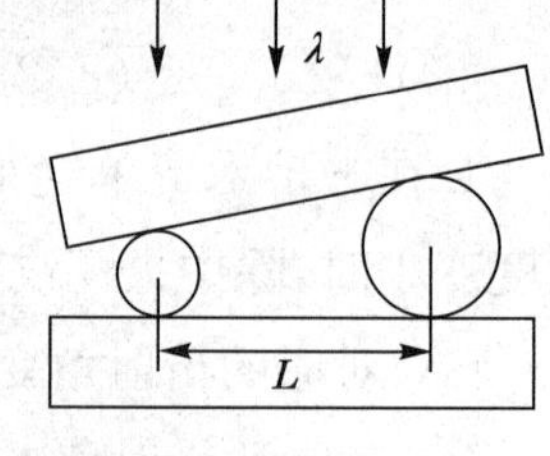


图3

## 二、填空题

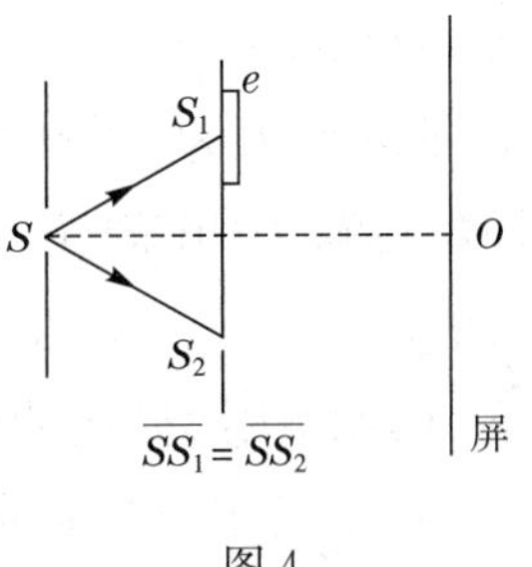

图 4

11. 如图 4 所示，在双缝干涉实验中，若把一厚度为 $e$、折射率为 $n$ 的薄云母片覆盖在 $S_1$ 缝上，中央明条纹将向________移动；覆盖云母片后，两束相干光至原中央明纹 $O$ 处的光程差为________.

12. 若对应于衍射角 $\varphi=30°$，单缝处的波面可划分为 4 个半波带，则单缝的宽度 $a=$________ $\lambda$（$\lambda$ 为入射光波长）.

13. 用平行的白光垂直入射在平面透射光栅上时，波长为 $\lambda_1=440$ nm 的第 3 级光谱线将与波长为 $\lambda_2=$________ nm 的第 2 级光谱线重叠.（1 nm$=10^{-9}$ m）

14. 布儒斯特定律的数学表达式为________，式中________为布儒斯特角，________为折射媒质对入射媒质的相对折射率.

15. 在单缝夫琅禾费衍射实验中，波长为$\lambda$的单色光垂直入射在宽度为$a=2\lambda$的单缝上，对应于衍射角为 30°方向，单缝处的波面可分成的半波带数目为________个.

16. 波长为$\lambda=550$ nm（1 nm$=10^{-9}$ m）的单色光垂直入射于光栅常数$d=2\times10^{-4}$ cm的平面衍射光栅上，可观察到光谱线的最高级次为第______级.

17. 当 $r\to\infty$时，一个物点 $P$ 经球形（半径为 $r$）界面折射成像点 $Q$ 的公式，就成为一个物点 $P$ 经平面界面折射成像点 $Q$ 的公式，即

$$q=-\frac{n_2}{n_1}p$$

$n_1$是物点 $p$ 所在介质的折射率，$n_2$是界面另一边介质的折射率，$p$ 是物距，$q$ 是像距，式中负号表示________，这一式子的成立也应满足________要求.

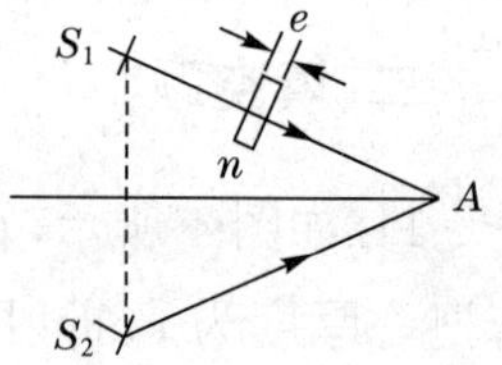

18. 如图5所示,假设有两个同相的相干点光源 $S_1$ 和 $S_2$,发出波长为 $\lambda$ 的光. $A$ 是它们连线的中垂线上的一点. 若在 $S_1$ 与 $A$ 之间插入厚度为 $e$、折射率为 $n$ 的薄玻璃片,则两光源发出的光在 $A$ 点的相位差 $\Delta\varphi=$__________. 若已知 $\lambda=500$ nm, $n=1.5$, $A$ 点恰为第四级明纹中心,则 $e=$__________ nm.

图5

19. 平行单色光垂直入射于单缝上,观察夫琅禾费衍射. 若屏上 $P$ 点处为第二级暗纹,则单缝处波面相应地可划分为__________个半波带. 若将单缝宽度缩小一半, $P$ 点处将是__________级__________纹.

20. 用波长为 $\lambda$ 的单色平行红光垂直照射在光栅常数 $d=2\ \mu$m ($1\ \mu\text{m}=10^{-6}$ m)的光栅上,用焦距 $f=0.500$ m 的透镜将光聚在屏上,测得第一级谱线与透镜主焦点的距离 $l=0.1667$ m. 则入射的红光波长 $\lambda=$__________ nm.

## 三、计算题

21. 在双缝干涉实验中,所用单色光的波长为 600 nm,双缝间距为 1.2 mm,双缝与屏相距 500 mm,求相邻干涉明条纹的间距.

22. 在 Si 的平表面上氧化了一层厚度均匀的 $SiO_2$ 薄膜. 为了测量薄膜厚度，将它的一部分磨成劈形，如图 6 所示中 $AB$ 段. 现用波长为 600 nm 的平行光垂直照射，观察反射光形成的等厚干涉条纹. 在图中 $AB$ 段共有 8 条暗纹，且 $B$ 处恰好是一条暗纹，求薄膜的厚度.（Si 折射率为 3.42，$SiO_2$ 折射率为 1.50）

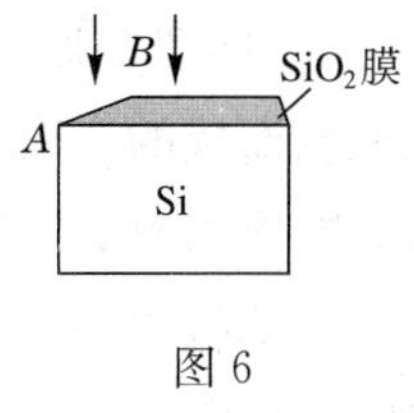

图 6

23. 在夫琅禾费单缝衍射实验中，如果缝宽 $a$ 与入射光波长 $\lambda$ 的比值分别为(1)1，(2)10，(3)100，试分别计算中央明条纹边缘的衍射角. 再讨论计算结果说明什么问题.

24. (1)在单缝夫琅禾费衍射实验中，垂直入射的光有两种波长，$\lambda_1=400$ nm，$\lambda_2=760$ nm(1 nm$=10^{-9}$ m). 已知单缝宽度 $a=1.0\times10^{-2}$ cm，透镜焦距 $f=50$ cm. 求两种光第一级衍射明纹中心之间的距离.

(2)若用光栅常数 $d=1.0\times10^{-3}$ cm 的光栅替换单缝，其他条件和上一问相同，求两种光第一级主极大之间的距离.

25. 两个偏振片 $P_1$，$P_2$叠在一起，由强度相同的自然光和线偏振光混合而成的光束垂直入射在偏振片上. 进行了两次测量，第一次和第二次测量时 $P_1$，$P_2$的偏振化方向夹角分别为 30°和未知的 $\theta$，且入射光中线偏振光的光矢量振动方向与 $P_1$的偏振化方向夹角分别为 45°和 30°. 若连续穿过 $P_1$，$P_2$后的透射光强的两次测量值相等，求 $\theta$.

26. 一束自然光由空气入射到某种不透明介质的表面上. 今测得此不透明介质的起偏角为 56°，求这种介质的折射率. 若把此种介质片放入水(折射率为1.33)中，使自然光束自水中入射到该介质片表面上，求此时的起偏角.

27. 一薄透镜组，$L_1$ 的 $f_1=-30$ cm，$L_2$ 的 $f_2=+20$ cm. 两透镜间的距离 $d=10$ cm. 求透镜组 $L_2$ 一侧的焦点与 $L_2$ 的距离 $q_2$ 和 $L_1$ 一侧的焦点与 $L_1$ 的距离 $q_1$.

28. 波长 $\lambda=650\ \mathrm{nm}$ 的红光垂直照射到劈形液膜上，膜的折射率 $n=1.33$，液面两侧是同一种媒质. 观察反射光的干涉条纹，求：

(1)离开劈形膜棱边的第一条明条纹中心所对应的膜厚度；

(2)若相邻的明条纹间距 $l=6\ \mathrm{mm}$，上述第一条明纹中心到劈形膜棱边的距离 $x$ 是多少？

29. 用波长 $\lambda=632.8\ \mathrm{nm}(1\ \mathrm{nm}=10^{-9}\ \mathrm{m})$ 的平行光垂直入射在单缝上，缝后用焦距 $f=40\ \mathrm{cm}$ 的凸透镜把衍射光会聚于焦平面上. 测得中央明条纹的宽度为 3.4 mm，则单缝的宽度是多少？

30. 一束平行光垂直入射到某光栅上，该光束有两种波长的光，$\lambda_1=440\ \mathrm{nm}$，$\lambda_2=660\ \mathrm{nm}(1\ \mathrm{nm}=10^{-9}\ \mathrm{m})$. 实验发现，两种波长的谱线(不计中央明纹)第二次重合于衍射角 $\varphi=60^\circ$ 的方向上. 求此光栅的光栅常数 $d$.

# 相对论与量子物理

## 一、选择题

1. 有下列几种说法：

(1)所有惯性系对物理基本规律都是等价的.

(2)在真空中，光的速度与光的频率、光源的运动状态无关.

(3)在任何惯性系中，光在真空中沿任何方向的传播速率都相同.

其中哪些说法是正确的 ( )

(A)只有(1)、(2)是正确的 (B)只有(1)、(3)是正确的

(C)只有(2)、(3)是正确的 (D)三种说法都是正确的

2. 根据狭义相对论力学的基本方程 $\boldsymbol{F}=\mathrm{d}\boldsymbol{p}/\mathrm{d}t$，下列论断中正确的是 ( )

(A)质点的加速度和合外力必在同一方向上，且加速度的大小与合外力的大小成正比

(B)质点的加速度和合外力可以不在同一方向上，但加速度的大小与合外力的大小成正比

(C)质点的加速度和合外力必在同一方向上，但加速度的大小与合外力可以不成正比

(D)质点的加速度和合外力可以不在同一方向上，且加速度的大小不与合外力大小成正比

3. 根据相对论力学，动能为 0.25 MeV 的电子，其运动速度约等于 ( )

(A)$0.1c$ (B)$0.5c$ (C)$0.75c$ (D)$0.85c$

($c$ 表示真空中的光速，电子的静能 $m_0c^2=0.51$ MeV)

4. 一个电子运动速度 $v=0.99c$，它的动能是(电子的静止能量为 0.51 MeV) ( )

(A)4.0 MeV (B)3.5 MeV (C)3.1 MeV (D)2.5 MeV

5. 一宇宙飞船相对于地球以 $0.8c$($c$ 表示真空中光速)的速度飞行. 现在一光脉冲从船尾传到船头，已知飞船上的观察者测得飞船

长为 90 m,则地球上的观察者测得光脉冲从船尾发出和到达船头两个事件的空间间隔为 (  )

(A)270 m (B)150 m (C)90 m (D)54 m

6. 所谓“黑体”指的是这样的一种物体,即 (  )

(A)不能反射任何可见光的物体

(B)不能发射任何电磁辐射的物体

(C)能够全部吸收外来的任何电磁辐射的物体

(D)完全不透明的物体

7. 若用里德伯常量 $R$ 表示氢原子光谱的最短波长,则可写成 (  )

(A)$\lambda_{min}=1/R$ (B)$\lambda_{min}=2/R$ (C)$\lambda_{min}=3/R$ (D)$\lambda_{min}=4/R$

8. 由氢原子理论知,当大量氢原子处于 $n=3$ 的激发态时,原子跃迁将发出 (  )

(A)一种波长的光 (B)两种波长的光

(C)三种波长的光 (D)连续光谱

9. 按照玻尔理论,电子绕核做圆周运动时,电子的动量矩 $L$ 的可能值为 (  )

(A)任意值 (B)$nh,n=1,2,3,\cdots$

(C)$2\pi nh,n=1,2,3,\cdots$ (D)$nh/(2\pi),n=1,2,3,\cdots$

## 二、填空题

10. 在惯性系中,两个光子火箭(以光速 $c$ 运动的火箭)相向运动时,一个火箭对另一个火箭的相对运动速率为____________.

11. 有一速度为 $u$ 的宇宙飞船沿 $x$ 轴正方向飞行,飞船头尾各有一个脉冲光源在工作,处于船尾的观察者测得船头光源发出的光脉冲的传播速度大小为____________;处于船头的观察者测得船尾光源发出的光脉冲的传播速度大小为____________.

12. 一观察者测得某一沿米尺长度方向匀速运动着的米尺的长度为 0.5 m. 则此米尺以速度 $v=$____________ $m\cdot s^{-1}$接近观察者.

13. 狭义相对论确认,时间和空间的测量值都是____________,它们与观察者的____________密切相关.

14. 某一波长的 X 光经物质散射后，其散射光中包含波长__________和波长__________的两种成分，其中__________的散射成分称为康普顿散射.

15. 波长为 $\lambda=1\ \text{Å}$ 的 X 光光子的质量为________ kg.（$h=6.63\times10^{-34}$ J·s）

16. 地球卫星测得太阳单色辐出度的峰值在 0.565 $\mu$m 处，若把太阳看作绝对黑体，则太阳表面的温度约为__________ K.（维恩位移定律常数 $b=2.897\times10^{-3}$ m·K）

17. 朗克公式 $M_{B\lambda}(T)=\dfrac{2\pi hc^2\lambda^{-5}}{\exp\left[hc/(k\lambda T)\right]-1}$ 中，$M_{B\lambda}(T)$[也可写作 $e_0(\lambda,\ T)$]的物理意义是：____________________.

## 三、计算与证明题

18. 地球的半径约为 $R_0=6376$ km，它绕太阳的速率约为 $v=30\ \text{km}\cdot\text{s}^{-1}$，在太阳参考系中测量地球的半径在哪个方向上缩短得最多？缩短了多少？（假设地球相对于太阳系来说近似于惯性系）

19. 两个质点 $A$ 和 $B$ 静止质量均为 $m_0$，质点 $A$ 静止，质点 $B$ 的动能为 $6m_0c^2$. 设 $A$、$B$ 两质点相撞并结合成为一个复合质点. 求复合质点的静止质量.

20. 已知 $\mu$ 子的静止能量为 105. 7 MeV,平均寿命为 $2.2\times10^{-8}$ s. 试求动能为 150 MeV 的 $\mu$ 子的速度 $v$ 是多少? 平均寿命 $\tau$ 是多少?

21. 以波长 $\lambda=410$ nm(1 nm$=10^{-9}$ m)的单色光照射某一金属,产生光电子的最大动能 $E_k=1.0$ eV,求能使该金属产生光电效应的单色光最大波长.

(普朗克常量 $h=6.63\times10^{-34}$ J·s)

22. 用辐射高温计测得炼钢炉口的辐射出射度为 22.8 $W\cdot cm^{-2}$，试求炉内温度.(斯特藩常量 $\sigma = 5.67\times10^{-8}\ W\cdot m^{-2}\cdot K^{-4}$)

23. 已知氢光谱某一线系的极限波长为 364.7 nm,其中有一谱线波长为 656.5 nm. 试由玻尔氢原子理论,求与该波长相应的始态与终态能级的能量.($R=1.097\times10^{7}\ m^{-1}$)

# 模拟试题参考答案

## 力　学(1)

### 一、选择题

1.B　2.D　3.B　4.C　5.C　6.C　7.D　8.C　9.C　10.B

### 二、填空题

11. 24 cm

12. $mg/\cos\theta$　$\sin\theta\sqrt{\dfrac{gl}{\cos\theta}}$

13. 356 N·s　160 N·s

14. $1.28\times10^4$ J

15. $\sqrt{k/(mr)}$　$-k/(2r)$

16. $h^2/l^2$

17. 2.5 rad·$s^{-2}$

18. 0　$\dfrac{3g}{2l}$

19. $J_A(\omega_A-\omega)/\omega$

### 三、计算题

20. **解**　(1)$x=v_0t$,$y=\dfrac{1}{2}gt^2$,故其轨迹方程是 $y=\dfrac{1}{2}x^2g/v_0^2$.

(2)$v_x=v_0$,$v_y=gt$,速度大小为

$$v=\sqrt{v_x^2+v_y^2}=\sqrt{v_0^2+g^2t^2}$$

方向为:与 $x$ 轴夹角 $\theta=\tan^{-1}(gt/v_0)$. $a_t=\mathrm{d}v/\mathrm{d}t=g^2t/\sqrt{v_0^2+g^2t^2}$,与 $\boldsymbol{v}$ 同向;

$a_n=(g^2-a_t^2)^{1/2}=v_0 g/\sqrt{v_0^2+g^2t^2}$,方向与 $\boldsymbol{a}_t$ 垂直.

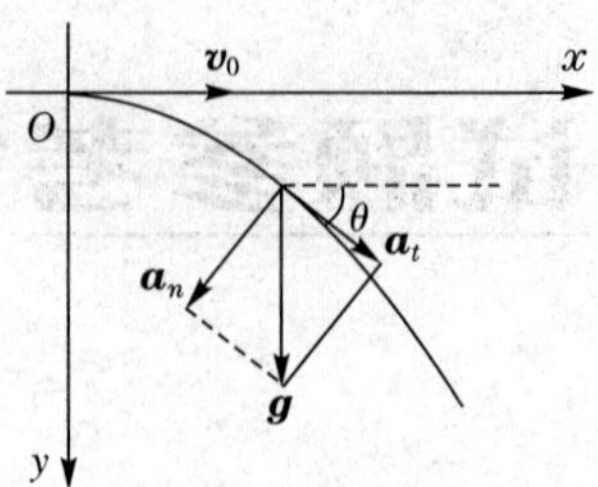


21. **解** 质量为 $M$ 的物块做圆周运动的向心力由它与平台间的摩擦力 $\boldsymbol{f}$ 和质量为 $m$ 的物块对它的拉力 $\boldsymbol{F}$ 的合力提供. 当物块 $M$ 有离心趋势时,$\boldsymbol{f}$ 和 $\boldsymbol{F}$ 的方向相同,而当物块 $M$ 有向心运动趋势时,二者的方向相反. 因物块 $M$ 相对于转台静止,故有

$$F+f_{\max}=Mr_{\max}\omega^2$$

$$F-f_{\max}=Mr_{\min}\omega^2$$

物块 $m$ 是静止的,因而

$$F=mg$$

又

$$f_{\max}=\mu_s Mg$$

故

$$r_{\max}=\frac{mg+\mu_s Mg}{M\omega^2}=37.2\ \text{mm}$$

$$r_{\min}=\frac{mg-\mu_s Mg}{M\omega^2}=12.4\ \text{mm}$$

22. **解** (1)设 $A$ 射入 $B$ 内,$A$ 与 $B$ 一起运动的初速率为 $\bar{v}_0$,则由动量守恒

$$mv_0=(M+m)\bar{v}_0 \quad ①$$

$$\bar{v}_0=1.4\ \text{m}\cdot\text{s}^{-1}$$

根据动能定理,有

$$f\cdot s=\frac{1}{2}(m+M)\,\bar{v}_0{}^2 \quad ②$$

$$f=\mu(m+M)g \quad ③$$

联立①、②、③,解得

$$f=0.196$$

(2)$W_1=\dfrac{1}{2}m\,\bar{v}_0{}^2-\dfrac{1}{2}mv_0^2=-703\ \text{J}$

(3)$W_2=\dfrac{1}{2}M\,\bar{v}_0{}^2=1.96\ \text{J}$

(4)$W_1$、$W_2$大小不等,这是因为虽然木块与子弹之间的相互作用力等值反向,但两者的位移大小不等.

23.**解** 设$A$、$B$轮的角加速度分别为$\beta_A$和$\beta_B$,由于两轮边缘的切向加速度相同,故

$$a_t = \beta_A r_1 = \beta_B r_2$$

则

$$\beta_A = \beta_B r_2 / r_1$$

因此,$A$轮角速度达到$\omega$所需时间为

$$t = \frac{\omega}{\beta_A} = \frac{\omega r_1}{\beta_B r_2} = \frac{(3\,000 \times 2\pi/60) \times 0.3}{\pi \times 0.75} \text{ s} = 40 \text{ s}$$

24.**解** 根据转动定律,有

$$f_A r_A = J_A \beta_A \qquad ①$$

其中$J_A = \frac{1}{2} m_A r_A^2$,且

$$f_B r_B = J_B \beta_B \qquad ②$$

其中$J_B = \frac{1}{2} m_B r_B^2$.

要使$A$、$B$轮边上的切向加速度相同,应有

$$a = r_A \beta_A = r_B \beta_B \qquad ③$$

由①、②式,有

$$\frac{f_A}{f_B} = \frac{J_A r_B \beta_A}{J_B r_A \beta_B} = \frac{m_A r_A \beta_A}{m_B r_B \beta_B} \qquad ④$$

由③式,有

$$\beta_A / \beta_B = r_B / r_A$$

将上式代入④式,得

$$f_A / f_B = m_A / m_B = \frac{1}{2}$$

25.**解** 由人和转台系统的角动量守恒,知

$$J_1 \omega_1 + J_2 \omega_2 = 0$$

其中$J_1 = 300 \text{ kg} \cdot \text{m}^2$,$\omega_1 = v/r = 0.5 \text{ rad} \cdot \text{s}^{-1}$,$J_2 = 3\,000 \text{ kg} \cdot \text{m}^2$.

$$\therefore \omega_2 = -J_1 \omega_1 / J_2 = -0.05 \text{ rad} \cdot \text{s}^{-1}$$

人相对于转台的角速度

$$\omega_r = \omega_1 - \omega_2 = 0.55 \text{ rad} \cdot \text{s}^{-1}$$

$$\therefore t = 2\pi / \omega_r = 11.4 \text{ s}$$

# 力　学(2)

## 一、选择题

1.D　2.A　3.D　4.B　5.C　6.A　7.B　8.B　9.C　10.C

## 二、填空题

11.6.32 $\mathrm{m \cdot s^{-1}}$　8.25 $\mathrm{m \cdot s^{-1}}$

12.$(\mu\cos\theta-\sin\theta)g$

13.$l/\cos^2\theta$

14.$V=\dfrac{Mv}{M+m}$

15.零

16.动量、动能、功

17.$g$　$2g$

18.100 $\mathrm{m \cdot s^{-1}}$

19.14 $\mathrm{rad \cdot s^{-1}}$

## 三、计算题

20.**解**　设人的质量为 $m$,地球质量为 $M_e$,半径为 $R_e$,地球表面重力加速度为 $g_e$,则人在月球上受月球引力为

$$F_L = G\frac{M_e(1/81)m}{(R_e \cdot 3/11)^2} = G\frac{M_e(1/81)m}{R_e^2(3/11)^2}$$

人在地球上所受的引力为

$$F_E = G\frac{M_e m}{R_e^2}$$

故

$$F_L = F_E(1/81)/(3/11)^2 = 106\ \mathrm{N}$$

21.**解**　(1)设 $t$ 时刻落到皮带上的砂子质量为 $M$,速率为 $v$,$t+\mathrm{d}t$ 时刻皮带上的砂子质量为 $M+\mathrm{d}M$,速率也是 $v$.根据动量定理,皮带作用在砂子上的力 $F$ 的冲量为

$$F\mathrm{d}t = (M+\mathrm{d}M)v-(Mv+\mathrm{d}M \cdot 0) = \mathrm{d}M \cdot v$$

$$\therefore F = v \cdot \mathrm{d}M/\mathrm{d}t = v \cdot q_m$$

由牛顿第三定律可知，此力等于砂子对皮带的作用力 $F'$，即 $F'=F$. 由于皮带匀速运动，动力源对皮带的牵引力 $F''=F$，因而，$F''=F$，$F''$与 $v$ 同向，动力源所供给的功率为

$$P=\boldsymbol{F}\cdot\boldsymbol{v}=\boldsymbol{v}\cdot\boldsymbol{v}\mathrm{d}M/\mathrm{d}t=v^2q_{\mathrm{m}}$$

(2)当 $q_{\mathrm{m}}=\mathrm{d}M/\mathrm{d}t=20\ \mathrm{kg}\cdot\mathrm{s}^{-1}$，$v=1.5\ \mathrm{m}\cdot\mathrm{s}^{-1}$时，水平牵引力

$$F''=vq_{\mathrm{m}}=30\ \mathrm{N}$$

所需功率

$$P=v^2q_{\mathrm{m}}=45\ \mathrm{W}$$

22. **解** 根据功能原理，木块在水平面上运动时，摩擦力所做的功等于系统(木块和弹簧)机械能的增量. 由题意，有

$$-f_{\mathrm{r}}x=\frac{1}{2}kx^2-\frac{1}{2}mv^2$$

故

$$f_{\mathrm{r}}=\mu_k mg$$

由此，得木块开始碰撞弹簧时的速率为

$$v=\sqrt{2\mu_{\mathrm{k}}gx+\frac{kx^2}{m}}=5.83\ \mathrm{m}\cdot\mathrm{s}^{-1}$$

**另解** 根据动能定理，摩擦力和弹性力对木块所做的功等于木块动能的增量，应有

$$-\mu_{\mathrm{k}}mgx-\int_0^x kx\,\mathrm{d}x=0-\frac{1}{2}mv^2$$

其中

$$\int_0^x kx\,\mathrm{d}x=\frac{1}{2}kx^2$$

从而，有

$$v=\sqrt{2\mu_{\mathrm{k}}gx+\frac{kx^2}{m}}=5.83\ \mathrm{m}\cdot\mathrm{s}^{-1}$$

23. **解** 在碰撞过程中，两球速度相等时形变势能最大. 故

$$m_1v_1+m_2v_2=(m_1+m_2)v \qquad ①$$

$$E_{\max}=\frac{1}{2}mv_1^2+\frac{1}{2}m_2v_2^2-\frac{1}{2}(m_1+m_2)v^2 \qquad ②$$

联立①、②，得

$$E_{\max}=\frac{1}{2}m_1m_2(v_1-v_2)^2/(m_1+m_2)$$

24. **解** 设绳子对物体(或绳子对轮轴)的拉力为 $T$，则根据牛顿运动定律

和转动定律,得

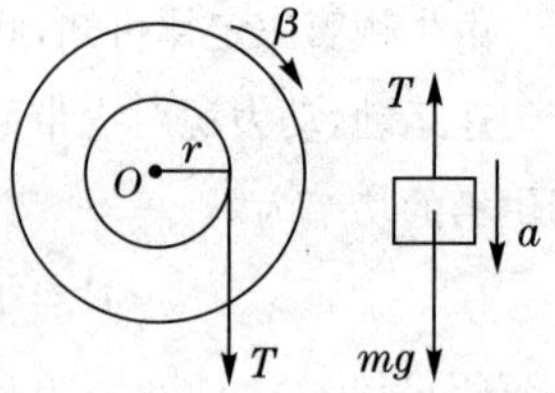

$$Mg - T = ma \qquad ①$$

$$Tr = J\beta \qquad ②$$

由运动学关系,有

$$a = r\beta \qquad ③$$

由①~③式,解得

$$J = m(g-a)r^2/a \qquad ④$$

又根据已知条件,知

$$v_0 = 0$$

$$S = \frac{1}{2}at^2, a = 2S/t^2 \qquad ⑤$$

将⑤式代入④式,得

$$J = mr^2\left(\frac{gt^2}{2S} - 1\right)$$

25. **解** (1)设当人以速率 $v$ 沿相对圆盘转动相反的方向走动时,圆盘对地的绕轴角速度为 $\omega$,则人对地转动的角速度为

$$\omega' = \omega - \frac{v}{\frac{1}{2}R} = \omega - \frac{2v}{R} \qquad ①$$

将人与圆盘视为系统,则所受力对转轴合外力矩为零,系统的角动量守恒.设盘的质量为 $M$,则人的质量为 $M/10$,有

$$\left[\frac{1}{2}MR^2 + \frac{M}{10}\left(\frac{1}{2}R\right)^2\right]\omega_0 = \frac{1}{2}MR^2\omega + \frac{M}{10}\left(\frac{1}{2}R\right)^2\omega' \qquad ②$$

将①式代入②式,得

$$\omega = \omega_0 + \frac{2v}{21R} \qquad ③$$

(2)欲使盘对地静止,则式③必为零.即

$$\omega_0 + 2v/(21R) = 0$$

由此,解得

$$v = -21Rw_0/2$$

式中,负号表示人的走动方向与(1)中人走动的方向相反,即与圆盘的初始转动方向一致.

# 振动与波

## 一、选择题

1.E 2.C 3.B 4.E 5.B 6.A 7.B 8.D 9.D 10.D

## 二、填空题

11. $\pi$

12. $\pi/4$ $x=2\times10^{-2}\cos(\pi t+\pi/4)$(SI)

13. 3/4 $2\pi\sqrt{\Delta l/g}$

14. $a=-0.2\pi^2\cos(\pi t+\frac{3}{2}\pi x)$(SI)

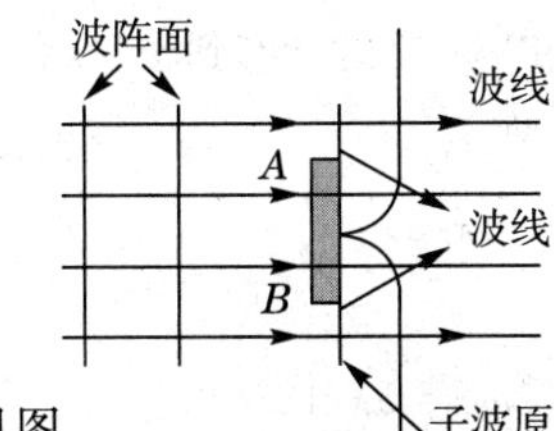


15. 见图

16. $y=2A\cos[2\pi\frac{x}{\lambda}-\frac{1}{2}\pi]\cos(2\pi\nu t+\frac{1}{2}\pi)$或

$y=2A\cos[2\pi\frac{x}{\lambda}+\frac{1}{2}\pi]\cos(2\pi\nu t-\frac{1}{2}\pi)$或

$y=2A\cos[2\pi\frac{x}{\lambda}+\frac{1}{2}\pi]\cos(2\pi\nu t)$

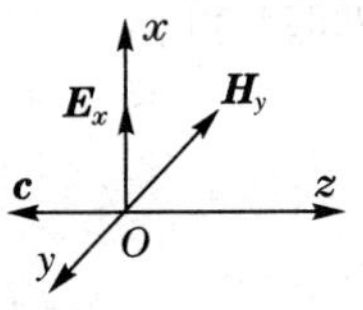


17. $H_y=-0.796\cos(2\pi\nu t+\pi/3)$ A/m,见图

18. $A\cos2\pi(\nu t-\frac{x}{\lambda}+2\frac{L}{\lambda})$

19. $2.00\times10^8$ m·s$^{-1}$

## 三、计算题

20. **解** (1) $A=0.5$ cm;$\omega=8\pi$ s$^{-1}$;$T=2\pi/\omega=(1/4)$ s;$\varphi=\pi/3$

(2)$v=\dot{x}=-4\pi\times10^{-2}\sin(8\pi t+\frac{1}{3}\pi)$ (SI)

$a=\ddot{x}=-32\pi^2\times10^{-2}\cos(8\pi t+\frac{1}{3}\pi)$ (SI)

(3) $E=E_k+E_p=\frac{1}{2}kA^2=\frac{1}{2}m\omega^2A^2=7.90\times10^{-5}\ \text{J}$

(4) $$\overline{E_k}=(1/T)\int_0^T\frac{1}{2}mv^2\mathrm{d}t$$

$$=(1/T)\int_0^T\frac{1}{2}m(-4\pi\times10^{-2})^2\sin^2(8\pi t+\frac{1}{3}\pi)\mathrm{d}t$$

$$=3.95\times10^{-5}\ \text{J}=\frac{1}{2}E$$

同理

$$\overline{E_p}=\frac{1}{2}E=3.95\times10^{-5}\ \text{J}$$

21.**解** (1)设振动方程为

$$x=A\cos(\omega t+\varphi)$$

由曲线可知 $A=10$ cm,$t=0$,$x_0=-5=10\cos\varphi$,$v_0=-10\omega\sin\varphi<0$.

由上面,解得 $\varphi=2\pi/3$.

由图可知,质点由位移为 $x_0=-5$ cm 和 $v_0<0$ 的状态到 $x=0$ 和 $v>0$ 的状态所需时间 $t=2$ s,代入振动方程得

$$0=10\cos(2\omega+2\pi/3)$$

则有

$$2\omega+2\pi/3=3\pi/2,\therefore\omega=5\pi/12$$

故所求振动方程为

$$x=0.1\cos(5\pi t/12+2\pi/3)\quad(\text{SI})$$

22.**解** $$\nu=u/\lambda=0.5\ \text{Hz}\quad\omega=2\pi\nu=\pi\ \text{s}^{-1}$$

$x=0$ 处的初相 $\varphi_0=\frac{1}{2}\pi$,角波数 $k=2\pi/\lambda=\pi\ \text{m}^{-1}$,波动表达式为

$$y=0.1\cos\left(\pi t-\pi x+\frac{1}{2}\pi\right)$$

$$v(x,t)=\frac{\partial y}{\partial t}=-A\omega\sin(\omega t-kx+\varphi_0)$$

速度最大值为

$$v_{\max}=0.314\ \text{m}\cdot\text{s}^{-1}$$

23.**解** (1)比较 $t=0$ 时刻波形图与 $t=2$ s 时刻波形图,可知此波向左传播.在 $t=0$ 时刻,坐标原点 $O$ 处质点

$$0=A\cos\varphi,\ 0<v_0=-A\omega\sin\varphi$$

故

$$\varphi=-\frac{1}{2}\pi$$

又 $t=2$ s,坐标原点 $O$ 处质点位移为

$$A/\sqrt{2}=A\cos\left(4\pi\nu-\frac{1}{2}\pi\right)$$

所以

$$-\frac{1}{4}\pi=4\pi\nu-\frac{1}{2}\pi,\nu=1/16\ \text{Hz}$$

故振动方程为

$$y_0=A\cos(\pi t/8-\frac{1}{2}\pi)\quad (\text{SI})$$

(2)波速为

$$u=20/2\ \text{m}\cdot\text{s}^{-1}=10\ \text{m}\cdot\text{s}^{-1}$$

波长为

$$\lambda=u/\nu=160\ \text{m}$$

波动表达式为

$$y=A\cos\left[2\pi\left(\frac{t}{16}+\frac{x}{160}\right)-\frac{1}{2}\pi\right]\quad (\text{SI})$$

24. **解** (1) $P=W/t=2.70\times10^{-3}\ \text{J}\cdot\text{s}^{-1}$

(2) $I=P/S=9.00\times10^{-2}\ \text{J}\cdot\text{s}^{-1}\cdot\text{m}^{-2}$

(3) $I=\boldsymbol{W}\cdot\boldsymbol{u},W=I/u=2.65\times10^{-4}\ \text{J}\cdot\text{m}^{-3}$

25. **解** $\Delta\varphi=\varphi_2-\varphi_1-\frac{2\pi}{\lambda}(r_2-r_1)=\frac{\pi}{4}-\frac{2\pi r_2}{\lambda}+\frac{2\pi r_1}{\lambda}=-\pi/4$

$$A=(A_1^2+A_2^2+2A_1A_2\cos\Delta\varphi)^{1/2}=0.464\ \text{m}$$

# 热　学

## 一、选择题

1. C　2. B　3. B　4. A　5. B　6. A　7. B　8. A　9. A　10. A

## 二、填空题

11. $6.59\times10^{-26}$ kg

12. 495 $\text{m}\cdot\text{s}^{-1}$

13. $5.42\times10^{7}\ \text{s}^{-1}$　$6\times10^{-5}$ cm

14. 不变　变大　变大

15. $\dfrac{2}{i+2}$　$\dfrac{i}{i+2}$

16. 8.31 J　29.09 J

17. 90 J

18. $<$

19. 不变　增加

## 三、计算题

20. **解**　理想气体在标准状态下，分子数密度为

$$n=p/(kT)=2.69\times10^{25}\text{个}\cdot\text{m}^{-3}$$

以 500 nm 为边长的立方体内应有分子数为

$$N=nV=3.36\times10^{6}\text{ 个}$$

21. **解**　(1)

$$E=\frac{i_1}{2}\frac{M_1}{M_{m1}}RT+\frac{i_2}{2}\frac{M_2}{M_{m2}}RT$$

$$T=(E/\left(\frac{i_1}{2}\frac{M_1}{M_{m1}}+\frac{i_2}{2}\frac{M_2}{M_{m2}}\right)R=300\text{ K}$$

(2)

$$\overline{\varepsilon_1}=\frac{6}{2}kT=1.24\times10^{-20}\text{ J}$$

$$\overline{\varepsilon_2}=\frac{5}{2}kT=1.04\times10^{-20}\text{ J}$$

22. **解**　据

$$(\overline{v^2})^{1/2}=\sqrt{3RT/M_m}=\sqrt{3RT/N_Am}$$

得

$$N_A=3RT/(m\overline{v^2})=6.15\times10^{23}\text{ mol}^{-1}$$

23. **解** (1) $p-V$ 图如图所示.

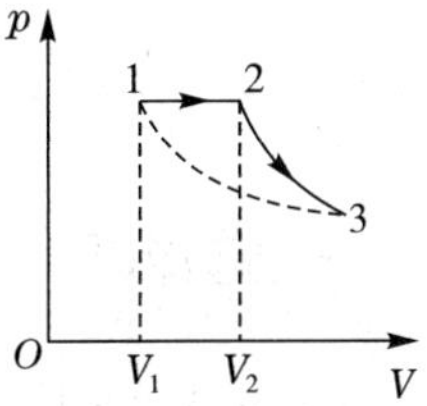

(2) $$T_1=(273+27)\ \mathrm{K}=300\ \mathrm{K}$$

据 $V_1/T_1=V_2/T_2$，得

$$T_2=V_2T_1/V_1=600\ \mathrm{K}$$

$$Q=\nu C_{p,\mathrm{m}}(T_2-T_1)=1.25\times10^4\ \mathrm{J}$$

(3) $\Delta E=0$

(4) $Q=W+\Delta E\ \therefore W=Q=1.25\times10^4\ \mathrm{J}$

24. **解** 设 $c$ 状态的体积为 $V_2$，则由于 $a,c$ 两状态的温度相同，$p_1V_1=p_1V_2/4$，故 $V_2=4V_1$. 循环过程 $\Delta E=0,Q=W$.

在 $a\to b$ 等体过程中

$$W_1=0$$

在 $b\to c$ 等压过程中

$$W_2=p_1(V_2-V_1)/4=p_1(4V_1-V_1)/4=3p_1V_1/4$$

在 $c\to a$ 等温过程中

$$W_3=p_1V_1\ln(V_2/V_1)=-p_1V_1\ln4$$

$$\therefore W=W_1+W_2+W_3=[(3/4)-\ln4]p_1V_1$$

$$Q=W=[(3/4)-\ln4]\ p_1V_1$$

25. **解** (1)根据绝热过程方程

$$p^{\gamma-1}T^{-\gamma}=C$$

有

$$\frac{T_2}{T_1}=\left(\frac{p_2}{p_1}\right)^{(\gamma-1)/\gamma}$$

$$T_2=T_1\left(\frac{p_2}{p_1}\right)^{(\gamma-1)/\gamma}$$

氦为单原子分子，$\gamma=5/3$，所以

$$T_2=1\,200\ \mathrm{K}$$

(2) $n=\dfrac{p_2}{kT_2}=1.96\times10^{26}\ \mathrm{m^{-3}}$

# 电　学

## 一、选择题

1.B　2.C　3.D　4.D　5.B　6.C　7.D　8.C　9.B　10.A

## 二、填空题

11. $-3\sigma/(2\varepsilon_0)$　$-\sigma/(2\varepsilon_0)$　$3\sigma/(2\varepsilon_0)$

12. 单位正试验电荷置于该点时所受到的电场力

13. $q/\varepsilon_0$　0　$-q/\varepsilon_0$

14. $\dfrac{q_0 q}{4\pi\varepsilon_0}\left(\dfrac{1}{r_a}-\dfrac{1}{r_b}\right)$

15. $q\boldsymbol{r}/(4\pi\varepsilon_0 r^3)$　$q/(4\pi\varepsilon_0 r_C)$

16. $U_0$

17. $\sqrt{2Fd/C}$　$\sqrt{2FdC}$

18. $3.36\times10^{11}\ \mathrm{V\cdot m^{-1}}$

## 三、计算题

19. **解**　(1)在球内取半径为 $r$、厚为 $\mathrm{d}r$ 的薄球壳,该壳内所包含的电荷为

$$\mathrm{d}q = \rho\mathrm{d}V = qr4\pi r^2\mathrm{d}r/(\pi R^4) = 4qr^3\mathrm{d}r/R^4$$

则球体所带的总电荷为

$$Q = \int_V \rho\mathrm{d}V = (4q/R^4)\int_0^r r^3\mathrm{d}r = q$$

(2)在球内作一半径为 $r_1$ 的高斯球面,按高斯定理,有

$$4\pi r_1^2 E_1 = \frac{1}{\varepsilon_0}\int_0^{r_1}\frac{qr}{\pi R^4}\cdot 4\pi r^2\mathrm{d}r = \frac{qr_1^4}{\varepsilon_0 R^4}$$

得

$$E_1 = \frac{qr_1^2}{4\pi\varepsilon_0 R^4}(r_1\leqslant R),\boldsymbol{E}_1\text{ 方向沿半径向外}$$

在球体外作半径为 $r_2$ 的高斯球面,按高斯定理,有

$$4\pi r_2^2 E_2 = q/\varepsilon_0$$

得

$$E_2 = \frac{q}{4\pi\varepsilon_0 r_2^2}(r_2 > R),\boldsymbol{E}_2\text{ 方向沿半径向外}$$

(3)球内电势

$$U_1=\int_{r_1}^{R}\boldsymbol{E}_1\cdot \mathrm{d}\boldsymbol{r}+\int_{R}^{\infty}\boldsymbol{E}_2\cdot \mathrm{d}\boldsymbol{r}=\int_{r_1}^{R}\frac{qr^2}{4\pi\varepsilon_0 R^4}\mathrm{d}r+\int_{R}^{\infty}\frac{q}{4\pi\varepsilon_0 r^2}\mathrm{d}r$$

$$=\frac{q}{3\pi\varepsilon_0 R}-\frac{qr_1^3}{12\pi\varepsilon_0 R^4}=\frac{q}{12\pi\varepsilon_0 R}\left(4-\frac{r_1^3}{R^3}\right)\quad (r_1\leqslant R)$$

球外电势

$$U_2=\int_{r_2}^{R}\boldsymbol{E}_2\cdot \mathrm{d}\boldsymbol{r}=\int_{r_2}^{\infty}\frac{q}{4\pi\varepsilon_0 r^2}\mathrm{d}r=\frac{q}{4\pi\varepsilon_0 r_2}\quad (r_2>R)$$

20. **解** 球心处总电势应为两个球面电荷分别在球心处产生的电势叠加,即

$$U=\frac{1}{4\pi\varepsilon_0}\left(\frac{q_1}{r_1}+\frac{q_2}{r_2}\right)=\frac{1}{4\pi\varepsilon_0}\left(\frac{4\pi r_1^2\sigma}{r_1}+\frac{4\pi r_2^2\sigma}{r_2}\right)=\frac{\sigma}{\varepsilon_0}(r_1+r_2)$$

故得

$$\sigma=\frac{\varepsilon_0 U}{r_1+r_2}=8.85\times 10^{-9}\ \mathrm{C\cdot m^{-2}}$$

21. **解** (1)设外力做功为 $A_{\mathrm{F}}$,电场力做功为 $A_{\mathrm{e}}$,根据动能定理,有

$$A_{\mathrm{F}}+A_{\mathrm{e}}=\Delta E_{\mathrm{k}}$$

则

$$A_{\mathrm{e}}=\Delta E_{\mathrm{k}}-A_{\mathrm{F}}=-1.5\times 10^{-5}\ \mathrm{J}$$

(2)

$$A_{\mathrm{e}}=\boldsymbol{F}_{\mathrm{e}}\cdot\boldsymbol{S}=-F_{\mathrm{e}}S=-qES$$

$$E=A_{\mathrm{e}}/(-qS)=10^5\ \mathrm{N\cdot C^{-1}}$$

22. **解** 应用动能定理,电场力做功等于粒子的动能增量,即

$$qEl=\frac{1}{2}mv^2-0$$

无限大带电平面的电场强度为

$$E=\sigma/(2\varepsilon_0)$$

由以上两式,得

$$\sigma=\varepsilon_0 mv^2/(ql)$$

23. **解** 设内、外圆筒沿轴向单位长度上分别带有电荷$+\lambda$和$-\lambda$,根据高斯定理,可求得两圆筒间任一点的电场强度为

$$E=\frac{\lambda}{2\pi\varepsilon_0\varepsilon_r r}$$

则两圆筒的电势差为

$$U=\int_{R_1}^{R_2}\boldsymbol{E}\cdot \mathrm{d}\boldsymbol{r}=\int_{R_1}^{R_2}\frac{\lambda dr}{2\pi\varepsilon_0\varepsilon_r r}=\frac{\lambda}{2\pi\varepsilon_0\varepsilon_r}\ln\frac{R_2}{R_1}$$

解得

$$\lambda = \frac{2\pi\varepsilon_0\varepsilon_r U}{\ln\dfrac{R_2}{R_1}}$$

于是,可求得 $A$ 点的电场强度为

$$E_A = \frac{U}{R\ln(R_2/R_1)} = 998\ \mathrm{V\cdot m^{-1}},\text{方向沿径向向外}$$

$A$ 点与外筒间的电势差为

$$U' = \int_R^{R_2} E\mathrm{d}r = \frac{U}{\ln(R_2/R_1)}\int_R^{R_2}\frac{\mathrm{d}r}{r} = \frac{U}{\ln(R_2/R_1)}\ln\frac{R_2}{R} = 12.5\ \mathrm{V}$$

24. **解** 因为所带电荷保持不变,故电场中各点的电位移矢量 $\boldsymbol{D}$ 保持不变,又

$$w = \frac{1}{2}DE = \frac{1}{2\varepsilon_0\varepsilon_r}D^2 = \frac{1}{\varepsilon_r}\frac{1}{2\varepsilon_0}D_0^2 = \frac{w_0}{\varepsilon_r}$$

因为介质均匀,所以电场总能量

$$W = W_0/\varepsilon_r$$

25. **解** 设杆的左端为坐标原点 $O$,$x$ 轴沿直杆方向.带电直杆的电荷线密度为 $\lambda=q/L$,在 $x$ 处取一电荷元 $\mathrm{d}q=\lambda\mathrm{d}x=q\mathrm{d}x/L$,它在 $P$ 点的场强为

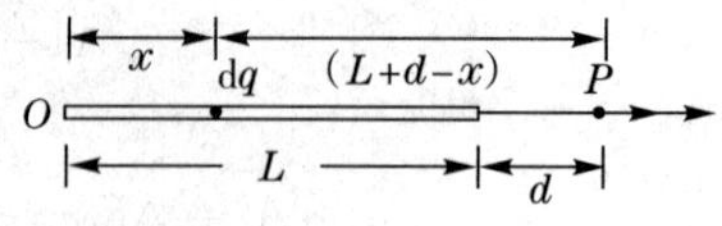


$$\mathrm{d}E = \frac{\mathrm{d}q}{4\pi\varepsilon_0\,(L+d-x)^2} = \frac{q\mathrm{d}x}{4\pi\varepsilon_0 L\,(L+d-x)^2}$$

总场强为

$$E = \frac{q}{4\pi\varepsilon_0 L}\int_0^L\frac{\mathrm{d}x}{(L+d-x)^2} = \frac{q}{4\pi\varepsilon_0 d(L+d)}$$

方向沿 $x$ 轴,即杆的延长线方向.

26. **解** 设无穷远处为电势零点,则 $A$、$B$ 两点电势分别为

$$U_A = \frac{\lambda R}{2\varepsilon_0\sqrt{R^2+3R^2}} = \frac{\lambda}{4\varepsilon_0}$$

$$U_B = \frac{\lambda R}{2\varepsilon_0\sqrt{R^2+8R^2}} = \frac{\lambda}{6\varepsilon_0}$$

$q$ 由 $A$ 点运动到 $B$ 点电场力做功

$$A = q(U_A - U_B) = q\left(\frac{\lambda}{4\varepsilon_0} - \frac{\lambda}{6\varepsilon_0}\right) = \frac{q\lambda}{12\varepsilon_0}$$

**注**:也可以先求轴线上一点场强,用场强的线积分计算.

27. **解** 球壳内表面将出现负的感生电荷$-Q$,外表面为正的感生电荷$Q$.按电势叠加原理(也可由高斯定理求场强,用场强的线积分计算),导体球的电势为

$$U_1 = \frac{Q}{4\pi\varepsilon_0 a} - \frac{Q}{4\pi\varepsilon_0 b} + \frac{Q}{4\pi\varepsilon_0 c} = \left(\frac{ab + bc - ac}{4\pi\varepsilon_0 abc}\right)Q$$

球壳电势

$$U_2 = \frac{Q}{4\pi\varepsilon_0 c}$$

28. **解** (1)令无限远处电势为零,则带电荷为$q$的导体球电势为

$$U = \frac{q}{4\pi\varepsilon_0 R}$$

将$\mathrm{d}q$从无限远处搬到球上过程中,外力做的功等于该电荷元在球上所具有的电势能

$$\mathrm{d}A = \mathrm{d}W = \frac{q}{4\pi\varepsilon_0 R}\mathrm{d}q$$

(2)带电球体的电荷从零增加到$Q$的过程中,外力做功为

$$A = \int \mathrm{d}A = \int_0^Q \frac{q\mathrm{d}q}{4\pi\varepsilon_0 R} = \frac{Q^2}{8\pi\varepsilon_0 R}$$

29. **解** 因两球间距离比两球的半径大得多,这两个带电球可视为点电荷.设两球各带电荷$Q$,若选无穷远处为电势零点,则两带电球之间的电势能为

$$W_0 = Q^2/(4\pi\varepsilon_0 d)$$

式中,$d$为两球心间距离.

当两球接触时,电荷将在两球间重新分配.因两球半径之比为1:4,故两球电荷之比

$$Q_1 : Q_2 = 1 : 4, Q_2 = 4Q_1$$

但

$$Q_1 + Q_2 = Q_1 + 4Q_1 = 5Q_1 = 2Q$$

所以

$$Q_1 = 2Q/5, Q_2 = 4 \times 2Q/5 = 8Q/5$$

当返回原处时,电势能为

$$W = \frac{Q_1 Q_2}{4\pi\varepsilon_0 d} = \frac{16}{25}W_0$$

故

$$\frac{W}{W_0} = \frac{16}{25}$$

# 磁　学

## 一、选择题

1.B　2.A　3.C　4.A　5.B　6.D　7.D　8.B　9.C　10.A

## 二、填空题

11.环路 $L$ 所包围的所有稳恒电流的代数和　环路 $L$ 上的磁感应强度　环路 $L$ 内、外全部电流所产生磁场的叠加

12.$\pi\times10^{-3}$ T

13.$4\times10^{-6}$ T　5 A

14.$2v/\omega$

15.$-\dfrac{\mu_0 Ig}{2\pi}t\ln\dfrac{a+l}{a}$

16.1∶16

17.电磁波能流密度矢量　$\boldsymbol{I}=\boldsymbol{E}\times\boldsymbol{H}$

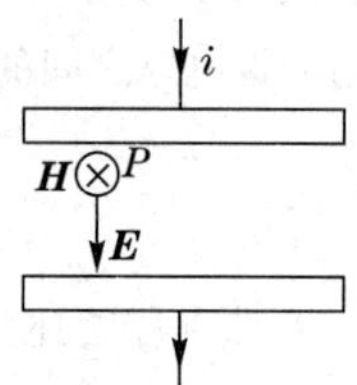


18.见图

## 三、计算题

19.解　$AA'$线圈在 $O$ 点所产生的磁感应强度为

$$B_A=\frac{\mu_0 N_A I_A}{2r_A}=250\mu_0(\text{方向垂直于 }AA'\text{ 平面})$$

$CC'$线圈在 $O$ 点所产生的磁感应强度为

$$B_C=\frac{\mu_0 N_C I_C}{2r_C}=500\mu_0(\text{方向垂直于 }CC'\text{ 平面})$$

$O$ 点的合磁感应强度为

$$B=(B_A^2+B_C^2)^{1/2}=7.02\times10^{-4}\text{ T}$$

$\boldsymbol{B}$ 的方向在和 $AA'$、$CC'$都垂直的平面内，与 $CC'$平面的夹角为

$$\theta=\tan^{-1}\frac{B_C}{B_A}=63.4°$$

20. **解** (1)$\mathrm{d}\boldsymbol{F}_{12}=I_2\mathrm{d}\boldsymbol{l}_2\times\mathrm{d}\boldsymbol{B}_1=I_2\mathrm{d}\boldsymbol{l}_2\times\frac{\mu_0 I_1\mathrm{d}\boldsymbol{l}_1\times\boldsymbol{r}_{12}}{4\pi r_{12}^3}$

(2)$\mathrm{d}F=I_2\mathrm{d}l_2\mu_0 I_1/(2\pi a)\therefore\frac{\mathrm{d}F}{\mathrm{d}l_2}=\frac{\mu_0 I_1 I_2}{2\pi a}$

21. **解** $H=nI=NI/l=200\ \mathrm{A/m}\qquad B=\mu H=\mu_0\mu_r H=1.06\ \mathrm{T}$

22. **解** 取回路正向顺时针,则

$$\Phi=\int B\cdot 2\pi r\mathrm{d}r=\int_0^a B_0 2\pi r^2\sin\omega t\,\mathrm{d}r=(2\pi/3)B_0 a^3\sin\omega t$$

$$E_i=-\mathrm{d}\Phi/\mathrm{d}t=-(2\pi/3)B_0 a^3\omega\cos\omega t$$

当 $E_i>0$ 时,电动势沿顺时针方向.

23. **解** 设动生电动势和感生电动势分别用 $E_1$ 和 $E_2$ 表示,则总电动势 $E$ 为

$$E=E_1+E_2,E_1=vB_1 l-vB_2 l$$

$$B_1=\frac{\mu_0 I_0}{2\pi(a-b)}+\frac{\mu_0 i}{2\pi(a+b)}$$

$$B_2=\frac{\mu_0 I_0}{2\pi(a+b)}+\frac{\mu_0 i}{2\pi(a-b)}$$

∵此刻 $i=I_0$,则

$$B_2=\frac{\mu_0 I_0}{2\pi(a+b)}+\frac{\mu_0 i}{2\pi(a-b)}=B_1$$

$$E_1=0$$

$$E=E_2=-\int\frac{\partial\boldsymbol{B}}{\partial t}\cdot\mathrm{d}\boldsymbol{S}$$

$$B=\frac{\mu_0 I_0}{2\pi(2a-r)}+\frac{\mu_0 i}{2\pi r}$$

由上式,得

$$\int\frac{\partial\boldsymbol{B}}{\partial t}\cdot\mathrm{d}\boldsymbol{S}=\frac{\mu_0 l}{2\pi}\int\frac{\mathrm{d}i}{\mathrm{d}t}\frac{1}{r}\mathrm{d}r=\frac{\mu_0 l}{2\pi}(\ln\frac{a+b}{a-b})\frac{\mathrm{d}i}{\mathrm{d}t}$$

$$\because i=I_0\text{ 时},t=2k\pi/\omega(k=1,2,\cdots)$$

$$\therefore E|_{i=I_0}=-\frac{\mu_0 l}{2\pi}(\ln\frac{a+b}{a-b})(-I_0\omega)\sin\omega t=0$$

24. **解** $w=\frac{1}{2}\mu_0 H^2=\frac{1}{2}\mu_0(nI)^2\therefore I=(\sqrt{2w/\mu_0})/n=1.26\ \mathrm{A}$

25. **解** $\Phi=BS\cos\omega t=B_0 S\sin\omega t\cos\omega t$

$\mathrm{d}\Phi/\mathrm{d}t=B_0 S(-\sin^2\omega t+\cos^2\omega t)\omega=B_0 S\omega\cos(2\omega t)$

$\varepsilon_i=-B_0 S\omega\cos(2\omega t)$

26. **解** (1)由于线框垂直下落,线框所包围面积内的磁通量无变化,故感应电流

$$I_i=0$$

(2)设 $dc$ 边长为 $l'$,则由图可见

$$l'=L+2L\cos 60^\circ=2L$$

取 $d\rightarrow c$ 的方向为 $dc$ 边内感应电动势的正向,则

$$\varepsilon_{dc}=\int_d^c(\boldsymbol{v}\times\boldsymbol{B})\cdot \mathrm{d}\boldsymbol{l}=\int_d^c vB\mathrm{d}l=\int_0^{l'}\sqrt{2gH}\cdot\frac{\mu_0 I}{2\pi(r+l)}\mathrm{d}r$$

$$=\frac{\mu_0 I}{2\pi}\sqrt{2gH}\ln\frac{l'+l}{l}=\frac{\mu_0 I}{2\pi}\sqrt{2gH}\ln\frac{l+2L}{l}$$

$\varepsilon_{dc}>0$,说明 $cd$ 段内电动势的方向由 $d\rightarrow c$.

由于回路内无电流,则

$$U_{cd}=U_c-U_d=\varepsilon_{dc}=\frac{\mu_0 I}{2\pi}\sqrt{2gH}\ln\frac{2L+l}{l}$$

因为 $c$ 点电势最高,$d$ 点电势最低,故 $U_{cd}$ 为电势最高处与电势最低处之间的电势差.

27. **解** (1) $U=\dfrac{q}{C}=\dfrac{1}{C}\displaystyle\int_0^t i\mathrm{d}t=-\dfrac{1}{C}\times 0.2\,\mathrm{e}^{-t}\Big|_0^t=\dfrac{0.2}{C}(1-\mathrm{e}^{-t})$

(2)由全电流的连续性,得

$$I_{\mathrm{d}}=i=0.2\mathrm{e}^{-t}$$

# 光　学

## 一、选择题

1. B　2. B　3. D　4. B　5. B　6. D　7. B　8. C　9. A　10. D

## 二、填空题

11. 上　$(n-1)e$

12. 4

13. 660

14. $\tan i_0=n_{21}$(或 $\tan i_0=n_1/n_2$)　$i_0$　$n_{21}$(或 $n_2/n_1$)

15. 2

16. 3

17. 像与物的虚、实相反　小角度近似(或傍轴近似)

18. $2\pi(n-1)e/\lambda$　$4\times10^3$

19. 4　第一　暗

20. 633

## 三、计算题

21. **解**　相邻明条纹间距为

$$\Delta x=\frac{\lambda D}{a}$$

代入

$$a=1.2\text{ mm},\lambda=6.0\times10^{-4}\text{ mm},D=500\text{ mm}$$

可得

$$\Delta x=0.25\text{ mm}$$

22. **解**　上、下表面反射都有相位突变π，计算光程差时不必考虑附加的半波长. 设膜厚为 $e$，$B$ 处为暗纹，则

$$2ne=\frac{1}{2}(2k+1)(k=0,1,2,\cdots)$$

$A$ 处为明纹，$B$ 处第 8 个暗纹对应上式 $k=7$，则

$$e=\frac{(2k+1)\lambda}{4n}=1.5\times10^{-3}\text{ mm}$$

23. **解** (1) $a=\lambda, \sin\varphi=\lambda/\lambda=1, \varphi=90°$

(2) $a=10\lambda, \sin\varphi=\lambda/10\lambda=0.1, \varphi=5°44'$

(3) $a=100\lambda, \sin\varphi=\lambda/100\lambda=0.01, \varphi=34'$

这说明,比值$\lambda/a$变小的时候,所求的衍射角变小,中央明纹变窄(其他明纹也相应地变为更靠近中心点),衍射效应越来越不明显.$(\lambda/a)\to 0$的极限情形即几何光学的情形:光线沿直传播,无衍射效应.

24. **解** (1)由单缝衍射明纹公式,可知

$$a\sin\varphi_1=\frac{1}{2}(2k+1)\lambda_1=\frac{3}{2}\lambda_1 \quad (\text{取 } k=1)$$

$$a\sin\varphi_2=\frac{1}{2}(2k+1)\lambda_2=\frac{3}{2}\lambda_2$$

$$\tan\varphi_1=x_1/f, \tan\varphi_2=x_2/f$$

由于

$$\sin\varphi_1\approx\tan\varphi_1, \sin\varphi_2\approx\tan\varphi_2$$

所以

$$x_1=\frac{3}{2}f\lambda_1/a, x_2=\frac{3}{2}f\lambda_2/a$$

则两个第一级明纹之间的距离为

$$\Delta x=x_2-x_1=\frac{3}{2}f\Delta\lambda/a=0.27\ \text{cm}$$

(2)由光栅衍射主极大的公式

$$d\sin\varphi_1=k\lambda_1=1\lambda_1$$
$$d\sin\varphi_2=k\lambda_2=1\lambda_2$$

且有

$$\sin\varphi\approx\tan\varphi=x/f$$

所以

$$\Delta x=x_2-x_1=f\Delta\lambda/d=1.8\ \text{cm}$$

25. **解** 设$I$为自然光强,据题意,有

$$(0.5I+I\cos45°)\cos^2 30°=(0.5I+I\cos^2 30°)\cos^2\theta$$

所以

$$\cos^2\theta=3/5, \theta=39.23°$$

26. **解** 设此不透明介质的折射率为$n$,空气的折射率为1.由布儒斯特定律可得

$$n=\tan56°=1.483$$

将此介质片放入水中后，由布儒斯特定律，可得

$$\tan i_0 = n/1.33 = 1.112$$

$$i_0 = 48.03°(= 48°2')$$

此 $i_0$ 即为所求起偏角.

27. **解**

$$q_2 = \frac{f_2(d - f_1)}{d - (f_1 + f_2)} = 40 \text{ cm}$$

$$q_1 = \frac{f_1(d - f_2)}{d - (f_1 + f_2)} = 15 \text{ cm}$$

28. **解**　(1) $2ne_k + \lambda/2 = k\lambda$（明纹中心），现 $k = 1, e_k = e_1$，则膜厚度为

$$e_1 = \lambda/4n = 1.22 \times 10^{-4} \text{ mm}$$

(2)

$$x = l/2 = 3 \text{ mm}$$

29. **解**　中央明纹宽度

$$\Delta x = 2x \approx 2f\lambda/a$$

单缝的宽度

$$a = 2f\lambda/\Delta x = 2 \times 400 \times 6328 \times 10^{-9}/3.4 \text{ m} = 0.15 \text{ mm}$$

30. **解**　由光栅衍射主极大公式，得

$$d\sin\varphi_1 = k_1\lambda_1$$

$$d\sin\varphi_2 = k_2\lambda_2$$

$$\frac{\sin\varphi_1}{\sin\varphi_2} = \frac{k_1\lambda_1}{k_2\lambda_2} = \frac{k_1 \times 440}{k_2 \times 660} = \frac{2k_1}{3k_2}$$

当两谱线重合时，有 $\varphi_1 = \varphi_2$，即

$$\frac{k_1}{k_2} = \frac{3}{2} = \frac{6}{4} = \frac{9}{6} \cdots\cdots$$

两谱线第二次重合，即

$$\frac{k_1}{k_2} = \frac{6}{4}, k_1 = 6, k_2 = 4$$

由光栅公式可知 $d\sin 60° = 6\lambda_1$，故

$$d = \frac{6\lambda_1}{\sin 60°} = 3.05 \times 10^{-3} \text{ mm}$$

# 相对论与量子物理

## 一、选择题

1.D　2.D　3.C　4.C　5.A　6.C　7.A　8.C　9.D

## 二、填空题

10.$c$

11.$c$　$c$

12.$2.60\times10^{8}$

13.相对的　运动

14.不变　变长　波长变长

15.$2.21\times10^{-32}$

15.$5.13\times10^{3}$

17.在一定温度 $T$、单位时间内从绝对黑体单位面积上所辐射的波长在 $\lambda$ 附近单位波长间隔内的辐射能

## 三、计算与证明题

18.**解**　在太阳参照系中,测量地球的半径在它绕太阳公转的方向缩短得最多.而

$$R = R_0\sqrt{1-(v/c)^2}$$

故其缩短的尺寸为

$$\Delta R = R_0 - R = R_0(1-\sqrt{1-(v/c)^2}) \approx \frac{1}{2}R_0 v^2/c^2 = 3.2\ \text{cm}$$

19.**解**　设复合质点静止质量为 $M_0$,运动时质量为 $M$.由能量守恒定律,可得

$$Mc^2 = m_0c^2 + mc^2$$

其中 $mc^2$ 为相撞前质点 $B$ 的能量,且

$$mc^2 = m_0c^2 + 6m_0c^2 = 7m_0c^2$$

故

$$M = 8m_0$$

设质点 $B$ 的动量为 $p_B$，复合质点的动量为 $p$. 由动量守恒定律

$$p = p_B$$

并利用动量与能量关系，对于质点 $B$，可得

$$p_B^2 c^2 + m_0^2 c^4 = m^2 c^4 = 4q m_0^2 c^4$$

对于复合质点，可得

$$P^2 c^2 + M_0^2 c^4 = M^2 c^4 = 64 m_0^2 c^4$$

由此，可求得

$$M_0^2 = 64 m_0^2 - 48 m_0^2 = 16 m_0^2$$

$$M_0 = 4 m_0$$

20. **解**　据相对论动能公式

$$E_k = mc^2 - m_0 c^2$$

得

$$E_k = m_0 c^2 \left(\frac{1}{\sqrt{1-(v/c)^2}} - 1\right)$$

即

$$\frac{1}{\sqrt{1-(v/c)^2}} - 1 = \frac{E_k}{m_0 c^2} = 1.419$$

解得

$$v = 0.91c$$

平均寿命为

$$\tau = \frac{\tau_0}{\sqrt{1-(v/c)^2}} = 5.31 \times 10^{-8}\ \mathrm{s}$$

21. **解**　设能使该金属产生光电效应的单色光最大波长为 $\lambda_0$.

由

$$h\nu_0 - A = 0$$

可得

$$(hc/\lambda_0) - A = 0$$

$$\lambda_0 = hc/A$$

又按题意

$$(hc/\lambda) - A = E_k$$

所以

$$A = (hc/\lambda) - E_k$$

所以

$$\lambda_0 = \frac{hc}{(hc/\lambda) - E_k} = \frac{hc\lambda}{hc - E_k \lambda} = 612\ \mathrm{nm}$$

22. **解** 炼钢炉口可视作绝对黑体,其辐射出射度为

$$M_B(T) = 22.8\ \mathrm{W \cdot cm^{-2}} = 22.8 \times 10^4\ \mathrm{W \cdot m^{-2}}$$

由斯特藩—玻尔兹曼定律

$$M_B(T) = \sigma T^4$$

可得

$$T = 1.42 \times 10^3\ \mathrm{K}$$

23. **解** 由极限波数 $\tilde{\nu} = 1/\lambda_\infty = R/k^2$ 可求出该线系的共同终态.

$$k = \sqrt{R\lambda_\infty} = 2$$

$$\tilde{\nu} = \frac{1}{\lambda} = R\left(\frac{1}{k^2} - \frac{1}{n^2}\right)$$

由 $\lambda$=656.5 nm,可得始态

$$n = \sqrt{\frac{R\lambda\lambda_\infty}{\lambda - \lambda_\infty}} = 3$$

由

$$E_n = \frac{E_1}{n^2} = -\frac{13.6}{n^2}\ \mathrm{eV}$$

可知终态能量为

$$n = 2, E_2 = -3.4\ \mathrm{eV}$$

始态能量为

$$n = 3, E_3 = -1.51\ \mathrm{eV}$$